高等院校材料科学与工程专业规划教材

工程材料与成形技术基础
（第2版）

王少刚　主　编

郑　勇　汪　涛　副主编

国防工业出版社

·北京·

内 容 简 介

"工程材料与成形技术基础"是高等工科院校机械类或近机械类各专业学生必修的一门重要专业技术基础课。本书内容包含工程材料与成形工艺基础两大部分。工程材料部分的主要任务是阐述各种常用工程材料的化学成分、金属热处理原理与工艺、组织结构、使用性能及实际应用等方面的基础理论和基本知识,为机械零件及工程结构等的设计、制造和正确使用提供有关合理选材、用材的必要理论指导和实际帮助。材料成形工艺部分的主要任务是讲述金属机件成形工艺,包括金属材料铸造、压力加工和焊接生产过程的基本原理、材料的热加工工艺性能、各种热加工工艺的特点和适用范围、机械零件的结构工艺性等知识。此外,为了适应经济与社会发展,拓宽学生的知识面,教材中有意识地增加了部分先进的材料成形工艺简介方面知识,具有一定的时代特色。

本书可作为高等工科院校机械类及机电类专业本科生使用教材,可也供有关工程技术人员阅读。

图书在版编目(CIP)数据

工程材料与成形技术基础／王少刚主编 . —2 版 .
—北京:国防工业出版社,2016.6
ISBN 978-7-118-10826-2

Ⅰ.①工… Ⅱ.①王… Ⅲ.①工程材料—成型—高等学校—教材 Ⅳ.①TB3

中国版本图书馆 CIP 数据核字(2016)第 167297 号

※

国防工业出版社出版发行
(北京市海淀区紫竹院南路 23 号 邮政编码 100048)
天利华印刷装订有限公司印刷
新华书店经售

*

开本 787×1092 1/16 印张 22 字数 506 千字
2016 年 6 月第 2 版第 1 次印刷 印数 1—3000 册 定价 46.00 元

(本书如有印装错误,我社负责调换)

国防书店:(010)88540777 发行邮购:(010)88540776
发行传真:(010)88540755 发行业务:(010)88540717

第2版前言

本教材自2008年2月出版至今,已有8届学生使用,对培养学生的工程实践和创新能力起到了较大作用。材料科学与工程技术发展日新月异,新材料、新技术和新工艺不断涌现,近年来取得了一批与工程材料和成形工艺技术有关的新成果;此外,国家有关部门适时对材料牌号及材料力学性能试验颁布了新的标准。为了更好地顺应时代潮流、与时俱进,本教材的编写人员在原教材的基础上,针对教学和使用过程中遇到的问题进行了认真细致的研讨,多次征求授课教师和学生的意见和建议,对原教材体系和内容进行了全面修订,以便更加符合教学实际,遵循教育教学规律,为培养学生的创新设计能力、实践能力、工程应用能力等起到应有的作用。

教材的修订编写紧紧围绕专业培养目标要求,通过整体优化教材的知识体系和内在的逻辑联系,对教材的知识点和内容进行了适当整合和精炼,注重培养学生分析和解决实际问题的能力,真正体现"知识、素质、能力"协调发展。与第1版相比,第2版主要进行了以下几方面比较大的修订:①材料的拉伸试验、硬度试验和冲击试验采用新标准;②对材料牌号进行了更新,包括不锈钢、耐热钢和镁合金等;③对原教材中的晶向指数与晶面指数、硬质合金简介、压力加工的理论基础和焊接成形理论基础中的部分内容等进行了适当删减;④补充了铸件结构工艺性一节和铝合金的热处理部分。

本教材的适用对象为高等工科院校材料类、机械类、能源动力类、航空航天类、工业管理工程类等专业本科生。教材编写人员努力结合实际,力争把枯燥的理论知识转化为浅显易懂的实践知识,以知识应用为根本,以强化专业基础为导向,坚持以人为本、因材施教的原则,既考虑学习基础好、能力强、学有余力的学生学习,同时又兼顾基础一般学生的学习。对于不同专业的学生,在教学过程中可根据需要对教材内容进行适当选择,力争做到理论与实践、教学与应用的有机统一。

尽管在第2版的修订编写过程中,参编人员付出了许多辛勤劳动,但由于各种各样的原因,加上教材编写人员的水平有限,书中不足在所难免,敬请广大读者提出宝贵的意见和建议。

编　者
2015 年 12 月

第1版前言

本书是根据教育部机械类及相关专业对该课程的教学要求,结合学校相关专业的实际需要,并充分考虑该课程的教学规律以及学生的学习特点、规律编写而成的。

"工程材料与成形技术基础"是材料类、机械类、能源动力类、航空航天类、工业管理工程类等专业一门重要的专业技术基础课。随着科学技术的不断发展,各种新材料、新工艺不断涌现,此外,为了与国际接轨,国家有关部门对一些材料的牌号标准进行了多次修订和补充。基于这种情况,组织编写一本具有国防特色、适应本科专业教学的材料及成形工艺教材就成为急需。

本书在编写过程中,始终贯穿一条主线,即材料的组成—结构—性能—应用,为了保持教材内容的先进性,书中既吸纳了多年的教学改革成果,又融入了最新的科研成果,尤其强调教材的系统性、科学性、先进性和实践性,给学有余力的同学预留了较大的学习空间,增加了部分拓展内容,教师在教学过程中可根据专业需要对相关内容进行取舍,书中全面贯彻最新的国家标准。此外,为了学生便于复习,全书每章中均进行了总结,给出了相关的一些重要概念和内容提要以及一定量的复习思考题,有利于学生理清思路,把握重点和难点。

本书由长期讲授"工程材料学""工程材料与热加工基础"和"热加工工艺基础"等本科生课程的教师编写。在长期的教学和科研工作中,他们积累了丰富的教学经验,充分发挥了每位教师的教学科研专长,力求做到理论联系实际,充分体现目前教育教学改革提出的"厚基础、宽口径、强能力、高素质"培养目标要求,全书在注重知识性、实用性以及结构完整性的同时,考虑到学科的发展,补充了工程材料及材料成形工艺方面的新技术、新工艺,有利于培养学生的创新思维和工程意识,以提高学生的分析问题和解决问题的能力。

本书由南京航空航天大学材料科学与技术学院王少刚任主编,由南京工业大学材料科学与工程学院马立群教授主审。参加本教材编写的人员有王少刚(绪论和第11章)、郑勇(第1章)、汪涛(第2章)、潘蕾(第3章和第8章第3节)、顾冰芳(第4章和第6章)、陈铭(第5章)、刘子利(第7章和第9章)、苏新清(第8章第1节和第2节)、陈明和(第10章)、冯晓梅(第12章)。在全书统稿过程中得到了封小松博士的大力支持,在此表示感谢!

本书在编写过程中,参阅并引用了国内外大量相关的文献、手册及教材,在此谨向原作者表示衷心的感谢!

由于教材编写时间仓促,加上编者水平有限,书中不足之处在所难免,敬请广大读者批评指正。

编 者
2007 年 12 月

目　　录

绪 论

1. 工程材料的发展及范围

材料是指用于制造人类生活和生产中有用器件的物质。历史学家根据生产工具所使用的材料来划分历史时代，即划分为石器、青铜器、铁器和新材料时代。材料科学与工程领域中的每一次重大发现，都会引起生产技术的革命，大大加速社会发展的历史进程，给社会生产和人们生活带来巨大变化，把人类物质文明向前推进。在石器时代，人类就懂得如何利用岩石、动物的骨骼和皮毛、贝壳、木材等材料来制作工具。人类使用金属材料的历史大约有6000年，我国早在公元前3200年到公元前2300年，就掌握了矿石炼铜、铜及青铜合金的精炼技术，并学会了采用铸造的方法来制造各种工具和武器，到商周时期形成了灿烂的商周青铜文化。在公元前600多年，我国就发明了生铁和铸铁技术，在战国时代中期，用铸铁制造的农具、手工工具取代了青铜器成为主要的生产工具，到汉代已有"先炼铁后炼钢"的技术，居世界领先地位。人类进入15世纪后，炼铁高炉在欧洲得到了迅速发展，炼钢技术在蒸汽机出现之后也得以快速发展。进入20世纪后半叶，各种新材料层出不穷，高分子材料、半导体材料、先进陶瓷材料和复合材料等被大量使用，材料的发展进入了丰富多彩的时代。

工业技术的飞速发展对材料的性能要求不断提高，促使了各类新材料和新技术不断出现，加速了材料领域的科技进步和变革。从20世纪70年代开始，材料、能源、信息成为现代文明的三大支柱，其中材料是社会进步的物质基础与先导，能源的开发输送与储存、信息的处理传播与存取都离不开材料。有学者形象地比喻：材料相当于人的骨骼，能源相当于人的血液，那么信息就是人的神经系统。新材料技术被称为"发明之母"和"产业粮食"。各种高新技术材料，如高性能金属材料、先进复合材料、特种陶瓷材料、新型高分子材料等都是未来工业发展必不可少的。这些材料都属于工程材料的研究对象和范围。

通常，一个国家使用的材料品种或数量的多寡已经被用于衡量其科学技术和经济发展水平的重要标志。新材料在国防建设和民用工业中的作用重大。无论是交通、能源、航空航天、通信信息、核工程、海洋工程、生物工程等领域都是建立在新材料开发的基础上的。例如，超纯硅、砷化镓研制成功，导致大规模和超大规模集成电路的诞生，使计算机运算速度从每秒几十万次提高到每秒百亿次以上；航空发动机材料的工作温度每提高100℃，推力可增大24%；隐身材料能吸收电磁波或降低武器装备的红外辐射，使敌方探测系统难以发现等。由于多种材料和多学科的交叉与融合，使材料的复合化成为发展新材料的一种重要手段。近年来，先进复合材料及其工艺技术发展很快，利用多种基体与增强体的复合、多种层次的复合以及利用非线性复合效应可以制备出高性能的材料。复合材料的最大特点是具有可设计性。碳-碳（C/C）复合材料是当今世界上最理想的耐高温先进复合材料（烧蚀材料），它是以碳或石墨作基体，用碳纤维或石墨纤维增强的一种特种工程材料，具有高强度、高刚性、尺寸稳定及良好的化学稳定性等优异性能，在航空航天和核反应堆等许多领域中应用广泛，可用于制作飞机刹车盘、固体火箭发动机喷管喉道和喷嘴，高超声速飞行器头罩和前缘等。

与其他几种工程材料相比，金属材料的发展历史悠久，在目前的工业生产中仍是使用量大、面广的一类材料。为了进一步充分挖掘传统金属材料的性能，对于新型金属材料的研发，采用微合金化、添加变质剂、连铸连轧、快速凝固、非晶态、控制轧制、控制锻造、形变热处理、表面强化、超塑性和材料复合等技术手段，不断改进和提高现有金属材料的性能以及开发新型金属材料。基于需求牵引，近年来，钢铁材料的研究开发主要朝着强韧化、节能、低耗和满足某些特殊性能要求的方向发展。为了满足汽车轻量化的要求，研究开发了一系列使汽车减重的金属材料，在汽车配件生产中使用铝合金、镁合金、钛合金等有色轻金属作为选材，逐步替代常用的钢铁材料。在功能材料方面，新材料开发正朝着研制生产更小、更智能、多功能、环保型以及可定制的产品、元件等方向发展。由于纳米技术从根本上改变了材料和器件的制造方法，使得纳米材料在光、电、磁敏感性方面呈现出常规材料不具备的许多特性，在许多领域有着广阔的应用前景。超导材料在电动机、变压器和磁悬浮列车等领域有着巨大的市场，如用超导材料制造电机可增大极限输出量 20 倍，减轻质量 90%。在今后一段时期，新材料的发展将以新型功能材料、高性能结构材料和先进复合材料为重点。

从以上可以看出，材料的开发和利用与人类的生产生活密切相关，材料科学与工程领域研究的对象多、范围广。本课程中"工程材料"涉及的范围只是固体材料领域中有关工程结构、机械零件和工具制造，且主要要求力学性能的材料，研究这些材料的成分、内部结构、性能和应用之间的关系。

2. 材料成形技术及其发展趋势

材料成形技术是一门研究如何利用加热或加压的方法将材料加工成机器零件或零件毛坯，并研究如何保证、评估、提高这些部件和结构的安全可靠性和寿命的技术科学。传统意义上的材料成形技术一般包括铸造成形、锻压成形、焊接成形，随着非金属和复合材料的广泛使用，非金属材料成形等工艺技术也获得了快速发展。在大部分的材料成形过程中，材料除了发生几何尺寸的变化，还会发生成分、组织结构及性能的变化。因此，材料成形技术不仅包括一些获得材料形状和尺寸的工艺过程，如铸、锻、焊等，也包括保证材料组织和性能的热处理工艺。随着科学技术的发展，各种新材料和新工艺不断出现，新材料的开发在不断提高材料性能的同时，由传统的单一材料向复合型、多功能型方向发展，这必将推动材料成形技术的进步和变革。具体表现为：一方面，传统材料成形技术的不断改进；另一方面，不断研究开发新的材料成形技术和工艺，朝着综合化、高精度、高质量、柔性化的方向发展。

由于材料成形技术向精密化、高质量方向发展，要生产高精度的产品，就要对成形过程进行准确控制，对整个系统进行优化。计算机技术为成形过程的综合控制提供了可能。利用计算机对材料成形过程进行模拟分析，可以对结晶过程、温度分布、应力场、金属变形流动过程、组织变化等进行控制和预测，最大限度地对产品质量进行全面控制，从局部到全局对生产过程进行优化。目前，尽管各种材料成形新技术、新工艺应运而生，新的制造理念不断形成，但是，铸造、锻压、焊接、热处理及机械加工等传统的常规成形工艺至今仍是量大面广、经济适用的技术。因此，通过采用各种技术手段对常规成形工艺不断改进和提高，以实现零件加工过程的高效化、精密化、轻量化、信息化和绿色化，具有很大的技术和经济意义。

在铸造领域，以强韧化、轻量化、精密化、高效化为目标，开发铸锭（铸件）新材料。例如，在铝合金铸件生产中，主要解决无污染、高效、操纵简便的精炼技术、变质技术、晶粒细化技术和炉前快速检测技术,以充分发挥材料的潜能和提高材料的性能。快速成形(Rapid Prototyping,RP)是利用材料堆积法制造实物产品的一种高新技术。它根据产品的三维模型数据,不借助其他工具设备,迅速而精确地制造出该产品,集中体现在计算机辅助设计、数控、激光加工、新材料开发等多学科、多技术的综合应用。快速成形技术是现代制造技术中的一次重大突破。大力发展可视化铸造技术,推动铸造过程数值模拟技术 CAE(Computer Aided Engineering)向集成、虚拟、智能、实用化发展;开发基于特征化造型的铸造 CAD(Computer Aided Design)系统是铸造企业实现现代化生产工艺设计的基础和条件,新一代铸造 CAD 系统是一个集模拟分析、专家系统、人工智能于一体的集成化系统。采用真空熔炼浇注、炉外精炼、强化孕育变质、定向结晶、快速凝固及电磁搅拌等新型凝固技术,实现"近无缺陷成形与加工"。发展清洁(绿色)铸造技术,使生产全过程节能、降耗,产生的排放物无毒无害、数量少且最大限度再生利用。目前,3D 打印(Three Dimensional Printing)技术在各个行业领域应用广泛,3D 打印已可生产出的产品有:汽车、航空航天部件、机器部件、家用器具和玩具、砂型和砂芯、建筑物等。未来铸造技术的发展,产品需求上将呈现"品种多样性、结构复杂化、更新换代快"等特点,这就要求在铸造生产中采用先进的工艺及技术,3D 打印将在各种新型铸造工艺中大有用武之地。

在压力加工领域,通过与计算机的紧密结合,使数控加工、激光成形、人工智能、材料科学和集成制造等一系列与压力加工相关联的技术飞速发展。现代压力加工技术的发展趋势是:提高锻件的性能和质量;实现少、无切屑加工和污染,做到清洁生产;利用 IT 技术,发展高柔性和高效率的自动化压力加工设备,提高零件的生产效率,降低生产成本。塑性成形技术将以新材料、新能源、新介质以及计算机、信息、电子、控制技术等为依托,发展方向将更加突出"精、省、净"的需求。具体表现在:激光、电磁场、超声波和微波等新能源的应用为压力加工提供了新方法,出现了激光热应力成形、激光冲压成形、电磁成形、超声塑性成形、爆炸焊接—轧制成形等;液体、气体等新介质在塑性加工中的使用产生了新的成形技术。液压成形技术、气压成形技术主要有热态金属气压成形(Hot Metal Gas Forming,HMGF)和快速塑性成形(Quick Plastic Forming,QPF)技术、黏性介质压力成形、喷丸成形等;基于不同加载方式的塑性成形新技术,近年提出的无模多点成形和数控渐进成形,结合现代控制技术,可实现板材三维曲面的无模化生产与柔性制造。从成形过程来看,材料设计、制备、成形与加工的一体化,使各个环节的关联越来越紧密。例如,金属半固态加工、连续铸挤、连续铸轧、粉末冶金塑性成形新技术、爆炸焊接或扩散焊接后进行塑性加工、复合材料塑性成形新技术等都体现了多学科与多种技术综合的特点。随着新材料的不断出现及对成形技术要求的不断提高,未来压力加工技术将朝着构件轻量化、柔性化、低载荷与节能化、复合化成形的方向发展。

在焊接领域,焊接设备向数字化、智能化、机械化、自动化方向发展,与之相对应的焊接技术呈现智慧焊接、精准焊接、环保焊接、高效焊接发展的趋势。自从 20 世纪 90 年代末奥地利 Fronius 全数字化焊机进入中国市场,数字化焊机的发展引起了广泛关注。采用数字化控制技术的焊接电源已不再是单纯的焊接能量提供源,还具有数字操作系统平台、焊接参数动态自适应调整、过程稳定质量的评定、保护及自诊断提示等功能,焊接电源实际上已拓宽为焊接电源系统。此外,焊接机器人技术(Welding Robotic Technology)的开发和利用不断扩大。随着机器人控制速度和精度的提高,尤其是电弧传感器的开发并在机器人焊接中得到应用,使机器人电弧焊的焊缝轨迹跟踪和控制问题在一定程度上得到较好解决,焊接机器人应用从原来较为单一的装配点焊发展为零部件和装配过程中的电弧焊。机器人电弧焊的最大特点是柔性,具有 6 个自由度的机器人可以保证焊枪的任意空间轨迹和姿态,适合于被焊工件的品种变化大、焊缝短而多、形状复杂的产品。搅拌摩擦焊(Friction Stir Welding,FSW)不会产生与熔化有关的如裂纹、气孔及合金元素的烧损等焊接缺陷,焊接过程中不需要填充材料和保护气体,使得以往采用传统熔焊方法无法实现焊接的材料通过搅拌摩擦焊技术得以实现连接,是一种经济、高效、绿色的焊接技术,被誉为"继激光焊后又一次革命性的焊接技术"。激光-电弧复合焊技术,综合了激光和电弧的优点,将激光的高能量密度和电弧的较大加热区组合起来,同时通过激光与电弧的相互作用来改善激光能量的耦合现象(焊件表面受能量激发产生的等离子体吸收光子能量,使到达焊缝的能量减少),提高了电弧的稳定性。激光-电弧复合焊在航空航天、汽车、造船等领域中应用广泛。

进入 21 世纪,材料(零件)的精密成形技术得到了快速发展。精密成形技术是指零件成形后仅需少量加工或不再加工就可用作机械构件的近净成形技术(Near-Net Shape Forming)或净成形技术(Net-Shape Forming)。它是建立在新材料、新能源、信息技术、自动化技术等多学科综合的基础上,改造传统的毛坯成形技术,使之成为优质、高效、高精度、轻量化、低成本、绿色的成形技术。精密成形技术对于提高产品精度、缩短产品交货期、减少切削加工和降低生产成本均具有重要的经济和技术意义。近年来,精密铸造、精密压力加工与精密焊接技术都取得了突飞猛进的发展。在精密铸造方面,熔模精密铸造、陶瓷型精密铸造、金属型铸造和消失模铸造等技术得到了重点发展,使铸件质量大大提高;在精密压力加工方面,精冲技术、超塑性成形技术、冷挤压技术、成形轧制、无飞边热模锻技术、温锻技术、多向模锻技术的发展很快;在精密焊接方面,电子束焊接、激光焊接、激光切割、脉冲电阻焊接技术和感应钎焊技术的发展十分迅速。此外,在粉末冶金和塑料加工方面,金属粉末超塑性成形、粉末注射成形、粉末喷射和喷涂成形以及塑料注射成形中的气体辅助技术和热流道技术,大大扩展了现代精密成形技术的应用范围。目前,各种精密成形技术已经在航空航天、汽车和家电等行业中得到了广泛应用,并取得了显著的经济和社会效益。

3. 本课程的性质、任务及教学要求

"工程材料与成形技术基础"是高等工科院校材料类、机械类、能源动力类和航空航天类等专业学生必修的一门重要的专业技术基础课程,主要讲述常用工程材料及机械零件成形工艺方法,即从选择材料到毛坯或零件成形的综合性课程。本课程的主要内容包括:

(1)工程材料。材料的性能、组织结构、化学成分以及它们之间的关系和改变材料性能的方法;常用工程材料的分类、性能特点、应用及选材方法等。

(2)材料成形工艺基础。其主要包括液态成形(铸造)、塑性成形(压力加工)和连接成形(焊接)等各种成形技术的理论基础,材料成形过程中影响材料质量和制品性能的因素及缺陷形成原因,以及非金属材料和复合材料的性能特点和成形工艺简介。

通过本课程的学习,使学生对常用工程材料及材料成形过程和基本原理有较全面的了解;使学生真正建立起生产过程的基本知识,了解新材料的发展趋势,掌握现代制造和工艺方法,培养学生的工程素质、实践能力和创新设计能力。能从本质上认识和分析材料成形过程中遇到的实际问题和提出解决问题的途径;为今后学习具体零件或结构的工艺设计、其他制造成形技术的工艺方法、设备控制等课程,为开发新材料、新的成形工艺技术奠定坚实的理论基础。

通过本课程学习,使学生达到以下基本要求:

(1)了解工程材料的发展、分类及其在现代工业生产中的重要作用。

(2)了解材料组成—结构—性能—应用之间的内在关系和规律,重点掌握材料的力学性能(强度、硬度、塑性和韧性等)、晶体结构(晶格类型和晶体缺陷等)、金属的结晶过程和塑性变形基本方式和规律。

(3)重点掌握铁−碳相图、金属的热处理原理与工艺以及各种常见强化金属材料的方式。

(4)熟悉各种常用工程材料的牌号、成分特点、热处理特点及其在实际生产中的应用范围,达到能够合理选择材料以及正确制定热处理工艺。

(5)了解和掌握铸造、压力加工和焊接成形的理论基础,各种常见成形工艺方法的原理、特点及其适用范围,达到能够在实际生产中合理选择毛坯成形工艺。

本教材适宜的教学时数为 40~60 学时,部分内容可根据各专业不同培养要求作为选学内容。由于本课程内容较多,涉及面宽,知识点多、细、全,课程性质侧重叙述性,因此,要求教师在课堂讲述时,尽可能结合具体的工程应用实例进行讲述,避免过多地枯燥乏味讲授。同时应用多媒体辅助教学,特别是针对各种成形工艺过程,由于学时数少,许多设备的工作原理难以讲述清楚,因此应结合动画演示和教学录像片播放,可能会起到意想不到的效果。在教学过程中,关键是要调动学生学习的积极性和学习兴趣,让学生真正体会到该课程无论是在今后的专业学习还是在日常工作、生活当中都具有重要作用,使学生由被动学习转变为主动学习,同时布置适量的课外复习与思考题,往往会起到事半功倍的效果。

第1章　工程材料及力学性能

1.1　工程材料的分类

材料是人类生产活动和生活所必需的物质基础。材料的使用情况标志着人类文明的发展水平。因此,材料的研究和开发在世界各国都处于非常重要的地位。迄今为止,人类发现和使用的材料种类繁多。而工程材料主要是指用于机械、车辆、船舶、建筑、化工、能源、仪器仪表、航空航天等工程领域中的材料,用来制造工程构件和零件,也包括一些用于制造工具的材料和具有特殊性能(如耐腐蚀、耐高温等)的材料。

工程材料的种类多,应用广泛,分类方法也很多。通常根据材料的本性或其结合键的性质将工程材料分为金属材料、高分子材料、无机非金属材料和复合材料。按照化学组成又可将其进一步细分,如图1-1所示。

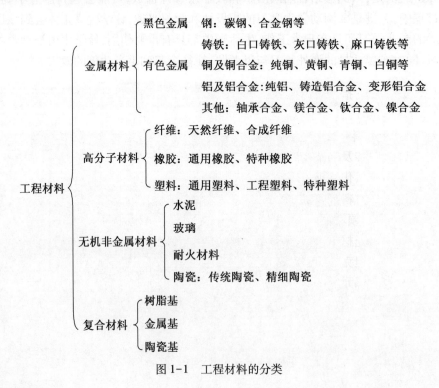

图1-1　工程材料的分类

1. 金属材料

目前金属材料仍然是应用最广泛的材料。金属材料的结合键主要为金属键。金属键是无方向性的,将原子维持在一起的电子并不固定在一定的位置上。当金属发生弯曲等变形时,只是变动键的方向,并不使原有键发生破坏。因此,金属具有良好的塑性。在电压作用下,电子云中的价电子将发生运动,因而金属具有良好的导电性。正离子在热的作用下,振荡加剧并传递热量,因而金属具有良好的导热性。工业上把金属及其合金分为两大部分:

(1)黑色金属。它指铁和以铁为基的合金,是应用最广的金属。以铁为基的合金材料占整个结构材料和工具材料的90%以上。黑色金属的工程性能优越,价格也比较便宜,是最重要的工程金属材料。

(2)有色金属。它指黑色金属以外的所有金属及其合金。按照其性能特点,有色金属可分为轻金属(密度小于4.5g/cm^3)、易熔金属、难熔金属、贵金属、铀金属、稀土金属和碱土金属等。

2. 高分子材料

高分子材料为有机合成材料,亦称聚合物,在工程上是发展最快的一类新型结构材料。高分子材料是由相对分子质量很大的大分子组成,高分子内的原子之间由很强的共价键结合,而高分子链之间则是范德瓦耳斯键或氢键结合。高分子材料具有较强的耐腐蚀性能及很好的绝缘性。与无机材料一样,高分子材料按其分子链排列的有序与否,可分为结晶聚合物和无定形聚合物两类。结晶聚合物的强度较高,结晶度决定于分子链排列的有序程度。工程上通常根据力学性能和使用状态将高分子材料分为三大类:

(1)塑料。其主要指强度、韧性和耐磨性较好的、可制造某些机器零件或构件的工程塑料。在工程塑料中,受热后有极好的延性和成形性的,称为热塑性塑料;在受热后失去延性的,称为热固性塑料。一般来说,前者强度低,后者强度较高,但均有轻质、耐腐蚀等特点。

(2)橡胶。其通常指经过硫化处理的、弹性特别优良的聚合物,有通用橡胶和特种橡胶两种。

(3)合成纤维。它指由单体聚合而成的、强度很高的聚合物,通过机械处理所获得的纤维材料。

3. 无机非金属材料

无机非金属材料涉及的范围很广。主要包括陶瓷、水泥、玻璃及耐火材料。该类材料大都具有熔点高、硬度高、化学稳定性好、耐高温、耐磨损、抗氧化和弹性模量大等优良性能,且原料丰富。其中陶瓷材料的发展最为迅速,受到材料科学工作者的广泛关注。陶瓷材料是应用历史最悠久、应用领域最广泛的无机非金属材料之一。传统的陶瓷材料由黏土、石英、长石等组成。新型陶瓷材料主要以Al_2O_3、SiC、Si_3N_4等为主要组分,已用作航天飞机的绝热涂层、发动机的叶片、坦克装甲车上的装甲、工模具和轴承等,还可作为先进的功能材料,用于制作电子元件和敏感元件。

4. 复合材料

复合材料是由两种或两种以上固体物质组成的材料,一般由基体材料(树脂、金属、陶瓷)和增强剂(颗粒、纤维、晶须等)复合而成。由于复合材料可以由各种不同种类的材料复合组成,所以它的结合键非常复杂。它既保持所组成材料的各自特性,又具有组成后的新特性,且它的力学性能和功能可以根据使用需要进行设计、制造,是一类特殊的工程材料,有着日益发展的应用前景。例如,玻璃钢是由玻璃纤维布与热固性高分子材料复合而成的,而玻璃钢的性能既不同于玻璃纤维,也不同于组成它的高分子材料。目前作为工程材料使用的复合材料主要有两类,即树脂基复合材料和金属基复合材料。

1.2 工程材料的主要力学性能

材料的力学性能是指材料在外加载荷作用下或载荷与环境因素(温度、环境介质)联合作用下所表现出来的行为,即材料抵抗外加载荷引起的变形和断裂的能力。采用各种不同的试验方法,测定材料在一定受力条件下所表现出的力学行为的一些力学参量的临界值或规定值,作为力学性能指标。材料的力学性能指标是设计计算、材料选用、工艺评定和材料检验的重要依据,具有很大的实用意义。本节将分别阐述几种常用力学性能指标的物理意义和工程意义。

1.2.1 单向静拉伸载荷下材料的力学性能

在工业生产中,测量材料力学性能最常用的是静载方法。单向静载拉伸实验是工业中应用最广泛的材料力学性能试验方法之一。这种试验方法的特点是温度、应力状态和加载速率是确定的。试验时在试样的两端缓慢地施加载荷,使试样的工作部分受轴向拉力作用沿轴向伸长,一般进行到拉断为止。通过拉伸试验可以测定出材料最基本的力学性能指标,如屈服强度、抗拉强度、延伸率和断面收缩率等。单向静载拉伸试验的实施和相关力学性能指标的确定,在国家标准《金属材料 拉伸试验 第 1 部分:室温试验方法》(GB/T 228.1—2010)中均有明确、详细的规定,应严格遵照执行。

1. 拉伸力-伸长曲线和应力-应变曲线

为了确保金属材料处于单向拉伸状态,以衡量它的各种性能指标,对试样的形状、尺寸和加工状态等均有一定要求。试样的形状与尺寸取决于被测金属产品的形状与尺寸。通常从产品、压制坯或铸件上切取样坯,经机加工制成试样。但具有恒定截面的产品(型材、棒材、线材等)和铸造试样(铸铁和铸造非铁合金)可以不经机加工而进行试验。试样横截面可以为圆形、矩形、多边形、环形,特殊情况下可以为某些其他形状。圆形横截面机加工拉伸试样如图 1-2 所示。试样分为 3 个部分,即工作部分、过渡部分和夹持部分。

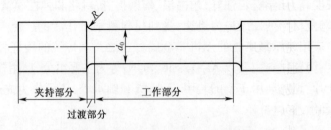

图 1-2　圆形横截面机加工拉伸试样

试样拉伸过程中,在拉伸试验机上通常可自动绘制出载荷和试样伸长变形量之间的关系曲线,称为拉伸力-伸长曲线或 $F\text{-}\Delta L$ 曲线。图 1-3 所示为低碳钢的 $F\text{-}\Delta L$ 曲线,曲线中的横坐标值和纵坐标值均与试样的几何尺寸有关。若将纵坐标以应力 $R(=F/S_0)$ 表示,横坐标以应变 $e(e=\Delta L/L_0)$ 表示,则这样的曲线与试样尺寸无关,可代表材料的力学性能,此曲线称为应力-应变曲线,或 $R\text{-}e$ 曲线,如图 1-4 所示。应力-应变曲线的形状与拉伸力-伸长曲线的形状相似,只是坐标不同。应力-应变曲线的纵坐标表示应力,单位为 MPa,横坐标表示应变,单位为%。

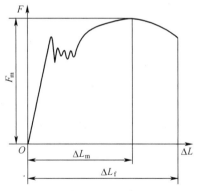
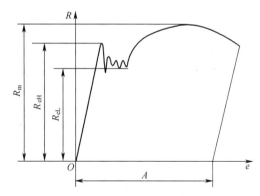

图 1-3　低碳钢的拉伸力-伸长曲线　　　　图 1-4　低碳钢的应力-应变曲线

由 $R-e$ 曲线可知,当拉应力较小时,试样的应变随应力的增加而增加,卸除拉应力后变形可以完全恢复,该过程为弹性变形阶段。当拉应力增大到一定程度时,试样产生塑性变形。最初,在试样的局部区域产生不均匀屈服塑性变形,曲线上出现平台或锯齿,随后进入均匀塑性变形阶段。当达到最大拉应力 R_m 时,试样再次产生不均匀塑性变形,在局部区域产生缩颈。随着不均匀塑性变形的进行,最后试样发生断裂。

综上所述,金属材料在外力的作用下,变形过程一般可分为 3 个阶段,即弹性变形、塑性变形和断裂。通过拉伸试验可以揭示材料在静载荷作用下的力学行为,还可以确定材料的最基本的力学性能指标。

2. 强度

强度的物理意义是表征材料对塑性变形和断裂的抗力。由拉伸试验可测定材料的屈服强度、规定强度和抗拉强度等强度指标。

1）屈服强度

从图 1-4 所示的低碳钢的 $R-e$ 曲线中可以看出,这类材料从弹性变形向塑性变形过渡是很明显的。当拉应力增加到一定程度后,此时拉应力虽不增加,但试样却继续伸长;或拉应力增加到一定数值时突然下降,随后在拉应力上下波动的情况下,试样继续伸长,这就是屈服现象。当材料呈现屈服现象时,在试验期间达到塑性变形发生而拉力不增加的应力点称为屈服强度。屈服强度分上屈服强度和下屈服强度,分别用 R_{eH} 和 R_{eL} 表示。试样发生屈服而力首次下降前的最大应力称为上屈服强度,用 R_{eH} 表示;在屈服期间,不计初始瞬时效应时的最小应力称为下屈服强度,用 R_{eL} 表示,如图 1-4 所示。

屈服强度表征材料对明显塑性变形的抗力。绝大多数机器零件,如紧固螺栓等,都是在弹性范围内工作,不允许产生明显的塑性变形,因此屈服强度是设计和选材的主要依据之一。

2）规定强度

为了保证机器的平稳运行,应将零件的变形量控制在一定的范围内,因此有必要确定材料在达到规定变形量时所对应的应力,这就是规定强度,包括规定塑性延伸强度、规定残余延伸强度和规定总延伸强度。其中规定塑性延伸强度应用较广泛。

材料在最大许用应力条件下是否会产生或产生多大的微量残余变形对于零件设计具有

重要意义。通常需要确定在不同规定塑性延伸率条件下所对应的应力,称为规定塑性延伸强度,用R_p表示,如$R_{p0.2}$表示规定塑性延伸率为 0.2%时的应力。

规定塑性延伸强度的测定可以采用图解法。在R-e曲线上,作一条与曲线的弹性直线段部分平行且在延伸轴上与此直线段的距离等效于规定塑性延伸率,如 0.2%的直线。该平行线与曲线的交截点给出相应于所求规定塑性延伸率的应力,即规定塑性延伸强度。

机器零件经常因产生过量的塑性变形而失效,因此一般不允许发生塑性变形。但是对于不同用途的零件,要求的严格程度不同。要求特别严格的零件,应采用规定塑性延伸率较小的规定塑性延伸强度进行设计,如$R_{p0.01}$。对于要求不十分严格的零件,常以$R_{p0.2}$作为设计和选材的主要依据。

规定总延伸强度和规定残余延伸强度有时也用作零件设计的依据。某一规定总延伸率所对应的应力即为规定总延伸强度。在R-e曲线上,作一条平行于力轴并与该轴的距离等效于规定总延伸率的平行线,此平行线与曲线的交截点所对应的应力,即为规定总延伸强度。用R_t表示,如$R_{t0.5}$表示规定总延伸率为 0.5%时的应力。卸除应力后残余延伸率等于某规定值时所对应的应力,即为规定残余延伸强度,用R_r表示,如$R_{r0.2}$表示规定残余延伸率为 0.2%时的应力。

3) 抗拉强度

试样能承受的最大载荷除以原始截面积所得的应力,称为抗拉强度,以R_m表示,单位为 MPa,即

$$R_m = \frac{F_m}{S_0} \qquad (1-1)$$

式中:F_m为拉断前试样所能承受的最大载荷;S_0为试样的原始截面积。

对塑性材料来说,在拉力达到F_m以前试样为均匀变形,而在F_m以后,变形将集中在试样的薄弱处,发生集中变形,试样上产生颈缩。由于颈缩处截面急剧减小,所以试样所能承受的载荷迅速下降,直到最后断裂。抗拉强度的物理意义是表征材料对最大均匀变形的抗力,表示材料在拉伸条件下能够承受最大载荷时的相应应力值。

零件设计时一般不允许产生过量的塑性变形,常用$R_{p0.2}$作为设计依据。但从保证零件不产生断裂的安全角度出发,同时考虑到R_m的测量方便,也往往将R_m作为零件设计的依据,但要采用更大的安全系数。

3. 塑性

塑性的物理意义是表征材料断裂前具有塑性变形的能力。塑性指标常用金属断裂时的最大相对塑性变形来表示,如拉伸时的断后伸长率A和断面收缩率Z,两者均无量纲。

1) 断后伸长率A

试样拉伸断裂后的相对伸长值称为断后伸长率,以A表示,即

$$A = \frac{L_u - L_0}{L_0} \times 100\% \qquad (1-2)$$

式中:L_0为试样原始标距长度;L_u为试样拉断后的标距长度。

对于拉伸时形成颈缩的材料来说,A值大小包括均匀变形部分伸长率和缩颈部分的集中变形伸长率两部分。根据试验结果,对同一材料制成的几何形状相似的试样,均匀变形伸

长率和试样尺寸无关,而集中变形伸长率与 $\dfrac{\sqrt{S_0}}{L_0}$ 有关。通常使用比例试样时,原始标距 L_0 与原始截面积 S_0 有以下关系: $L_0 = K\sqrt{S_0}$,其中比例系数 K 通常取值 5.65,也可以取 11.3。取值不同的两种圆形试样所测得的断后伸长率是不同的,前者大约为后者的 1.2 倍。因此,比例系数取值不同的两种试样所得断后伸长率不能直接进行比较。

2)断面收缩率 Z

断面收缩率 Z 是断裂后试样截面的相对收缩值,它等于断裂后试样截面积的最大缩减量 (S_0-S_u) 除以试样的原始截面积 S_0 ,也是用百分数表示,即

$$Z = \frac{S_0 - S_u}{S_0} \times 100\% \tag{1-3}$$

式中: S_0 为试样原始截面积; S_u 为试样断裂后的最小截面积。

断面收缩率不受试样尺寸的影响,能可靠地反映材料的塑性。

材料的塑性指标 A 、 Z 数值越高,表示材料的塑性加工性能越好。如飞机蒙皮、燃烧室火焰筒等冷压成形的零件,在加工制造时应保证具有足够的塑性。服役的零件,也要求具有一定的塑性,以具有承受偶然过载的能力。零件因偶然过载就可能在局部区域产生塑性变形,塑性变形的同时引起强化,使变形抗力增加,这就不致因偶然过载而发生突然断裂。因此,对机械零件都会提出一定的 A 、 Z 要求,但它们和 $R_{p0.2}$ 、 R_m 不同,不能直接用于零件的设计计算。一般认为,零件在保证一定的强度要求前提下,塑性指标高,则零件的工作安全可靠性大。

1.2.2 硬度

硬度是反映材料软硬程度的一种性能指标。硬度的试验方法很多,基本上可分为压入法和刻划法两大类。在压入法中,根据加载速率的不同,又可分为静载试验法和动载试验法(弹性回跳法)。在静载试验法中根据载荷、压头和表示方法的不同,又可分为布氏硬度、洛氏硬度、维氏硬度和显微硬度等多种。刻划法通常采用莫氏硬度计测量。依据试验方法的不同,硬度的物理意义也不同。例如,压入法的硬度值是材料表面抵抗另一物体压入时所引起的塑性变形的能力;刻划法硬度值表征材料抵抗表面局部破断的能力;回跳法硬度值是代表材料弹性变形功的大小。因此,硬度值实际上不是一个单纯的物理量。

实际生产中压入法应用最广泛。首先是因为这类试验方法比较简单,不破坏零件,测量迅速,适用于成品检验。此外,由于材料的硬度值和强度值之间往往有一定的关系,一定的材料,在一定的条件下,通常可由硬度值间接估算出材料的抗拉强度。

1. 布氏硬度

布氏硬度的试验原理是采用直径为 D 的硬质合金球,以一定大小的试验力 F 压入试样表面,如图 1-5(a)所示,经规定的保荷时间后卸除载荷,试样表面将残留压痕 d ,如图 1-5(b)所示。以试验力 F 除以压痕球形表面积 S 所得的商值即为布氏硬度值,其符号用 HBW 表示。其计算公式为

$$HBW = 0.102 \times \frac{F}{S} = 0.102 \times \frac{2F}{\pi D(D - \sqrt{D^2 - d^2})} \tag{1-4}$$

式中:0.102 是一个常数,是标准重力加速度 g_n 的倒数;F 的单位为 N;D、d 的单位为 mm。通常,布氏硬度值不标出单位。例如,600HBW1/30/20 表示硬质合金球的直径为 1mm、施加的试验力为 30kgf($\approx$294.2N)、试验力保持时间 20s 时测得的布氏硬度值为 600。硬度值越高,表明材料越硬。

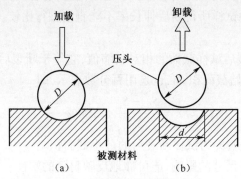

图 1-5 布氏硬度测量示意图
(a)加载状态;(b)卸载状态。

根据材料软硬不同或厚薄不同,试验时应选用不同大小的载荷 F 和压头直径 D。为了使同一材料采用不同的 F 和 D 值测得的 HBW 值相同,在选配压头直径 D 及试验力 F 时,应保证得到几何形状相似的压痕(即压痕的压入角保持不变),为此应使 $0.102 \times F/D^2 =$ 常数。国家标准中规定进行布氏硬度试验时,$0.102 \times F/D^2$ 的比值有 30、15、10、5、2.5 和 1 共 6 种。根据金属材料种类、试样硬度值范围的不同,可按表 1-1 中选定 $0.102 \times F/D^2$ 值。

表 1-1 布氏硬度试验中 $0.102 \times F/D^2$ 值的选择

材　料	布氏硬度/HBW	$0.102 \times F/D^2$/(N/mm^2)
钢、镍基合金、钛合金		30
铸铁	<140	10
	≥140	30
铜及其合金	<35	5
	35~200	10
	200	30
轻金属及其合金	<35	2.5
	30~80	5
		10
		15
	>80	10
		15
铅、锡		1

布氏硬度试验的优点是测量的压痕面积大,因而其硬度值能反映金属材料在较大范围

12

内各组成相的平均性能,压痕大的另一个优点是试验数据稳定,重复性好。布氏硬度的缺点是对不同类材料测量需更换压头和改变测试力,压痕直径的测试也比较麻烦。

2. 洛氏硬度

洛氏硬度试验是目前应用最广的试验方法,与布氏硬度一样,也是一种压入硬度试验法。但它不是测定压痕的面积,而是测量压痕的深度,以深度的大小表示材料的硬度值。

洛氏硬度试验所用的压头有两种:一种是圆锥角 $\alpha = 120°$ 的金刚石圆锥体;另一种是一定直径的小淬火钢球。在先后两次施加载荷(初载荷 F_0 及主载荷 F_1)的条件下,将标准压头压入试样表面,保压一定时间,然后卸除主载荷,根据主载荷所产生的塑性变形的深度确定试样的硬度。材料硬,压坑深度浅,则硬度值高;反之材料软,硬度值低。

为了适应不同材料的硬度测试,采用不同的压头与载荷组合成不同的洛氏硬度标尺。每一种标尺用一个字母在洛氏硬度符号 HR 后注明,如 HRA、HRB、HRC、HRF 等,几种常用洛氏硬度级别试验规范及应用范围见表1-2。

表1-2 常用洛氏硬度的级别及其应用范围

洛氏硬度	压头	总载荷/N(kgf)	测量范围	应 用
HRA	120°金刚锥	588.4(60)	70HRA 以上	零件表面硬化层、硬质合金等
HRB	1/16 英寸钢球	980.7(100)	25~100HRB	软钢和铜合金等
HRC	120°金刚锥	1471.1(150)	20~67HRC	淬火钢等硬零件
HRF	1/16 英寸钢球	588.4(60)	25~100HRF	铝合金和镁合金等

洛氏硬度试验的优点是操作简便、迅速,硬度值可在硬度计表盘上直接读出,压痕小,可测量成品件,采用不同标尺可测量各种软硬不同的金属和厚薄不同的试样的硬度。其缺点是因压痕小,代表性差,受材料组织不均等缺陷影响大,所测得的硬度值重复性差,分散度较大。此外,用不同标尺测得的硬度值彼此之间无可比性,只有通过查表换算成同一级别后才能比较硬度值高低。

3. 维氏硬度和显微硬度

维氏硬度测量原理和布氏硬度相似,也是根据压痕单位面积上的载荷大小来计量硬度值。所不同的是维氏硬度试验中的压头不是球体,而是相对两面间夹角成136°的金刚石正四棱锥体,如图1-6所示。根据载荷、四棱锥压痕对角线长度,就可通过计算或查表得到维氏硬度 HV 值。

维氏硬度不存在布氏硬度中那种 $0.102 \times F/D^2$ 关系的约束,也不存在压头的变形问题。压痕清晰,采用显微镜测量对角线长度,精确可靠。此外,维氏硬度也不存在洛氏硬度的硬度级别无法统一的问题,而且比洛氏硬度能更好地测定极薄试样的硬度。适用于各种金属材料,尤其是表面层,如化学热处理渗层、电镀层的硬度测量。其主要缺点是试验测定较为麻烦,要求被测面的表面粗糙度低。因此,不宜对成批生产件的常规检验。

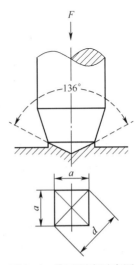

图1-6 维氏硬度示意图

13

显微硬度的测量原理及表示符号同维氏硬度,所不同的是所选用的载荷更小,在 0.0981(0.01)~1.962N(0.2kgf)范围内,通常用于测定金属组成相的硬度。

4. 其他硬度试验法

除上述试验方法外,努氏硬度和肖氏硬度试验法在工程中也经常使用。

努氏硬度试验也是一种显微硬度试验法。与维氏硬度试验的原理相同,只是存在以下区别:一是压头形状不同,它是用对面角为 172.5°和130°的四角棱锥金刚石压头;二是硬度值不是试验力除以压痕表面积的商值,而是除以压痕投影面积的商值。努氏硬度试验由于压痕细长,而且只测量长对角线的长度,因而测量精度高,用于测量薄层的硬度及检查硬化层的硬度分布较为方便。

肖氏硬度试验是一种动载荷试验法,其原理是将一定质量的带有金刚石圆头或钢球的重锤,从一定高度落于金属试样表面,根据重锤回跳的高度来表征金属硬度值的大小,用符号 HS 表示。肖氏硬度计为手提式,使用方便,可在现场测量大型工件的硬度。

1.2.3 材料在冲击载荷下的力学性能

上述的力学性能指标都是在缓慢加载条件下测定的,但有许多机器零件在工作中受到冲击载荷的作用。例如,飞机起落架在起飞和降落时,火车起动和刹车时,汽车行驶通过道路上的凹坑等都会受到冲击。还有一些机件,如铆钉枪、冲床、锻锤,本身就是利用冲击能来工作的。因此,表征材料在冲击载荷作用下的力学性能具有重要的意义。

1. 冲击试验方法

工程上常用一次摆锤弯曲试验来测定材料抵抗冲击载荷的能力。冲击试验原理如图 1-7 所示。将待测的标准冲击试样水平放置在冲击试验机的支座上,将一定质量 G 的摆锤升至一定高度 H_1,使它获得位能 $G \cdot H_1$。再将摆锤释放,冲断试样,并摆过支撑点升至高度 H_2,摆锤的剩余能量为 $G \cdot H_2$。冲断试样前后的能量差,即为摆锤冲断试样所消耗的功,也可以说是试样变形和断裂所吸收的能量(忽略机座振动能量、试样掷出功等),称为冲击功,以 K 表示,即 $K = G \cdot H_1 - G \cdot H_2$,单位为焦耳(J)。试验时,冲击功的数值可在冲击试验机的刻度盘上直接读出。

冲击试验标准试样主要有 U 形缺口或 V 形缺口,分别称为夏比 U 形缺口试样和夏比 V 形缺口试样,习惯上称前者为梅氏试样,后者为夏比试样。用不同缺口试样测得的冲击吸收功分别记为 KU 和 KV。我国多采用夏比 U 形缺口试样,图 1-8 所示为夏比 U 形缺口试样尺寸。试验时,缺口背对摆锤刀口放置。试验球铁、工具钢、热固性塑料等脆性材料常用 10mm×10mm×55mm 的无缺口冲击试样。

2. 冲击韧性

冲击韧性表征材料在冲击载荷作用下抵抗变形和断裂的能力。一般用 α_K 表示,单位为 kJ/m^2。

$$\alpha_K = KU/S_0 \text{ 或 } \alpha_K = KV/S_0 \tag{1-5}$$

式中: S_0 为试样缺口处截面面积。

α_K、KU(或 KV)值取决于材料及其状态,同时与试样的形状、尺寸有很大关系。同种材料的试样,缺口越深越尖锐,缺口处应力集中程度越大,越容易产生变形和断裂,冲击功越小,材料表现出的脆性越高。因此不同类型和尺寸的试样,其冲击韧性或冲击功不能直接比较。用同一材料制成的夏比 V 形缺口试样测得的 K 值比夏比 U 形缺口的数值要小。

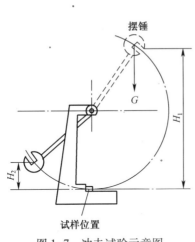

图 1-7　冲击试验示意图

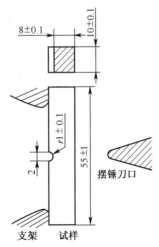

图 1-8　夏比 U 形缺口试样尺寸

3. 低温脆性

冲击韧性指标具有较大的工程实际意义,在实际生产中得到了广泛应用。常用来评定原材料的冶金质量即热加工后的产品质量,作为材料承受大能量冲击时的抗力指标。特别是根据系列冲击试验,可以评定材料在不同温度下的脆性转变趋势。

图 1-9 所示为通过系列冲击试验所得到的 α_K 值和试验温度之间的关系曲线。由图中可见,随着试验温度降低,α_K 值降低,当温度降低至某一数值或一定温度范围时,α_K 值急剧下降,材料由韧性状态转变为脆性状态,这种转变称为冷脆转变,相应的转变温度称为冷脆转变温度 T_K。冷脆转变温度也是金属材料的韧性指标,因为它反映了温度对材料韧脆性的影响。材料的脆性转变温度越低,说明低温冲击性能越好,允许使用的温度范围越大。工程上使用的中、低强度结构钢常有低温脆性现象,对于低温服役的机件,要依据材料的 T_K 值,确定它们的最低使用温度,以防止出现低温脆断。

4. 多冲抗力

对承受大能量冲击的机件,为了保证其使用安全,通常将 α_K 作为材料的冲击抗力指标,但 α_K 值无法用于零件的设计计算,只能根据经验提出对 α_K 值的要求。

实际上,承受冲击载荷的零件,常常不是受到一次冲击就破裂,而是在承受多次冲击后才被破坏,如锤杆、凿岩机活塞、钎尾等,以一次冲击破坏测定的 α_K 值作为设计的抗冲击性能指标,并不能保证使用寿命。为此,提出了用小能量多次冲击试验来测定材料的性能,即测定材料的冲击能量 K 与冲断周次 N 之间的关系曲线,如图 1-10 所示。以某冲击能量 K 下的冲断周次 N 或以要求的冲击工作寿命 N 时的冲击能量 K,表示材料的多冲抗力。

1.2.4　材料在疲劳载荷下的力学性能

许多机件如轴、齿轮、连杆、弹簧等,都是在交变载荷下工作的,它们在工作时所承受的应力通常都低于材料的屈服强度。机件在这种变动载荷作用下,经过长时间工作而发生断裂的现象叫做金属的疲劳。疲劳断裂都是突然发生的,因此具有很大的危险性。据统计,在

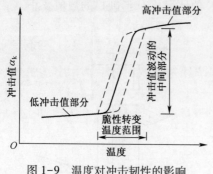

图 1-9　温度对冲击韧性的影响

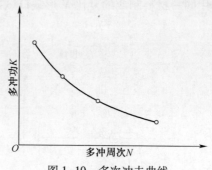

图 1-10　多次冲击曲线

损坏的机器零件中,大部分是由金属的疲劳造成的。因此了解金属疲劳的特点、疲劳力学性能,对于疲劳强度设计和选用材料具有重要的实际意义。

1. 疲劳现象及特点

变动载荷是引起疲劳破坏的外力,它是指载荷大小,甚至方向均随时间而变化的载荷。变动载荷有周期性变动载荷和无规则随机变动载荷两种。可用应力-时间曲线表示,如图 1-11 所示。

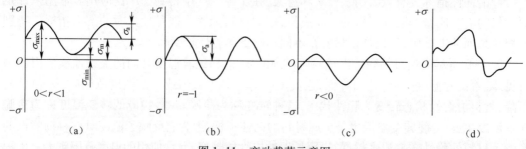

图 1-11　变动载荷示意图
(a)载荷大小变化;(b)、(c)载荷大小及方向都变化;(d)载荷大小及方向无规则变化

周期性变动载荷(应力)常称为循环应力,载荷(或应力)每重复变化一次,称为一个循环周次,循环应力特征可用下列几个参数表示,如图 1-11(a)、(b)所示。

最大应力 σ_{max};最小应力 σ_{min};应力幅 σ_a($\sigma_a = \dfrac{\sigma_{max} - \sigma_{min}}{2}$);平均应力 σ_m($\sigma_m = \dfrac{\sigma_{max} + \sigma_{min}}{2}$);应力循环对称系数 r($r = \dfrac{\sigma_{min}}{\sigma_{max}}$)。

在图 1-11(b)中,$r = -1$,称为对称循环交变应力,$\sigma_m = 0$。$r \neq -1$ 的循环应力都是不对称循环应力。

疲劳断裂通常都是低应力循环延时断裂,其断裂应力水平往往低于材料的抗拉强度,甚至屈服强度。不论是韧性材料还是脆性材料,在疲劳断裂前均不会发生塑性变形及有形变前兆,它是在长期累积损伤过程中,经裂纹萌生和缓慢亚稳扩展到临界尺寸时突然发生的。疲劳破坏往往起源于零件的表面,或零件内部某一薄弱部位,所以它对缺口、裂纹及组织缺陷等十分敏感。疲劳断裂也是一种危险的脆性断裂,但疲劳断裂不同于其他脆断,其宏观断口可见疲劳线,在微观断口上通常为疲劳条带。

16

2. 疲劳极限

常用的疲劳抗力评定指标有多种,应用最广泛的指标是疲劳极限 σ_r。材料的疲劳极限通常是用旋转对称弯曲疲劳试验方法测定的,故用 σ_{-1} 表示。试验时采用多组试样,在不同的交变应力下进行试验,测定各应力下试样发生断裂时的循环周次 N,绘制出 $\sigma_{\max}$(或 σ_a)与 N 之间的关系曲线,即疲劳曲线,简称 σ-N 曲线或 σ-$\lg N$ 曲线,如图 1-12 所示。由图可见,随应力水平下降,断裂的循环周次增加。对于一般具有应变时效的金属材料(如碳钢、合金结构钢等)及有机玻璃等,当循环应力降低到某一临界值时,σ-N 曲线趋于水平直线,如图 1-12(a)所示,表明材料在此应力作用下经无限次循环也不会发生疲劳。故将与此对应的应力称为疲劳极限,记为 σ_{-1}。但是,实际测试时不可能做到无限次应力循环。试验表明,这类材料如果应力循环 10^7 周次仍不发生断裂,则可认为承受无数次循环也不会断裂。所以通常将 $N=10^7$ 次时的最大应力定为疲劳极限 σ_{-1}。但是大多数有色金属及其合金和许多聚合物材料,其疲劳曲线上没有水平直线部分,如图 1-12(b)所示,只是随应力下降,循环周次不断增加。因此工程上通常根据材料的使用要求规定在某一循环周次下不发生断裂的应力作为条件疲劳极限,如铝合金以 $N=10^8$ 次时的最大应力作为 σ_{-1}。

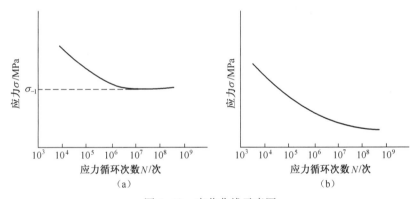

图 1-12　疲劳曲线示意图

(a)钢的 σ-N 曲线;(b)铝合金的 σ-N 曲线。

陶瓷和塑料的疲劳抗力很低,不能用于制造承受疲劳载荷的零件。金属材料疲劳强度较高,所以抗疲劳的机件几乎都选用金属材料。纤维增强复合材料也有较好的抗疲劳性能,复合材料已越来越多地被用于抗疲劳的机件。

当零件作无限寿命设计时,它所承受的交变应力值应低于相应材料的疲劳极限;而当零件作有限寿命设计时,它所承受的交变应力值可大于疲劳极限,但应低于一定循环次数(设计寿命)所对应的最大应力值,否则会导致早期疲劳断裂。

1.2.5　材料的高温力学性能

在高压蒸汽锅炉、汽轮机、柴油机、化工炼油设备、燃气轮机以及航空发动机中,很多机件长期在高温条件下服役。对于制造这类零件的金属材料,如果仅考虑其常温下的力学性能,显然是不行的。首先,温度对材料的力学性能影响很大;其次,在高温下载荷持续时间对力学性能也有很大的影响。例如,蒸汽锅炉中的高温高压管道,虽然所承受的应力小于工作温度下材料的屈服强度,但在长期的使用过程中会产生缓慢而连续的塑性变形,使管径日益增大。如果设计、选材不当或使用中疏忽,可能导致管道破裂。又如高温下钢的抗拉强度也随载荷持续时间的增长而降低。此外,温度和时间也影响金属材料的断裂形式。温度升高时晶粒强度和晶界强度都要降低,由于晶界上原子排列混乱,原子的扩散容易通过晶界进行,因此晶界强度下降较快。晶粒与晶界强度相等的温度称为等强温度 T_E。当机件的工作温度高于 T_E 时,金属的断裂便由穿晶断裂过渡到晶间断裂。

综上所述,材料在高温下的力学性能,不能只简单地用常温下短时拉伸的应力-应变曲线来评定,还必须考虑温度和时间这两个因素。因此,了解材料在高温长时间载荷作用下的力学行为以及评定其在高温下的力学性能指标具有重要的意义。

1. 蠕变现象

材料在长时间的恒温和恒应力(即使应力小于该温度下材料的屈服强度)作用下,缓慢地产生塑性变形的现象称为蠕变。由于这种变形最后导致材料的断裂称为蠕变断裂。金属材料、陶瓷材料在高温下会发生蠕变,高聚物在室温下就可能有蠕变现象。对于在一定温度下服役的机件,必须考虑它的抗蠕变性能。

材料的蠕变过程可用蠕变曲线来描述,它表示在一定温度和一定应力作用下变形量随时间变化的关系,典型的蠕变曲线如图 1-13 所示。图中的 Oa 段是试样在该温度下加载后产生的瞬时应变,这一应变还不算蠕变,而是由外加载荷引起的一般变形过程。从 a 点开始随加载时间的增长而产生的应变才属于蠕变。按照蠕变速度的变化情况,蠕变分为 3 个阶段。ab 段为第一阶段,称减速蠕变阶段,这一阶段开始蠕变速率增大,随着时间的延长,蠕变速率逐渐减小,到 b 点时蠕变速率达到最小值;bc 段为第二阶段,称为恒速蠕变阶段,这一阶段蠕变速率几乎保持不变,通常所指的蠕变速率就是以这一阶段的变形速率 $\dot{\varepsilon}$ ($\dot{\varepsilon} = \dfrac{\mathrm{d}\varepsilon}{\mathrm{d}t}$) 来表示;cd 段是第三阶段,称为加速蠕变阶段,随着时间的延长,蠕变速率逐渐增大,至 d 点产生蠕变断裂。

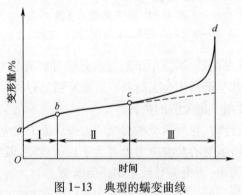

图 1-13　典型的蠕变曲线

同一材料的蠕变曲线随应力的大小和温度高低而异,如图 1-14 所示。当应力较小或温度较低时,蠕变第二阶段持续时间较长,甚至可能不产生第三阶段;而当应力较大或温度较高时,蠕变第二阶段很短,甚至完全消失,试样在很短时间内断裂。

金属材料,当其温度高于 $(0.3 \sim 0.4) T_m$(T_m 是材料的熔点,以绝对温度表示)时产生明显的蠕变。陶瓷材料则在高于 $(0.4 \sim 0.5) T_m$ 时产生明显的蠕变。金属和陶瓷的蠕变是由于在高温下原子的热激活和扩散作用,使变形抗力减小,因此发生塑性变形所需的应力远比

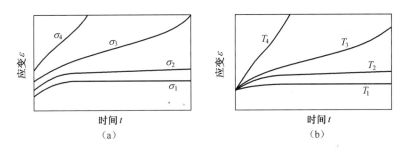

图 1-14　应力或温度对蠕变曲线的影响

(a)恒定温度下改变应力($\sigma_4 > \sigma_3 > \sigma_2 > \sigma_1$)；(b)恒定应力下改变温度($T_4 > T_3 > T_2 > T_1$)。

在室温时低。

高分子材料在玻璃化温度(T_g)以上产生明显的蠕变。高聚物的蠕变,实质上是一种黏弹性行为的表现。

2. 蠕变极限与持久强度极限

为保证在高温长时间载荷作用下的机件不致产生过量变形,要求材料必须具有一定的蠕变极限。蠕变极限是材料在高温长期载荷作用下抵抗塑性变形的抗力指标。蠕变极限可有两种表示方法:

(1) 在规定温度 T(℃)下,使试样产生规定的蠕变速率 $\dot{\varepsilon}$(第二阶段蠕变速率,%/h)的应力值,用符号 $\sigma_{\dot{\varepsilon}}^T$(MPa)表示。例如,$\sigma_{1\times10^{-5}}^{600} = 500\text{MPa}$,表示试验材料在温度为 600℃ 的条件下、蠕变速率为 1×10^{-5}%/h 时的蠕变极限为 500MPa。

(2) 在规定温度 T(℃)下和规定的试验时间 t(h)内,使试样产生一定的蠕变变形量 δ(%)的应力作为蠕变极限,用符号 $\sigma_{\delta/t}^T$(MPa)表示。例如,$\sigma_{0.2/500}^{800} = 200\text{MPa}$,表示试验材料在 800℃ 温度下、500h 后总变形量为 0.2% 的蠕变极限为 200MPa。

以上两种蠕变极限都需要试验到稳态蠕变阶段若干时间后才能确定。在使用时选用哪种表示方法应视蠕变速率与服役时间而定。如蠕变速率大而服役时间短,可取前一种表示方法 $\sigma_{\dot{\varepsilon}}^T$;反之,则取后一种表示方法 $\sigma_{\delta/t}^T$。

蠕变极限表征材料在高温长期载荷作用下对塑性变形的抗力,但不能反映断裂时的强度。因此,对于在高温下服役的材料,除应测定蠕变极限外,还必须测定其在高温长期载荷作用下的断裂强度,即持久强度极限。持久强度极限是在规定的温度 T(℃)下,恰好使材料经过规定时间 t(h)发生断裂的应力值,用符号 σ_t^T(MPa)表示。例如,$\sigma_{100}^{800} = 120\text{MPa}$,表示试验材料在 800℃、100h 时的持久强度极限为 120MPa。持久强度极限表征材料在高温长期载荷作用下抵抗断裂的能力。对于设计某些在高温运转过程中不考虑变形量大小,而只考虑在承受应力下使用寿命的机件来说,持久强度是极其重要的性能指标。

3. 剩余应力

在高温条件下,产生了一定初始变形的工件,在总变形不变的条件下,弹性变形会不断转变为塑性变形,从而使应力不断减小,这种现象称为应力松弛。应力松弛可视为应力不断减小条件下的一种蠕变过程,两者在本质上是一致的。硬橡胶密封垫片、蒸汽管道接头螺栓、高温下工作的压配合零件,都会因应力松弛使机件产生漏水、漏气现象。

材料抵抗应力松弛的性能指标为松弛稳定性。这可以通过应力松弛试验测定的应力松弛曲线来评定。应力松弛曲线是在规定温度下,对试样施加载荷,保持初始变形量恒定,测定试样上的应力随时间而降低的曲线,如图 1-15 所示。任一时间试样上所保持的应力称为剩余应力 σ_{sh},初始应力与剩余应力之差称为松弛应力 σ_{so}。

剩余应力是评定材料应力松弛稳定性的指标。某种材料在某一试验温度和初始应力作用下,经规定时间后,剩余应力越高,则其松弛稳定性越好。

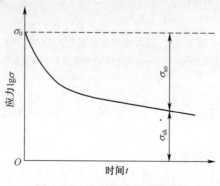

图 1-15　金属应力松弛曲线

1.2.6　断裂韧性

为了防止断裂失效,传统的强度理论是根据材料的屈服强度 $\sigma_{0.2}(R_{p0.2})$ 确定结构材料的许用应力 $[\sigma]$,$[\sigma]=\sigma_{0.2}/n$,$n>1$,n 为安全系数。然后再考虑到机件的结构特点及环境温度等的影响,根据材料使用的经验,对塑性、韧性、缺口敏感性等指标提出附加要求。据此设计的机件,按理是安全可靠的。尽管如此,采用某些高强度材料制造的机件却经常在屈服应力以下发生低应力脆断。大量断裂事例表明,上述机件的低应力脆断是由材料中宏观裂纹的扩展所引起的。由于裂纹的存在破坏了材料的均匀连续性,改变了材料内部应力状态和应力分布,故机件的结构性能就不再与无裂纹试样的性能相似,这时,传统的力学强度理论已不再适用。因此,了解新的强度理论和新的材料性能评定指标,以解决低应力脆断问题具有重要意义。断裂力学就是在承认机件中存在宏观裂纹的前提下发展起来的。它建立了裂纹扩展的各种新的力学参量,提出了含裂纹体的断裂判据。断裂韧性就是断裂力学中认为能反映材料抵抗裂纹失稳扩展能力的性能指标。

含有裂纹的机件,根据外加应力与裂纹扩展面的取向关系,裂纹扩展有 3 种基本形式,如图 1-16 所示:①张开型(Ⅰ型),拉应力垂直作用于裂纹扩展面,裂纹沿作用力方向张开,沿裂纹面扩展;②滑开型(Ⅱ型),切应力平行作用于裂纹面,而且与裂纹线垂直,裂纹沿裂纹面平行滑开扩展;③撕开型(Ⅲ型),切应力平行作用于裂纹面,而且与裂纹线平行,裂纹沿裂纹面撕开扩展。实际裂纹往往是上述各类裂纹的组合。上述各种类型的裂纹中,Ⅰ型裂纹扩展最危险,最易引起脆断。因此在研究含裂纹体的脆性断裂时,总是按照 Ⅰ 型来处理。

当材料中存在裂纹时,裂纹尖端就是一个应力集中区,形成应力分布特殊的应力场。欧文(G. R. Irwin)等人对 Ⅰ 型裂纹尖端附近的应力场进行分析,建立了应力场的数学解析式。分析表明,裂纹尖端各点的应力分量除了取决于其位置外,都有一个共同因子 K_I。对于某

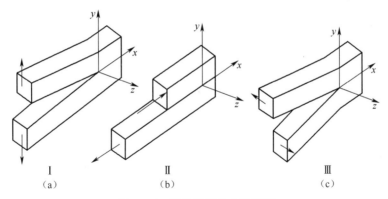

图 1-16 裂纹扩展的 3 种类型

(a)张开型;(b)滑开型;(c)撕开型。

一确定的点,各应力分量的大小就由 K_I 决定。因此,可以用 K_I 表示应力场的强弱程度,故 K_I 称为应力场强度因子,下标 I 表示 I 型裂纹。I 型裂纹应力场强度因子的一般表达式为

$$K_I = Y\sigma\sqrt{a} \qquad (1-6)$$

式中:Y 为一个和裂纹形状、加载方式及试样几何因素有关的无量纲系数;σ 为外加应力,MN/m^2;a 为裂纹临界长度的 $1/2$,m。

当 σ 和 a 单独或共同增加时,裂纹尖端的 I 型裂纹 K_I 也随之逐渐增大,当 K_I 达到临界值时,机件中的裂纹产生突然的失稳扩展。这个应力场强度因子 K_I 的临界值,称为临界应力场强度因子,也就是材料的断裂韧性。如果裂纹尖端处于平面应变状态,则断裂韧性的数值最低,称为平面应变断裂韧性,以 K_{IC} 表示,单位为 $MN \cdot m^{-3/2}$ 或 $MPa \cdot m^{1/2}$,即

$$K_{IC} = Y\sigma_C\sqrt{a_C} \qquad (1-7)$$

式中:σ_C 为临界状态下所对应的外加应力;a_C 为裂纹临界长度的 $1/2$。

断裂韧性 K_{IC} 反映材料抵抗裂纹失稳扩展即抵抗脆性断裂的能力,是材料的一个力学性能指标。它和裂纹本身的大小、形状无关,也与外加应力大小无关,只决定于材料本身的特性(成分、热处理条件及加工工艺等)。

根据应力场强度因子和断裂韧性的相对大小,可以建立裂纹失稳扩展脆断的判据,即

$$K_I = Y\sigma\sqrt{a} \geqslant K_{IC} \qquad (1-8)$$

裂纹体在受力时,只要满足上述条件,就会脆断;反之,则是安全的。

本 章 小 结

根据材料的本性或其结合键的性质,将工程材料分为金属材料、无机非金属材料、高分子材料和复合材料。金属材料包括黑色金属和有色金属;高分子材料主要包括纤维、橡胶、塑料等;无机非金属材料主要包括水泥、玻璃、陶瓷及耐火材料;复合材料包括树脂基、陶瓷基以及金属基复合材料。

材料的力学性能是指材料在外加载荷作用下或载荷与环境因素联合作用下所表现出来的行为,即材料抵抗外加载荷引起的变形和断裂的能力。

单向静载拉伸试验是工业中应用最广泛的材料力学性能试验方法之一。通过拉伸试验可以测定出材料最基本的静载力学性能指标,如屈服强度、抗拉强度、伸长率和断面收缩率等。硬度也是材料重要的力学性能之一。硬度表示金属表面抵抗局部压入变形或刻划破坏的能力。硬度的试验方法很多,基本上可分为压入法和刻划法两大类。静载试验法中主要包括布氏硬度、洛氏硬度、维氏硬度和显微硬度等多种。刻划法通常采用莫氏硬度计测量。

许多机器零件在工作中受到冲击载荷的作用。工程上常用一次摆锤冲击弯曲试验来测定材料抵抗冲击载荷的能力。常用冲击吸收能量 K 和冲击韧性 α_K 表征材料在冲击载荷作用下抵抗变形和断裂的能力。工程上使用的中、低强度结构钢等材料常有低温脆性现象,对于低温服役的机件,要注意防止低温脆断现象的出现。

在损坏的机器零件中,大部分是由金属的疲劳造成的。因此了解金属疲劳的特点、疲劳力学性能,对于疲劳强度设计和选用材料具有重要的实际意义。应用最广泛的疲劳抗力评定指标是疲劳极限。材料的疲劳极限通常是用旋转对称弯曲疲劳试验方法测定的,用 σ_{-1} 表示。

温度对材料的力学性能影响很大,因此对于在高温下服役的零件必须考虑其在高温长时间载荷作用下的力学行为以及评定其在高温下的力学性能指标。材料长时间在高温环境中受应力作用会产生蠕变并导致材料蠕变断裂。蠕变过程分为 3 个阶段:减速蠕变阶段、恒速蠕变阶段、加速蠕变阶段。材料在高温长期载荷作用下抵抗塑性变形的抗力用蠕变极限表征,抵抗断裂的能力用持久强度极限表征,应力松弛稳定性用剩余应力来评定。

由于实际构件中裂纹的存在破坏了材料的均匀连续性,此时传统的力学强度理论已不再适用。断裂力学就是在承认机件中存在宏观裂纹的前提下发展起来的。断裂韧性 K_{IC} 是断裂力学中认为能反映材料抵抗裂纹失稳扩展能力的一个力学性能指标。它与裂纹本身的大小、形状无关,也与外加应力大小无关,只决定于材料本身的特性。根据应力场强度因子和断裂韧性的相对大小,可以建立裂纹失稳扩展脆断的判据。

思考题与习题

1. 说明下列力学性能指标的意义

R_m , R_{eH} , R_{eL} , $R_{p0.2}$, $R_{t0.5}$, $R_{t0.2}$, A , Z , K , α_K , HBW, HRA, HRB, HRC, HV, σ_m , σ_r , σ_{-1} , σ_ε^T , $\sigma_{\delta/t}^T$, σ_{sh} , K_{IC} 。

2. 名词解释

冲击韧性,韧脆转变温度,多冲抗力,低温脆性,低应力脆断,张开型(Ⅰ型)裂纹,应力场强度因子,裂纹临界长度,应力幅,应力循环对称系数,蠕变,松弛稳定性。

3. 选择题

(1) 在设计拖拉机缸盖螺钉时,应选用的强度指标是(　　)。

A. 抗拉强度; B. 屈服强度; C. 弹性极限

(2) 有一碳钢支架刚性不足,解决的办法是(　　)。

A. 用改变其显微组织的方法强化; B. 另选合金钢; C. 增加截面积

(3) 材料的脆性转变温度应在使用温度(　　)。

A. 以上; B. 以下; C. 与使用温度相等

（4）汽车后半轴经过冷校直，造成力学性能指标降低，主要是（　　）。

A. R_m；B. A；C. σ_{-1}

（5）在图纸上出现以下几种硬度技术条件的标注，其中（　　）是对的。

A. 500HBW；B. 800HV；C. 12~15HRC

（6）材料的断裂韧性 K_{IC}（　　）。

A. 是真正的材料参量，只与材料的成分、结构有关；B. 与应力状态有关；

C. 与载荷及试样尺寸有关

（7）为保证材料在高温长期载荷作用下不致产生过量蠕变，设计时应选用的强度指标是（　　）。

A. σ_ε^T；B. σ_t^T；C. $R_{p0.2}$

4. 综合分析题

（1）从原子结合的观点来看，金属、陶瓷、高分子材料有何主要区别？在性能上有何表现？

（2）在机械设计时多用哪两种强度指标？为什么？

（3）简述用 A、Z 两种塑性性能指标评定金属材料塑性的优、缺点。

（4）实验室现有 HBW、HRA、HRB、HRC、HV、HS 几种类型的硬度试验机，请说明选用何种硬度测试方法测定下列工件的硬度：

①鉴别钢中的隐晶马氏体与残余奥氏体；②淬火钢；③硬质合金；④铜合金；⑤调质钢；⑥龙门刨床导轨；⑦渗碳层的硬度分布；⑧钢轨；⑨高速钢刀具；⑩灰铸铁

（5）试述材料或构件发生低应力脆断的原因及防止方法。

（6）试述金属疲劳断裂的特点、疲劳极限的测试方法及工程意义。

（7）简述金属蠕变的一般规律，分析晶粒大小对金属材料高温力学性能的影响。

（8）试说明高温下金属塑性变形的机理与常温下金属塑性变形的机理有何不同。

（9）简述断裂 K 判据的意义及用途。

（10）有一火箭壳体承受很高的工作压力，其周向工作拉应力为 $\sigma = 1400$MPa。采用超高强度钢制造，焊接后发现纵向表面有半椭圆裂纹（$a = 1$mm，$a/c = 0.6$）。现有一种材料，其性能为 $R_{p0.2} = 2100$MPa，$K_{IC} = 47$MPa · m$^{1/2}$。问从断裂力学角度考虑，选用该种材料是否妥当（对于 $a/c = 0.6$ 大件表面半椭圆裂纹，裂纹的形状系数为 $Y = \dfrac{1.1\sqrt{\pi}}{\varphi}$，其中 $\varphi = 1.28$）？

第 2 章　材料的微观结构

2.1　原子键合机制

材料的结构可以从 3 个层次来考查:①组成材料的单个原子结构,其原子核外电子的排布方式显著地影响材料的电、磁、光和热性能,还影响到原子之间彼此结合的方式,从而决定材料的类型;②原子的空间排列,金属、许多陶瓷和一些聚合物材料具有非常规整的原子排列,称为晶体结构,材料的晶体结构显著地影响材料的力学性能,其他一些陶瓷和大多数聚合物的原子排列是无序的,称为非晶态,其性能与晶态材料有很大的不同,例如非晶态的聚乙烯是透明的,而结晶状态的聚乙烯则是半透明的;③显微组织,包括晶粒的大小、合金相的种类、数量和分布等参数。

原子结构理论表明,原子是由带正电的原子核和带负电的核外电子组成的。原子间的作用力是由原子的外层电子排布结构造成的。氖、氩等惰性气体原子间的作用力很小,因为这些原子的电子外层轨道具有稳定的八电子排布结构。而其他元素与惰性元素不同,它们的外层轨道必须通过以下两种方式来达到电子排布的相对稳定结构:①接受或释放额外电子,形成具有净负电荷或正电荷的离子;②共有电子,这使得原子间产生较强的键合力。

1. 离子键

离子键是由正、负离子间的库仑引力形成的。例如,当钠和氯原子相互接触时,由于各自的外层轨道上的电子一失一得,使得它们各自变成正离子和负离子,二者靠静电作用结合起来,形成氯化钠,如图 2-1 所示。氯化钠的这种结合方式称为离子键。离子的电荷分布呈球形对称,在任意方向上都可以吸引电荷相反的离子,可见离子键没有方向性和饱和性。形成离子键时正、负离子相间排列,这就要求离子键合材料中的正、负电荷数相等,所以氯化钠的组成为 NaCl。离子键的键能(破坏这些键所需要的能量)最高,结合力很大,外层电子被牢固地束缚在离子的外围,因而,以离子键结合的材料其性能表现为硬度高、热膨胀系数小,在常温下的导电性很差。在熔融状态下,所有离子均可运动,因此在高温下易于导电。由于在外力作用下,离子之间将失去电的平衡,而使离子键发生破坏,在宏观上表现为材料断裂,所以通常表现为脆性较大。许多陶瓷材料是完全或部分通过离子键结合而成的。

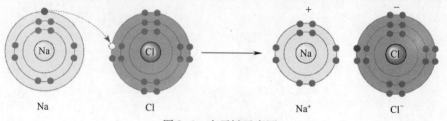

图 2-1　离子键示意图

2. 共价键

共价键是由相邻原子共用其外部价电子,形成稳定的电子满壳层结构而形成的。两个相邻的原子只能共用一对电子。故一个原子的共价键数,即与它共价结合的原子数最多只能有 $8N$,N 表示这个原子最外层的电子数。可见共价键具有明显的饱和性,各键之间有确定的方位,如图2-2所示。

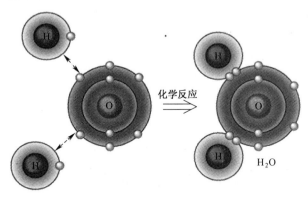

图 2-2　共价键示意图

共价键的结合力也很大,这一点在金刚石中表现得尤其突出。金刚石是自然界中最硬的材料,其熔点也极高。通常以共价键结合的材料,其性能也表现为硬度高、熔点高,延展性和导电性都很差。许多陶瓷和聚合物材料是完全或部分通过共价键结合形成的。

3. 金属键

金属原子的结构特点是最外层电子数少,一般不超过 3 个。这些外层电子与原子核的结合力较弱,很容易脱离原子核的束缚而变成自由电子。当金属原子处于聚集状态时,几乎所有的原子都将它们的价电子贡献出来,为整个原子集体所共有,形成"电子云"。这些自由电子已不再只围绕自己的原子核运动,而是与所有的价电子一起在所有的原子核周围按量子力学规律运动着。贡献出价电子的原子成为正离子,与公有化的自由电子间产生静电作用而结合起来,这种结合方式称为金属键,它没有饱和性和方向性,如图2-3所示。根据金属键的本质,可以解释固态金属的一些基本特性。例如,在外加电场作用下,金属中的自由电子能够沿着电场方向做定向运动,形成电流,显示出良好的导电性。自由电子和正离子的热振动使金属具有良好的导热性。随着温度的升高,正离子

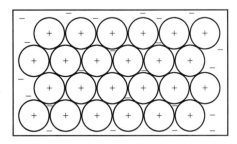

图 2-3　金属键示意图

和原子本身振动的幅度加大,可阻碍电子的定向运动,使电阻升高,因而金属具有正的电阻温度系数。由于金属键没有饱和性和方向性,当金属发生变形时,即金属原子或离子企图改变它们彼此间的位置关系时,它们始终沉浸在电子云中,并不使金属键发生破坏,所以金属表现为具有良好的塑性。

4. 范德瓦耳斯键

一些高分子材料和陶瓷,它们的分子往往具有极性,即分子的一部分往往带正电荷,而

另一部分则往往带负电荷。一个分子的正电荷部位和另一个分子的负电荷部位间的微弱静电吸引力将两个分子结合在一起,这种结合方式称为范德瓦耳斯键,也称为分子键,如图 2-4 所示。范德瓦耳斯键可在很大程度上改变材料的性能。例如,高分子材料聚氯乙烯(PVC 塑料)是由 C、H、Cl 构成的链状大分子,如图 2-5 所示,在每个分子内原子是以共价键结合的,据此可以预料聚氯乙烯应该是很脆的。但由于链与链之间形成范德瓦耳斯键,而这种键合较弱,在外力作用下键易发生断裂,使分子链彼此发生滑动导致产生很大变形,结果使聚氯乙烯实际上具有很高的塑性。

图 2-4　范德瓦耳斯键示意图

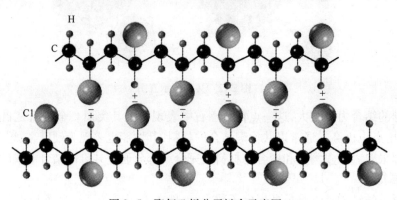

图 2-5　聚氯乙烯分子键合示意图

就工程材料的键性来说,工程材料中只有一种键合机制的材料很少,大多数工程材料是以金属键、共价键、离子键混合方式结合的。金属材料的结合主要是靠金属键,陶瓷材料的结合键主要是离子键与共价键。高分子材料链状分子间的结合是范德瓦耳斯键,而链内则是共价键结合。

2.2　金属晶体结构

原子排列可分为无序排列、短程有序和长程有序。通常将原子排列规律性只局限在邻近区域原子(一般在分子范围内)的排列方式,称为短程有序排列。若构成材料的质点(原子、离子或分子)在三维空间呈无序或短程有序排列,则称此材料为非晶态材料。有些工程材料的原子以共价键、范德瓦耳斯键结合,它们的原子在分子范围内按一定规律排列,而分子与分子之间则随机地、无规律地连接在一起。大多数聚合物都具有短程有序的原子排列。

通常将整个材料内部原子具有规律性的排列,称为长程有序。原子呈长程有序排列时即构成晶体。例如,金属、许多陶瓷和部分高分子材料,其原子在三维空间呈规律性排列,即组成这些材料的质点(原子、离子或分子)便构成了晶体。

2.2.1　晶体结构与空间点阵

晶体结构是指构成晶体的基元(原子、离子、分子等)在三维空间具体的规律排列方式。

晶体结构的最突出特点就是基元排列的周期性。一个理想晶体可以看成是由完全相同的基元在空间按一定的规则重复排列得到的。基元可以是单个原子,也可以是彼此等同的原子群或分子群,图 2-6 所示为基元选取示意图。周期性的重复排列可用点阵来描述。点阵是一个几何概念,它由一维、二维或三维规则排列的阵点组成。三维点阵又称空间点阵,即晶体结构 = 空间点阵 + 基元。

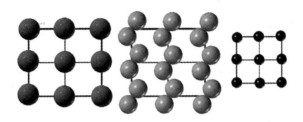

图 2-6　基元选取示意图

将阵点用一系列平行直线连接起来,即构成一空间格架,叫晶格。从晶格中取出一个能保持点阵几何特征的基本单元,叫晶胞。显然,晶胞作三维堆砌就构成了晶格,如图 2-7 所示。

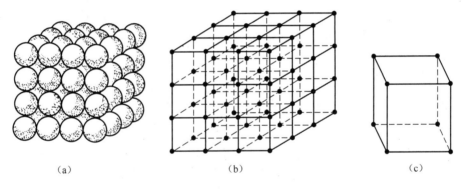

(a)　　　　　　　　　　(b)　　　　　　　　　　(c)

图 2-7　晶体结构示意图
(a)晶体中原子的排列;(b)晶格;(c)晶胞。

布拉菲在 1948 年根据"每个阵点环境相同"的要求,用数学分析法证明晶体的空间点阵只有 14 种,故这 14 种空间点阵称为布拉菲点阵,分属于 7 个晶系。空间点阵虽然只有 14 种,但晶体结构则是多种多样、千变万化的。

2.2.2　常见金属的晶格类型

1. 金属晶格类型

金属元素除了少数具有复杂的晶体结构外,绝大多数都具有比较简单的晶体结构,其中最典型、最常见的晶体结构有 3 种类型,即体心立方晶格、面心立方晶格和密排六方晶格。

1) 体心立方晶格(bcc)

原子分布在立方体的各结点和中心处,其特点是金属原子占据着立方体的 8 个顶角和中心,如图 2-8 所示。属于这一类的金属有铬(Cr)、钼(Mo)、钨(W)、钒(V)和 α-Fe(温度小于 912℃的纯铁)等 30 多种。这类金属有相当高的强度和较好的塑性。

2）面心立方晶格（fcc）

原子分布在立方体的各结点和各面的中心处。金属原子除占据立方体的8个顶角外，立方体6个面的中心处也各有一个金属原子，如图2-9所示。属于这种晶格的金属有铝（Al）、铜（Cu）、镍（Ni）、铅（Pb）和γ-Fe（温度在1394～912℃之间的纯铁）等约20种。这类金属的塑性都很好。

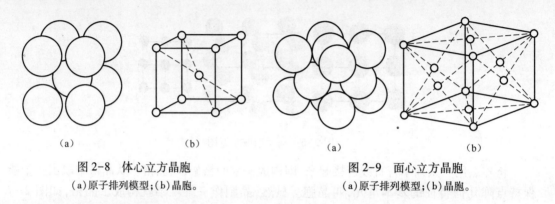

（a）	（b）	（a）	（b）
图2-8 体心立方晶胞		图2-9 面心立方晶胞	
（a）原子排列模型；（b）晶胞。		（a）原子排列模型；（b）晶胞。	

3）密排六方晶格（hcp）

原子分布在六方柱体的各个结点，上下底面中心处各有一个原子，还有上下两个六方面的中间有3个原子，如图2-10所示。属于这种晶格的金属有铍（Be）、镁（Mg）、锌（Zn）、镉（Cd）等20多种。

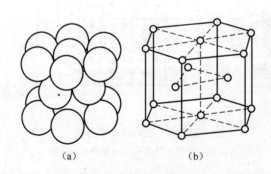

（a）　　　　　　　（b）

图2-10　密排六方晶胞
（a）原子排列模型；（b）晶胞。

2. 晶胞特征

由于金属的晶体结构类型不同，导致金属的性能也各不相同。并且具有相同晶胞类型的不同金属，其性能也不相同，这主要是由晶胞特征不同所决定的。常用以下参数来表征晶胞的特征：

1）晶胞原子数

晶胞原子数是指一个晶胞内所包含的原子数目。体心立方晶胞每一个角上的原子是同属于与其相邻的8个晶胞所共有，每个晶胞实际上只占有它的1/8，而立方体中心结点上的原子却为晶胞所独有，所以每个晶胞中实际所含的原子数为2个。同理，可求得面心立方晶胞中的原子数为4个。密排六方晶胞中的原子数为6个，如图2-11所示。

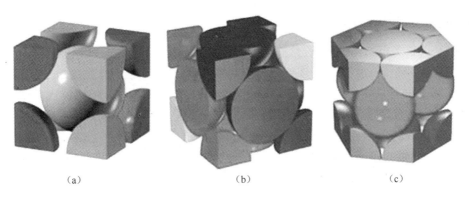

图 2-11　晶胞原子数示意图

(a)体心立方晶胞；(b)面心立方晶胞；(c)密排六方晶胞。

2）原子半径

原子半径 r 通常是指晶胞中原子密度最大的方向上相邻两原子之间平衡距离的一半，与晶格常数 a 有一定的关系。在体心立方晶胞中，体对角线上的原子彼此相切，因而有 $4r = \sqrt{3}a$，即 $r = \dfrac{\sqrt{3}}{4}a$；在面心立方晶胞中，面对角线上的原子彼此相切，其原子半径 $r = \dfrac{\sqrt{2}}{4}a$；在密排六方晶胞中，上、下底面的中心原子与周围 6 个角上的原子相切，所以其原子半径 $r = a/2$，如图 2-12 所示。

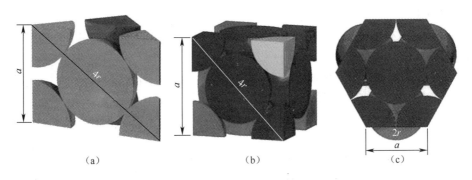

图 2-12　原子半径与晶格常数之间关系示意图

(a)体心立方晶胞；(b)面心立方晶胞；(c)密排六方晶胞。

3）致密度

常用致密度对晶体中原子排列的紧密程度进行定量比较。致密度记为 K，是指晶胞中所含全部原子的体积总和与该晶胞体积之比，可用式(2-1)表示，即

$$K = \frac{nv}{V} \tag{2-1}$$

式中：n 为晶胞中的原子数；v 为单个原子的体积；V 为晶胞体积。

由此可计算出体心立方晶胞的致密度为 0.68，面心立方晶胞和密排六方晶胞的致密度均为 0.74。此数值说明，具有体心立方结构的金属晶体中，有 32% 是间隙体积。这些间隙对金属的性能、合金的相结构、扩散及相变等都有重要影响。

2.2.3 实际金属的晶体结构

金属是由很多小晶体组成的,这些小晶体叫做晶粒,金属是由很多大小、外形和晶格排列方向均不相同的晶粒所组成的多晶体。多晶体是由多晶粒组成的晶体结构。晶粒之间的接触部位叫晶界,如图 2-13 所示。

如果一块晶体就是一颗晶粒,即晶格排列方位完全一致,就是单晶体。单晶体必须专门由人工制备。单晶体在不同方向上具有不同性能的现象称为各向异性。

普通金属材料都是多晶体。多晶体的金属虽然每个晶粒具有各向异性,但由于各个晶粒位向不同,加上晶界的作用,这就使得各晶粒的有向性互相抵消,因而整个多晶体呈现出无向性,即各向同性。

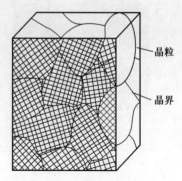

图 2-13 多晶体中不同位
向晶粒示意图

2.2.4 晶体缺陷

如前所述的晶体结构都是理想晶体的结构。在实际使用的晶体材料中,原子的排列不可能像理想晶体那样规则和完整,总是不可避免地存在一些原子排列不规则、形成结构不完整性的区域,这就是晶体缺陷。晶体缺陷对晶体材料的性能有很大影响,特别是对塑性变形、扩散、相变和强度等起着决定性作用。根据晶体缺陷的几何特征,可将它们分为点缺陷、线缺陷和面缺陷三类。

1. 点缺陷

点缺陷的特点是在空间三维方向上的尺寸都很小,约为几个原子间距,又称零维缺陷。常见的点缺陷有 3 种,即空位、间隙原子和置换原子,如图 2-14 所示。

1) 空位

空位是指未被原子占据的晶格结点,是一种最常见的点缺陷。空位产生后,其周围原子相互间的作用力失去平衡,因而它们朝空位方向稍有移动,形成一个涉及几个原子间距范围的弹性畸变区,即晶格畸变。

2) 间隙原子和置换原子

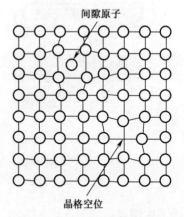

图 2-14 空位和间隙原子示意图

分别指进入晶格间隙位置的原子和占据晶格结点的异质原子,主要存在于间隙固溶体和置换固溶体中。由于间隙原子和置换原子的存在,使其周围邻近原子也将偏离其平衡位置,造成晶格畸变。

点缺陷是一种热平衡缺陷,即在一定温度下有一平衡浓度。对于置换原子和异类的间隙原子来说,常将这一平衡浓度称为固溶度或溶解度。通过某些处理,如高能粒子辐照、高温淬火及冷加工等,可使晶体中点缺陷的浓度高于平衡浓度而处于过饱和状态。这种过饱和点缺陷是不稳定的,当温度升高而使原子获得较高的能量时,点缺陷的浓度便下降到平衡浓度。

2. 线缺陷

线缺陷就是各种类型的位错,它是指晶体中的原子发生了有规律的错排现象。其特点是原子发生错排的范围只在一维方向上很大,是一个直径为 3~5 个原子间距,长数百个原子间距以上的管状原子畸变区。位错是一种极为重要的晶体缺陷,对金属强度、塑性变形、扩散和相变等具有显著影响。位错包括两种基本类型,即刃型位错和螺型位错。

1) 刃型位错

设有一简单立方晶体,有一原子面在晶体内部中断,犹如用一把锋利的钢刀将晶体上半部分切开,沿切口硬插入一额外半原子面一样,将刃口处的原子列(EF)称为刃型位错,如图 2-15 所示。可见,位错线上部邻近范围内原子受到压应力,下部邻近范围内原子受到拉应力,离位错线较远处原子排列恢复正常。刃型位错有正、负之分,若额外半原子面位于晶体的上半部,则此处的位错线称为正刃型位错;反之,若额外半原子面位于晶体的下半部,则称为负刃型位错。

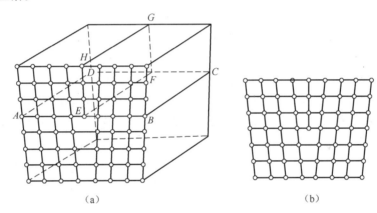

图 2-15　刃型位错示意图

2) 螺型位错

设想在立方晶体右端施加一切应力,使右端上、下两部分沿滑移面发生了一个原子间距的相对切变,于是就出现了已滑移区和未滑移区的边界 BC,BC 就是螺型位错线,如图 2-16 所示。从滑移面上下相邻两层晶面上原子排列的情况可以看出,在 aa' 的右侧,晶体的上下两部分相对错动了一个原子间距,但在 aa' 和 BC 之间,则发现上下两层相邻原子发生了错排和不对齐的现象。这一地带称为过渡地带,此过渡地带的原子被扭曲成了螺旋形。如果从 a 开始,按顺时针方向依次连接此过渡地带的各原子,每旋转一周,原子面就沿滑移方向前进一个原子间距,犹如一个右旋螺纹一样。由于位错线附近的原子是按螺旋形排列的,所以这种位错叫做螺型位错。根据位错线附近呈螺旋形排列的原子的旋转方向不同,螺型位错可分为左螺型位错和右螺型位错两种。通常用拇指代表螺旋的前进方向,而以其余四指代表螺旋的旋转方向,凡符合右手法则的称为右螺型位错,符合左手法则的称为左螺型位错。

3. 面缺陷

晶体的面缺陷包括晶体的外表面(表面或自由界面)和内界面两类,其中的内界面又有晶界、亚晶界等。

1) 晶体的外表面

晶体的外表面如图 2-17 所示。由于表面上的原子与晶体内部的原子相比其配位数较

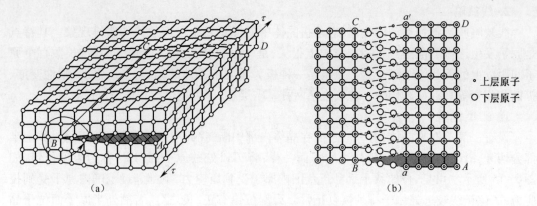

图 2-16 螺型位错示意图

(a)立体图;(b)顶视图。

少,使得表面原子偏离正常位置,在表面层产生了晶格畸变,导致其能量升高。将这种单位表面面积上升高的能量称为比表面能,简称表面能。表面能可以用单位长度上的表面张力(N/m)表示。

2) 晶界与亚晶界

若材料的晶体结构和空间取向都相同,则称该材料为单晶体。金属和合金通常都是多晶体。多晶体由许多晶粒组成,每个晶粒可以看作一个小单晶体。晶体结构相同但位向不同的晶粒之间的界面,称为晶粒间界,简称为晶界,如图 2-18 所示。每个晶粒内的原子排列总体上是规整的,但还存在许多位向差极小的亚结构,称为亚晶粒。亚晶粒之间的界面叫亚晶界。当相邻晶粒的位向差小于 10°时,称为小角度晶界;当位向差大于 10°时,称为大角度晶界。亚晶界属于小角度晶界。晶粒的位向差不同,则其晶界的结构和性质也不同。现已查明,小角度晶界基本上由位错构成,大角度晶界的结构却十分复杂。金属和合金中的晶界大都属于大角度晶界。

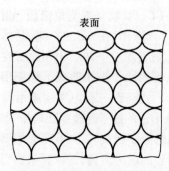

图 2-17 晶体外表面示意图

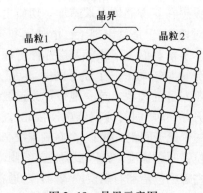

图 2-18 晶界示意图

应当指出,晶体缺陷不等于人们常说的缺点。晶体中晶体缺陷的分布与运动,对晶体的某些性能(如金属的屈服强度、半导体的电阻率等)有很大的影响。晶体缺陷对晶体的塑性和强度、扩散以及其他结构敏感性的问题往往起主要作用,而晶体的完整部分反而处于次要地位。

2.3 合金的相结构

一般来说,纯金属大都具有优良的塑性、导电和导热等性能,但它们制取困难,价格较贵,种类有限,特别是力学性能(强度、硬度较低,耐磨性也比较低)难以满足多种高性能的要求,因此,工程上大量使用的金属材料都是根据性能需要而配制的各种不同成分的合金,如碳钢、合金钢、铸铁、铝合金及铜合金等。

2.3.1 合金中的一些基本概念

1. 合金

合金是以一种金属为基础,加入其他金属或非金属,经过熔合而获得的具有金属特性的材料,即合金是由两种或两种以上的元素所组成的金属材料。例如,工业上广泛应用的钢铁材料就是铁和碳组成的合金;普通黄铜是铜与锌组成的合金。合金除具备纯金属的基本特性外,还兼有优良的力学性能与特殊的物理、化学性能。

2. 组元

组成合金最简单的、最基本的、能够独立存在的元素称为组元,简称元。组元一般是指元素,但有时稳定的化合物也可以作为独立组元,如 Fe_3C、Al_2O_3 等。合金中按组元数目的多少可分为二元合金、三元合金及多元合金。例如,黄铜是由铜和锌组成的二元合金;硬铝是铝、铜和镁 3 种元素组成的三元合金;熔断丝是锡、铋、镉和铅 4 种元素组成的四元合金等。

3. 合金系

由两个或两个以上组元按不同比例配制成一系列不同成分的合金,这一系列合金构成一个合金系统,简称合金系,如黄铜是由铜和锌组成的二元合金系。

4. 相

合金中具有同一化学成分、同一晶格形式并以界面分开的各个均匀组成部分称为相。如均匀的液体称为单相,液相和固相同时存在则称为两相。纯铁在不同温度下可以出现不同的相:液相、δ-Fe 相、γ-Fe 相和 α-Fe 相。

5. 组织

组织泛指用金相观察方法看到的由形态、尺寸不同和分布方式不同的一种或多种相构成的总体。

将金属试样的磨面经适当处理后用肉眼或借助放大镜观察到的组织,称为宏观组织;将采用适当方法(如浸蚀)处理后的金属试样的磨面复型或制成的薄膜置于光学显微镜或电子显微镜下观察到的组织,称为金相组织或显微组织。只由一种相组成的组织称为单相组织;由几种相组成的组织称为多相组织。纯金属的组织是单相组织,合金的组织可以是单相或多相组织。金属材料的组织不同,其性能也就不同。

合金之所以比纯金属性能优越,主要是由于合金的内部结构不同于纯金属。合金的内部结构比较复杂,组成合金的基本相可分为固溶体和中间相(也称金属间化合物)。

2.3.2 合金中的基本相

1. 固溶体

(1) 概念及分类。固溶体就是在固态下由两种或两种以上的物质互相溶解形成的单一均匀的物质。例如,铜镍合金就是以铜(溶剂)和镍(溶质)形成的固溶体,固溶体具有与溶剂金属同样的晶体结构。

根据固溶体晶格中溶质原子在溶剂晶格中占据的位置不同,分为置换固溶体和间隙固溶体两种。如图 2-19 所示,置换固溶体即溶剂晶格上的原子部分地被溶质原子所代替。金属元素彼此之间通常都形成置换固溶体。黄铜就是锌溶于铜中形成的置换固溶体。间隙固溶体即溶质原子处于溶剂晶格中间的某些间隙位置上。一些原子半径小于 0.1nm 的非金属元素如 C、N 等作为溶质原子时,通常处于溶剂晶格的某些间隙位置而形成间隙固溶体。

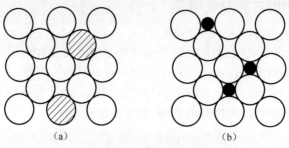

图 2-19　固溶体示意图
(a)置换固溶体;(b)间隙固溶体。

(2)晶格畸变与固溶强化。虽然固溶体仍保持着溶剂的晶格类型,但与纯溶剂组元相比,其结构已发生了很大的变化。由于溶质与溶剂的原子半径、化学性质不同,因而在溶质原子附近的局部范围内形成一弹性应力场,造成晶格畸变。图 2-20 所示为晶格畸变的几种情况示意图。固溶体晶格的畸变使合金强度和硬度升高,而塑性下降,这种现象称为固溶强化。固溶强化是提高合金力学性能的重要途径之一。

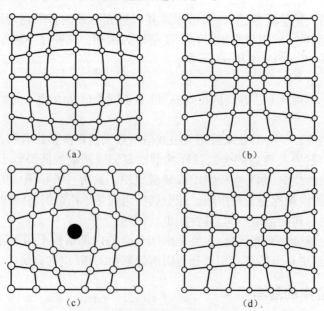

图 2-20　晶格畸变的几种情况
(a)大尺寸原子置换型;(b)小尺寸原子置换型;(c)间隙型;(d)产生空位。

2. 中间相

两组元 A 和 B 组成合金时,除了可形成固溶体之外,如果溶质含量超过其溶解度时,便可能形成新相,其成分处于 A 在 B 中和 B 在 A 中的最大溶解度之间,故称为中间相。中间相可以是化合物,也可以是以化合物为基的固溶体。它的晶体结构不同于其任一组元,结合键中通常包括金属键。因此中间相具有一定的金属特性,又称为金属间化合物。它的晶体结构不同于组成元素的晶体结构,而且其晶格一般都比较复杂。其性能特点是熔点高、硬度高、脆性大,如铁碳合金中的 Fe_3C。当合金中出现金属化合物时,能提高其强度、硬度和耐磨性,但会降低其塑性和韧性。金属间化合物一般具有较高的熔点、高的硬度和脆性,通常作为合金的强化相。此外,还发现有些金属间化合物具有特殊的物理、化学性能,可用作耐热材料或者功能材料。

当组成合金的各组元在固态下既互不溶解,又不形成金属间化合物,而是按一定的质量比以混合方式存在着时,形成各组元晶体的机械混合物。组成机械混合物的物质可以是纯组元、固溶体或者是化合物各自的混合物,也可以是它们之间的混合物。绝大多数在工业中使用的合金都是混合物,它们的性能决定于组成混合物各部分的性能以及它们的形态、大小和分布。

本 章 小 结

原子的外层电子排布结构对于决定原子间的键合方式起着重要作用。因此,可以根据外层电子排布结构来确定材料的一般性能。金属材料由于以金属键结合为主,因而具有良好的延性和导电性。陶瓷和许多聚合物以离子键和共价键为主,通常它们的延性和导电性都很差。某些聚合物具有良好的塑性,是因为其分子间是以范德瓦耳斯键结合的。

原子排列可分为无序排列、短程有序和长程有序。若构成材料的质点(原子、离子或分子)在三维空间呈无序或短程有序排列,则构成非晶态材料。大多数聚合物都具有短程有序的原子排列。原子呈长程有序排列时即构成晶体,如金属、许多陶瓷和部分高分子材料都是晶体。晶体缺陷主要有点缺陷(即空位、间隙原子和置换原子)、线缺陷(即刃型位错和螺型位错)、面缺陷(包括外表面、晶界、亚晶界等)。

合金之所以比纯金属性能优越,主要是由于合金的内部结构不同于纯金属。合金的内部结构比较复杂,组成合金的基本相可分为固溶体和中间相(也称金属间化合物)。

通过本章学习要求掌握以下基本内容:①理解重要的术语和基本概念,包括离子键、共价键、金属键、晶体结构、空间点阵、固溶体、中间相、点缺陷、线缺陷、面缺陷、合金、组元、相、合金系和组织等;②掌握金属的典型晶体结构、合金相结构以及晶体缺陷,并明确原子排列及排列中的缺陷是决定材料性能的重要因素。

思考题与习题

1. 名词解释

空间点阵,致密度,晶体与非晶体,单晶体与多晶体,刃型位错,合金,相,组织,固溶体,金属间化合物,固溶强化。

2. 填空题

（1）同非金属相比，金属的主要特性是____。

（2）晶体与非晶体最根本的区别是____。

（3）点缺陷有____、____和____ 3 种；金属晶体中最主要的面缺陷是____和____。

（4）位错分两种，它们是____和____，多余半原子面是____位错所特有的。

（5）γ-Fe、α-Fe、Zn 的一个晶胞内的原子数分别为____、____和____。

（6）合金中的基本相有____和____两大类，其中前者具有较高的____性能，适宜做____相；后者具有较高的____性能，适宜做____相。

（7）固溶体的强度和硬度比溶剂的强度和硬度____。

（8）固溶体的晶体结构取决于____，金属间化合物的性能特点是____。

3. 是非题

（1）因为单晶体是各向异性的，所以实际应用的金属材料在各个方向上的性能也是各不相同。 （　　）

（2）金属多晶体是由许多结晶方向相同的单晶体组成的。 （　　）

（3）金属理想晶体的强度比实际晶体的强度稍高一些。 （　　）

（4）晶体缺陷的共同之处是它们都能引起晶格畸变。 （　　）

4. 选择题

（1）晶体中的位错属于（　　）。

A. 点缺陷；B. 面缺陷；C. 线缺陷

（2）亚晶界是由（　　）。

A. 点缺陷堆积而成；B. 位错垂直排列成位错墙而构成；C. 晶界间的相互作用构成

（3）工程上使用的金属材料一般都呈（　　）。

A. 各向异性；B. 伪各向同性；C. 伪各向异性

（4）α-Fe 和 γ-Fe 分别属于（　　）晶格类型。

A. 面心立方和体心立方；B. 体心立方和面心立方；C. 均为面心立方

（5）固溶体的晶体结构与（　　）。

A. 溶剂相同；B. 溶质相同；C. 其他晶型相同

（6）固溶体的性能特点是（　　）。

A. 塑性韧性高、强度硬度低；B. 塑性韧性低、强度硬度高；C. 综合性能高

（7）金属间化合物的性能特点是（　　）。

A. 熔点高、硬度低；B. 熔点低、硬度高；C. 熔点高、硬度高

5. 综合分析题

（1）简述金属键的基本结构，并说明金属性能与金属键之间的关系。

（2）常见的金属晶格类型有哪几种？它们的原子排列和晶胞各有什么特点？α-Fe、γ-Fe、Al、Cu、Ni、Pb、Cr、V、Mg、Zn 各属何种晶格类型？

（3）实际金属晶体中存在哪些晶体缺陷？它们对晶体性能有什么影响？

（4）什么是固溶体？简述固溶体通常分类情况。

（5）什么是固溶强化？造成固溶强化的原因是什么？

（6）试比较合金、组元、相及组织的概念。

（7）组成合金的基本相有哪些？简述中间相的结构与性能特征。

第3章 金属的结晶、变形与再结晶

3.1 金属的结晶及铸件晶粒大小控制

液态金属冷却至凝固温度时,金属原子由无规则运动状态转变为按一定几何形状作有序排列的状态,这种由液态金属转变为晶体的过程称为金属的结晶。金属及合金的生产、制备一般都要经过熔炼与铸造,也就是说,要经过由液态转变为固态的结晶过程。通过熔炼,得到要求成分的液态金属,浇铸在铸型中,凝固后获得铸锭或成形的铸件,铸锭再经过冷热变形加工以制成各种型材、棒材、板材和线材。金属及合金的结晶组织对其性能以及随后的加工有很大的影响,比如铸锭的凝固组织对其热变形性能的影响就很大,不合理的铸锭组织会引起热变形过程中的开裂、破坏,降低成材率;热加工虽然可以改善铸锭的组织和性能(如一般热处理能够消除大部分微观偏析),但是如果出现了宏观缺陷(如宏观偏析、非金属夹杂、缩孔和裂纹等),即使采用热处理或塑性加工的方法也不能消除,它们将残留于最终成品中,给制品性能带来很大的不利影响。由于结晶组织的形成与结晶过程密切相关,因此,了解有关金属和合金的结晶理论和结晶过程,对于控制铸态组织,提高金属制品的性能具有重要的指导作用。

3.1.1 冷却曲线及结晶一般过程

1. 冷却曲线

采用图3-1所示的装置,将金属加热使之熔化,然后缓慢冷却,并用 X-Y 记录仪将金属冷却过程中的温度与时间记录下来,所获的温度-时间关系曲线如图3-2所示,这一曲线叫做冷却曲线。

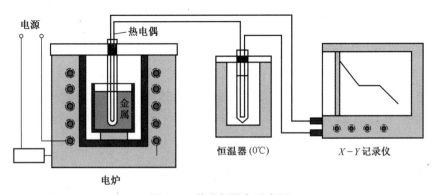

图3-1 热分析设备示意图

金属由液体冷却凝固成固体时要释放出凝固潜热,如果这一部分热量恰好能补偿系统向环境散失的热量,凝固过程将在恒温下进行,表现为图3-2中的平台。即金属结晶时,存在一个平衡结晶温度 T_m，也称其为金属的熔点。这时，液体中的原子结晶到晶体上的数目等于处于晶体上的原子熔入到液体中的数目。从宏观范围来看，此时金属既不结晶也不熔化，液体和晶体处于动态平衡状态。只有冷却到低于平衡结晶温度时才能有效地进行结晶。因此金属的实际结晶温度 T_n 总比其熔点 T_m 低，这种现象叫做过冷。T_m 与 T_n 的差值 ΔT 叫做过冷度，过冷是金属凝固的必要条件。不同金属的过冷倾向不同，即使同一种金属其过冷度也不是恒定值。过冷度的大小与冷却速度有关，一般冷却速度越快，过冷度越大。

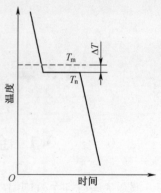

图 3-2　纯金属的冷却曲线

2. 结晶一般过程

金属的结晶过程是由形核和晶核长大两个基本过程所组成。当液态金属冷却到 T_m 以下的某一温度开始结晶时，在液体中首先形成一些稳定的微小晶体，称为晶核，如图 3-3 所示。随后，已形成的晶核按各自不同的位向不断长大。同时在液体中又产生新的结晶核心，并逐渐长大，直至液体全部消失为止。

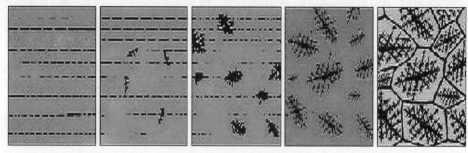

图 3-3　金属结晶过程示意图

（1）形核。形核方式有两种，一种是均匀形核，即晶核在液态金属中均匀地形成；另一种是非均匀形核，即晶核在液态金属中非均匀地形成。在实际生产条件下，金属中难免含有少量杂质，而且液态金属总是在容器或铸型中凝固，这样，形核将优先在某些固态杂质表面及容器或铸型内壁进行，这就是非均匀形核。非均匀形核所需过冷度显著小于均匀形核，实际金属的凝固形核基本上都属于非均匀形核。

（2）长大。液态金属在铸模中凝固时，液体中的过冷度随着离液-固界面的距离增加而减小，称为正温度梯度。在正温度梯度下，晶体的生长方式为平面状生长，如图 3-4 所示。如液体中的过冷度随离液-固界面的距离增加而增加，称为负温度梯度。在负温度梯度下，晶体的生长方式为树枝状生长。即生长界面不可能继续保持平面状而会形成许多伸向液体的一次晶轴，同时在晶轴上又会生长出二次晶轴、三次晶轴等，如图 3-5 所示。

3. 晶粒大小

结晶条件不同，晶粒的大小差别也很大。金属晶粒的大小对其性能有很大的影响。一般情况下金属的强度、塑性和韧性都随晶粒的细化而得到提高（即细晶强化），因此，在实际生产中常采取以下几种细化晶粒的措施以改善力学性能：

（1）增加冷却速度。增加冷却速度可增大过冷度，使晶核形成速率大于晶粒长大速率，因而使晶粒细化。

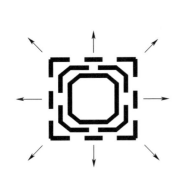

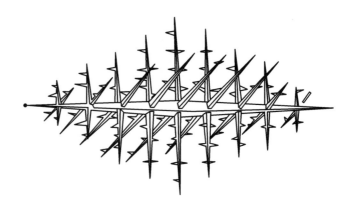

图 3-4　晶体平面长大示意图　　　　　图 3-5　晶体枝晶长大示意图

（2）变质处理。在液态金属中加入少量变质剂（又称孕育剂）作为人工晶核，以增加晶核数，从而细化晶粒。

（3）在结晶过程中采用机械振动、超声振动和电磁振动等引入能量搅拌，增加形核数，还可以打碎枝晶，也有细化晶粒的作用。

3.1.2　同素异构转变

大多数金属的晶格类型都是一成不变的，但是铁、锰、锡、钛等金属的晶格类型会随着温度的升高或降低而发生改变。这种同一种固态金属，在不同的温度区间具有不同晶格类型的性质，称为同素异构性。金属在固态下晶格类型随温度变化而发生改变的现象称为同素异构转变。

纯铁是具有同素异构性的金属，图 3-6 为纯铁的冷却曲线，当温度变化时，发生同素异均转变。金属的同素异构转变也是一种结晶过程，它同样包括晶核的形成和长大

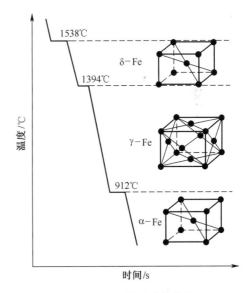

图 3-6　纯铁的冷却曲线

两个基本过程，故又叫重结晶。转变时也有结晶潜热的放出和过冷现象。铁的同素异构转变是钢铁材料能够进行热处理的重要依据。

3.2　塑性变形与再结晶

金属材料在承受外力时，会产生一定量的变形，随着外力的增加，其变形将由弹性变形转变为塑性变形，直至最后断裂。金属材料的变形特性在工程技术上十分重要。

（1）由于铸态金属中往往具有晶粒粗大不均匀、组织不致密及存在杂质偏析等缺陷，故工业上使用的金属材料大多要在浇注后经过压力加工再使用。

（2）把材料制作成所要求的形状尺寸，通过压力加工时产生的塑性变形，金属的组织会发生很大的变化，可使材料的某些性能（如强度等）得到显著提高。但在塑性变形的同时，也会给金属的组织和性能带来某些不利的影响，因此，在压力加工之后或在加工过程中，必要的话，还应对金属进行重新加热，使其发生回复与再结晶，以消除不利的影响。

如前所述，由于工程上实际使用的材料绝大多数为具有多晶体组织的材料，为了更好地了解多晶体材料的变形，需首先了解单晶体的变形特性。

3.2.1 塑性变形方式及机制

1. 单晶体的塑性变形

金属的变形一般有两种，即弹性变形和塑性变形。弹性变形是可逆的，即在载荷全部卸除后，变形可完全恢复；而塑性变形是不可逆的，即在外力去除后，将在材料中残留一定量的永久变形。由于实际金属通常为多晶体，多晶体的变形是以其中各个单晶体变形为基础的，所以首先来认识单晶体的塑性变形方式及机制。研究表明，在常温和低温下单晶体的塑性变形主要是通过滑移和孪生的方式来进行。其中滑移是最基本、最重要的塑性变形方式。

1）滑移

（1）滑移线和滑移带。如果对经过抛光的退火态工业纯铜多晶体试样进行适当的塑性变形，然后在金相显微镜下观察，就可以发现原抛光面上的每个晶粒内呈现出很多相互平行的线条，如图 3-7 所示。如果进一步采用分辨率很高的电子显微镜观察，则又发现在光学显微镜下所观察到的线条，实际上是由许多更细并相互平行的细线所组成的滑移带，如图 3-8 所示。滑移带中的平行线称为滑移线。这些滑移线的间距约为 10^2 倍原子间距，而沿每一滑移线的滑移量可达 10^3 倍原子间距，同时也可发现滑移变形的不均匀性，在滑移线内部及滑移带之间的晶面都没有发生明显的滑移。

图 3-7 工业纯铜中的滑移带

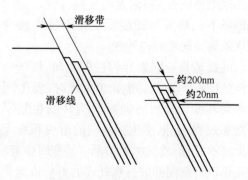

图 3-8 滑移带形成示意图

滑移线说明金属在受外力作用下产生塑性变形时，晶体的一部分沿着一定晶面相对于另一部分进行滑动，称为滑移。

（2）滑移系。观察发现，在晶体塑性变形过程中出现的滑移线并不是任意的，它们彼此之间或者相互平行或者成一定角度，说明晶体滑移只能沿一定晶面和该晶面上一定的晶体学方向进行,称为滑移面和滑移方向。

在外力作用下,最容易产生滑移的晶面,是原子排列密度最大的晶面,如图 3-9 所示。这是由于最密排面的面间距最大,原子之间的结合力最小,容易发生滑移。在滑移面上,滑移进行的方向是原子排列密度最大的方向。一个滑移面和该面上的一个滑移方向构成一个滑移系。滑移系表明了晶体滑移时的可能空间取向。在通常情况下,晶体中的滑移系数目越多,滑移过程就越容易进行,从而金属的塑性就越好。滑移系数目的多少与金属的晶格类型有关。体心立方和面心立方晶格的滑移系数目为 12,而密排六方晶格的滑移系数目为 3,所以,体心立方和面心立方晶格金属的塑性优于密排六方晶格金属。

(3)滑移的临界分切应力。如图 3-10 所示,作用于单晶体的外力 F,在任何一个晶面上,均可分解成垂直于该晶面的正应力分量 σ 和平行于该晶面的切应力分量 τ。其中,正应力分量只能使晶体的晶格发生弹性伸长,当正应力大于原子间的结合力时,晶体发生断裂。

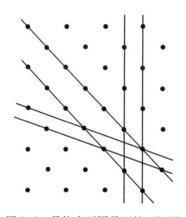

图 3-9 晶格中不同晶面的面间距

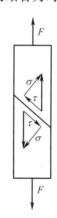

图 3-10 外加应力在晶面上的分解

在外力作用下,晶体中的滑移是在一定滑移面上沿一定滑移方向进行的。因此,对滑移真正有贡献的是滑移面上沿滑移方向的切应力分量 τ,也只有当这个切应力分量达到某一临界值后滑移才能开始进行,这时的切应力分量就称为临界分切应力(τ_k)。临界分切应力是晶体本身的力学性能,它的大小取决于不同金属晶体的原子键合强度。

(4)滑移的机制。两个原子面做相对滑动时,如果两个滑移面上所有原子是同时做刚性的相对滑动,那么外加切应力就必须同时克服两个滑移原子面上所有原子之间的键结合力,这样引起滑移的分切应力就很大。事实上,引起滑移的切应力只有两个原子面上的所有原子同时做滑动的 1‰。这一现象可用位错运动来解释。

实际上,晶体的滑移是通过位错运动来实现的,图 3-11 所示为一刃型位错在分切应力的作用下在滑移面上的运动过程。从图中可以看出,晶体在滑移时并不是滑移面上的全部原子同时做移动,而是只有位错线附近的少数原子移动很小的距离(小于一个原子间距),因此晶体滑移所需的应力要比晶体做整体刚性滑移低得多。当一个位错移到晶体表面时,便会在表面上留下一个原子间距的滑移台阶。当有许多位错运动到晶体表面时,就形成许多原子间距的滑移。滑移的结果是产生滑移带,滑移的距离为原子间距的整数倍。

(5)滑移时晶面的转动。图 3-12 所示为晶体滑移时晶面发生转动的示意图。当晶体发生滑移时,作用在试样两端的力将不再处于同一条轴线上,因此产生一个力矩迫使滑移晶

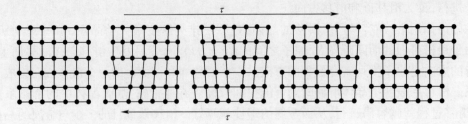

图 3-11　位错沿滑移面运动示意图

面发生转动。转动的结果是,滑移面趋于与拉伸轴平行,使试样两端的拉力重新作用在同一条直线上。

2) 孪生

在晶体变形过程中,当滑移由于某种原因难以进行时,晶体常常会以孪生的方式进行变形,特别是对于滑移系较少的密排六方晶格金属,容易以孪生方式进行变形。

孪生是晶体塑性变形的另一种方式,在切应力作用下,晶体的一部分沿一定的晶面(孪生面)和一定晶向(孪生方向)做均匀的移动,如图 3-13 所示。孪生后移动区与未移动区构成镜面对称,形成孪晶。

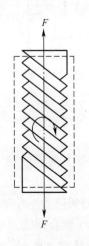

图 3-12　晶面转动示意图

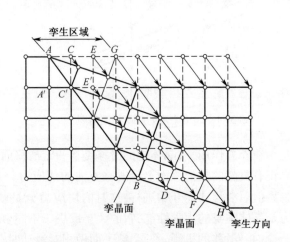

图 3-13　晶体的孪生示意图

3) 滑移与孪生的比较

(1) 相同点。都是在切应力作用下发生的变形;都是晶体塑性变形的基本方式,是晶体的一部分沿一定晶面和晶向相对另一部分的移动过程;两者都不会改变晶体结构。

(2) 不同点。滑移不改变晶体的位向,而孪生会改变晶体的位向;滑移是一种不均匀切变过程,集中在滑移面上,而孪生是均匀切变过程;孪生所需临界分切应力值远远大于滑移所需的,因此,只有在滑移受阻的情况下晶体才以孪生方式形变,通过孪生改变晶体位向,使滑移系转到有利的位置,继续进行滑移变形;滑移产生的切变较大,而孪生切变较小。

2. 多晶体的塑性变形

实际使用的金属材料中,绝大多数都是多晶材料。与单晶体的差别是各晶粒有其不同的原子排列位向,而且各个晶粒之间存在晶界。虽然多晶体塑性变形的基本方式与单晶体基本相同,但多晶体变形时,每个晶粒受到晶界和相邻不同位向晶粒间的约束,不是处于单晶体变形时的自由状态,所以在变形过程中,既要克服晶界的阻碍,又要与周围晶粒发生相适应的变形,以保持晶粒间的结合及体积上的连续性。因此,在分析多晶体塑性变形时,还要研究晶粒位向及晶界在多晶体塑性变形中的作用。

1) 晶粒位向的作用

多晶体中的每个晶粒都是单晶体,但各晶粒间的原子排列位向各不相同。在同一外力作用下,不同晶粒的滑移面和滑移方向上的切应力分量不同,有的晶粒在滑移面滑移方向上的切应力分量大,易于产生滑移,处于软位向;而另一些晶粒在滑移面滑移方向上的切应力分量小,处于硬位向。软位向的晶粒开始滑移时,会受到硬位向晶粒的阻碍,使滑移的阻力增加,从而要求有更大的切应力分量才能进行滑移。所以,对于同一金属,晶粒多时比晶粒少时的屈服强度高。

在外力的持续作用下,软位向晶粒在滑移的同时发生晶粒位向的转动,由软位向变成硬位向。这时,滑移晶粒中的位错可越过晶界,来启动邻近未变形的硬位向晶粒滑移,所以多晶体的变形先发生于软位向晶粒,而后发展到硬位向晶粒,并由少数晶粒发展为多数晶粒乃至整个晶体。晶体中各晶粒的滑移变形,即构成金属宏观大量的塑性变形。

2) 晶界作用

晶界是相邻晶粒的过渡区域,原子排列紊乱,同时也是杂质原子和各种缺陷集中的地方。当晶体中的位错运动到晶界时,被此处紊乱的原子钉扎起来,滑移被迫停止,产生位错堆积,如图 3-14 所示,从而使位错运动的阻力增大,金属变形阻力提高。对只有两个晶粒的双晶试样拉伸结果表明,室温下拉伸变形后,呈现竹节状,如图 3-15 所示。由于晶界的变形抗力较大,变形较小,故晶界处较粗。

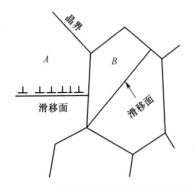

图 3-14　位错在晶界处的堆积示意图

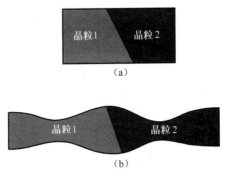

图 3-15　晶界对拉伸变形的影响
(a)变形前;(b)变形后。

3) 晶粒尺寸作用

晶粒大小对滑移的影响实际上是晶界和晶粒间位向差共同作用的结果。晶粒细小时,其内部的变形量和晶界附近的变形量相差很小,晶粒的变形比较均匀,减少了应力集中。而且,晶粒越小,晶粒数目越多,金属的总变形量可以分布在更多的晶粒中,从而使金属能够承受较大量的塑性变形而不被破坏。晶粒越细小,晶粒数目越多,晶界越多,使金属变形困难,变形抗力增加。因此,金属材料获得细小而均匀的晶粒组织能够使其强度、塑性及韧性均得以改善,称细晶强化。细晶强化是一种极为重要的强化机制,不但可以提高金属的强度,而且还能改善其韧性。这一特点是其他强化机制所不具备的。

3.2.2 塑性变形对金属组织与性能的影响

1. 塑性变形对金属组织与结构的影响

1）显微组织的变化

经塑性变形后,金属材料的显微组织发生了明显改变,各晶粒中除了出现大量的滑移带、孪晶带以外,其晶粒形状也会发生变化。随着变形量的逐步增加,原来的等轴晶粒及金属内的夹杂物逐渐沿变形方向被拉长,当变形量很大时,只能观察到纤维状的条纹,称为纤维组织,如图3-16所示。这种组织使得沿纤维方向的力学性能与垂直纤维方向性能不同,前者高而后者低。

2）亚结构的形成

金属无塑性变形或塑性变形量很小时,位错分布是均匀的。但在大量变形之后,由于位错运动及位错之间的相互作用,使得位错分布不均匀,并使晶粒碎化成许多略有差异的亚晶粒块,称为亚晶粒。亚晶粒边界上聚集着大量位错,其内部位错很少,如图3-17所示。

图3-16 纤维组织

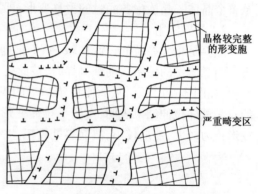

晶格较完整的形变胞

严重畸变区

图3-17 金属经塑性变形后形成的亚结构

3）形变织构

如同单晶体形变时的晶面转动一样,多晶体变形时,各晶粒的滑移也使滑移面发生转动,由于转动是有一定规律的,因此,当塑性变形量不断增加时,多晶体中原本取向随机的各个晶粒会逐渐调整到其取向趋于一致,这样就使经过强烈变形后的多晶体材料具有择优取向,即产生形变织构。

依据产生塑性变形的方式不同,形变织构主要有两种类型,即丝织构和板织构,如图3-18所示。丝织构主要是在拉拔过程中形成,其主要特征是各晶粒的某一晶向趋于与拔丝方向平行。板织构主要是在板材轧制过程中形成,其主要特征为各晶粒的某一晶面和晶向趋于与轧制面和轧制方向平行。

在多数情况下,织构的形成是不利的,因为它使金属呈现各向异性。例如,塑性在不同方向上的差异,使经塑性变形成形的零件厚薄不均,零件边缘不齐,造成"制耳"现象,如图3-19所示。但有时织构也是有利的。例如,制造变压器铁芯的硅钢片,在某一晶向最易磁化,可显著提高变压器的效率。

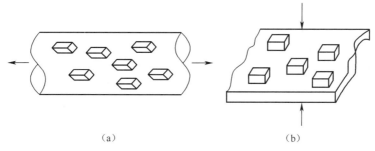

图 3-18　形变织构示意图

(a)丝织构;(b)板织构。

图 3-19　制耳现象

2. 塑性变形对金属性能的影响

1）加工硬化

金属在塑性变形过程中,随着变形量的增加,金属的强度和硬度上升,塑性和韧性下降的现象,称为加工硬化。

加工硬化产生的原因是金属在形变加工过程中,随着塑性变形量的增加,晶体内的位错数目随之增加,并产生相互交割且不易运动;由于晶粒变形、破碎,形成亚晶粒,而且增加了亚晶界位错严重畸变区,使位错运动的阻力增加,因而不易产生塑性变形,即造成加工硬化。

加工硬化是利用塑性变形来强化金属,特别是将金属成形与强化相结合的重要措施,具有较为重要的实际意义。

（1）有效的强化机制。如纯金属、黄铜、防锈铝合金一般都比较软,通过加工硬化,提高它们的强度。

（2）均匀塑性变形和压力加工的保证。已变形部分产生加工硬化后强度提高,使进一步的变形难以进行而停止,未变形部分则开始发生变形,从而产生均匀的塑性变形。如拉丝时,若无加工硬化,各处强度相等,则会因直径不同而拉断。

（3）零件安全的保证。零件在服役过程中,一旦意外过载,可能导致塑性应变,产生加工硬化,使零件的变形自动终止,防止零件伸长或断裂带来的事故。

2）残余内应力

残余内应力是指去除外力后,残留于金属内部且平衡的应力。对金属进行塑性变形需要做大量的功,其中绝大部分都以热量的形式散发出来,一般只有大约 10% 被保留在金属

45

内部,即塑性变形的储存能。这部分储存能在材料中以残余应力的方式表现出来。残余内应力是材料内部变形不均匀造成的,通常可以分为以下三大类:

(1) 第一类内应力,又称宏观残余应力,作用范围为工件尺度。例如,金属线材经拔丝模变形加工时,由于模壁的阻碍作用,冷拔线材的表面较心部变形少,故表面受拉应力,而心部则受压应力。于是,两种符号相反的宏观应力彼此平衡,共同存在于工件内。

(2) 第二类内应力,又称微观残余应力,作用范围为晶粒尺度,是由于相邻晶粒变形不均匀或晶内不同部位变形不均匀所造成的内应力。

(3) 第三类内应力,又称点阵畸变,是由于位错等缺陷的增加所造成的晶格畸变内应力。

3.2.3 变形金属加热时的组织与性能

金属经塑性变形后,其结构和性能发生了显著变化,位错等缺陷和残余应力大量增加,产生加工硬化,阻碍塑性变形加工的进一步进行。为消除残余应力和加工硬化,工业上往往采用加热的方法。由于塑性变形后晶体内存在着储存能,特别是点阵畸变,导致系统处于不稳定状态,这样,在外界条件合适时(如加热)将趋于发生向平衡状态的转变。随着加热温度的升高,变形金属大体上相继发生回复、再结晶和晶粒长大 3 个阶段,如图 3-20 所示。

1. 回复

加热温度较低时,仅因金属中的一些点缺陷和位错迁移而引起某些晶内的变化,导致强度、硬度稍有降低,塑性略有提高;第一类内应力全部消除,第二类内应力有所降低,第三类内应力变化很少。生产上为保证冷压成形零件有较高的强度、硬度,一般只在较低温度下进行回复处理,主要是消除内应力,所以又称为去应力退火。

2. 再结晶

加热温度较高时,变形金属的显微组织将发生显著变化。沿着含有高密度位错的原晶粒边界形成晶核,并不断长大,形成新的含有低密度位错的均匀而细小的等轴晶粒,取代原来的晶粒,称为再结晶晶粒。此

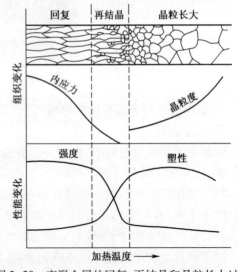

图 3-20 变形金属的回复、再结晶和晶粒长大过程

时的性能变化为:内应力完全消除;强度、硬度显著降低,塑性明显上升,金属的各项性能恢复到变形前的状态,加工硬化完全消除。

发生再结晶的最低温度称为再结晶温度 $T_{再}$,它与金属的熔点 T_m、成分和变形程度等因素有关。对于纯金属 $T_{再} = (0.3 \sim 0.4) T_m$;同一金属,变形量越大,再结晶开始的温度越低;冷变形金属的晶粒越细小,再结晶开始的温度也越低。

3. 晶粒长大

随着加热温度的进一步升高或延长保温时间,在变形晶粒完全消失和再结晶晶粒彼此接触之后,晶粒会继续长大。晶粒的长大可以减少金属晶界的总面积,使金属能量进一步降低,这是一种自发过程,通过大晶粒吞并小晶粒、晶界迁移来实现。

晶粒长大对金属的力学性能是不利的,它会使金属的塑性、韧性明显下降,所以要避免晶粒长大。

影响再结晶后晶粒大小的主要因素有以下几个:

(1)加热温度和保温时间。加热温度越高,晶粒越粗大。延长保温时间,也使晶粒粗大。

(2)变形程度对晶粒大小的影响。变形度很小时不会发生再结晶;当预先变形度达到2%~10%时,再结晶后的晶粒特别粗大,这个变形度称为临界变形度。超过临界变形度后,随着变形量的增加,再结晶后的晶粒越来越细;当变形度大于95%时,又会出现再结晶后晶粒粗大。

3.3　金属的热加工

3.3.1　热加工与冷加工的区别

利用塑性变形来成形零件的工艺,有冷加工和热加工之分。金属的冷、热加工是根据再结晶温度来划分的。

在再结晶温度以下进行的变形加工叫冷加工。这种加工在组织上伴随着晶粒变形、晶粒内和晶界位错数目的增加,因而产生加工硬化。冷变形加工的变形组织如图3-21(a)所示。

在再结晶温度以上进行的变形加工叫热加工。在热加工过程中,变形产生的变形晶粒及加工硬化,由于同时进行着的再结晶过程被消除,因此热加工应该是无变形晶粒和加工硬化的变形加工,如图3-21(b)所示,如热锻、热轧和热挤压等成形加工。

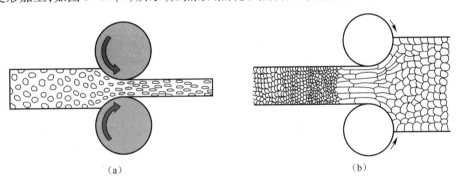

(a)　　　　　　　　　　　　　　(b)

图3-21　冷加工与热加工的组织比较

(a)冷加工的变形晶粒;(b)热加工的变形晶粒。

3.3.2　热加工时组织和性能的变化

(1)可改变金属材料内部夹杂物的形状及分布情况,形成"流线"。热变形时,金属中的夹杂物和枝晶偏析沿金属的流动方向被拉长,这种杂质和偏析的分布情况不能在随即发生的回复和再结晶过程中得到改变,所以经过一定量的热变形加工之后,在金属中形成杂质的纤维状分布——流线。流线和纤维组织相同,形成流线时金属的性能出现各向异性,沿流线方向的强度、塑性和韧性显著高于垂直于流线方向上的相应性能。如图3-22(a)所示,流线的分布合理,工作中承受的最大拉应力方向与流线平行,而切应力方向与流线垂直,所以不易断裂,而图 3-22(b)所示的流线分布显然不合理。

（2）细化晶粒。热变形能打碎铸态金属中的粗大组织,同时再结晶过程能使晶粒细化,提高力学性能。

（3）焊合气孔、疏松,消除成分不均匀。热变形能使铸态金属中的气孔、疏松及微裂纹焊合,提高金属的致密度。此外,热变形还能增加原子的扩散能力,减轻或消除铸锭组织成分的不均匀性,提高力学性能。

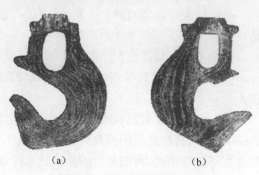

(a)   (b)

图 3-22　吊钩中的流线分布

(a)流线分布合理;(b)流线分布不合理。

（4）热加工可提高金属的塑性。受力复杂、载荷较大的重要工件,一般都采用热变形,且无加工硬化,可降低能耗。

本 章 小 结

金属结晶的必要条件是过冷。结晶包括形核和核长大两个过程。结晶过程中细化晶粒的方法有增大冷却速度、添加变质剂、引入机械搅拌或超声搅拌等。

单晶体金属塑性变形的基本方式是滑移和孪生。滑移的机制是在分切应力作用下,位错沿滑移面上的滑移方向运动,造成晶体的一部分相对于另一部分的滑动位移;滑移面和滑移方向是晶格中原子的密排面和密排方向;滑移同时伴随着晶面的转动。

多晶体塑性变形的基本方式与单晶体基本相同,但多晶体变形时,每个晶粒受到晶界和相邻不同位向晶粒间的约束,起到强化的作用。多晶金属的晶粒越细,不仅强度高,而且塑性也好。细晶强化是唯一能同时提高材料强度和塑性的强化手段。

金属经塑性变形后造成晶粒变形破碎,形成亚结构、纤维组织和形变织构;当外力去除后,金属内部还会存在残余内应力;最终产生加工硬化,即塑性变形使位错密度增加,从而使金属的强度、硬度增加,而塑性、韧性下降。

变形金属被加热时,随加热温度的升高,将发生回复、再结晶和晶粒长大等过程。再结晶后,金属形成新的等轴晶粒,同时位错密度降低,加工硬化现象消失,金属性能恢复到变形前的水平。对于纯金属,有 $T_{再} = (0.3 \sim 0.4)T_m$。

在再结晶温度以下的塑性加工为冷加工;在再结晶温度以上的塑性加工为热加工。金属热加工的特点是不产生加工硬化现象,变形后获得再结晶组织。金属冷加工的特点是有加工硬化现象。

思考题与习题

1. 名词解释

滑移系,加工硬化,回复,再结晶,热加工。

2. 填空题

(1) 加工硬化现象是指_____,加工硬化的结果,使金属对塑性变形的抗力_____,造成加工硬化的根本原因是_____。

(2) 滑移的实质是_____。

(3) 单晶体塑性变形的基本方式有_____和_____两种,它们都是在_____作用下发生的,常沿晶体中原子密度高的_____和_____发生。

(4) 影响多晶体塑性变形的两个主要因素是_____和_____。

(5) 变形金属的最低再结晶温度与金属熔点间的大致关系为_____。

(6) 钢在常温下的变形加工为_____加工,而铅在常温下的变形加工为_____加工。

(7) 冷变形金属在加热时组织与性能的变化,随加热温度不同,大致分为_____、_____和_____ 3 个阶段。

(8) 再结晶后金属晶粒的大小主要取决于_____和_____。

(9) 体心立方与面心立方晶格金属具有相同数目的滑移系,其中塑性变形能力好的是_____,原因是_____。

3. 是非题

(1) 滑移变形不会引起金属晶体结构的变化。   (   )

(2) 孪生变形所需要的切应力要比滑移变形时所需的小得多。   (   )

(3) 金属的预先变形度越大,其开始再结晶的温度越高。   (   )

(4) 变形金属的再结晶退火温度越高,退火后得到的晶粒越粗大。   (   )

(5) 金属铸件可以通过再结晶退火来细化晶粒。   (   )

(6) 热加工是指在室温以上进行的塑性变形加工。   (   )

(7) 再结晶能够消除加工硬化效应,是一种软化过程。   (   )

(8) 再结晶过程是有晶格类型变化的结晶过程。   (   )

4. 选择题

(1) 能使单晶体产生塑性变形的应力为(   )。

A. 正应力; B. 切应力; C. 复合应力

(2) 金属的最低再结晶温度可用(   )式计算。

A. $T_{再}(℃) \approx 0.4 T_{熔}(℃)$; B. $T_{再}(K) \approx 0.4 T_{熔}(K)$; C. $T_{再}(K) \approx 0.4 T_{熔}(℃) + 273$

(3) 变形金属在加热时发生的再结晶过程是一个新晶粒代替旧晶粒的过程,这种新晶粒的晶型是(   )。

A. 与变形前的金属相同; B. 与变形后的金属相同; C. 形成新的晶型

(4) 加工硬化使金属的(   )。

A. 强度增大、塑性降低; B. 强度增大、塑性增大;

C. 强度减小、塑性增大; D. 强度减小、塑性减小

(5) 再结晶后(   )。

A. 形成等轴晶,强度增大; B. 形成柱状晶,塑性下降;

C. 形成柱状晶,强度升高; D. 形成等轴晶,塑性升高

(6) 随着冷塑性变形量增加,金属的(   )。

A. 强度下降,塑性提高; B. 强度和塑性都下降;

C. 强度和塑性都提高; D. 强度提高,塑性下降

(7) 多晶体的晶粒越细小,则其( )。

A. 强度越高,塑性越好; B. 强度越高,塑性越差;

C. 强度越低,塑性越好; D. 强度越低,塑性越差

(8) 钢丝在室温下反复弯折,会越弯越硬,直到断裂,而铅丝在室温下反复弯折,则始终处于软态,其原因是( )。

A. Pb 不发生加工硬化,不发生再结晶;Fe 发生加工硬化,不发生再结晶;

B. Fe 不发生加工硬化,不发生再结晶;Pb 发生加工硬化,不发生再结晶;

C. Pb 发生加工硬化,发生再结晶;Fe 发生加工硬化,不发生再结晶;

D. Fe 发生加工硬化,发生再结晶;Pb 发生加工硬化,不发生再结晶

5. 综合分析题

(1) 说明下列现象产生的原因:

①晶界处滑移的阻力最大;②实际测得的晶体滑移所需的临界切应力比理论计算得到的数值小;③Zn、α-Fe、Cu 的塑性不同。

(2) 为什么细晶粒钢强度高,塑性、韧性也好?

(3) 与单晶体的塑性变形相比较,多晶体的塑性变形有何特点?

(4) 金属塑性变形后其组织和性能会有什么变化?

(5) 用低碳钢板冷冲压成形的零件,冲压后发现各部位的硬度不同,为什么? 如何解决?

(6) 已知金属钨、铁、铅、锡的熔点分别为3380℃、1538℃、327℃和232℃,试计算这些金属的最低再结晶温度,并分析钨和铁在1100℃下的加工、铅和锡在室温(20℃)下的加工各为何种加工?

(7) 某厂用冷拉钢丝绳吊运出炉热处理工件去淬火,钢丝绳承载能力远超过工件的重量,但在工件吊运过程中,钢丝绳发生断裂,分析断裂原因。

(8) 某厂生产的起吊用钢丝绳的钢丝,是用直径为8mm 的细盘条经多次预拉(冷拉)到直径为1.7mm;在多次预拉中间穿插再结晶退火。预拉后铅淬,再通过6~8 次冷拉,最后一次将钢丝拉拔到直径0.75mm,最终进行去应力退火。这样材料的抗拉强度由原来的700~890MPa 提高到1500MPa 左右。试分析:①中间退火的作用;②强度成倍提高的原因;③钢丝使用时的组织特征。

(9) 测量硬度时,为什么要求两个压痕之间有一定距离? 如果两点距离太近会对硬度值有何影响?

(10) 一辆高档自行车的车架,是用冷拔合金钢管制作的,由于使用不当而断裂。用常规的电弧焊将它修复。但正常使用短时间后又断了,这次断在焊缝附近,并且明显看出断裂之前此部分被拉长了。试分析造成第二次断裂的可能原因。

(11) 某变速箱齿轮,由下列方法制造,哪一种最合理? 为什么?

①厚钢板切出圆饼,再加工成齿轮;②用粗钢棒切下圆饼,再加工成齿轮;③用圆棒热镦成圆饼,再加工成齿轮。

第4章 二元合金相图

工程中所使用的金属材料绝大多数是合金。合金除具备纯金属的基本特性外,还兼有优越的力学性能和特殊的物理、化学性能。随着科学技术的发展,还将不断出现满足各种更高要求的新型合金。

合金的性能主要是由组成合金的各个相本身的结构、性能、形态、分布和各相的相对量所决定的。合金相图是表示合金系中合金状态与温度、成分之间关系的图解,也称状态图。利用相图可以知道不同成分的合金在不同温度下存在哪些相、各相的相对量以及成分及温度变化时可能发生的变化。所以在实际生产中,相图可以作为制定金属材料熔炼、铸造、锻造和热处理等工艺规程的重要依据;也可以作为陶瓷材料选配原料、制定生产工艺、分析性能的重要依据。因此,学习和了解相图具有重要的工程意义。

4.1 二元合金相图的建立

下面以 Cu-Ni 二元合金为例,说明采用热分析法建立相图的步骤。

(1) 配制不同成分的 Cu-Ni 合金。

(2) 测定 Cu-Ni 合金的冷却曲线,并找出各冷却曲线上的临界点(即转折点和平台)的温度值。

(3) 画出温度-成分坐标系,在相应成分垂直线上标出临界点温度,水平直线上标出成分。

(4) 将物理意义相同的点连成曲线,并根据已知条件和实际分析结果用数字、字母标注各区域内组织的名称即得完整的 Cu-Ni 二元合金平衡相图。

图 4-1 所示为由上述步骤建立的相图。Cu-Ni 二元合金状态图上的每个点、线、区均具有一定的物理意义。例如,在图 4-1 中有两条曲线,$a_0a_2b_0$ 曲线为液相线,代表各种成分的

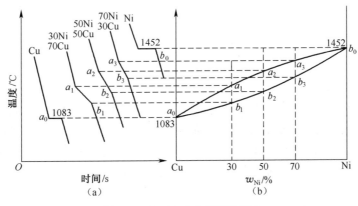

图 4-1 Cu-Ni 合金相图的建立

(a)冷却曲线;(b)相图。

Cu-Ni 合金在冷却过程中开始结晶的温度；$a_0b_2b_0$ 曲线为固相线，代表各种成分的 Cu-Ni 合金在冷却过程中结晶终了的温度。液相线和固相线将整个相图分为 3 个区域，液相线以上为液相区（L），固相线以下为固相区（α），在液相线与固相线之间为液相与固相共存的两相区（L+α）。

4.2　二元合金相图的基本类型

大多数二元相图都比 Cu-Ni 合金相图复杂，但不论多复杂，都可以看成是由几类最基本的相图组合而成的。下面就分别讨论几种基本的二元相图。

1. 匀晶相图

匀晶相图中两组元在液态、固态下都能无限互溶，具有这类相图的二元合金系有 Cu-Ni、Cu-Au、Au-Ag、Fe-Ni、W-Mo、Cr-Mo 等，有些硅酸盐材料如镁橄榄石（Mg_2SiO_4）、铁橄榄石（Fe_2SiO_4）等也具有此类特征。下面以 Cu-Ni 合金为例来进行分析。

1) 相图分析

图 4-2(a)是 Cu-Ni 合金相图。图中只有两条曲线，其中 Al_1B 称为液相线，是各种成分的合金在冷却时开始结晶或加热时熔化终止的温度；$A\alpha_4B$ 称为固相线，是各种成分的合金在加热时开始熔化或冷却时结晶终止的温度。显然，在液相线以上为液相单相区，以 L 表示；在固相线以下为固相单相区，各种成分的合金均呈 α 固溶体，以 α 表示；在液相线与固相线之间是液相与 α 固溶体两相共存区，以 L+α 表示。A 点是 Cu 的熔点，B 点是 Ni 的熔点。

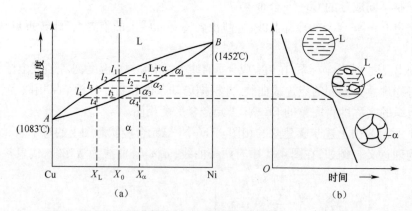

图 4-2　Cu-Ni 合金相图

2) 合金的结晶过程

现以合金 I 为例来说明合金的结晶过程。如图 4-2 所示，当合金缓慢冷却至 l_1 点以前时，均为单一的液相，成分不发生变化，只是温度降低。冷却到 l_1 点时，开始从液相中析出 α 固溶体，冷却到 α_4 点时，合金全部转变为 α 固溶体，在 l_1 点与 α_4 点之间，液相和固相两相共存。若继续从 α_4 点冷却到室温，合金只是温度的降低，组织和成分不再变化，为单一的 α 固溶体。

在液固两相共存区，随着温度的降低，液相的量不断减少，固相的量不断增多，同时液相和固相的成分也将通过原子的扩散不断改变。当合金的温度在 $t_1 \sim t_4$ 之间时,液相的成分是温度水平线与液相线的交点,固相的成分是温度水平线与固相线的交点。由此可见,在两相共存区,液相的成分沿液相线变化,固相成分沿固相线变化。这对于其他性质相同的两相区也是一样,即相互处于平衡状态的两个相的成分,分别沿两相区的两条边界相线变化。

3)杠杆定律

在两相区结晶过程中,两相的成分和相对量都在不断变化。杠杆定律就是确定状态图中两相区内两平衡相的成分和相对质量的重要工具。

如图 4-3 所示,假设合金的总质量为 M_0,液相的质量为 M_L,固相的质量为 M_α。若已知液相中含 Ni 量为 x_L,固相中的含 Ni 量为 x_α,合金的含 Ni 量为 x,则可写出

$$M_L + M_\alpha = M_0 \tag{4-1}$$

$$M_L x_L + M_\alpha x_\alpha = M_0 x \tag{4-2}$$

解方程式(4-2)得

$$M_L / M_\alpha = rb / ar \tag{4-3}$$

式(4-3)好像力学中的杠杆定律,故称之为杠杆定律。式(4-3)可写成

$$M_L / M_0 = \frac{rb}{ab} \times 100\% \tag{4-4}$$

$$M_\alpha / M_0 = \frac{ar}{ab} \times 100\% \tag{4-5}$$

必须指出,杠杆定律只适用于二元系合金相图中的两相区,对其他区域就不适用,自然就不能再用杠杆定律。

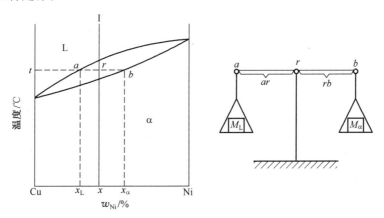

图 4-3　杠杆定律的证明

4)非平衡结晶与枝晶偏析

在平衡条件下结晶,由于冷速极为缓慢,原子可充分进行扩散,最后能得到成分均匀的固溶体。但在实际生产条件下,由于冷速较快,最后将得到晶体内部化学成分不均匀的树枝状晶体,这种现象称为枝晶偏析或晶内偏析。

枝晶偏析的存在,会严重降低合金的力学性能和加工工艺性能。因此在生产上常把存在枝晶偏析的合金加热到高温(不超过合金的固相线温度),并经长时间保温,使原子进行充分扩散,以达到成分均匀的目的,这种热处理方法称为扩散退火或均匀化退火,用以消除枝晶偏析。

2. 共晶相图

一定成分的均匀液相,在一定温度下,从液相中同时结晶出两种不同固相的转变称为共晶转变。二元合金系中,两组元在液态无限互溶,在固态只能形成有限固溶体或化合物,且冷却过程中发生共晶转变的相图,称为共晶相图。属于这类相图的合金系有 Pb-Sn、Cu-Ag、Al-Ag、Al-Si、Pb-Bi 等,一些陶瓷材料也具有共晶相图,如 Al_2O_3-ZrO_2。

下面以 Pb-Sn 合金为例,对共晶相图及其合金的结晶过程进行分析。

1) 相图分析

图 4-4 中有 α、β、L 这 3 种相。其中,α 是以 Pb 为溶剂、以 Sn 为溶质的有限固溶体;β 是以 Sn 为溶剂、以 Pb 为溶质的有限固溶体。

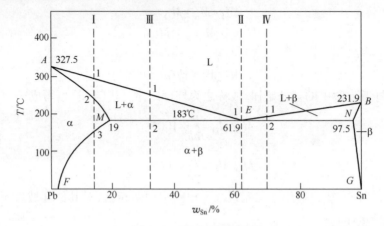

图 4-4　Pb-Sn 合金相图

图中共包含有 α、β、L 这 3 个单相区,还有 L+α、L+β、α+β 这 3 个两相区。*AEB* 是液相线,*AMENB* 是固相线,*MF* 是 Sn 在 α 相中的溶解度线,*NG* 是 Pb 在 β 相中的溶解度线,*MEN* 为共晶线。*A* 为 Pb 的熔点,*B* 为 Sn 的熔点,*E* 点为共晶点(含 61.9%Sn)。

2) 合金的结晶过程

根据共晶合金的成分和组织特点,Pb-Sn 合金系可以分为亚共晶合金、共晶合金和过共晶合金三类。下面分析各类合金的结晶过程及组织。

(1) 共晶合金的结晶过程。图 4-4 中具有 *E* 点成分的合金 Ⅱ 称为共晶合金。其结晶过程示意如图 4-5 所示。在液相线以上为液态,冷至 *E* 点共晶温度(183℃)时发生共晶转变,这一过程是在恒温下进行,直到凝固结束。生成的共晶体由 α 和 β 两个固溶体组成,它们的相对量可用杠杆定律计算得出。共晶转变可表示为:$L \xrightarrow{183℃} (\alpha + \beta)$

在共晶温度下,α 和 β 两种固溶体同时在液相中形核和长大并相互交替地从液相中析出,因而共晶体的金相组织经常呈层片状分布。

当共晶合金继续冷却时,合金将从 α 相和 β 相中分别析出 β_{II} 相和 α_{II} 相,这些相是从固体中析出的,通常称为次生相。共晶组织中析出的次生相常与共晶组织中的同类相混在一起,在金相显微镜下很难分辨,一般不予考虑,因此,共晶合金的室温组织为(α+β)共晶体。

(2) 亚共晶合金的结晶过程。图 4-4 中合金成分从 *M* 点到 *E* 点的合金,都是亚共晶合金。其结晶过程示意如图 4-6 所示。当合金 Ⅲ 从液态冷却至液相线时,开始从液体中析出

α 固溶体,随着温度的下降,α 相逐渐增多,液相成分沿着 AE 线变化,固相成分沿着 AM 线变化,当温度降至共晶温度时,剩余液体的成分正好为 E 点的成分,于是发生共晶转变,生成(α+β)共晶组织。先结晶出的初生 α 相不参与转变,被保留下来。当温度继续冷却到 ME 线以下温度时,从初生 α 相中析出 β_{II} 相。所以合金的室温组织为 α+(α+β)+β_{II}。

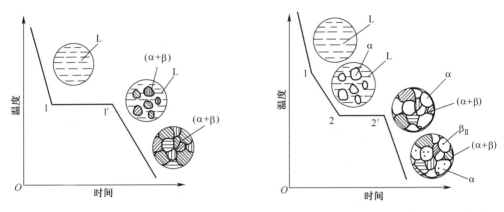

图 4-5 共晶合金的结晶过程示意图   图 4-6 亚共晶合金的结晶过程示意图

（3）过共晶合金的结晶过程。图 4-4 中合金成分从 E 点到 N 点的合金都为过共晶合金,其结晶过程示意图如图 4-7 所示。合金Ⅳ从液态冷却至两相区后先析出 β 相,随着温度的降低,结晶出的 β 相越来越多,液相成分沿液相线向 E 点靠近,β 相的成分沿固相线变化。当温度降至共晶温度时,发生共晶转变生成(α+β)。先析出的 β 相不参与反应,被保留下来。在共晶温度以下继续冷却时,从初晶 β 中析出 α_{II} 相,所以合金的室温组织为 β+(α+β)+α_{II}。

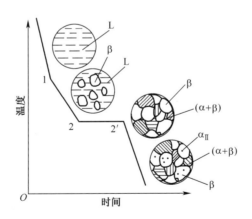

图 4-7 过共晶合金的结晶过程示意图

综上所述,从相角度看,Pb-Sn 合金结晶的产物只有 α 和 β 两种相,它们称为相组成物。但不同成分合金析出的 α 和 β 相具有不同的特征,上述各合金结晶所得的 α、β、α_{II}、β_{II} 及(α+β)共晶体,在显微镜下可以看到各具有一定的组织特征,它们称为组织组成物。按组织来填写的相图如图 4-8 所示,这样填写的合金组织与显微镜下看到的金相组织是一致的。

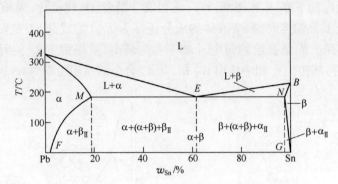

图 4-8　按组织填写的 Pb-Sn 相图

3. 包晶相图及其他类型相图

1）包晶相图

包晶相图即具有包晶转变的相图。包晶转变是指一定成分的固相与一定成分的液相相互作用,在一定温度下转变为另一个新固相。

具有包晶转变的相图与共晶相图有很多共同之处,如在液态时两组元可无限互溶;在固态时,则有限溶解。不同之处在于其水平线所表示的结晶过程,后者为共晶转变,而前者为包晶转变。具有这类相图的二元合金系有 Pt-Ag、Fe-C、Cu-Sn 等。下面以 Pt-Ag 相图为例进行分析。

包晶转变是由一种液相和一种固相转变为另一种新固相的过程。图 4-9 所示为 Pt-Ag相图。相图中包括两个部分匀晶相图,一条表示包晶转变的水平线以及两条溶解度曲线。图中,A 为 Pt 的熔点(1772℃),B 为 Ag 的熔点(961.93℃),D 是包晶点,其成分为 42.4%;ACB 为液相线,APDB 为固相线,PDC 水平线为包晶转变线,对应于温度 1186℃,PE 是 Ag在 Pt 中的溶解度曲线,DF 是 Pt 在 Ag 中的溶解度曲线。

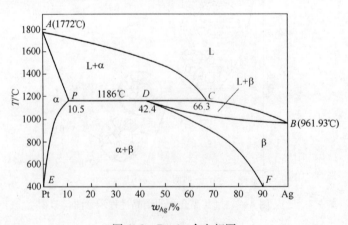

图 4-9　Pt-Ag 合金相图

在图 4-9 中,D 点成分的合金(含 42.4%Ag 的包晶成分合金),冷却到液相线开始结晶出 α 相,剩余液相成分沿 AC 线变化。当温度下降到包晶线上的 D 点时,剩余液相成分到达C 点,即发生包晶转变,由液相和 α 相共同转变成 β 相。在包晶温度下转变一直持续到液相和 α 相全部消失,形成单一的 β 相为止。

56

2）具有稳定化合物的二元相图

稳定化合物是指在熔化前既不分解也不产生任何化学反应的化合物,形成稳定化合物的二元合金系有 Mg-Si、Mn-Si、Fe-P、Cu-Sb 等。图 4-10 是 Mg-Si 合金相图,Mg 和 Si 能形成稳定化合物 Mg_2Si。

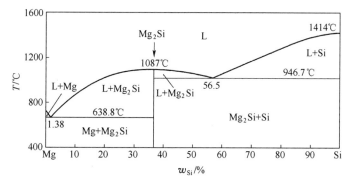

图 4-10　Mg-Si 合金相图

3）共析相图

在恒定的温度下,由一种具有特定成分的固相分解成另外两种与母相成分均不同的相转变称为共析转变,发生共析转变的相图称为共析相图,如图 4-11 所示。共析转变可表示为

$$\alpha \xrightarrow{T^{\circ}C} (\beta_1 + \beta_2)$$

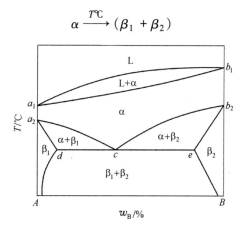

图 4-11　具有共析反应的二元相图

与共晶反应相比,由于母相是固相而不是液相,所以共析反应具有以下特点:

（1）由于在固态中的原子扩散比在液态中困难得多,共析反应比共晶反应需要更大的过冷度,因而使得成核率较高,得到的两相机械混合物(共析体)也比母相晶体更为弥散和细小。

（2）共析反应常会出现由于母相与子相的比容不同而产生容积的变化,从而引起大的内应力。

4.3　相图与合金性能之间的关系

合金的性能取决于合金的成分与组织,而合金的成分与组织的关系体现在相图中,可见,相图与合金性能之间存在着一定的联系。了解它,可利用相图大致判断出不同合金的性能。

1. 相图与合金力学性能、物理性能的关系

图4-12是相图与合金力学性能、物理性能之间关系的示意图。从图4-12(a)中可以看出,共晶系合金,其性能与合金成分呈直线关系,是两相性能的算术平均值,即合金的强度、硬度、电导率与成分成直线关系。但两相十分细密时,合金的强度、硬度将偏离直线关系而出现峰值,如图中虚线所示。

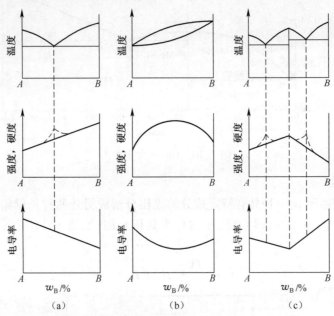

图4-12 相图与合金力学性能、物理性能之间关系

组织为固溶体的合金,由于固溶强化效应,随溶质元素含量的增加,合金的强度和硬度也增加。如果是无限互溶的合金,则在溶质含量为50%附近时其强度和硬度最高,性能与合金成分之间呈曲线关系,如图4-12(b)所示。固溶体合金的电导率与成分之间的关系也呈曲线关系变化,随着溶质组元含量的增加,晶格畸变加大,增加了合金中自由电子的运动阻力,导致合金的电导率减小。

形成稳定化合物的合金,其性能-成分曲线在化合物成分处出现拐点,如图4-12(c)所示。

2. 相图与合金铸造性能的关系

图4-13所示为相图与合金铸造性能之间关系的示意图。合金的铸造性能主要表现为流动性、缩孔、裂纹、偏析等。由图4-13可见,在恒温下结晶的共晶合金,不仅结晶温度一定,而且结晶温度最低,具有最好的流动性,并在结晶时易形成集中缩孔。固溶体合金的固相线与液相线之间距离越大,越容易产生偏析;在结晶过程

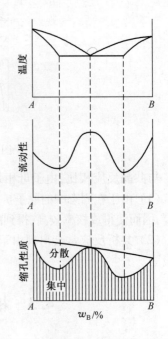

图4-13 相图与合金铸造性能之间关系

58

中,若结晶树枝比较发达,则会阻碍液体流动,从而使流动性变差,并会在枝晶内部与枝晶之间产生分散缩孔,这对铸造性能不利。

4.4 铁碳合金相图

碳钢和铸铁都是铁碳合金。含碳量小于 2.11% 的铁碳合金叫碳钢;含碳量大于 2.11% 的铁碳合金叫铸铁。

1. 铁碳合金的基本组织

在铁碳合金中,由于铁和碳的交互作用,可形成下列 5 种基本组织:

1) 铁素体(F 或 α)

铁素体是碳溶解在 α-Fe 中形成的间隙固溶体,它仍保持 α-Fe 的体心立方晶格结构。由于 α-Fe 晶粒的间隙小,溶解碳量极微,其最大溶碳量只有 0.0218%(727℃),所以是几乎不含碳的纯铁。

铁素体由于溶碳量小,力学性能与纯铁相似,即塑性和冲击韧性较好,而强度、硬度较低。在显微镜下观察,铁素体呈灰色并具有明显大小不一的颗粒形状。图 4-14 所示为铁素体晶胞示意图。

2) 奥氏体(A 或 γ)

奥氏体是碳溶解在 γ-Fe 中形成的间隙固溶体,它保持 γ-Fe 的面心立方晶格结构。因其晶格间隙较大,所以溶碳能力比铁素体强,在 727℃ 时溶碳量为 0.77%,1148℃ 时溶碳量达到最大,为 2.11%。

奥氏体的强度、硬度较低,但具有良好的塑性,是绝大多数钢在高温进行压力加工的理想组织。由于 γ-Fe 一般存在于 727~1495℃ 之间,所以奥氏体也只出现在高温区域内。用显微镜观察,奥氏体呈现外形不规则的颗粒状结构,并有明显的界限。图 4-15 所示为奥氏体晶胞示意图。

 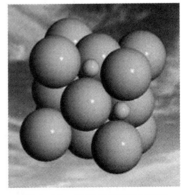

图 4-14　铁素体晶胞示意图　　　　　图 4-15　奥氏体晶胞示意图

3) 渗碳体(Fe₃C)

渗碳体是铁与碳形成的具有复杂斜方结构的间隙化合物,含碳量为 6.69%,硬度很高(800HBW),塑性和韧性几乎为零。主要作为铁碳合金中的强化相存在。

显微镜下观察,渗碳体呈银白色光泽,并在一定条件下可以分解出石墨。

4）珠光体（P）

珠光体是由铁素体和渗碳体组成的共析体（机械混合物）。珠光体的平均含碳量为0.77%，在727℃以下温度范围内存在。

珠光体的力学性能介于铁素体和渗碳体之间，即综合性能良好。显微镜观察，珠光体呈层片状特征，表面具有珍珠光泽，因此得名。

5）莱氏体（Ld）

莱氏体是由奥氏体和渗碳体组成的共晶体。铁碳合金中含碳量为4.3%的液态金属冷却到1148℃时发生共晶转变，生成高温莱氏体（Ld）。合金继续冷却到727℃时，其中的奥氏体转变为珠光体，故室温时由珠光体和渗碳体组成，叫低温莱氏体（Ld′），统称莱氏体。

由于莱氏体中有大量渗碳体存在，其性能与渗碳体相似，即硬度高、塑性差。

2. 铁碳合金相图

铁碳合金相图是在缓慢冷却的条件下，表明铁碳合金成分、温度、组织变化规律的简明图解，它是选择材料和制定有关热处理工艺时的重要依据。

由于含碳量 $w_C > 6.69\%$ 的铁碳合金脆性很大，在工业生产中没有使用价值，所以通常只研究 $w_C < 6.69\%$ 的部分。$w_C = 6.69\%$ 时对应的正好全部是渗碳体，可把它看作一个独立组元，实际上人们研究的铁碳相图是 Fe-Fe₃C 相图，如图 4-16 所示。

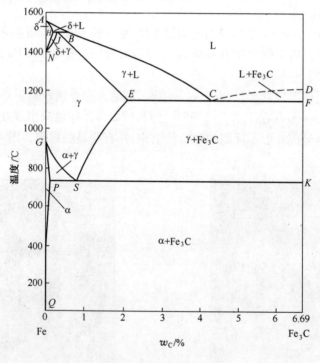

图 4-16   Fe-Fe₃C 相图

图 4-16 中，液相线是 ABCD 线；固相线是 AHJECF 线。有 5 个单相区：L 液相区、δ 固溶体区、γ 奥氏体区、α 铁素体区、Fe₃C 渗碳体区；7 个两相区：L+δ、L+γ、L+Fe₃C、δ+γ、γ+α、α+Fe₃C 和 γ+Fe₃C；3 条水平线：包晶转变线 HJB（1495℃）、共晶转变线 ECF（1148℃）、共析转变线 PSK（727℃），PSK 线通常称为 A₁ 线。另外，还有 3 条重要的固态转变线：GS 线是奥

氏体开始析出铁素体(降温时)或铁素体全部溶入奥氏体(升温时)的转变线,通常将此线称为 A_3 线,相应的温度称为 A_3 温度;ES 线为碳在奥氏体中的溶解度线,通常称为 A_{cm} 线,对应的温度称为 A_{cm} 温度,低于此温度时将从奥氏体中析出渗碳体,叫做二次渗碳体,记做 Fe_3C_{II},以区别于由液体中析出的一次渗碳体 Fe_3C_I;PQ 线为碳在铁素体中的溶解度线,727℃时,碳在铁素体中的最大溶解度仅为 $w_C = 0.0218\%$,室温时(以 0℃计)降低到 $w_C = 0.0008\%$。因此,铁素体从 727℃ 冷却下来时亦会析出极少量的渗碳体,称为三次渗碳体 Fe_3C_{III}。

1) 相图分析

Fe-Fe_3C 相图中纵坐标为温度,横坐标为碳的质量百分数,其中包括包晶、共晶和共析 3 种典型反应。

(1) Fe-Fe_3C 相图中典型点的含义,见表 4-1。

表 4-1　Fe-Fe_3C 相图中各特性点及其含义

符号	温度/℃	w_C/%	含义	符号	温度/℃	w_C/%	含义
A	1538	0	纯铁的熔点	H	1495	0.09	碳在 δ-Fe 中的最大溶解度
B	1495	0.53	包晶转变时的液相成分	J	1495	0.17	包晶点
C	1148	4.30	共晶点	K	727	6.69	共析渗碳体成分点
D	1227	6.69	渗碳体的熔点	N	1394	0	γ-$Fe \rightleftharpoons \delta$-$Fe$ 同素异构转变点
E	1148	2.11	碳在 γ-Fe 中的最大溶解度	P	727	0.0218	碳在 α-Fe 中的最大溶解度
F	1148	6.69	共晶渗碳体成分点	Q	0	0.0008	0℃时碳在 α-Fe 中的溶解度
G	912	0	α-$Fe \rightleftharpoons \gamma$-$Fe$ 同素异构转变点	S	727	0.77	共析点(A_1)

(2) Fe-Fe_3C 相图中特性线的意义。Fe-Fe_3C 相图的特性线是不同成分合金具有相同物理意义临界点的连接线,Fe-Fe_3C 相图中各特性线的名称及含义见表 4-2。

表 4-2　Fe-Fe_3C 相图中的特性线

特性线	名　称	含　义
$ABCD$	液相线	此线以上为液相(L),缓冷至液相线时,开始结晶
$AHJECF$	固相线	此线以下为固相
HJB	包晶线	发生包晶转变
ECF	共晶线	发生共晶转变,生成莱氏体(Ld)
PSK	共析线 A_1	发生共析转变,生成珠光体(P)
ES	A_{cm} 线	碳在 γ-Fe 中的溶解度曲线
PQ		碳在 α-Fe 中的溶解度曲线
GS	A_3 线	冷却时 $\gamma \rightarrow \alpha$ 的开始线,加热时 $\alpha \rightarrow \gamma$ 的终了线

2）典型铁碳合金结晶过程分析

（1）铁碳合金分类。根据 Fe-Fe$_3$C 相图中获得的不同组织特征,将铁碳合金按碳含量划分为 7 种类型,如图 4-17 所示,各类铁碳合金在室温下的组织见表 4-3。

表 4-3　铁碳合金分类及其在室温下的组织

铁碳合金类别		化学成分 w_C/%	室温平衡组织
工业纯铁		0~0.0218	F
碳钢	亚共析钢	0.0218~0.77	F+P
	共析钢	0.77	P
	过共析钢	0.77~2.11	P+Fe$_3$C$_{II}$
白口铸铁	亚共晶白口铸铁	2.11~4.3	P+Fe$_3$C$_{II}$+Ld'
	共晶白口铸铁	4.3	Ld'
	过共晶白口铸铁	4.3~6.69	Ld'+Fe$_3$C$_{I}$

（2）典型铁碳合金结晶过程分析。

① 共析钢的结晶过程及平衡组织。图 4-17 中的合金 II 为共析钢,从高温液态冷却时,与相图中的 BC、JE 和 PSK 线分别交于 1、2、3 点。该合金在 1 点温度以上全部为液相(L);缓冷至 1 点温度时,开始从液相中结晶出奥氏体;缓冷至 2 点温度时,液相全部结晶为奥氏体;当温度缓冷至 3 点温度时(727℃),奥氏体发生共析转变,生成珠光体组织,用符号 P 表示。当温度继续下降时,铁素体成分沿 PQ 线变化,将会有少量的渗碳体(称为 Fe$_3$C$_{III}$)从铁素体中析出,并与共析渗碳体混在一起,这种渗碳体(Fe$_3$C$_{III}$)的量很少,在显微镜下难以分辨,故可忽略不计。因此,共析钢的室温平衡组织为珠光体,其结晶过程和显微组织分别如图 4-18 和图 4-19 所示。共析钢的结晶过程可用下式表示,即

$$L_S \xrightarrow{BC} L + A \xrightarrow{JE} A_S \xrightarrow[\text{共析}]{PSK} P(F + Fe_3C)$$

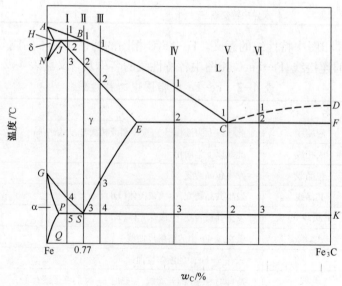

图 4-17　典型合金的结晶过程

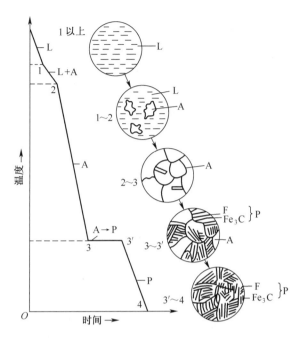

图 4-18 共析钢的结晶过程示意图

图 4-19 共析钢的显微组织

② 亚共析钢的结晶过程及平衡组织。以图 4-17 中的合金 I 为例。冷却时与图中的 AB、HJB、JE、GS 和 PSK 线分别交于 1、2、3、4、5 点。合金在 1~2 点间按匀晶转变结晶出 δ 铁素体。冷却至 2 点(1495℃)时,δ 铁素体的成分 w_C 为 0.09%,熔液的成分为 0.53%,此时在恒温下发生包晶转变:$\delta_{0.09} + L_{0.53} \xrightarrow{1495℃} \gamma_{0.17}$。包晶转变结束时还有过剩的液相存在,冷却至 2~3 点,液相继续转变成奥氏体。当其缓冷至 4 点时,开始从奥氏体中析出铁素体,并且随温度的降纸,铁素体量不断增多,成分沿 GP 线变化,奥氏体量逐渐减少;当温度降至 5 点(727℃)时,剩余奥氏体的含碳量达到共析成分($w_C = 0.77\%$),此时会发生共析转变,生成珠光体。随后的冷却过程中,也会从铁素体中析出 3 次渗碳体(Fe_3C_{III}),但因量少忽略不计,因此亚共析钢的室温平衡组织为珠光体和铁素体。必须指出,随着亚共析钢中含碳量的增加,组织中铁素体量将减少,其结晶过程和显微组织分别如图 4-20 和图 4-21 所示。图中白亮色部分为铁素体,呈黑色或片层状的为珠光体。亚共析钢的结晶过程可用下式表示,即

$$L \xrightarrow{AB} L+\delta \xrightarrow{HJB} L+A \xrightarrow{JE} A \xrightarrow{GS} A+F \xrightarrow{PSK} A_S+F \xrightarrow[\text{共析}]{PSK} P+F$$

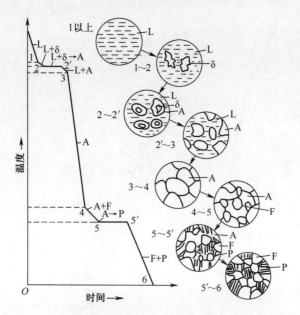

图 4-20 亚共析钢的结晶过程示意图

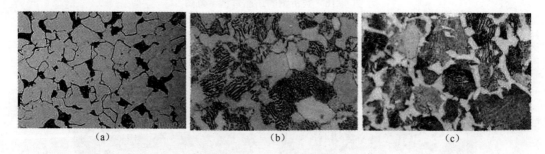

图 4-21 亚共析钢的显微组织

(a)20 钢;(b) 45 钢;(c) 65 钢。

③过共析钢的结晶过程及平衡组织。过共析钢的结晶过程以图 4-17 中合金Ⅲ为例。冷却时与图中 BC、JE、ES 和 PSK 线分别交于 1、2、3、4 点。该合金在 3 点以上的结晶过程与共析钢的结晶过程相似。当其缓冷至 3 点时,开始从奥氏体中析出渗碳体(称此为二次渗碳体 Fe_3C_{II}),随着温度的降低,二次渗碳体量逐渐增多,而剩余奥氏体中的含碳量沿 ES 线变化,当温度降至 4 点(727℃)时,奥氏体的含碳量达到共析成分($w_C = 0.77\%$),此时会发生共析转变,生成珠光体。因此,过共析钢室温平衡组织为珠光体和二次渗碳体。二次渗碳体一般以网状形式沿奥氏体晶界分布。其结晶过程和显微组织分别如图 4-22 和图 4-23 所示。图中片状或黑色组织为珠光体,白色网状组织为二次渗碳体,过共析钢的结晶过程可用下式表示,即

$$L \xrightarrow{BC} L+A \xrightarrow{JE} A \xrightarrow{ES} A+Fe_3C_{II} \xrightarrow{PSK} A_S+Fe_3C_{II} \xrightarrow[\text{共析}]{PSK} P+Fe_3C_{II}$$

④白口铸铁的结晶过程及组织。共晶白口铸铁(图 4-17 中含碳量为 C 点成分的合金Ⅴ)的碳质量分数 $w_C = 4.3\%$,该合金冷却时,与图中 ECF、PSK 线分别交于 1、2 点。该合金

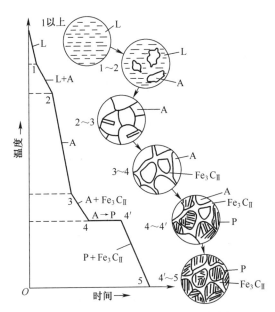

图 4-22 过共析钢的结晶过程示意图

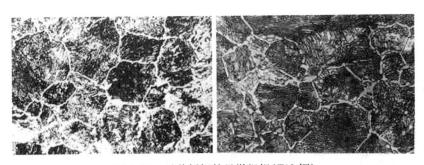

图 4-23 过共析钢的显微组织(T12 钢)

在 1 点以上为液相,缓冷至 1 点温度(即 C 点、1148℃)时,液体在恒温下同时结晶出奥氏体和渗碳体两种固相,称为莱氏体或高温莱氏体,用符号 Ld 表示。共晶转变完成后,莱氏体在继续冷却过程中,其中的奥氏体中将不断析出二次渗碳体,奥氏体中的含碳量沿 ES 线逐渐向共析成分接近,当温度降到 2 点(727℃)时,发生共析转变,形成珠光体,而二次渗碳体保留到室温。因此,共晶白口铸铁的室温组织为珠光体和渗碳体的两相组织,称为变态莱氏体(或低温莱氏体),用符号 Ld′ 表示。二次渗碳体与莱氏体中的渗碳体(又称共晶渗碳体)混在一起,光学显微镜下难以分辨。共晶白口铸铁的结晶过程和室温显微组织分别如图 4-24和图 4-25(a)所示。图中黑色部分为珠光体,白色部分为渗碳体。共晶白口铸铁结晶过程可用下式表示,即

$$L_C \xrightarrow[\text{共晶}]{ECF} Ld(A+Fe_3C) \xrightarrow[\text{共析}]{PSK} Ld'(Fe_3C_{II}+P+Fe_3C)$$

亚共晶白口铸铁(Ⅳ线成分)和过共晶白口铸铁(Ⅵ线成分)的结晶过程可以参照共晶白口铸铁的分析方法进行,结晶后亚共晶白口铸铁的室温平衡组织由珠光体、二次渗碳体和变态莱氏体(P+Fe_3C_{II}+Ld′)组成,如图 4-25(b)所示,图中呈黑色树枝状部分为珠光体,黑

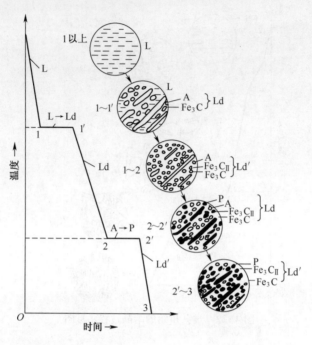

图 4-24 共晶白口铸铁的结晶过程示意图

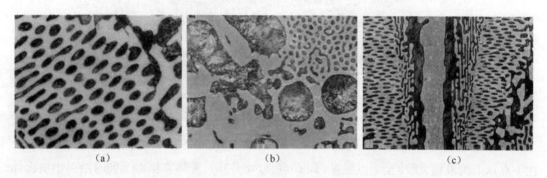

图 4-25 白口铸铁的显微组织

(a)共晶白口铸铁;(b)亚共晶白口铸铁;(c)过共晶白口铸铁。

色点状部分为变态莱氏体,白色基体部分为二次渗碳体和共晶渗碳体;亚共晶白口铸铁结晶过程可用下式表示,即

$$L \xrightarrow{BC} L+A \xrightarrow{ECF} L_C+A \xrightarrow[\text{共晶}]{ECF} Ld+A+Fe_3C_{II} \xrightarrow[\text{共析}]{PSK} Ld'+P+Fe_3C_{II}$$

过共晶白口铸铁的室温平衡组织由变态莱氏体、一次渗碳体($Ld'+Fe_3C_I$)组成,如图 4-25(c)所示。图中基体为变态莱氏体,白色条块状为一次渗碳体。过共晶白口铸铁结晶过程可用下式表示,即

$$L \xrightarrow{CD} L+Fe_3C_I \xrightarrow{ECF} L_C+Fe_3C_I \xrightarrow[\text{共晶}]{ECF} Ld+Fe_3C_I \xrightarrow[\text{共析}]{PSK} Ld'+Fe_3C_I$$

3. 铁碳合金成分、组织与性能之间的关系

从对 Fe-Fe₃C 相图的分析可知,在一定温度下,合金的成分决定其组织,而组织又决定

合金的性能。任何铁碳合金的室温组织都是由铁素体和渗碳体两相组成,但成分(含碳量)不同,组织中两个相的相对数量、分布及形态也不同,因而不同成分的铁碳合金具有不同的组织和性能。

1) 碳质量分数对组织的影响

铁碳合金的室温组织随碳的质量分数增加,组织的变化规律如下:

$$F \rightarrow F+P \rightarrow P \rightarrow P+Fe_3C_{II} \rightarrow P+Fe_3C_{II}+Ld' \rightarrow Ld' \rightarrow Ld'+Fe_3C_I$$

从以上变化可以看出,铁碳合金的室温组织随碳质量分数的增加,铁素体的相对量减少,而渗碳体的相对量增加。具体来说,对钢部分而言,随着含碳量的增加,亚共析钢中的铁素体量随之减少,过共析钢中的二次渗碳体量随之增加;对铸铁部分而言,随着碳的质量分数的增加,亚共晶白口铸铁中的珠光体和二次渗碳体量减少;过共晶白口铸铁中一次渗碳体量随之增加。铁碳合金室温组织的相组成物相对量、组织组成物相对量如图4-26所示。

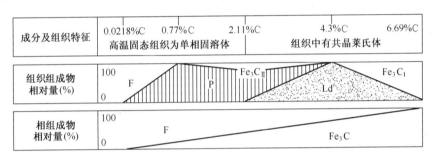

图4-26 铁碳合金中相与组织的变化规律

2) 碳质量分数对力学性能的影响

铁碳合金的力学性能决定于铁素体与渗碳体的相对量及其相对分布状况。图4-27为铁碳合金的力学性能与含碳量之间关系。当碳的质量分数 $w_C < 0.9\%$ 时,随着碳的质量分数增加,钢的强度、硬度呈直线上升,而塑性、韧性随之降低。原因是钢组织中渗碳体的相对量增多,铁素体的相对量减少;当碳的质量分数 $w_C > 0.9\%$ 时,随着碳质量分数的继续增加,硬度仍然增加,而强度开始明显下降,塑性、韧性继续降低。原因是钢中的二次渗碳体沿晶界析出并形成完整的网络,导致了钢的脆性增加。为保证钢有足够的强度和一定的塑性及韧性,机械工程中使用的钢其碳质量分数一般不大于1.4%。$w_C > 2.11\%$ 的白口铸铁,由于组织中渗碳体量太多,性能硬而脆,难以切削加工,在机械工程中很少直接应用。

4. Fe-Fe$_3$C 相图的应用

1) 在钢铁材料选材方面的应用

Fe-Fe$_3$C 相图揭示了铁碳合金的组织随成分变化的规律,由此可以判断出钢铁材料的力学性能,以便合理地选择钢铁材料。例如,用于建筑结构的各种型钢需要塑性、韧性好的材料,应选用 $w_C < 0.25\%$ 的钢材。机械工程中的各种零部件需要兼有较好强度、塑性和韧性的材料,应选用 $w_C = 0.30\% \sim 0.55\%$ 范围内的钢材。而各种工具需要硬度高、耐磨性好的材料,则多选用 $w_C = 0.70\% \sim 1.2\%$ 范围内的高碳钢。

2) 在制订热加工工艺方面的应用

(1) 在铸造方面的应用。从 Fe-Fe$_3$C 相图可以看出,共晶成分的铁碳合金熔点最低,结晶温度范围最小,具有良好的铸造性能。因此,铸造生产中多选用接近共晶成分的铸铁。

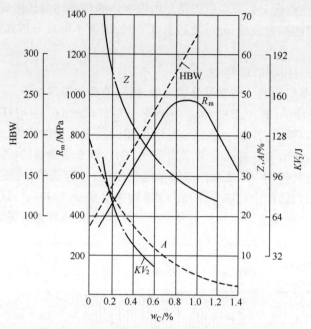

图 4-27　铁碳合金力学性能与含碳量之间关系

根据 Fe-Fe₃C 相图可以确定合金铸造的浇注温度，一般在液相线以上 50～100℃，铸钢（$w_C = 0.15\% \sim 0.6\%$）的熔化温度和浇注温度比铸铁的要高得多，其铸造性能较差，其铸造工艺比铸铁的铸造工艺要复杂。

（2）在锻压加工方面的应用。由 Fe-Fe₃C 相图可知，钢在高温时处于奥氏体状态，而奥氏体的强度较低、塑性好，有利于进行塑性变形。因此，钢材的锻造、轧制（热轧）等均选择在单相奥氏体的适当温度范围内进行。

（3）在热处理方面的应用。Fe-Fe₃C 相图对于制订热处理工艺有着特别重要的意义。热处理常用工艺如退火、正火、淬火的加热温度都是根据 Fe-Fe₃C 相图确定的。这将在下一章中详细阐述。

图 4-28 所示为铁碳合金相图在热加工中的应用。

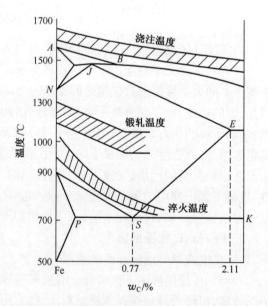

图 4-28　铁碳合金相图在热加工中的应用

本 章 小 结

本章介绍了二元合金相图的建立、二元合金相图的基本类型以及铁碳合金相图。重点内容有：二元合金相图的建立；匀晶相图、共晶相图、包晶相图及其他二元合金相图的特点和相图分析方法;杠杆定律及其应用;枝晶偏析的概念;共晶转变和共析转变的特点;相图与合金性能的关系;铁碳合金中的基本组织(铁素体 F、奥氏体 A、渗碳体 Fe_3C、珠光体 P、莱氏体 Ld);铁碳合金相图的特点、特性点和特性线的含义;铁碳合金按铁碳相图分类;典型铁碳合金结晶过程和室温组织分析;铁碳合金的成分、组织、性能之间的关系;铁碳相图的应用。

思考题与习题

1. 选择题

(1) 铁素体是碳溶解在(　　)中所形成的间隙固溶体。

A. α-Fe; B. γ-Fe; C. δ-Fe; D. β-Fe

(2) 奥氏体是碳溶解在(　　)中所形成的间隙固溶体。

A. α-Fe; B. γ-Fe; C. δ-Fe; D. β-Fe

(3) 在 Fe-Fe_3C 相图中,钢与铁的分界点的含碳量为(　　)。

A. 2%; B. 2.06%; C. 2.11%; D. 2.2%

(4) 莱氏体是一种(　　)。

A. 固溶体; B. 金属化合物; C. 机械混合物; D. 单相组织金属

(5) 在 Fe-Fe_3C 相图中,ES 线也称为(　　)。

A. 共晶线; B. 共析线; C. A_3线; D. A_{cm}线

(6) 在 Fe-Fe_3C 相图中,GS 线也称为(　　)。

A. 共晶线; B. 共析线; C. A_3线; D. A_{cm}线

(7) 在 Fe-Fe_3C 相图中,共析线也称为(　　)。

A. A_1线; B. ECF 线; C. A_{cm}线; D. GS 线

(8) 珠光体是一种(　　)。

A. 固溶体; B. 金属化合物; C. 机械混合物; D. 单相组织金属

(9) 铁碳合金中,当含碳量超过(　　)以后,钢的硬度虽然继续增加,但强度却在明显下降。

A. 0.8%; B. 0.9%; C. 1.0%; D. 1.1%

(10) 在 Fe-Fe_3C 相图中,PSK 线也称为(　　)。

A. 共晶线; B. 共析线; C. A_3线; D. A_{cm}线

(11) Fe-Fe_3C 相图中,共析线的温度为(　　)。

A. 724℃; B. 725℃; C. 726℃; D. 727℃

(12) 在铁碳合金中,共析钢的含碳量为(　　)。

A. 0.67%; B. 0.77%; C. 0.8%; D. 0.87%

2. 名词解释

匀晶转变,共晶转变,包晶转变,共析转变,枝晶偏析,共晶体,稳定化合物,共晶合金,亚共晶合金,过共晶合金,铁素体,奥氏体,珠光体,渗碳体。

3. 综合分析题

(1) 根据 Pb-Sn 相图,说明 w_{Sn} = 30% 的 Pb-Sn 合金在下列温度下其组织中存在哪些相,并求出各相的相对含量。①高于300℃;②在183℃(共晶转变尚未开始);③在183℃共晶转变完毕;④冷到室温。

（2）比较共晶转变、包晶转变、共析转变与匀晶转变的异同。

（3）铁碳合金中的基本组织有哪些？并指出哪些是单相组织、哪些是双相混合组织。

（4）试分析含碳量为 1.2% 铁碳合金从液态冷却到室温时的结晶过程。

（5）现有两块钢样，退火后经显微组织分析，其组织组成物的相对含量如下：

第一块:珠光体占 40%,铁素体 60%;

第二块:珠光体占 95%,二次渗碳体占 5%。

试问它们的含碳量约为多少(铁素体中含碳量可忽略不计)?

（6）说明碳钢中含碳量变化对钢力学性能的影响。

（7）写出铁碳相图中共晶和共析反应式及反应产物的名称。

（8）简述 $Fe-Fe_3C$ 相图在实际生产中的应用。

（9）试分析在缓慢冷却条件下含碳量为 0.6% 的铁碳合金从液态冷却到室温时的结晶过程。

（10）结合 $Fe-Fe_3C$ 相图,指出 A_1、A_3 和 A_{cm} 各代表哪个线段,并说明该线段表示的意思。

（11）试比较 45、T8、T12 钢的硬度、强度和塑性有何不同。

（12）根据 $Fe-Fe_3C$ 相图,回答下列问题:

① 分析 $w_C = 0.4\%$ 的合金在平衡状态下结晶过程和室温组织。

② 分析 $w_C = 1.9\%$ 的合金在平衡状态下结晶过程和室温组织。

③ 说明不同成分区域铁碳合金的热加工工艺性。

第 5 章 金属热处理

钢的热处理是指将钢加热到预设温度,在此温度下保持一定时间,再以预定的冷却速度冷却的一种综合工艺。钢在加热和冷却过程中,其整体组织或表面组织和表面成分产生转变,即获得所需的内部组织、表面组织和成分,进而实现钢性能的转变。

5.1 钢的热处理原理

一个系统的状态变化是由于能量高低不同引起的,由热力学平衡 $Fe-Fe_3C$ 相图可知,A_1 温度是奥氏体与珠光体的平衡温度。当温度低于 A_1 温度时,珠光体的自由能低于奥氏体的自由能,珠光体为稳定态;反之,奥氏体为稳定态。当珠光体组织的钢加热到 A_1 温度以上时,珠光体组织将向奥氏体转变。

实际加热时只有在温度超过理论平衡温度 A_1 的条件下,珠光体组织才能向奥氏体转变;实际冷却时,只有低于 A_1 温度,具备一定过冷度的条件下,奥氏体组织才能转变。

由于热处理时的实际加热速度一般都比较快,实际转变为奥氏体的温度都有所提高;同样,热处理时的实际冷却速度也比平衡条件快,相应的转变温度也有所降低。为了与 $Fe-Fe_3C$ 相图中理论平衡温度 A_1、A_3、A_{cm} 相对应,将实际加热时的临界温度表示为 A_{C1}、A_{C3}、A_{ccm},将实际冷却时的临界温度表示为 A_{r1}、A_{r3}、A_{rcm},如图 5-1 所示,A_{ccm} 和 A_{rcm} 不常用,通常只写成 A_{cm}。

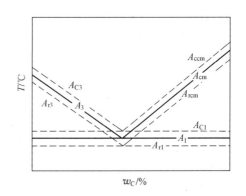

图 5-1 钢在加热、冷却时的临界温度

5.1.1 钢在加热时的组织转变

亚共析钢加热到 A_{C3} 以上,可获得均匀的奥氏体组织;过共析钢加热到 A_{C1} 以上,可获得奥氏体和渗碳体组织。随后以不同的冷却方式冷却,可获得不同的组织和性能。

1. 奥氏体的形成

奥氏体的形成是通过形核和晶核长大实现的。当将珠光体加热到 A_{C1} 温度以上,奥氏体晶核优先在铁素体和渗碳体的晶界上形成,通过碳原子的扩散逐步形成成分均匀的奥氏体晶粒。奥氏体的形成过程可分为 4 个阶段,如图 5-2 所示,即奥氏体在铁素体和渗碳体界面上形核;核心向铁素体及渗碳体两侧长大;铁素体完全转变后,剩余渗碳体继续向奥氏体中溶解;奥氏体中碳扩散使成分均匀化。

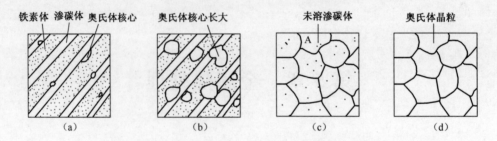

图 5-2　共析钢奥氏体形成过程 4 个阶段示意图
(a)奥氏体核心形成;(b)奥氏体核心长大;(c)残余渗碳体溶解;(d)奥氏体成分均匀化。

亚共析钢加热到 A_{C1} 温度以上,钢中珠光体转变为奥氏体,此时为奥氏体和铁素体组织,当加热到 A_{C3} 温度以上,铁素体转变为奥氏体,获得均匀的奥氏体单相组织。过共析钢加热到 A_{C1} 温度以上,钢中珠光体转变为奥氏体,此时为奥氏体和渗碳体组织,当加热温度上升到 A_{cm} 以上,得到粗大的奥氏体单相组织。

2. 奥氏体晶粒度及其影响因素

钢的奥氏体晶粒大小直接影响冷却后所得组织的性能。奥氏体晶粒细小,冷却后获得的组织也细小,其塑性和韧性较好。

1)奥氏体晶粒度

实际生产中采用标准晶粒度等级图,如图 5-3 所示,通过比较或测量的方法来评定钢在特定加热条件下,奥氏体晶粒的大小,称为奥氏体本质晶粒度,简称晶粒度。晶粒度通常分为 8 级,1~4 级为粗晶粒度,该钢为本质粗晶粒钢;5~8 级为细晶粒度,该钢为本质细晶粒钢。加热时奥氏体转变过程刚刚结束时,奥氏体晶粒的大小,称为起始晶粒度;热处理工艺实际操作过程中,加热时奥氏体晶粒的大小称为实际晶粒度。

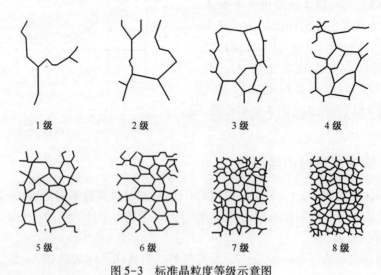

图 5-3　标准晶粒度等级示意图

2)影响奥氏体晶粒度的因素

(1)加热温度和保温时间。加热温度是影响奥氏体晶粒长大最重要的因素。随着加热温度的升高,奥氏体晶粒以聚集再结晶的方式长大。在一定温度下,随保温时间的增加,奥氏体晶粒也有长大的趋势。

（2）钢的成分。奥氏体中的碳含量增高时,晶粒长大的倾向增大。如果碳以未溶碳化物的形式存在,则有阻碍晶粒长大的作用。钢中加入碳化物形成元素(如钛、钒、铌、锆等),形成稳定的碳化物,能阻碍奥氏体晶粒的长大;加入适量的铝,形成稳定的沿晶界弥散分布的氮化物,也能阻碍奥氏体晶粒的长大。锰和磷是促进奥氏体晶粒长大的元素。

3）过热和过烧

实际加热过程中,如温度过高,奥氏体晶粒过度长大,冷却后晶粒粗大,性能恶化,称为过热。如加热温度进一步提高,奥氏体晶界氧化或熔化,致使工件报废,称为过烧。

5.1.2 钢在冷却时的组织转变

当奥氏体以非平衡方式冷却到 A_1 温度以下时,其转变产物随着转变温度和冷却速度的不同而变化,即获得不同的组织。冷却方式通常有两种,即等温冷却和连续冷却。

钢的等温冷却是将奥氏体和部分奥氏体化的钢,以较快的冷却速度冷却到 A_1 温度以下某一给定温度,保温使奥氏体在该固定温度下发生组织转变;连续冷却是将奥氏体和部分奥氏体化的钢,在温度连续下降的过程中使组织发生转变。

1. 过冷奥氏体的等温冷却转变

1）共析钢等温转变曲线(TTT 曲线)

当温度降低到 A_1 温度以下时,奥氏体处于过冷状态,此时尚未发生组织转变的奥氏体称为过冷奥氏体(过冷 A),钢在冷却过程中转变的实质是过冷奥氏体的转变。

共析钢过冷奥氏体的等温转变过程和转变产物可用共析钢等温转变曲线图表示,如图 5-4 所示。由于曲线形状与字母 C 相近,过冷奥氏体的等温转变曲线通常称为 C 曲线。C 曲线中的左边曲线为过冷奥氏体转变开始线,右边曲线为过冷奥氏体转变终了线;M_s 线为过冷奥氏体转变为马氏体的开始线,M_f 线为过冷奥氏体转变为马氏体的终了线。A_1 温度以下,M_s 温度线以上,C 曲线以左的区域为过冷奥氏体区,奥氏体冷却到 A_1 温度以下到转变开始的时间称为奥氏体转变的孕育期,孕育期的长短反映了过冷奥氏体的稳定性。孕育期越短奥氏体稳定性越差。在 C 曲线的"鼻尖"处(约 550℃),孕育期最短,过冷奥氏体的稳定性最差。

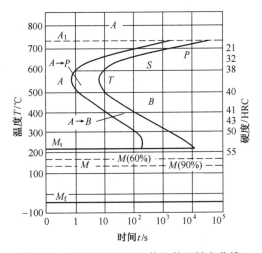

图 5-4 共析钢过冷奥氏体的等温转变曲线

2）过冷奥氏体等温转变的组织和性能

共析钢过冷奥氏体在不同的温度区间可发生 3 种不同的转变。在 A_1 温度至"鼻尖"处温度之间,过冷奥氏体转变为珠光体型组织,此温度区称为珠光体转变区。"鼻尖"处温度至 M_s 温度之间,过冷奥氏体转变为贝氏体型组织,此温度区称为贝氏体转变区。M_s 温度以下,过冷奥氏体转变为马氏体型组织。

（1）珠光体型组织转变。珠光体型组织是铁素体和渗碳体的机械混合物，渗碳体通常呈层片状分布在铁素体基体上，为层片状组织形态。珠光体层片间距与过冷奥氏体的转变温度有关，转变温度越低，层片间距越小，组织越细。珠光体型组织按层片间距的大小可分为珠光体（P）、索氏体（S）和屈氏体（T），其中屈氏体因转变温度低，原子扩散困难，层片间距最小。珠光体、索氏体和屈氏体在本质上是相同的，只是在形态上层片间距大小不同，如图 5-5 所示，其对应性能随层片间距的变化而变化（表 5-1）。

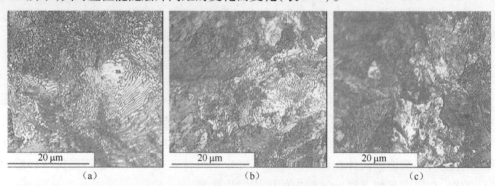

图 5-5　珠光体、索氏体、屈氏体的显微组织
（a）珠光体；（b）索氏体；（c）屈氏体。

表 5-1　过冷奥氏体转变为珠光体型组织的形成温度和性能

组织名称	表示符号	形成温度范围/℃	硬度
珠光体	P	$A_1 \sim 650$	170～200HBW
索氏体	S	650～600	25～35HRC
屈氏体	T	600～550	35～40HRC

（2）贝氏体型组织转变。贝氏体型组织是碳化物（渗碳体）分布在含过饱和碳的铁素体基体上的两相组织。转变温度不同，形成的贝氏体形态不同。过冷奥氏体在 550～350℃ 之间转变形成的产物称为上贝氏体（$B_\text{上}$），$B_\text{上}$ 呈羽毛状，如图 5-6（a）所示，其脆性较大，无实际应用价值；过冷奥氏体在 350℃～M_s 温度之间转变形成的产物称为下贝氏体（$B_\text{下}$），在光学显微镜下 $B_\text{下}$ 呈黑色针状，如图 5-6（b）所示，因 $B_\text{下}$ 转变温度低，碳原子扩散困难，碳化物细小，分布均匀，铁素体中含较多的过饱和碳，所以其硬度高，韧性好，具有较好的综合力学性能。

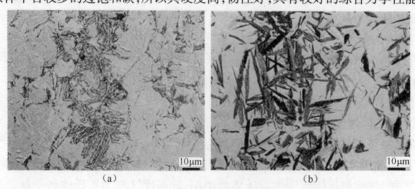

图 5-6　贝氏体的显微组织
（a）上贝氏体（$B_\text{上}$）；（b）下贝氏体（$B_\text{下}$）。

（3）马氏体型组织转变。马氏体型组织是高温奥氏体被快速冷却到 M_s 温度以下得到的组织。马氏体组织转变过程中只发生 γ-Fe 向 α-Fe 的晶格转变，无碳原子扩散，形成含过饱和碳的 α-Fe 固溶体，所形成的这种固溶体称为马氏体（M）。马氏体按其组织形态可分为板条状马氏体和针状马氏体，如图 5-7 所示。奥氏体中含碳量低于 0.2%，转变成的马氏体为韧性好的板条状马氏体；奥氏体中含碳量高于 1.0%，转变成的马氏体为硬度高的针状马氏体；含碳量在 0.2%~1.0% 之间，形成的是板条状马氏体和针状马氏体的混合组织。

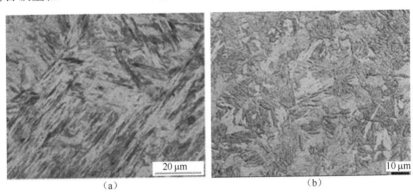

图 5-7　马氏体的显微组织
(a)板条状马氏体；(b)针状马氏体。

具有面心立方晶格的 γ-Fe 快速转变为具有体心立方晶格的 α-Fe 的过程中，残留有大量的晶格缺陷；过饱和碳的存在使 α-Fe 晶格产生畸变，对基体产生强化作用，使马氏体具有很高的硬度。马氏体中含过饱和碳越多，其硬度也越高，但脆性也越大。

过冷奥氏体快速冷却到 M_s 温度以下，奥氏体向马氏体的转变是不完全的，残留下来未发生马氏体转变的奥氏体称为残余奥氏体。奥氏体中含碳量越高，快速冷却后残余奥氏体的量也越多。

3）影响 C 曲线的因素

钢的成分是影响 C 曲线位置和形态的主要因素。

（1）含碳量的影响。亚共析钢的过冷奥氏体转变曲线与共析钢 C 曲线相比，在其左上方多了一条先共析铁素体析出线；亚共析钢随含碳量的减少，C 曲线位置向左移，M_s 温度向上移（图 5-8）。过共析钢的过冷奥氏体转变曲线与共析钢 C 曲线相比，在其左上方多了一条二次渗碳体析出线；过共析钢随含碳量的增加，C 曲线位置向左移，M_s 温度向下移（图 5-9）。

（2）合金元素的影响。奥氏体中所固溶的合金元素（除 Co 外），都能使 C 曲线右移，延长奥氏体转变的孕育期，提高过冷奥氏体的稳定性。

2. 过冷奥氏体的连续冷却转变

实际热处理生产中，钢奥氏体化后，大多采用连续冷却方式完成过冷奥氏体的转变，如采用空气冷却、油冷却、水冷却等方式。

1）共析钢过冷奥氏体的连续冷却转变曲线（CCT 曲线）

共析钢过冷奥氏体的连续冷却转变曲线如图 5-10 所示，图中的 P_s 线为过冷奥氏体转变为珠光体型组织的开始线，P_f 线为转变终了线。KK' 线为过冷奥氏体转变中止线，当冷却到此线时,过冷奥氏体中止向珠光体型组织的转变。由图可知,共析钢以大于 v_K 的速度冷却时,得到的组织为马氏体,v_K 称为临界冷却速度,即过冷奥氏体避开珠光体型组织转变获得马氏体组织的最低冷却速度。共析钢过冷奥氏体的连续冷却转变曲线中无贝氏体型组织转变区,即共析钢过冷奥氏体的连续冷却得不到贝氏体组织。

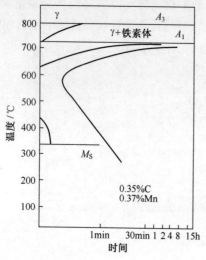

图 5-8　亚共析钢的过冷奥氏体转变曲线

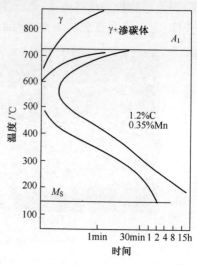

图 5-9　过共析钢的过冷奥氏体转变曲线

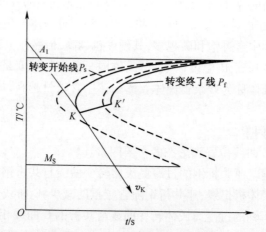

图 5-10　共析钢过冷奥氏体的连续冷却转变曲线示意图

2）亚共析钢和过共析钢过冷奥氏体的连续冷却转变曲线

亚共析钢的过冷奥氏体连续冷却转变曲线,在其左上方多了一条先共析铁素体析出线,过共析钢的过冷奥氏体连续冷却转变曲线,在其左上方多了一条二次渗碳体析出线。

3）共析钢过冷奥氏体的连续冷却转变曲线与等温冷却转变曲线的比较

共析钢过冷奥氏体的连续冷却转变曲线位于等温冷却转变曲线的右下方,其孕育期长。连续冷却转变曲线无贝氏体型组织转变区,当过冷奥氏体冷却曲线与 P_s 线相交时,由过冷奥氏体中逐步析出珠光体型组织;当冷却曲线与 KK' 线相交时,过冷奥氏体转变中止;当冷却曲线与 M_s 线相交时,未转变的过冷奥氏体转变为马氏体,最终获得屈氏体+马氏体+残余奥氏体组织。连续冷却珠光体型组织转变是在一定的温度范围内完成的,其层片间距因转变温度不同而大小不均。

5.2 钢的热处理工艺

如前所述,钢的热处理是通过改变钢的组织或改变其表面成分和组织使其性能发生变化的一种工艺。热处理工艺基本过程包括加热、保温和冷却 3 个阶段,根据加热与冷却方式的不同,常规热处理工艺可按图 5-11 所示分类。

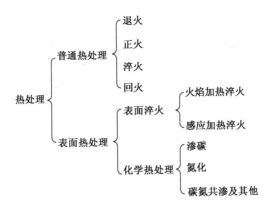

图 5-11 常规热处理工艺与分类

5.2.1 退火与正火

退火与正火是冶金产品(板、带、型材等)重要的处理工序之一。退火是将钢加热到低于或高于 A_{C1} 温度,保温一段时间再以缓慢的速度冷却(一般称为炉冷),以获得近似平衡状态的组织。正火(又叫常化)是将钢加热到 A_{C3} 或 A_{cm} 温度以上的奥氏体区保温,在空气中冷却,以获得接近平衡状态的组织。

1. 退火

根据退火的目的和要求不同,钢的退火可分为完全退火、等温退火、球化退火、扩散退火、再结晶退火和去应力退火等。碳钢各种退火和正火的加热温度范围如图 5-12 所示。

1) 完全退火

完全退火是将钢加热到 A_{C3} 以上 20~30℃,保温一定时间后缓慢冷却的热处理工艺。完全退火主要用于亚共析钢的细化晶粒,消除过热组织,降低硬度。亚共析钢完全退火后得到的组织为珠光体+铁素体。

过共析钢不宜采用完全退火,因为加热到 A_{cm} 以上温度后缓慢冷却,二次渗碳体将沿奥氏体晶界呈网状析出,使材料脆化,并在后期热处

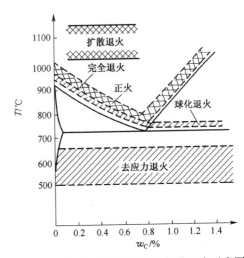

图 5-12 碳钢各种退火和正火加热温度示意图

理中引起裂纹。

2）等温退火

等温退火是将钢加热到 A_{C1}（或 A_{C3}）温度以上，奥氏体或部分奥氏体化后，以较快的速度冷却到珠光体型转变温度，保温使过冷奥氏体产生等温转变，转变结束后缓慢冷却的热处理工艺。等温退火目的与完全退火相近，但等温退火是在固定温度下产生组织转变，其组织均匀，退火后硬度容易控制。

3）球化退火

球化退火是使钢中层片状碳化物变成球状的热处理工艺。球化退火主要用于过共析钢，使其二次渗碳体以及珠光体中的渗碳体呈球状，可降低硬度，改善切削加工性能，为后期淬火做组织准备。球化退火后的显微组织为铁素体基体上分布着细小均匀的球状渗碳体。

4）扩散退火

扩散退火是将钢加热到略低于固相线的温度，长时间保温后缓慢冷却，通过高温扩散使铸件、锻件成分和组织均匀的热处理工艺。扩散退火又叫均匀化退火，可改善或消除铸件的枝晶偏析或锻件轧材的带状组织。扩散退火后组织为过热组织，晶粒粗大，一般处理后需再加一道完全退火或等温退火工艺，以细化晶粒。

5）再结晶退火

再结晶退火是将钢加热到再结晶温度以上，保温后随炉冷却，使其产生回复和再结晶，以消除塑性变形引起的晶格畸变，形成细小等轴晶粒的热处理工艺。再结晶退火主要用于低碳钢、硅钢片和各种冷加工型材的降低硬度和恢复塑性。

6）去应力退火

去应力退火是将钢加热到 A_{C1} 以下某一温度，保温后随炉冷却，消除铸造、锻造、焊接和冷变形等冷热加工在工件内残留的内应力的热处理工艺。去应力退火是低温退火，加热温度一般为 $500 \sim 650 ℃$，可消除 $50\% \sim 80\%$ 的内应力，不发生组织转变。

2. 正火

正火是将亚共析钢加热到 A_{C3} 以上或过共析钢加热到 A_{cm} 以上 $30 \sim 50 ℃$，保温后在静止的空气中冷却，大尺寸工件可采用吹风、喷雾等方法强化冷却，使奥氏体转变为珠光体型组织。对低碳钢正火可提高其硬度，改善切削加工性能；对高碳钢正火可消除其网状碳化物；对中碳钢正火可代替退火细化晶粒、消除过热组织；对大尺寸工件正火可代替调质处理作为最终热处理；对铸件正火可改善和细化铸态组织，提高其力学性能。

3. 退火与正火的区别

在最终组织方面，正火的珠光体型组织比退火态的片间距小，正火的先共析物（F、Fe_3C）不充分；在工艺方面，正火的冷却方式快于退火。

5.2.2　淬火与回火

淬火是将钢奥氏体化或部分奥氏体化，保温后快速冷却，以获得马氏体或下贝氏体组织的热处理工艺。工件在淬火过程中，经常会出现变形、开裂、金相组织不合格和硬度不符合要求等缺陷，其原因除了与钢的成分、原始组织、工件尺寸和形状以及加工工艺规范等有关外,还与淬火介质和冷却规范选择不当有关。因此,正确选择和合理使用淬火介质,确定淬火方法,是保证和提高工件热处理质量的关键之一。

1. 淬火温度和保温时间

淬火加热是使钢奥氏体化或部分奥氏体化,加热温度的高低决定了奥氏体中固溶的碳和合金元素的含量,保温时间的长短决定了奥氏体晶粒的大小和成分是否均匀。

1) 淬火加热温度

亚共析钢的淬火加热温度为 A_{C3} 以上 30~50℃,共析钢和过共析钢的淬火加热温度为 A_{C1} 以上 30~50℃,如图 5-13 所示。

亚共析钢的淬火加热温度如果低于 A_{C3} 温度,奥氏体化不完全,淬火冷却后组织中保留有铁素体,使钢的硬度降低。过共析钢的淬火加热温度如果高于 A_{cm} 温度,渗碳体全部溶解,奥氏体中含碳量高、晶粒粗大,淬火冷却后形成粗大的针状马氏体,脆性高,易产生淬火开裂;因此,通常过共析钢淬火加热到 A_{C1} 以上两相区,使组织中保留少量未溶二次渗碳体,有利于提高钢的硬度和耐磨性,同时奥氏体中低的含碳量,使其淬火冷却后转变为韧性较好的板条状马氏体,并减少淬火后残余奥氏体的量。

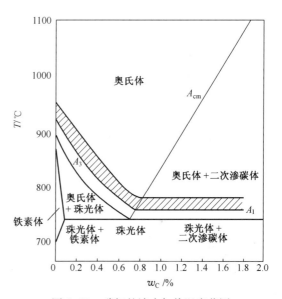

图 5-13 碳钢的淬火加热温度范围

大多数合金元素具有阻碍奥氏体晶粒长大的作用,为使合金元素部分或全部溶解到奥氏体中,合金钢的加热温度一般高于对应含碳量的碳钢。

2) 淬火保温时间

淬火加热包括升温和保温两个阶段,淬火保温时间是装炉后炉温到达淬火温度至淬火冷却的时间,即钢件温度均匀并完成奥氏体化所需的时间。钢件尺寸、成分和加热介质不同,淬火保温时间不同。

2. 淬火冷却介质

热处理工序有两个重要环节,即加热和冷却。钢件冷却时所采用的冷却介质及冷却方式,对热处理后钢件的质量起着重要作用。冷却介质和冷却方式选择不当,易产生淬火变形、开裂和硬度不足等缺陷。

1) 理想冷却曲线

加热到奥氏体状态的钢件必须以大于临界冷却速度 v_K 的方式冷却,才能避免珠光体型组织析出,完成奥氏体向马氏体的转变,即在 C 曲线的"鼻尖"附近,介质冷却速度必须较快。在 M_s 温度以下,为了减小因奥氏体向马氏体转变产生的应力,介质的冷却速度必须较慢;在略低于 A_1 温度,过冷奥氏体转变孕育期长,可采用缓慢冷却以减少钢件因内外冷却收缩不一致而产生的应力。理想的冷却曲线如图 5-14 所示。

2）实际冷却介质

常用的淬火介质有水基淬火介质、淬火油和盐浴。

（1）水基淬火介质。水是最常用的淬火介质，但其冷却性能并不理想，高温冷却阶段，其冷却速度慢；低温冷却阶段冷却速度快。在水中添加无机盐可提高其高温阶段的冷却速度，避免过冷奥氏体向珠光体型组织转变；在水中添加聚合物有机介质可减缓低温冷却速度，避免马氏体转变时因应力过大产生开裂。水基介质一般用于碳钢、大尺寸低合金钢、铝合金的淬火冷却。

（2）淬火油。淬火油是由基础油添加催冷剂、光亮剂和抗氧化剂等添加剂调和，其高温冷却速度小于水基介质，低温冷却平缓。采用淬火油冷却，可减少钢件淬火变形，避免钢件淬火开裂。淬火油一般用于合金钢、小尺寸碳钢工件的淬火。

（3）盐浴。熔融状态的盐具有较理想的冷却性能，其高温阶段冷却速度比油快，低温阶段冷却速度比水低。因其使用温度高，可用于等温冷却获得下贝氏体组织。由于高温熔融盐浴对环境污染大，其使用范围受到一定限制。

3. 淬火方法

常用的淬火方法有单液淬火、双液淬火、分级淬火和等温淬火等方法，如图 5-15 所示。

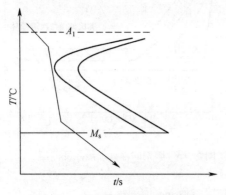

图 5-14　淬火介质理想冷却曲线

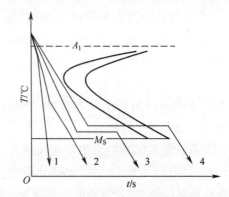

图 5-15　各种淬火方法示意图
1—单液淬火；2—双液淬火；3—分级淬火；4—等温淬火。

1）单液淬火

单液淬火是将钢件奥氏体化后，在单一介质中连续冷却获得马氏体组织的淬火方法。该方法操作简单，易于实现连续化批量生产。

2）双液淬火

双液淬火是将钢件奥氏体化后，在冷却较快的介质中冷却，待避开珠光体转变的"鼻尖"温度，迅速转移到冷却缓慢的介质中，降低低温阶段转变的速度，避免因相变应力过大产生淬火开裂。该方法只适用于单件小批量生产，其操作复杂、性能不稳定。

3）分级淬火

分级淬火是将钢件奥氏体化后，在略高于 M_s 温度的熔盐中保温，使钢件组织保持在过冷奥氏体的状态下，均匀内外温度，再缓慢冷却产生马氏体转变。钢件相变前内外温度一致，可有效地降低相变产生的应力，减小淬火变形，避免开裂。分级淬火只适用于过冷奥氏体稳定的中、高合金钢。

4）等温淬火

等温淬火是将钢件奥氏体化后,在高于 M_s 温度的熔盐中保温,以获得下贝氏体组织的方法。下贝氏体具有强韧兼备的性能,目前在高速机车轴承方面获得了广泛应用。

4. 钢的淬透性和淬硬性

淬透性是指钢接受淬火获得马氏体的能力,淬硬性是指钢淬火后所获得马氏体组织的最高硬度。淬透性和淬硬性是两个完全不同的概念。

1）淬透性的概念

淬火时,钢件的表面冷却快,心部冷却慢。如果钢件心部的冷却速度达到或超过该钢的临界冷却速度,钢件就会淬透,即整个钢件由表及里都转变为马氏体。如果距表面某一深处的冷却速度接近该钢的临界冷却速度,则该位置的外层转变为马氏体,其内部出现硬度较低的非马氏体组织,钢件未淬透。在相同条件下,不同材料淬火获得的马氏体的深度是不同的。

在未淬透的情况下,从表面到心部,马氏体的数量是逐步减少的。根据实际需要,通常将马氏体占50%的位置(半马氏体区)定为淬硬层的边界,即从表面向内部深入到半马氏体区作为淬硬层深度。在相同条件下,淬硬层深度由该钢件的淬透性大小确定。

如果在截面上沿直径测定其各点的硬度,通常含50%马氏体处恰好是硬度值急剧变化的位置,如图5-16所示。另外,不同成分钢的半马氏体区硬度主要取决于钢的含碳量,采用50%马氏体处作为界限很容易利用测量硬度的方法加以确定。

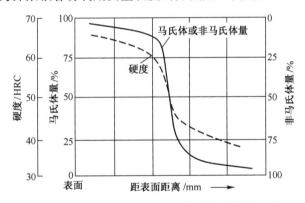

图 5-16　淬火钢件截面上马氏体量与硬度的关系

2）影响淬透性的因素

淬透性的高低可由过冷奥氏体的稳定性确定。凡能提高过冷奥氏体稳定性的因素,或使 C 曲线位置右移,减小临界淬火冷却速度的因素,都能提高钢的淬透性。奥氏体的化学成分、晶粒大小、均匀化程度以及非金属夹杂与未溶碳化物的存在,对淬透性均有影响。

（1）碳含量的影响。亚共析钢随奥氏体中碳含量的减少,临界冷却速度增大,淬透性降低;过共析钢随奥氏体中碳含量的增加,临界冷却速度增大,淬透性降低。在碳钢中,共析钢的临界冷却速度最小,其淬透性最好。

（2）合金元素的影响。除 Co 元素外,合金元素溶入奥氏体后,都能降低临界冷却速度,使 C 曲线位置右移,提高钢的淬透性。合金钢的淬透性好于相同碳含量的碳钢。

（3）奥氏体化的影响。提高奥氏体化温度,奥氏体晶粒粗大,成分均匀,可提高过冷奥氏体的稳定性,降低该钢的临界冷却速度,提高其淬透性。

(4) 钢中未溶第二相的影响。钢中非金属夹杂与未溶碳化物的存在,可成为奥氏体分解的核心,促进过冷奥氏体的分解,降低其淬透性。

3) 淬透性的实际意义

淬透性是钢材选用的重要依据之一。淬透性不同的钢材经淬火后,沿横截面的组织和力学性能相差很大。尺寸较大的钢件,如果要求其整个截面的力学性能均匀,整体具有高的强度,应选用淬透性好的材料;如仅要求表面性能,应选用低淬透性的材料,可考虑用碳钢代替合金钢,以降低材料成本。尺寸较小的钢件,淬火冷却时其截面不同部位冷却速度基本一致,如以较快的方式冷却,碳钢或合金钢淬火后,其强度和硬度相近。

4) 淬硬性及其影响因素

如前所述,淬硬性是指钢淬火后能获得的最大硬度,其大小由马氏体中固溶的碳所决定。马氏体是同一成分钢的所有组织中最硬、最强的组织,高硬度是钢中马氏体的主要特点之一。马氏体的硬度主要取决于其含碳量,而合金元素影响不大。马氏体的硬度随碳含量的增加而急剧增大,当碳含量增至 0.5% ~ 0.6% 以后,硬度增大趋于平缓,这与淬火钢中出现残余奥氏体有关。

5. 钢的回火

回火是指钢件淬火后,为消除其内应力,获得所要求的组织和性能,将其加热到 A_{C1} 以下某温度,保温后冷却的热处理工艺。凡经淬火的钢随后都要回火,其主要原因是:淬火后得到的马氏体脆性高、组织不稳定,淬火后残余应力大。

1) 钢回火时的组织转变

随着回火温度的提高,淬火马氏体和残余奥氏体组织将发生变化,可分为以下 4 个阶段:

(1) 马氏体的分解(80 ~ 200℃)。当回火温度提高到 100℃ 以上时,将发生回火转变,淬火马氏体分解为低碳马氏体和 ε 碳化物的两相混合物,称为回火马氏体。与淬火马氏体相比,由于 ε 碳化物的弥散沉淀使得其组织易于腐蚀,呈黑色片状。马氏体中仍含有过饱和的碳,其精细结构未发生明显变化,保持着强化状态。

(2) 残余奥氏体的转变(200 ~ 300℃)。在碳钢或低合金钢中,当含碳量大于 0.4% 时,就能观察到残余奥氏体的存在,在含碳量低于 0.4% 的钢中,也有少量残余奥氏体。高碳钢和高合金钢中残余奥氏体的量可高达 40%,回火时残余奥氏体的转变对钢的性能和组织稳定性影响较大。回火过程中残余奥氏体的转变,大多发生在 200 ~ 300℃ 温度区间,转变为下贝氏体或回火马氏体。

(3) 回火屈氏体的形成(300 ~ 400℃)。在 250℃ 以上温度回火时,低碳马氏体中的碳浓度继续下降,并析出稳定的碳化物(Fe_3C)。碳钢和低合金钢在 300 ~ 400℃ 回火时,将得到条状或针状铁素体和细颗粒状的碳化物组成的混合物,称为回火屈氏体。

(4) 渗碳体的聚集长大和铁素体再结晶(400 ~ 550℃)。如果在 400℃ 以上温度回火,随着回火温度增高或回火时间的延长,粒状碳化物进一步聚集长大,同时铁素体的针条状形态消失,得到的组织为颗粒状的碳化物分布于多边形块状铁素体的基体上,称为回火索氏体。

2) 回火的分类及应用

根据回火温度的高低,回火可分为低温回火、中温回火和高温回火。不同温度回火后的组织和性能见表 5-2。

表 5-2　淬火钢件不同温度回火后的组织和性能

回火类型	回火温度/℃	组织	性能及应用	组织形态
低温回火	150~250	回火马氏体（M′）	保持高硬度，降低脆性及残余应力，用于工模具钢，表面淬火及渗碳淬火件	含过饱和碳的 F+ε 碳化物
中温回火	350~500	回火屈氏体（T′）	硬度下降，韧性、弹性极限和屈服强度高，用于弹性元件	保留马氏体针形 F+细粒状 Fe₃C
高温回火	500~650	回火索氏体（S′）	强度、硬度、塑性、韧性良好，综合力学性能优于正火得到的组织。中碳钢、重要零件采用	多边形 F+粒状 Fe₃C

（1）低温回火。低温回火的目的是降低淬火应力，保持淬火后的高硬度和高耐磨性，提高钢件韧性。低温回火用于高碳钢工具、冷作模具、轴承的淬火后处理以及渗碳和表面淬火后处理。

（2）中温回火。回火屈氏体具有很高的弹性极限和屈服强度，同时也具有一定的韧性，硬度一般为 35~45HRC。中温回火用于弹性元件淬火后处理。

（3）高温回火。回火索氏体综合力学性能最好，强韧兼备，硬度一般为 25~35HRC。淬火后高温回火的工艺广泛用于重要结构件的热处理，生产中将淬火加高温回火的热处理工艺称为调质处理。

钢件调质处理后的力学性能与正火后的相比，不仅强度高，而且塑性、韧性好。调质处理后的组织为回火索氏体，其组织中的渗碳体为颗粒状；正火处理后的组织为索氏体，其组织中的渗碳体为片状。

3）回火脆性

随着回火温度的升高，淬火钢件的塑性提高，但其冲击韧性的提高不是连续的，即产生回火脆性现象。在 250~400℃ 和 400~650℃ 两个温度区间回火后，钢的冲击韧性出现明显下降，这种随回火温度提高而冲击韧性下降的现象称为钢的回火脆性，如图 5-17 所示。

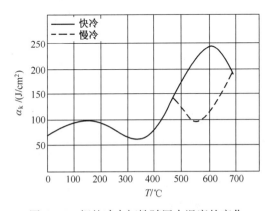

图 5-17　钢的冲击韧性随回火温度的变化

（1）低温回火脆性。几乎所有淬火后形成马氏体组织的碳素钢及合金钢，在 300℃ 附近回火时都将产生回火脆性，碳钢在 200~400℃、合金钢在 250~450℃ 出现韧性低谷，称为低温回火脆性。在该温度区间回火时，无论采用哪种回火方法或哪种冷却速度，都难以避免韧性降低。如果将已产生脆性的钢件重新加热高于脆化温度回火,脆性即可消失。若再置于脆化温度区间回火,脆性也不会重复出现,所以低温回火脆性也称为不可逆回火脆性。

(2) 高温回火脆性。在 400~650℃ 回火时出现的韧性低谷,称为高温回火脆性。在该脆化温度范围内回火,如快速冷却,韧性低谷不出现;反之,冷却越慢,韧性下降越显著。已脆化的钢,重新加热到略高于脆化温度回火,然后快冷,脆性消失,重复加热到脆化温度后慢冷,脆性又会出现,所以高温回火脆性也称为可逆回火脆性。

5.3 表面热处理

通过改变钢件表面组织或表面组织及其成分,从而改变其表面性能的方法,称为表面热处理。

5.3.1 表面淬火

表面淬火不改变钢件表面的化学成分,仅通过强化手段改变表面层的组织状态。表面淬火的目的是使钢件表面获得高的硬度和高的耐磨性,而心部仍保持有足够的塑性和韧性。

由于加热方法的不同,表面淬火可分为感应加热表面淬火、火焰加热表面淬火、激光加热表面淬火、电接触加热表面淬火、电解液加热表面淬火等,其中感应加热表面淬火应用最广泛。

1. 感应加热表面淬火

感应加热表面淬火是利用电磁感应的原理,将钢件置于交变磁场中切割磁力线,在表面产生感应电流;根据交流电的集肤效应,以涡流形式将钢件表面快速加热到奥氏体化温度,而后快冷的淬火方法,如图 5-18 所示。

1) 感应加热的基本原理

感应加热是将钢件置于感应器内,当有一定频率的交流电通过感应器时,在钢件表面产生感应电流,此电流分布在钢件表面,并以涡流形式出现,迅速加热钢件表面使其达到淬火温度,然后切断电源,并将钢件快速冷却,实现感应加热表面淬火。

感应加热表面淬火设备,根据其频率的大小可分为:高频感应设备,其频率范

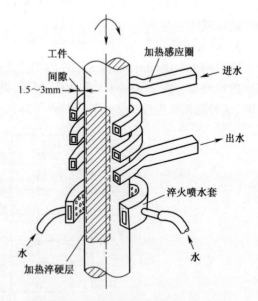

图 5-18 感应加热表面淬火示意图

围为 250~450kHz(最常用的是 250kHz);中频感应设备,其频率范围低于 10000Hz(最常用的是 2500Hz 及 8000Hz);工频感应设备,其频率范围为 50~100Hz(国内使用的是 50Hz)。

由于感应加热设备的频率不能任意调节,因此,电流的透入深度是不能根据硬化层深度的要求来任意选择的。电流的透入深度与频率的平方根成反比,电流频率越大,电流的透入

深度越小,加热层也越薄,因此,通过频率的选定,可以得到不同的硬化层深度,表5-3所列为感应加热电流频率与硬化层深度。

表5-3 感应加热电流频率与硬化层深度

频率/Hz	可达到硬化层深度/mm	靠热传导可达到硬化层深度/mm
250000	0.8~1.5	~3
8000	1.7~3.5	~5
2500	2.0~4.0	~7

2)感应加热表面淬火后的组织和性能

感应加热表面淬火的加热速度快,一般只需几秒到几十秒,且加热温度高(A_{C3}以上80~150℃)。钢的奥氏体化温度高,晶核多,且不易长大,淬火后表面组织为细小隐晶马氏体。钢件感应加热表面淬火前,通常需经过预先热处理,采用的工艺为调质或正火。如预先热处理为调质,钢件心部组织为回火索氏体;如预先热处理为正火,钢件心部组织为索氏体。

表面淬火马氏体,由于体积膨胀,在钢件表面产生压应力,可提高其疲劳强度;细小隐晶马氏体组织使表面淬火比一般淬火在硬度方面高2~3HRC,且脆性较低。

3)感应加热表面淬火的应用

感应加热表面淬火在热处理生产中得到了广泛应用。因其加热速度快,几乎没有保温时间,钢件的氧化脱碳少。另外,其内部未加热,钢件的淬火变形也小。例如,C620车床主轴,采用45钢锻件制造,经预先正火处理,250kHz高频感应设备表面淬火,再进行200℃回火。其表面组织为细小隐晶回火马氏体,心部组织为索氏体。表面具有较高的硬度和耐磨性,心部具有较好的韧性。

2. 火焰加热表面淬火

火焰加热表面淬火是利用氧-乙炔气体或其他可燃性气体(如天然气等),以一定比例混合燃烧,形成强烈的高温火焰,将钢件迅速加热至淬火温度,然后快速冷却,使其表面获得要求的硬度和一定的硬化层深度,而中心仍保持原有组织的热处理淬火方法。

火焰加热表面淬火设备简单,操作灵活,但质量稳定性差,不易自动控制。

3. 激光加热表面淬火

激光加热表面淬火是以高能量密度的激光束作为热源的表面淬火热处理。大功率激光器产生的激光束,扫描钢件表面,其能量被钢件表面吸收并发生相变,随着激光束的离开,钢件次表层未受热影响的部分迅速冷却表层激光束加热层,形成极大的冷却速度,无需介质冷却,即可以靠自激冷却使钢件表面淬火。

激光加热表面淬火与常规热处理相比具有加热速度快、热变形小、可以对形状复杂的钢件(如盲孔、拐角、内壁等)进行局部淬火等特点。

5.3.2 化学热处理

化学热处理是将钢件置于化学活性介质中,在钢保持固态的温度下,向钢件表面渗入金属或非金属元素,以改变钢件表面成分和组织,从而改善钢件表面性能的工艺过程。

钢的化学热处理种类很多,按渗入元素分类有渗碳、渗氮(氮化)、碳氮共渗、氮碳共渗、渗硼、渗硫、渗铝等。下面对渗碳、渗氮和碳氮共渗作简要介绍。

1. 渗碳

高碳钢经淬火和低温回火后,具有较高的硬度和耐磨性,但脆性大;低碳钢经淬火和低温回火后,具有低碳板条状马氏体组织,韧性好,但其表面硬度低,不耐磨。如果钢件表面有高的含碳量,而心部是低碳钢成分,通过淬火和低温回火,表面可获得高硬度、高耐磨性的组织,而心部又具有强韧兼备的性能。

渗碳是将钢件(一般为低碳钢)放在增碳的活性介质中加热并保温,使钢件表面获得一定厚度的高碳层的工艺过程。根据渗碳介质的不同,渗碳可分为固体渗碳、液体渗碳和气体渗碳3种,固体渗碳最为古老,现应用最广泛的是气体渗碳。

1) 气体渗碳工艺过程

气体渗碳是将钢件置于具有增碳气氛的介质中使之渗碳的工艺。气体渗碳介质有两大类。一类是液体介质,直接滴入高温气体渗碳炉中,经热分解后产生渗碳气体,使钢件表面渗碳。常用的液体介质有煤油、甲苯、丙酮、乙醇、甲醇等,如图5-19所示。另一类是气体介质,如天然气、城市煤气、液化石油气等,可直接通入渗碳炉内渗碳。

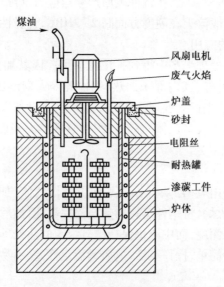

图5-19 气体渗碳装置示意图

渗碳主要通过分解、吸收、扩散这3个基本过程来完成,在分解、吸收正常进行的条件下,决定渗碳速度快慢的是扩散过程。温度对扩散起着重要的作用,所以温度是影响气体渗碳的主要因素。渗碳温度一般控制在860~960℃内。

2) 渗碳后热处理

渗碳后的淬火方法有很多种,有直接淬火、预冷直接淬火、一次加热淬火、二次加热淬火等。

(1) 直接淬火低温回火。渗碳结束后直接进行淬火,该方法操作简单、成本低,但不能细化钢的晶粒,工件淬火变形较大,合金渗碳钢工件表面的残余奥氏体较多,使表面硬度低。

(2) 预冷直接淬火后低温回火。渗碳后预冷至800~850℃淬火,可以减少工件的淬火变形,渗碳层残余奥氏体量降低,表面硬度略有提高。适用于细晶粒钢件渗碳处理,该方法操作简单,工件氧化、脱碳及淬火变形较小。

86

（3）一次加热淬火后低温回火。渗碳结束并冷却后，重新加热到 820~850℃ 或 780~810℃ 温度淬火，如图 5-20 所示。该方法适用于渗碳后需精加工的，对表面组织要求高的钢件。如对心部强度要求高，可采用 820~850℃ 加热淬火，心部为低碳马氏体组织；如对表面硬度要求高，可采用 780~810℃ 加热淬火，表面碳化物细小弥散。

（4）二次加热淬火后低温回火。渗碳结束冷却后，增加一次淬火（或正火），以消除渗层网状碳化物并细化心部组织，再进行二次淬火，如图 5-21 所示。该方法工艺复杂，适用于对力学性能要求高的渗碳工件，两次加热易使钢件氧化、变形和脱碳。

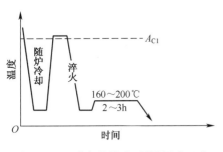

图 5-20　一次加热淬火、低温回火工艺

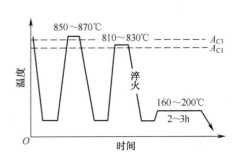

图 5-21　二次加热淬火、低温回火工艺

3）渗碳淬火后的组织与性能

低碳钢经渗碳淬火及低温回火后，表面组织为高碳回火马氏体+碳化物+残余奥氏体，心部组织为低碳回火马氏体（或含铁素体、索氏体）。

低碳钢渗碳淬火及低温回火后，表面硬度一般为 56~62HRC，耐磨性好；如果是淬透性好的钢件，心部能淬透，心部组织为低碳回火马氏体，韧性好；如果是淬透性差的钢件，心部未能淬透，心部组织为低碳回火马氏体+索氏体+铁素体。

2. 渗氮（氮化）

渗氮是将钢件置于含氮的介质中，使活性氮原子渗入钢件的表面，形成富氮硬化层的化学热处理工艺。

1）氮化特点

氮化渗层浅，但具有极高的硬度，达到 950~1200HV（相当于 65~72HRC），高的耐磨性和抗咬合性，抗腐蚀，但渗层脆性大。因氮化处理温度低，所以钢件变形小。

2）氮化的基本原理

氮化基本过程为分解、吸收、扩散。NH_3 分解生成活性氮，氮溶入 α-Fe，基体吸收生成含氮的 α-Fe 和合金氮化物，氮在 540~570℃ 温度下，在多相中发生反应扩散。

3）氮化工艺

为了保证工件的心部性能，氮化预先热处理常采用调质工艺，为氮化做组织准备。氮化温度低于预先热处理的高温回火温度，一般为 540~570℃，温度高，氮化物聚集长大，硬度低。薄层硬化渗氮，采用低温长时工艺；厚层硬化渗氮，采用高温长时工艺。

3. 碳氮共渗

碳氮共渗是将钢件（一般为低碳钢）放在含碳和氮的活性介质中加热并保温，使钢件表面同时渗入碳和氮，形成碳氮共渗层，获得高硬度、高耐磨性、高疲劳强度、高耐腐蚀性等性能。

与渗碳比较,碳氮共渗可在较低温度下共渗,不易过热;氮的存在使渗层淬透性提高,可缓慢冷却,并可直接淬火、变形小。碳氮共渗速度比单独渗碳或渗氮要快,工件表层的浓度梯度大,氮化物含碳,碳化物含氮,共渗层中碳和氮含量随共渗温度而变化。

碳氮共渗有固体碳氮共渗、液体碳氮共渗(氰化)和气体碳氮共渗等方式。按共渗温度,可分为高温碳氮共渗(880~950℃),现已很少用;中温碳氮共渗(780~870℃),用于结构钢耐磨工件;低温碳氮共渗(500~560℃),用于工模具钢表面强化,又称软氮化。

本 章 小 结

钢的奥氏体化由4个基本过程组成,即奥氏体的形核、奥氏体晶核的长大、残余奥氏体的溶解及奥氏体成分的均匀化。奥氏体化速度与加热温度、加热速度、钢的成分及原始组织等因素有关。奥氏体的晶粒大小用晶粒度表示,有3种不同概念的晶粒度,即起始晶粒度、实际晶粒度和本质晶粒度。影响奥氏体实际晶粒度的因素主要是加热温度、保温时间和钢的化学成分等。

根据过冷奥氏体转变温度的不同,转变产物可分为珠光体、贝氏体和马氏体3种类型。较高温度下发生的珠光体转变是一种扩散型相变;较低温度下发生的马氏体相变是一种无扩散型相变;在珠光体与马氏体转变温度区间发生的贝氏体转变是一种半扩散型相变。一般情况下,珠光体为片层状组织;珠光体转变温度不同,导致珠光体片间距的尺寸不同,可将珠光体类型组织分为珠光体、索氏体和屈氏体3种。贝氏体按其转变温度和组织形态的差异,分为上贝氏体和下贝氏体。马氏体根据其含碳量、组织形态的差异,分为板条马氏体和针状马氏体。

钢的退火是为了均匀成分和组织、细化晶粒、降低硬度、消除应力,常用的退火工艺有完全退火、等温退火、球化退火、扩散退火和去应力退火。

正火与退火的目的近似。与退火相比,正火的珠光体型组织比退火态的片间距小,相同成分的钢正火后力学性能较高。

亚共析钢淬火加热温度为$A_{C3}+(30~50)℃$,共析钢和过共析钢的淬火加热温度为$A_{C1}+(30~50)℃$。最常用的淬火方法为单液淬火、分级淬火和等温淬火。

淬火钢在回火过程中随着温度的升高发生马氏体分解、残余奥氏体转变、碳化物转变、渗碳体聚集长大和α再结晶。一般情况下,淬火钢的回火温度越高,强度、硬度越低,塑性、韧性越好。淬火钢经低温回火得到回火马氏体组织,中温回火后得到回火屈氏体组织,高温回火得到回火索氏体组织。应注意,淬火钢在两个温度区间回火时易出现回火脆性现象。

钢的淬透性是指钢在淬火时获得马氏体的能力,其大小可用钢在一定条件下淬火获得的淬透层深度表示。钢的淬透性在本质上取决于过冷奥氏体的稳定性。钢的淬硬性是指钢在淬火时的硬化能力,用淬火后马氏体所能达到的最高硬度表示。钢的淬硬性主要取决于马氏体中碳的含量。

采用表面淬火和化学热处理(渗碳、氮化等)可有效提高钢件表面的硬度和耐磨、耐蚀性能,与其他热处理工艺的恰当配合,可使钢件心部具有较高的强韧性,表面具有高硬度和耐磨性。

思考题与习题

1. 名词解释

淬火临界冷却速度,正火,回火脆性,马氏体,贝氏体,调质。

2. 分析比较下列术语的异同点

(1)淬透性与淬硬性。

(2)正火 S、正火 T 与回火 S、回火 T。

(3)M 与回火 M。

(4)P、S、T。

(5)起始晶粒度、实际晶粒度、本质晶粒度。

(6)共析钢等温冷却转变曲线(C 曲线,即 TTT 曲线)与连续冷却转变曲线(CCT 曲线)。

(7)奥氏体、过冷奥氏体、残余奥氏体。

(8)低温回火脆性与高温回火脆性。

(9)单液淬火、双液淬火、分级淬火、等温淬火。

3. 简述加热时共析钢奥氏体的形成过程。

4. 分析比较钢件淬火后,进行低温回火、中温回火、高温回火的温度范围,回火后的组织及其适用钢种。

5. 写出钢件进行完全退火、球化退火、正火、淬火的加热温度范围,冷却方式和热处理后得到的组织。

6. 共析碳钢的 C 曲线和冷却曲线如图 5-22 所示,指出图中 1～19"O"处的组织名称,并写出图中以下几条冷却曲线所对应的热处理工艺名称:

(1)2-4-19;(2)3-8-18;(3)1-5-16;(4)6-13;(5)9-12;(6)10-11-17。

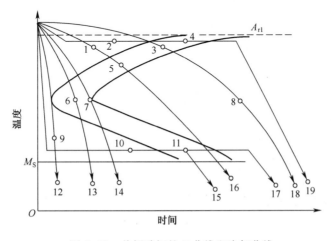

图 5-22 共析碳钢的 C 曲线和冷却曲线

7. 简述热处理退火与正火在工艺、组织、性能等方面的区别;简述含碳量为 0.45% 的碳钢工件正火与调质在组织、性能方面的区别。

8. 某小尺寸薄壁轴承,采用 GCr15 钢制造,网带炉加热淬火,常因淬火变形超差而报废,其工艺过程如图 5-23 所示,请对图中工艺做出调整(两处以上),以降低其热处理淬火后的变形。

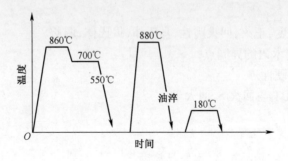

图 5-23　轴承热处理工艺过程

9. 含碳量 0.45% 的碳钢小尺寸工件,采用普通箱式电阻炉加热至 860℃,盐水或淬火油淬火,经检测试样发现淬火后表面硬度有较大差别;但采用盐浴炉加热至相同温度淬火,淬火后表面硬度相差不大。请结合 C 曲线分析其原因。

10. 某小尺寸硬面齿轮(材料为 12Cr2Ni4A)的加工工序如图 5-24 所示,请分析:

(1) 各热处理工序 1~7 对应的工艺名称及主要目的。

(2) 最终组织组成(表面和心部),对应的硬度范围。

11. 某大尺寸轴类工件(≥φ100mm),采用 45、40Cr、42CrMo、40CrNiMo 等材料制造,请从材料淬透性角度分析,以上材料调质处理后,轴径向组织变化,硬度变化(在图 5-25 中绘出示意图),整体性能(强度)差别。

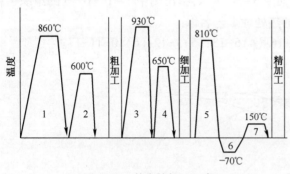

图 5-24　某齿轮加工工序

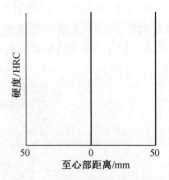

图 5-25　工件硬度变化示意图

12. W18Cr4V 高速钢刀具毛坯,热处理结束后发现其碳化物呈网状分布,需重新热处理。请画出其工艺曲线,注明各工序名称、具体加热温度。

13. 分析比较钢件渗碳与渗氮(氮化)的工艺过程、适用钢种、热处理特点及其组织。

第6章 常用工程金属材料

6.1 铁 碳 合 金

碳钢和铸铁是工业生产中应用广泛的金属材料,由于它们的基本组元是铁和碳,所以称为铁碳合金。

6.1.1 碳钢

含碳量低于 2.11% 的二元铁碳合金称为碳素钢,简称碳钢。在实际使用的碳钢中,由于冶炼的原因,都会或多或少地含有 Si、Mn、P、S 等杂质元素。

1. 常存杂质元素对碳钢性能的影响

（1）Si。Si 在钢中是一种有益合金元素,能溶于铁素体中而使其强化,从而提高钢的强度、硬度和弹性。通常由于钢中含 Si 量不多(小于 0.4%),故对钢的性能影响不大。

（2）Mn。Mn 在钢中也是一种有益元素,Mn 大部分溶于铁素体中而使其强化;小部分溶于渗碳体中,形成合金渗碳体;Mn 还能增加钢中珠光体的相对量并使它细化,从而提高钢的强度。通常由于钢中含 Mn 量不多(小于 0.8%),故对钢的性能影响不大。Mn 还能与 S 化合形成 MnS,以减轻 S 的有害作用。

（3）S。S 在钢中是一种有害元素。S 以 FeS 的形式存在于钢中,使钢的塑性变差。S 的含量越多,钢的脆性越大。特别是 FeS 与 Fe 形成低熔点(985℃)共晶体分布于晶界上,在 1000~1200℃进行热压力加工时,共晶体熔化,钢材变脆,沿晶界开裂,这种现象称为热脆。因此,必须严格控制钢中的 S 含量。

（4）P。P 可全部溶于铁素体中,从而提高钢的强度和硬度。但在室温下 P 会使钢的塑性急剧下降,脆性增加,特别是在低温时更为严重,这种现象称为冷脆。因此,必须严格控制钢中的含 P 量。

2. 碳钢的分类

根据碳钢的成分、冶炼质量及用途的不同,可以有以下几种分类方法。

1）按钢的成分划分

根据钢中的含碳量,可分为:

（1）低碳钢——含碳量小于 0.25%。

（2）中碳钢——含碳量在 0.25%~0.60%之间。

（3）高碳钢——含碳量大于 0.60%。

2）按钢的材质划分

根据钢的冶炼质量,也即根据钢中所含有害杂质的多少,可分为:

（1）普通碳素钢——钢中 S、P 含量分别不大于 0.055%和 0.045%。

（2）优质碳素钢——钢中S、P含量分别不大于0.045%和0.040%。

（3）高级优质碳素钢——钢中S、P杂质最少，其含量分别不大于0.030%和0.035%。

3）按钢的用途划分

按其用途可分为两大类：

（1）碳素结构钢——这类钢主要用于制造各种金属结构（如桥梁、锅炉等）和机器零件（如螺钉、齿轮等）。它包括普通碳素钢及优质碳素钢两类。这类钢多数是低碳和中碳钢。

（2）碳素工具钢——这类钢主要用于制造各种工具、模具及量具，其含碳量较高，都是高碳钢。

3. 碳钢的牌号和用途

1）碳素结构钢

碳素结构钢对钢中碳含量及S、P杂质含量限制较宽，冶炼质量较差。供应这类钢时，其化学成分和力学性能均须保证，并划分质量等级。碳素结构钢由Q屈服强度数值（钢材厚度或直径不大于16mm）、质量等级符号（分A、B、C、D四级）和脱氧方法（F为沸腾钢、Z为镇静钢、TZ为特殊镇静钢，若为Z或TZ则予以省略）等三部分组成。例如，Q235-A·F表示屈服强度为235MPa、沸腾钢、质量等级为A级的碳素结构钢。按照《碳素结构钢》（GB/T 700—2006），表6-1列出了碳素结构钢的牌号和应用举例。

表6-1 碳素结构钢的牌号和应用举例

碳素结构钢牌号	应 用 举 例
Q195、Q215A、Q215B	承受载荷不大的金属结构件、铆钉、垫圈、地脚螺栓、冲压件及焊接件
Q235A、Q235B、Q235C、Q235D	金属结构件、钢板、钢筋、型钢、螺栓、螺母、短轴、心轴；Q235C、Q235D可用于制作重要焊接结构件
Q275A、Q275B、Q275C、Q275D	键、销、转轴、拉杆、链轮、链环片等

2）优质碳素结构钢

优质碳素结构钢含P、S有害杂质较少，钢的纯净度、均匀性及表面质量都比较好。根据化学成分的不同，优质碳素结构钢又可分为普通含锰量钢和较高含锰量钢两类。

（1）普通含锰量的优质碳素结构钢。所谓普通含锰量，对于含碳量小于0.25%的钢，其含锰量在0.35%~0.65%之间；对于含碳量大于0.25%的钢，则在0.50%~0.80%之间。这类钢的牌号用两位数字来表示，数字代表钢中的含碳量，并以0.01%为单位。例如，45钢，即表示平均含碳量为0.45%的钢；08钢则表示平均含碳量为0.08%的钢。

（2）较高含锰量的优质碳素结构钢。所谓较高含锰量，对于含碳量为0.15%~0.60%的钢，其含锰量在0.70%~1.0%之间；对于含碳量大于0.60%的钢，则在0.9%~1.2%之间。其牌号表示方法是在代表含碳量的两位数字后面附加化学元素符号"Mn"或汉字"锰"，如20Mn、50Mn等。较高含锰量钢与相应的普通含锰量钢相比，具有更高的强度和硬度。

机械制造中广泛采用优质碳素结构钢制造各种比较重要的机器零件。这类钢多数经过热处理后使用。优质碳素结构钢的牌号、力学性能和用途见表6-2。

表 6-2　优质碳素结构钢的牌号、力学性能和用途

牌号	力学性能，≥					应 用 举 例
	R_{eH} /MPa	R_m /MPa	A_5 /%	Z /%	KU_2 /J	
08	195	325	33	60	—	这类低碳钢由于强度低、塑性好、易于冲压和焊接，一般用于制造受力不大的零件，如螺栓、螺母、垫圈、小轴、销子等。经过渗碳或氮化处理后可用于制作表面要求耐磨、耐腐蚀的零件
10	205	335	31	55	—	
15	225	375	27	55	—	
20	245	410	25	55	—	
25	275	450	23	50	71	
30	295	490	21	50	63	这类中碳钢的综合力学性能和切削加工性均较好，可用于制造受力较大的零件，如主轴、曲轴、齿轮、连杆、活塞销等
35	315	530	20	45	55	
40	335	570	19	45	47	
45	355	600	16	40	39	
50	375	630	14	40	31	
55	380	645	13	35	—	这类钢具有较高的强度、弹性和耐磨性，主要用于制造凸轮、弹簧、钢丝绳等
60	400	675	12	35	—	
65	410	695	10	30	—	
70	420	715	9	30	—	

3）碳素工具钢

这类钢都是高碳钢，因而其脆性较大。为了降低其脆性，对钢中增加脆性的有害杂质 S、P 等限制在更低的范围，一般是 P≤0.035%、S≤0.030%。对于高级优质钢，则 P≤0.03%、S≤0.02%。其牌号是以"碳"或"T"字后面附加数字来表示的。数字表示钢中的平均含碳量，以 0.1% 为单位，如 T8（或碳 8）、T12（或碳 12）分别表示平均含碳量为 0.8% 和 1.2% 的碳素工具钢。若为高级优质碳素工具钢，则在牌号末尾再加"A"或"高"字，如 T12A 或碳 12 高等。这类钢一般经过淬火和低温回火处理以获得高硬度和高耐磨性。表 6-3 列出了常用碳素工具钢的牌号、热处理和用途。

表 6-3　常用碳素工具钢的牌号、热处理和用途

牌号	淬火			回火		应用举例
	温度 /℃	冷却介质	硬度/HRC（≥）	温度 /℃	硬度/HRC（≥）	
T7	800~820	水	62	180~200	60~62	制造承受振动与冲击载荷、要求较高韧性的工具，如凿子、打铁用模、各种锤子、木工工具、石钻（软岩石用）等
T7A	800~820	水	62	180~200	60~62	
T8	780~800	水	62	180~200	60~62	制造承受振动与冲击载荷、要求有足够韧性和较高硬度的各种工具，如简单模具、冲头、剪切金属用剪刀、木工工具、煤矿用凿等
T8A	780~800	水	62	180~200	60~62	

牌号	淬火			回火		应用举例
	温度 /℃	冷却 介质	硬度/HRC （≥）	温度 /℃	硬度/HRC （≥）	
T10	760~780	水、油	62	180~200	60~62	制造不受突然振动、刃口要求有少许韧性的工具，如刨刀、冲模、丝锥、板牙、手锯锯条、卡尺等
T10A	760~780	水、油	62	180~200	60~62	
T12	760~780	水、油	62	180~200	60~62	制造不受振动、要求极高硬度的工具，如钻头、丝锥、锉刀、刮刀等
T12A	760~780	水、油	62	180~200	60~62	

4）铸钢

铸钢是一种重要的铸造合金。按照化学成分不同,铸钢可分为铸造碳钢和铸造合金钢两大类,其中铸造碳钢应用较广,占铸钢总产量的80%以上。表6-4所列为常用铸造碳钢的牌号、成分和力学性能。

表6-4 常用铸造碳钢的牌号、成分和力学性能

牌号	化学成分/%（≤）					力学性能（≥）				
	C	Si	Mn	P	S	R_{eH}（$R_{p0.2}$） /MPa	R_m /MPa	A_5 /%	Z /%	KV /J
ZG200-400	0.20	0.60	0.80	0.035		200	400	25	40	30
ZG230-450	0.30	0.60	0.90	0.035		230	450	22	32	25
ZG270-500	0.40	0.60	0.90	0.035		270	500	18	25	22
ZG310-570	0.50	0.60	0.90	0.035		310	570	15	21	15
ZG340-640	0.60	0.60	0.90	0.035		340	640	10	18	10

6.1.2 铸铁

铸铁是历史上使用较早的材料,也是最便宜的金属材料之一,它具有很多优点。例如,在汽车发动机中,铸铁占80%。与碳钢一样,铸铁也是以 Fe、C 元素为主的铁基材料,但是它的含碳量很高(碳含量大于2.11%),为亚共晶、共晶或过共晶成分,而且铸铁成形制成零件毛坯只能采用铸造方法,不能用锻造或轧制方法。

铸铁中的碳元素按其存在方式不同可分为两大类:一类是白口铸铁(断口呈亮白色),碳的主要存在形式是化合物,如渗碳体(Fe_3C),没有石墨;另一类是灰铸铁(断口呈黑灰色),碳的主要存在形式是碳的单质,即游离状态石墨。介于白口铸铁与灰铸铁之间为麻口铸铁,其组织中的碳既有游离石墨又有渗碳体。白口铸铁的脆性很大,又特别坚硬,直接用来制作零件在工业上很少应用,只在少数的部门使用,如农业上用的犁。通常多作为炼钢用的原料,作为原料时,称它为生铁。在铸铁中还有一类特殊性能铸铁,如耐热铸铁、耐蚀铸铁、耐磨铸铁等,它们都是为了改善铸铁的某些特殊性能而在其中加入一定量的合金元素,如 Cr、Ni、Mo、Si 等,所以又把这类铸铁叫合金铸铁。

1. 铸铁的石墨化

1）Fe-Fe₃C 和 Fe-G 双重相图

在第 4 章中详细介绍过 Fe-Fe₃C 相图,按照 Fe-Fe₃C 相图,铁碳合金自液态冷却结晶获得的固相组织中一般含铁素体及渗碳体两种相。事实上,渗碳体(Fe_3C)是一个亚稳定相,石墨(Graphite)才是稳定相。因此,描述铁碳合金组织转变的相图实际上有两个,一个是 Fe-Fe₃C 相图,另一个是 Fe-G 相图。若把两者叠合在一起,就得到一个双重相图,如图 6-1所示。图中的实线表示 Fe-Fe₃C 相图,部分实线再加上虚线表示 Fe-G 相图。铸铁自液态冷却到固态时,若按 Fe-Fe₃C 相图结晶,就得到白口铸铁;若按 Fe-G 相图结晶,就形成和析出石墨,即发生石墨化过程。如果铸铁自液态冷却到室温过程中,既按 Fe-Fe₃C 相图,同时又按 Fe-G 相图进行结晶,则固态组织可由铁素体、渗碳体及石墨 3 种相组成。

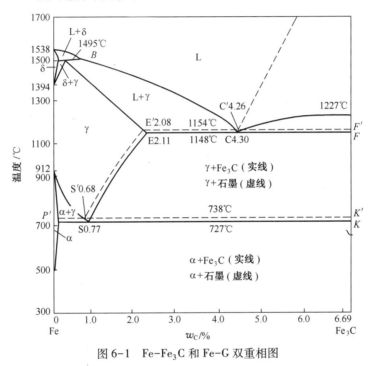

图 6-1　Fe-Fe₃C 和 Fe-G 双重相图

2）铸铁的石墨化过程

按 Fe-G 相图,铸铁液冷却过程中,碳除溶解于铁素体中外均以石墨形式析出。石墨形成(即石墨化)分为以下 3 个阶段:

第一阶段,称为液态石墨化阶段,是从过共晶熔液中直接结晶出一次石墨(G_I)和在 1154℃时通过共晶转变而形成的共晶石墨。

第二阶段,称为中间石墨化阶段,是在 1154~738℃的冷却过程中,自奥氏体中析出二次石墨(G_{II})。

上述第一阶段和第二阶段也可以统称为高温石墨化阶段。

第三阶段,称为低温石墨化阶段,是在 738℃时通过共析转变形成共析石墨。

在实际生产中,由于化学成分、冷却速度等各种工艺制度不同,各阶段石墨化过程进行的程度也不同,从而可获得各种不同金属基体的铸态组织。表 6-5 所列为一般铸铁经不同程度石墨化后所得到的组织。

表 6-5　铸铁经不同程度石墨化后所得到的组织

铸铁名称	石墨化第一阶段	石墨化第二阶段	石墨化第三阶段	显微组织
灰铸铁	充分进行	充分进行	充分进行	F+G
	充分进行	充分进行	部分进行	F+P+G
	充分进行	充分进行	不进行	P+G
麻口铸铁	部分进行	部分进行	不进行	Ld′+P+G
白口铸铁	不进行	不进行	不进行	Ld′+P+Fe$_3$C

3）影响石墨化的因素

铸铁的组织取决于石墨化 3 个阶段进行的程度,而石墨化程度又受许多因素的影响。实践表明,铸铁的化学成分和凝固时的冷却速度是两个最主要的影响因素。

（1）化学成分的影响。铸铁中的 C 和 Si 是促进石墨化的元素,它们的含量越高,石墨化过程越易进行。这是因为随着 C 含量的增加,石墨的形核越有利;Si 溶于铁中,一方面削弱铁原子间的结合力,同时使共晶温度提高、共晶点处碳的质量分数降低,也有利于石墨的析出。在工业生产中,调整 C、Si 的含量是控制铸铁组织的重要措施之一。试验证明,铸铁中 w_{Si} 每增加 1%,共晶点碳的质量分数相应降低 1/3。为了综合考虑 C 和 Si 的影响,通常把硅含量折合成相当的碳含量,并把这个碳的总量称为碳当量($w_C + \frac{1}{3}w_{Si}$)。由于共晶成分的铸铁具有最佳的铸造性能,故一般将其配制在接近共晶成分。此外,P、Al、Cu、Ni、Co 等元素也会促进石墨化,而 S、Mn、Cr、W、Mo、V 等元素则阻碍石墨化。

（2）冷却速度的影响。冷却速度越慢,越有利于石墨化过程的进行。从图 6-1 可知,同一化学成分的液态铸铁,若缓冷到 1154~1148℃,因为这时还不具备形成 Fe$_3$C 的温度条件,所以只能形成石墨。若快冷到 1148℃ 以下时,其凝固过程则既可按 Fe-Fe$_3$C 相图进行,也可按 Fe-G 相图进行,但由于 Fe$_3$C 的成分(6.69%C)比石墨成分(100%C)更接近液态成分,并且 Fe$_3$C 的成分和结构与石墨相比也更接近于奥氏体,因此,从液态或奥氏体中形成 Fe$_3$C 比形成石墨更容易。可见,冷却速度越快,越不利于石墨化过程的进行。

图 6-2 表示化学成分 C+Si 和冷却速度(铸件壁厚)对铸件组织的综合影响。从图中可以看出,对于薄壁铸件,容易形成白口铸铁组织。如要想获得灰口组织,应增加铸铁中的 C+Si 含量。对于厚大的铸件,为避免得到过多的石墨,应适当减少铸铁中的 C+Si 含量。实际应用时,必须按照铸件的壁厚来选定铸铁的化学成分和牌号。

2. 常用铸铁的牌号、组织与性能

铸铁中的石墨形态、尺寸及分布状况对其性能影响很大。铸铁中石墨状况主要受铸铁的化学成分及工艺过程的影响。通常,铸铁中石墨形态(片状或球状)在铸造后即形成;也可将白口铸铁通过退火,让其中部分或全部的碳化物转化为团絮状形态的石墨。工业上使用的铸铁很多,除白口铸铁外,按石墨的形态和组织与性能,可分为灰铸铁、球墨铸铁、可锻铸铁、蠕墨铸铁和特殊性能铸铁等。

1）灰铸铁

灰铸铁是价格最便宜、应用最广泛的一种铸铁,在各类铸铁的总产量中,灰铸铁占 80%

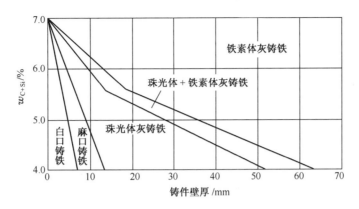

图 6-2 铸铁的成分和冷却速度对铸铁组织的影响

以上。

（1）灰铸铁的化学成分和组织特征。在生产中，为浇注出合格的灰铸铁件，一般应根据所生产的铸铁牌号、铸铁壁厚、造型材料等因素来调节铸铁的化学成分，这是控制铸铁组织的基本方法。

灰铸铁的成分范围大致为 2.5%~4.0%C、1.0%~3.0%Si、0.25%~1.0%Mn、0.02%~0.20%S、0.05%~0.50%P。具有上述成分范围的液态铁水在进行缓慢冷却凝固时，将发生石墨化，析出片状石墨。其断口的外貌呈浅烟灰色，所以称为灰铸铁。

普通灰铸铁的组织是由片状石墨和钢的基体两部分组成。根据不同阶段石墨化程度的不同，灰铸铁有 3 种不同的基体组织，如表 6-5 所列，图 6-3 所示为铁素体基灰铸铁的显微组织。

图 6-3 铁素体基灰铸铁的显微组织

（2）灰铸铁的牌号、性能特点及用途。灰铸铁的牌号、力学性能及用途见表 6-6。牌号中"HT"表示"灰铁"二字汉语拼音的大写字母，在"HT"后面的数字表示最低抗拉强度值。灰铸铁牌号共有 6 种，其中 HT100、HT150、HT200 为普通灰铸铁，HT250、HT300、HT350 为孕育铸铁。

与普通碳钢相比，灰铸铁的性能具有以下特点：

① 力学性能低，其抗拉强度和塑性韧性都远低于钢。这是由于灰铸铁中片状石墨（相当于微裂纹）的存在，不仅在其尖端处引起应力集中，而且破坏了基体的连续性，这是灰铸

铁抗拉强度很低,塑性和韧性几乎为零的根本原因。但是,灰铸铁在受压时石墨片破坏基体连续性的影响则大为减轻,其抗压强度是抗拉强度的 2.5~4 倍。所以常用灰铸铁制造机床床身、底座等耐压零部件。

② 耐磨性与消振性好。由于铸铁中的石墨有利于润滑及储油,所以耐磨性好。同样,由于石墨的存在,灰铸铁的消振性优于钢。

③ 工艺性能好。由于灰铸铁含碳量高,接近于共晶成分,故熔点比较低,流动性良好,收缩率小,因此适宜于铸造结构复杂或薄壁铸件。另外,由于石墨的存在使切削加工时易于断屑,所以灰铸铁的切削加工性优于钢。

表 6-6　灰铸铁的牌号、力学性能及用途(摘自 GB/T 9439—1988)

牌号	铸件壁厚/mm		抗拉强度 R_{m}/MPa (≥)	应用举例
	>	≤		
HT100	2.5	10	130	低负荷和不重要的零件,如盖、外罩、手轮、支架、重锤等
	10	20	100	
	20	30	90	
	30	50	80	
HT150	2.5	10	175	承受中等载荷的零件,如支柱、底座、齿轮箱、工作台、刀架、端盖、阀体、管路附件等
	10	20	145	
	20	30	130	
	30	50	120	
HT200	2.5	10	220	承受较大载荷和较重要的零件,如汽缸、齿轮、机座、飞轮、床身、汽缸体、汽缸套、活塞、刹车轮、联轴器、齿轮箱、轴承座、油缸等
	10	20	195	
	20	30	170	
	30	50	160	
HT250	4	10	270	
	10	20	240	
	20	30	220	
	30	50	200	
HT300	10	20	290	承受高载荷的重要零件,如齿轮、凸轮、车床卡盘、剪床和压力机的机身、床身、高压液压筒、滑阀壳体等
	20	30	250	
	30	50	230	
HT350	10	20	340	
	20	30	290	
	30	50	260	

(3) 灰铸铁的孕育处理。表 6-6 中的 HT250、HT300、HT350 属于较高强度的孕育铸铁(也称变质铸铁),这是由普通铸铁通过孕育处理而得到的。由于在铸造之前向铁液中加入了孕育剂(或称变质剂),故结晶时石墨晶核数目增多,石墨片尺寸变小,更均匀地分布在基体中。所以其显微组织是细珠光体基体上分布着细小片状石墨。铸铁变质剂或孕育剂一般为硅铁合金或硅钙合金小颗粒或粉,当加入铸铁液内后立即形成 SiO_2 的固体小质点,铸铁

中的碳以这些小质点为核心形成细小的片状石墨。

铸铁经孕育处理后不仅强度有较大提高,而且塑性和韧性也有所改善。同时,由于孕育剂的加入,还可使铸铁对冷却速度的敏感性显著减小,使各部位都能得到均匀一致的组织。所以孕育铸铁常用来制造力学性能要求较高、截面尺寸变化较大的铸件。

2)球墨铸铁

灰铸铁经孕育处理后虽然细化了石墨片,但未能改变石墨的形态。改变石墨形态是大幅度提高铸铁力学性能的根本途径,而球状石墨则是较为理想的一种石墨形态。为此,在浇注前向液态铁水中加入球化剂和孕育剂进行球化处理和孕育处理,则可获得石墨呈球状分布的铸铁,称为球墨铸铁,简称"球铁"。

(1)球墨铸铁的化学成分和组织特征。球墨铸铁常用的球化剂有镁、稀土或稀土镁,常用的孕育剂是硅铁和硅钙。球墨铸铁的化学成分大致范围是 $3.6\% \sim 3.9\%C$、$2.0\% \sim 3.2\%$ Si、$0.3\% \sim 0.8\%Mn$、$<0.1\%P$、$<0.07\%S$、$0.03\% \sim 0.08\%Mg$。由于球化剂的加入将阻碍石墨化过程,并使共晶点右移造成流动性下降,因此必须严格控制其含量。

球墨铸铁的显微组织由球形石墨和金属基体两部分组成。随着成分和冷却速度的不同,球铁在铸态下的金属基体可分为铁素体、铁素体+珠光体、珠光体 3 种,图 6-4 所示为球墨铸铁的显微组织。

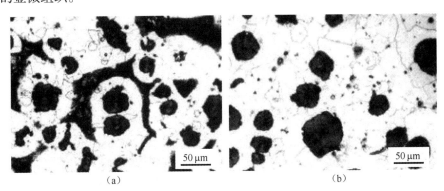

(a)   (b)

图 6-4　球墨铸铁的显微组织

(a)珠光体+铁素体基球墨铸铁;(b)铁素体基球墨铸铁。

(2)球墨铸铁的牌号、性能特点及用途。球墨铸铁的牌号、力学性能及用途见表 6-7。牌号中的"QT"表示"球铁"二字汉语拼音的大写字母,在"QT"后面的两组数字分别表示最低抗拉强度和最低延伸率。

与灰铸铁相比,球墨铸铁具有较高的抗拉强度和弯曲疲劳极限,也具有良好的塑性及韧性。这是由于球形石墨对金属基体截面削弱作用较小,使得基体比较连续,且在拉伸时引起应力集中的效应明显减弱。另外,球墨铸铁的刚性也比灰铸铁好,但球墨铸铁的消振能力比灰铸铁低很多。

由于球墨铸铁中金属基体是决定球墨铸铁力学性能的主要因素,所以球墨铸铁可通过合金化和热处理强化的方法进一步提高它的力学性能。球墨铸铁可以在一定条件下代替铸钢、锻钢等,用以制造受力复杂、负荷较大和要求耐磨的铸件。如具有高强度与耐磨性的珠光体球墨铸铁常用来制造内燃机曲轴、凸轮轴、轧钢机轧辊等;具有高韧性和塑性的铁素体球墨铸铁常用来制造阀门、汽车后桥壳、犁铧、收割机导架等。

表 6-7　球墨铸铁的牌号、力学性能及用途（摘自 GB/T 1348—2009）

牌号	主要基体组织	力学性能				应用举例
		R_m /MPa （≥）	$R_{p0.2}$ /MPa （≥）	A /% （≥）	HBW	
QT400-18	铁素体	400	250	18	120~175	用于汽车、拖拉机的牵引框、轮毂、离合器及减速器等的壳体，农机具的犁铧、犁托、牵引架，高压阀门的阀体、阀盖、支架等
QT400-15		400	250	15	120~180	
QT450-10		450	310	10	160~210	
QT500-7	铁素体 + 珠光体	500	320	7	170~230	内燃机的机油泵齿轮，水轮机的阀门体；铁路机车车辆的轴瓦等
QT600-3		600	370	3	190~270	
QT700-2	珠光体	700	420	2	225~305	柴油机和汽油机的曲轴、连杆、凸轮轴、汽缸套，空压机、气压机的曲轴、缸体、缸套，球磨机齿轮及桥式起重机滚轮等
QT800-2	珠光体或索氏体	800	480	2	245~335	
QT900-2	回火马氏体或屈氏体+索氏体	900	600	2	280~360	汽车螺旋伞齿轮，拖拉机减速齿轮，农机具犁铧、耙片等

3）可锻铸铁

可锻铸铁是由白口铸铁经长时间石墨化退火而获得的一种高强度铸铁，又叫玛钢。白口铸铁中的渗碳体在退火过程中分解出团絮状石墨，所以明显减轻了石墨对基体的割裂作用。与灰铸铁相比，可锻铸铁的强度和韧性有明显提高。

（1）可锻铸铁的化学成分和组织特征。可锻铸铁是由白口铸铁坯件经石墨化退火而得到的一种铸铁材料，其强度和韧性近似于球墨铸铁，而减振性和可加工性则优于球墨铸铁。可锻铸铁不但比灰铸铁有较高的强度，并且还具有较高的塑性和韧性。值得注意的是，可锻铸铁仍然不可锻造。可锻铸铁分为黑心可锻铸铁、珠光体可锻铸铁和白心可锻铸铁。白心可锻铸铁的生产周期长，性能较差，应用较少。目前使用的大多是黑心可锻铸铁和珠光体可锻铸铁。

由于生产可锻铸铁的先决条件是要先浇注出白口铸铁，若铸铁没有完全白口化而出现了片状石墨，则在随后的退火过程中，会因为从渗碳体中分解出的石墨是以片状石墨析出而得不到团絮状石墨。所以可锻铸铁的碳、硅含量不能太高，以促使铸铁完全白口化；但碳、硅含量也不能太低，否则使石墨化退火困难，退火周期增长。可锻铸铁的化学成分大致为 2.5%~3.2%C、0.6%~1.3%Si、0.4%~0.6%Mn、0.1%~0.26%P、0.05%~1.0%S。

（2）可锻铸铁的牌号、力学性能及用途。可锻铸铁的牌号、力学性能及用途见表 6-8。牌号中的"KT"表示"可铁"二字汉语拼音的大写字母，"H"表示"黑心"，"Z"表示"珠光体基体"，"B"表示"白心"。牌号后面的两组数字分别表示最低抗拉强度和最低延伸率。白心可锻铸铁（如 KTB350-04 等），由于工艺复杂、生产周期长、强度及耐磨性较差，故在实际中应用不多。

表 6-8　可锻铸铁的牌号、力学性能及用途

类型	牌号	试样直径 d/mm	力学性能(≥)				应用举例
			R_m /MPa	$R_{p0.2}$ /MPa	A /% $L_0 = 3d$	HBW	
黑心可锻铸铁	KTH300-06	12 或 15	300	—	6	≤150	适用于承受低的动载荷及静载荷、要求气密性好的零件,如管道配件、中低压阀门等
	*KTH330-08		330	—	8		适用于承受中等动载荷及静载荷的零件,如农机上的犁刀、犁柱、车轮壳,机床上的扳手、钢丝绳轧头等
	KTH350-10		350	200	10		适用于承受较高的冲击、振动及扭转载荷的零件,如汽车、拖拉机上的前后轮壳、差速器壳、转向节壳、制动器等,农机上的犁刀、犁柱、铁道零件,冷暖器接头,船用电机壳等
	*KTH370-12		370	—	12		
珠光体可锻铸铁	KTZ450-06		450	270	6	150~200	适用于承受较高载荷、耐磨损并要求有一定韧性的重要零件,如曲轴、凸轮轴、连杆、齿轮、摇臂、活塞环、滑动轴承、犁刀、耙片、万向接头、棘轮、扳手、传动链条、矿车轮等
	KTZ550-04		550	340	4	180~230	
	KTZ650-02		650	430	2	210~260	
	KTZ700-02		700	530	2	240~290	
注:"*"为过渡牌号							

可锻铸铁的力学性能介于灰铸铁与球墨铸铁之间,具有较好的耐蚀性,但由于退火时间长,生产效率很低,使用受到限制,故一般用于制造形状复杂、承受冲击、并且壁厚小于25mm 的铸件(如汽车、拖拉机的后桥壳、轮壳等)。可锻铸铁也适用于制造在潮湿空气、炉气和水等介质中工作的零件,如管接头、阀门等。

4)蠕墨铸铁

蠕墨铸铁是由液态铁水经变质处理和孕育处理后冷却凝固所获得的一种铸铁。通常采用的变质元素(又称蠕化剂)有稀土硅铁镁合金、稀土硅铁合金、稀土硅铁钙合金或混合稀土等。

(1)蠕墨铸铁的化学成分和组织特征。蠕墨铸铁的石墨形态介于片状和球状石墨之间。灰铸铁中石墨片的特征是片长、较薄、端部较尖;球铁中的石墨大部分呈球状,即使有少量团状石墨,基本上也是互相分离的;而蠕墨铸铁的石墨形态在光学显微镜下看起来像片状,但不同于灰铸铁的是其片较短而厚、头部较圆(形似蠕虫)。所以可认为,蠕虫状石墨是一种过渡型石墨。

蠕墨铸铁的化学成分一般为 3.4%~3.6%C、2.4%~3.0%Si、0.4%~0.6%Mn、≤0.06%S、≤0.07%P。对于珠光体蠕墨铸铁,需加入珠光体稳定元素,使铸态珠光体量提高。

(2)蠕墨铸铁的牌号、性能特点及用途。蠕墨铸铁的牌号、性能特点及用途见表 6-9。牌号中"RuT"表示"蠕铁"二字汉语拼音的大写字母,在"RuT"后面的数字表示最低抗拉强

度。蠕墨铸铁的"蠕化率"指在有代表性的显微视野内,蠕虫状石墨数目与全部石墨数目的百分比。表6-9中铸铁要求蠕化率(VG)≥50%。

由于蠕墨铸铁的组织介于灰铸铁与球墨铸铁之间的中间状态,所以蠕墨铸铁的性能也介于两者之间,即强度和韧性高于灰铸铁,但不如球墨铸铁。蠕墨铸铁的耐磨性较好,它适用于制造重型机床床身、机座、活塞环、液压件等。

蠕墨铸铁的导热性比球墨铸铁要高得多,几乎接近于灰铸铁,它的高温强度、热疲劳性能大大优于灰铸铁,适用于制造承受交变热负荷的零件,如钢锭模、结晶器、排气管和汽缸盖等。蠕墨铸铁的减振能力优于球墨铸铁,铸造性能接近于灰铸铁,铸造工艺简便,成品率高。

表6-9 蠕墨铸铁的牌号、性能特点及用途

牌号	力学性能				性能特点	应用举例
	R_m /MPa	$R_{p0.2}$ /MPa	A /%	硬度 /HBW		
	≥					
RuT260	260	195	3.0	121~197	一般需退火以获得铁素体为主的基体,强度一般,硬度较低,有较高的塑性、韧性和热导率	增压器壳体、汽车底盘零件
RuT300	300	240	1.5	140~217	强度、硬度适中,有一定的塑性、韧性和较高的热导率,致密性较好	排气管、变速箱体、汽缸盖、纺织机零件、液压件、钢锭模
RuT340	340	270	1.0	170~249	具有较高的强度、硬度、耐磨性和热导率	带导轨面的重型机床零件、大型齿轮箱体、刹车鼓、飞轮、玻璃模具、起重机卷筒、烧结机滑板等
RuT380	380	300	0.75	193~274	需加入合金元素或经正火热处理以获得以珠光体为主的基体。具有高的强度、硬度、耐磨性和较高的热导率	活塞环、汽缸套、制动盘、玻璃模具、刹车鼓、钢珠研磨盘、吸泥泵体等
RuT420	420	335	0.75	200~280		

5)特殊性能铸铁

工业上除了要求铸铁有一定的力学性能外,有时还要求它具有较高的耐磨性以及耐热性、耐蚀性等。为此,在普通铸铁的基础上加入一定量的合金元素,制成特殊性能铸铁(合金铸铁)。它与特殊性能钢相比,特殊性能铸铁熔炼简便,成本较低。缺点是脆性较大,综合力学性能不如钢。

(1)耐磨铸铁。有些零件如机床的导轨、托板,发动机的缸套、球磨机的衬板、磨球等,要求更高的耐磨性,一般铸铁满足不了工作条件的要求,应当选用耐磨铸铁,耐磨铸铁根据其组织特征可分为以下几类:

① 耐磨灰铸铁。在灰铸铁中加入少量合金元素(如磷、钒、铬、钼、锑、稀土等)可以增加金属基体中珠光体的数量,且使珠光体细化,同时也细化了石墨。由于铸铁的强度和硬度升高,显微组织得到改善,使得这种灰铸铁具有良好的润滑性和抗咬合、抗擦伤的能力。耐磨灰铸铁广泛用于制造机床导轨、汽缸套、活塞环、凸轮轴等零件。

② 中锰球墨铸铁。在稀土—镁球铁中加入 5.0%~9.5%Mn,控制 3.3%~5.0%Si,使其组织为马氏体+奥氏体+渗碳体+贝氏体+球状石墨,具有较高的冲击韧性和强度,适合在同时承受冲击和磨损条件下使用,可代替部分高锰钢和锻钢。中锰球墨铸铁常用于制造农机具耙片、犁铧、球磨机磨球等零件。

(2) 耐热铸铁。普通灰铸铁的耐热性较差,只能在低于 400℃ 左右的温度下工作。耐热铸铁是指在高温下具有良好的抗氧化和抗热生长能力的铸铁。热生长是指氧化性气氛沿石墨片边界和裂纹渗入铸铁内部,形成内氧化以及因渗碳体分解成石墨而引起体积的不可逆膨胀,结果使铸件失去精度和产生显微裂纹。

在铸铁中加入硅、铝、铬等合金元素,使之在高温下形成一层致密的氧化膜,如 SiO_2、Al_2O_3 和 Cr_2O_3 等,使其内部不再继续氧化。此外,这些元素还会提高铸铁的临界点,使其在所使用的温度范围内不发生固态相变,以减少由此造成的体积变化,防止显微裂纹的产生。

耐热铸铁按其成分可分为硅系、铝系、硅铝系及铬系等。其中铝系耐热铸铁脆性较大,而铬系耐热铸铁的价格较贵,所以我国多采用硅系和硅铝系耐热铸铁。

(3) 耐蚀铸铁。提高铸铁耐蚀性的主要途径是合金化。在铸铁中加入硅、铝、铬等合金元素,能在铸铁表面形成一层连续致密的保护膜,可有效提高铸铁的抗蚀性。在铸铁中加入铬、硅、钼、铜、镍、磷等合金元素,可提高铁素体的电极电位,以提高其抗蚀性。另外,通过合金化,还可获得单相金属基体组织,减少铸铁中的微电池数目,从而提高其抗蚀性。

目前国内应用较多的耐蚀铸铁有高硅铸铁(STSi15)、高硅钼铸铁(STSi15Mo4)、铝铸铁(STA15)、铬铸铁(STCr28)和抗碱球墨铸铁(STQNiCrRE)等。

3. 铸铁的热处理

对铸铁进行热处理的目的有以下两点:一是通过热处理以改变其基体或表面组织,从而改善铸铁的力学性能和工艺性能,如球墨铸铁通过退火、正火、调质处理、等温淬火等可改善球墨铸铁的切削加工性能以及提高其强度和韧性;二是消除铸件中的内应力,稳定铸件尺寸。在铸造过程中铸铁件由表及里冷却速度不同,会形成铸造内应力,若不及时消除,在切削加工及随后使用过程中会使零件产生变形甚至开裂。

释放铸件中的应力常采用人工时效及自然时效两种办法。将铸铁件加热到 500~560℃ 保温一定时间,然后随炉冷或取出铸件空冷,这种时效过程称为人工时效;自然时效是将铸铁件存放在室外 6~18 个月,让其中的应力自然释放,这种时效只能使部分应力释放,而且时效时间长、效率低,故在实际中应用较少。灰铸铁的消除内应力退火(又称人工时效),主要是为了消除铸件在铸造冷却过程中产生的内应力,防止铸件在切削加工或使用过程中产生变形和开裂,常用于形状复杂或精度要求高的铸件,如机床床身、柴油机汽缸等。

值得注意的是,除了可锻铸铁的石墨化退火将渗碳体分解为团絮状石墨外,对铸铁件进行热处理并不能改变铸件组织中原来的石墨形态及分布,即原来是片状或球状的石墨在热处理后仍为片状或球状,同时它的尺寸及分布状况也不会变化。

6.2 合 金 钢

6.2.1 概述

合金钢就是在碳钢中加入合金元素所得到的钢种。常用的合金元素有 Si、Mn、Cr、Ni、

W、Mo、V、Ti、Nb、Zr、Al、Co、B、RE(稀土元素)等。钢中合金元素的含量可低至万分之几,如B;也可高达百分之几十,如 Ni、Cr、Mn 等。合金钢的种类很多,通常将合金元素总含量小于5%的钢叫做低合金钢;合金元素总含量在 5%~10%之间的钢叫做中合金钢;合金元素总含量大于 10%的钢叫做高合金钢。根据钢的用途,又可分类如图6-5 所示。

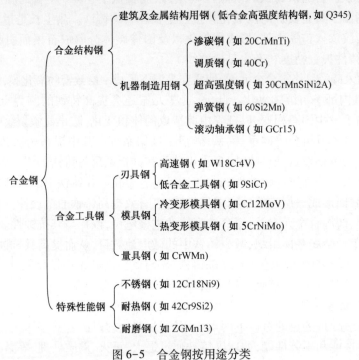

图 6-5　合金钢按用途分类

　　合金结构钢的编号方法与碳素结构钢相同,都是以"两位数字+元素+数字+……"的方法表示。钢号的前两位数字表示平均含碳量的万分之几。合金元素以化学元素符号表示,合金元素后面的数字则表示该元素的含量,一般以百分之几表示。凡合金元素的平均含量小于 1.5%时,钢号中一般只标明元素符号而不标明其含量。如果平均含量≥1.5%、≥2.5%、≥3.5%、…时,则相应地在元素符号后面标以 2、3、4、…。如为高级优质钢,则在钢号后加"高"或"A"。钢中的 V、Ti、Al、B、RE 等合金元素,虽然它们的含量很低,但在钢中能起相当重要的作用,故仍应在钢号中标出。如 20CrMnTi 表示平均含碳量为 0.20%,主要合金元素 Cr、Mn 含量均低于 1.5%,并含有微量 Ti 的合金结构钢;60Si2Mn 表示平均含碳量为0.60%,主要合金元素 Mn 含量低于 1.5%,Si 含量为 1.5%~2.5%的合金结构钢。

　　合金工具钢的钢号以"一位数字(或没有数字)+元素+数字+……"表示。其编号方法与合金结构钢大体相同,区别在于含碳量的表示方法,当碳含量≥1.0%时,则不予标出。如平均含碳量<1.0%时,则在钢号前以千分之几表示它的平均含碳量,如 9SiCr 钢,平均含碳量为 0.90%,主要合金元素为 Si、Cr,含量都小于 1.5%。又如 Cr12MoV 钢,含碳量为1.45%~1.70%(>1.0%),主要合金元素为 11.5%~12.5%Cr、0.40%~0.60%Mo 和 0.15%~0.30%V。而对于含 Cr 量低的钢,其含 Cr 量以千分之几表示,并在数字前加"0",以示区别。如平均 Cr 含量为 0.6%的低铬工具钢的钢号为"Cr06"。

　　在高速钢的编号中,一般不标出含碳量,只标出合金元素含量平均值的百分之几,如

"钨 18 铬 4 钒"（W18Cr4V，简称 18-4-1）、"钨 6 钼 5 铬 4 钒 2"（W6Mo5Cr4V2，简称 6-5-4-2）等。

6.2.2　合金元素在钢中的主要作用

合金元素在钢中可以两种形式存在：一是溶解于碳钢原有的相中；二是形成某些碳钢中所没有的新相。在一般的合金化理论中，按与碳亲合力的大小，可将合金元素分为碳化物形成元素与非碳化物形成元素两大类。常用的合金元素有以下一些：

非碳化物形成元素：Ni、Co、Cu、Si、Al、N、B。

碳化物形成元素：Mn、Cr、Mo、W、V、Ti、Nb、Zr。

此外，还有稀土元素，一般用符号 RE 表示。

1. 合金元素对钢力学性能的影响

加入合金元素的目的是使钢具有更优异的性能，所以合金元素对钢性能的影响是人们最关心的问题。合金元素主要通过对组织的影响而对性能起作用，因此必须根据合金元素对相平衡和相变影响的规律来掌握其对力学性能的影响。由 $Fe-Fe_3C$ 相图可知，碳钢中有 3 种基本相，即铁素体、奥氏体和渗碳体。合金元素加入到钢中时，可溶于此 3 种相中，分别形成合金铁素体、合金奥氏体及合金渗碳体。所有与碳亲和力弱的非碳化物形成元素，如 Ni、Si、Al、Co 等，由于不能形成碳化物，除了在极少数高合金钢中可形成金属间化合物外，几乎都溶解于铁素体或奥氏体中。

碳化物形成元素中，有些合金元素（如 Mn 等）与碳的亲合力较弱，除少量可溶于渗碳体中形成合金渗碳体外，大部分仍溶于铁素体或奥氏体中。与碳亲和力较强的一些碳化物形成元素（如 Cr、Mo、W 等），当其含量较少时，大多溶于渗碳体中，形成合金渗碳体。合金渗碳体是渗碳体中一部分铁原子被碳化物形成元素的原子置换后所得到的产物，其晶体结构与渗碳体相同，可表述为 $(Fe \cdot Me)_3C$（Me 代表合金元素）。渗碳体中溶入碳化物形成元素后，硬度有明显增加，因而可提高钢的耐磨性。同时它们在加热时也较难溶于奥氏体中，因此，合金钢在热处理时加热温度应该高一些。合金元素加入到钢中，可使钢产生以下几种形式的强化作用：

（1）固溶强化。合金元素溶于铁素体或奥氏体中，由于与铁的晶格类型和原子半径不同而造成晶格畸变；另外合金元素易分布于位错线附近，对位错线的移动起牵制作用，降低位错的易动性，从而提高塑性变形抗力，产生固溶强化效果。固溶强化的强弱与溶质浓度有关，在达到极限溶解度之前，溶质浓度越大，强化效果越好。但是，固溶强化是以牺牲材料的塑性和韧性为代价的，故固溶强化效果越好，塑性和韧性下降越多。一些常见的合金元素因固溶强化对铁素体力学性能的影响如图 6-6 所示。

（2）细晶强化。当钢中合金元素含量超过一定限度时，可以生成一些碳钢中没有的新相。其中最重要的是由强碳化物形成元素生成的各种合金碳化物（如 W_2C、VC、TiC 等）。它们的熔点高、硬度高，加热时很难溶于奥氏体中。其晶界可以有效地阻止位错通过，因而可以使金属强化。细晶强化的强化效果与晶界数量即晶粒的大小有密切关系。晶粒越细，单位体积内的晶界面积越大，则强化效应越显著。晶粒细化不仅可以提高钢的强度，而且可以改善钢的韧性，这是其他强化方式难以达到的。因此，细晶强化是一种重要的强化手段。

（3）弥散强化。合金元素加入到金属中，在一定条件下会析出第二相粒子。这些第二

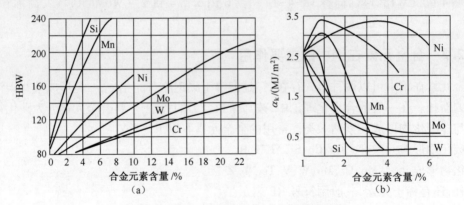

图 6-6 合金元素对铁素体力学性能的影响
(a)合金元素对硬度的影响；(b)合金元素对冲击韧性的影响。

相粒子可以有效地阻止位错运动。当运动位错碰到位于滑移面上的第二相粒子时，必须通过它滑移变形才能继续进行。这一过程需要消耗额外的能量，或者需要提高外加应力，即产生了弥散强化。必须指出，只有当粒子直径很小时，第二相粒子才能起到明显的强化作用，如果粒子直径太大，强化效应将微不足道。因此，第二相粒子应该细小而分散，即要求具有高的弥散度。粒子越细小，弥散度越高，则强化效果越好。

实践表明，除极少数置换式合金元素外，几乎所有合金元素加入到钢中都会降低钢的塑性和韧性，使钢产生脆化。一般来说，除了细晶强化能同时提高强度和塑韧性外，其他所有的强化方式都会降低钢的塑性和韧性。在这些强化方式中，危害最大的是间隙固溶强化。因此，尽管间隙固溶强化能显著提高钢的强度，但也不能作为一种实用的基本强化机制。对淬火马氏体必须进行回火，就是为了减轻间隙固溶强化对其塑性和韧性的影响。冷变形强化也会降低材料的塑性和韧性，所以，对于大多数钢来说，冷变形强化只能作为一种辅助强化方式。相比较而言，析出强化（即第二相强化）的脆化作用最小，因此，它是应用广泛的强化方法之一。

2. 合金元素对铁碳相图的影响

合金元素对碳钢中的相平衡关系有很大影响，加入合金元素后 $Fe-Fe_3C$ 相图会发生变化。即加入合金元素，可使 $\alpha-Fe$ 与 $\gamma-Fe$ 的存在范围发生变化。按照对 $\alpha-Fe$ 或 $\gamma-Fe$ 的作用，可将合金元素分为两大类。

1）扩大奥氏体区的元素

扩大奥氏体区的元素有镍、锰、铜、氮等，这些元素使 A_1 和 A_3 温度降低，S 点、E 点向左下方移动，从而使奥氏体区扩大。其中与 $\gamma-Fe$ 无限互溶的元素镍或锰的含量较多时，可使钢在室温下以单相奥氏体存在而成为一种奥氏体钢。如 $w_{Ni}>9\%$ 的不锈钢和 $w_{Mn}>13\%$ 的 ZGMn13 耐磨钢均属奥氏体钢。由于 A_1 和 A_3 温度降低，将直接影响热处理时的加热温度，所以锰钢、镍钢的淬火温度低于碳钢，图 6-7 所示为 Mn 对奥氏体区的影响。同时由于 S 点的左移，使共析成分降低，与同样含碳量的亚共析钢相比，组织中的珠光体数量增加，从而使钢得到强化。由于 E 点的左移，又会使发生共晶转变的含碳量降低，在 w_C 较低时，使钢具有莱氏体组织。如在高速钢中，虽然含碳量只有 0.7% ~ 0.8%，但是由于 E 点的左移，在铸态下便会得到莱氏体组织，成为莱氏体钢。

106

2）缩小奥氏体区的元素

缩小奥氏体区的元素有铬、钼、硅、钨等,使 A_1 和 A_3 温度升高,S 点、E 点向左上方移动,从而使奥氏体区缩小。由于 A_1 和 A_3 温度升高,这类钢的淬火温度也相应提高。图6-8表示 Cr 对奥氏体区位置的影响。当加入的合金元素超过一定含量后,则奥氏体可能完全消失,此时,钢在包括室温在内的广大温度范围内均可获得单相铁素体,通常称为铁素体钢,如含 16%~18%Cr 的 10Cr17 不锈钢就是铁素体不锈钢。

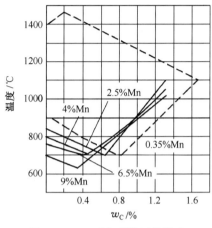

图6-7 Mn 对奥氏体区的影响

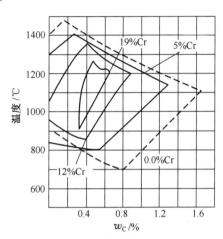

图6-8 Cr 对奥氏体区的影响

3. 合金元素对钢热处理的影响

合金钢一般都是经过热处理后使用的。合金元素对钢热处理的影响主要表现在对加热、冷却和回火过程中的相变等方面。

1）合金元素对加热转变的影响

钢在加热时,奥氏体化过程包括晶核的形成和长大、碳化物的分解和溶解,以及奥氏体成分的均匀化等过程。整个过程的进行,与碳、合金元素的扩散以及碳化物的稳定程度有关。合金元素对奥氏体化过程的影响主要体现在以下两个方面:

(1) 大多数合金元素(除镍、钴以外)都减缓钢的奥氏体化过程。含有碳化物形成元素的钢,由于碳化物不易分解,使奥氏体化过程大大减缓。因此,合金钢在热处理时,要相应地提高加热温度或延长保温时间,才能保证奥氏体化过程的充分进行。

(2) 几乎所有的合金元素(除锰以外)都能阻止奥氏体晶粒的长大,细化晶粒。尤其是碳化物形成元素钛、钒、钼、钨、铌、锆等,在元素周期表中,这些元素都位于铁的左侧,离铁越远越易形成比铁的碳化物更稳定的碳化物,如 TiC、VC、MoC 等,这些碳化物在加热时很难溶解,能强烈地阻碍奥氏体晶粒长大。所以,与相应的碳钢相比,在同样加热条件下,合金钢的组织较细,力学性能更高。

2）合金元素对冷却转变的影响

(1) 大多数合金元素(除钴以外),能提高过冷奥氏体的稳定性,使 C 曲线位置右移,临界冷却速度减小,从而提高钢的淬透性。所以,对于合金钢可以采用冷却能力较低的淬火剂进行淬火,如采用油淬以减小零件的淬火变形和开裂倾向。

合金元素对钢的淬透性的影响,由强到弱可以排列成下列次序:钼、锰、钨、铬、镍、硅、钒。通过元素复合,采用多元少量的合金化原则,对提高钢的淬透性会更有效。

对于非碳化物形成元素和弱碳化物形成元素,如镍、锰、硅等,会使 C 曲线右移,如图 6-9(a)所示;而对中强和强碳化物形成元素,如铬、钨、钼、钒等,溶于奥氏体后,不仅使 C 曲线右移,提高钢的淬透性,而且能改变 C 曲线的形状,把珠光体转变与贝氏体转变明显地分为两个独立的区域,如图 6-9(b)所示。

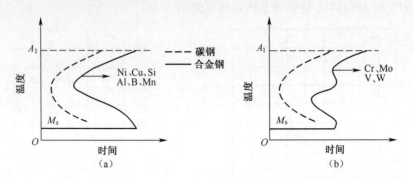

图 6-9 合金元素对 C 曲线的影响
(a)非碳化物形成元素及弱碳化物形成元素;(b)强碳化物形成元素。

(2)除钴、铝外,多数合金元素溶入奥氏体后,使马氏体转变温度 M_s 和 M_f 点下降,钢的 M_s 点越低,M_s 点至室温的温度间隔就越小,在相同冷却条件下转变成马氏体的量越少。因此,凡是降低 M_s 点的元素都使淬火后钢中残余奥氏体的含量增加。而钢中残余奥氏体量的多少,对钢的硬度、尺寸稳定性、淬火变形等均有较大影响。

3)合金元素对淬火钢回火转变的影响

(1)对淬火钢回火稳定性的影响。淬火钢在回火过程中抵抗硬度下降的能力称为回火稳定性。由于合金元素会阻碍马氏体分解和碳化物聚集长大过程,使钢回火时的硬度降低过程变缓,从而提高钢的回火稳定性。合金钢的回火稳定性比碳钢要高,如要求得到同样的回火硬度时,则合金钢的回火温度就比同样含碳量的碳钢要高,回火的时间也长,内应力消除得彻底,钢的塑性和韧性就高。所以,当回火温度相同时,合金钢的强度、硬度就比相应碳钢的高。

(2)一些碳化物形成元素如铬、钨、钼、钒等,在回火过程中具有二次硬化作用。例如,高速钢在560℃回火时,会析出新的更细的特殊碳化物,发挥第二相的弥散强化作用,使钢的硬度进一步提高。这种二次硬化现象在合金工具钢中是很有价值的。

(3)含铬、镍、锰、硅等元素的合金结构钢,在450~600℃范围内长时间保温或回火后缓冷均出现高温回火脆性。这是因为合金元素促进了锑、锡、磷等杂质元素在原奥氏体晶界上的偏聚和析出,削弱了晶界之间联系,降低了晶界强度而造成的。因此,对这类钢应该在回火后采用快冷工艺,以防止高温回火脆性的产生。

6.2.3 合金结构钢

合金结构钢的应用,一是制造机器零件,如工程机械、汽车、拖拉机、机床、电站设备等的轴类件、齿轮、连杆、弹簧、紧固件等;二是制造各种金属结构件,如桥梁、船体、房体结构、高压容器等。它们是合金钢中用途最广、用量最大的钢种。

下面按钢的具体用途和热处理方法进行分类,分别讨论低合金高强度结构钢、渗碳钢、调质钢、超高强度钢、弹簧钢和滚动轴承钢。

1. 低合金高强度结构钢

低合金高强度结构钢是在普通低碳钢(一般含碳量小于 0.2%)的基础上,加入少量合金元素(总量不超过 3%)而得到的。这类钢比普通低碳钢的强度要高 10%~20% 以上。该类钢的冶炼比较简单,转炉、平炉、电炉都能生产,生产成本与碳钢相近,轧制和热处理也较简单。低合金高强度结构钢广泛应用于建筑、机械、铁道、桥梁、造船等工业部门。

1)性能要求

按照这类钢的用途,它应具有以下性能:

(1)高强度、足够的塑性及韧性。这类钢在热轧或正火状态下要求具有高的强度,屈服强度一般必须在 300MPa 以上,以保证减轻结构自重、节约钢材、降低费用;要求有较好的塑性和韧性,是为了避免发生脆断,同时使冷弯、焊接等工艺较易进行;一般希望延伸率 A 为 15%~20%,室温冲击韧性大于 60~80J/cm^2。

(2)良好的焊接性能。这类钢大多用于钢结构,而钢结构一般都是焊接件。所以,焊接性能是这类钢的基本要求之一。

(3)良好的耐蚀性。许多结构件在潮湿大气或海洋气候条件下工作,而且用低合金钢制造的构件其厚度比碳钢构件小,所以要求有更好的抗大气、海水或土壤腐蚀的能力。

(4)低的韧脆转变温度。许多钢结构要在低温下工作,为了避免发生低温脆断,低合金高强度结构钢应具有较低的韧脆转变温度,以保证构件在工作中处于韧性状态。

2)成分特点

为了满足性能要求,低合金高强度结构钢的成分应具有以下特点:

(1)低碳。主要是为了获得较好的韧性、焊接性能和冷成形能力。这类钢的含碳量一般低于 0.20%。

(2)主要强化元素为 Mn。低合金高强度结构钢的组织是铁素体和珠光体,加入 Mn 可使转变为铁素体+珠光体组织的温度大大下降,从而细化铁素体晶粒,并使珠光体变得更细,同时提高强度和韧性。Mn 还有一定的固溶强化作用,资源在我国也比较丰富。所以,Mn 是我国低合金高强度结构钢的主要合金元素。

(3)加入 Nb 和 V 等强碳化物形成元素。Nb、V、Ti 等在钢中可生成碳化物或碳氮化物,它们一方面在钢热轧时能阻止奥氏体晶粒的长大,保证获得细小铁素体晶粒;另一方面它们呈弥散分布,起第二相强化作用,进一步提高钢的强度和硬度。

(4)根据要求加入某些特定元素以使钢具有某种特殊性能。例如,加入 Cu 或 P 可提高钢在大气中的耐蚀性,Cu 和 P 同时加入的效果更好。钢中如果再加入 Cr、Ni、Ti 和稀土元素时,耐蚀性还可进一步提高。稀土元素能消除部分有害杂质,使钢材净化,改善韧性和工艺性能;它还可改变夹杂物的分布形态,使钢材在纵横方向上的性能趋于一致。

3)常用钢种

表 6-10 给出了我国生产的几种常用低合金高强度结构钢的牌号、成分、性能和用途。其中的 Q345 和 Q420 分别对应旧牌号 16Mn、15MnVN。

表 6-10　常用低合金高强度结构钢的牌号、成分、性能和用途
（摘自 GB/T 1591—2008）

牌号	质量等级	主要化学成分/%(≤)						力学性能			应用举例
		C	Si	Mn	Nb	V	其他	R_m/MPa	A/%(≥)	KV_2/J(≥)	
Q345	A	0.20	0.50	1.70	0.07	0.15	Ti0.20 Cr0.30 Ni0.50	450~630	17~21	34(12~150mm) 27(150~250mm)	桥梁、车辆、船舶、压力容器、建筑结构
	B										
	C										
	D	0.18									
	E										
Q390	A	0.20	0.50	1.70	0.07	0.20	Ti0.20 Cr0.30 Ni0.50	470~650	18~20	34	桥梁、船舶、起重设备、压力容器
	B										
	C										
	D										
	E										
Q420	A	0.20	0.50	1.70	0.07	0.20	Ti0.20 Cr0.30 Ni0.80	500~680	18~19	34	大型桥梁、高压容器、大型船舶、电站设备、管道
	B										
	C										
	D										
	E										
Q460	C	0.20	0.60	1.80	0.11	0.20	Ti0.20 Cr0.30 Ni0.80	530~720	16~17	34	中温高压容器(<120℃)、锅炉、化工、石油高压厚壁容器(<100℃)
	D										
	E										

2. 渗碳钢

1）渗碳钢的工作条件及对性能的要求

渗碳钢常用于受冲击和磨损条件下工作的一些机械零件,如汽车、拖拉机上的变速齿轮、内燃机上的凸轮、活塞销等,零件表面要求硬、耐磨,而零件心部则要求有较高的韧性和强度以承受一定的冲击载荷。

2）渗碳钢的成分和钢种

为了满足“外硬内韧”的要求,渗碳钢一般都采用低碳钢,含碳量为 0.1%~0.25%,经过渗碳后,零件的表面变为高碳,而心部仍保持原来低碳,再通过淬火+低温回火后使用。零件表面组织为回火马氏体+碳化物+少量残余奥氏体,硬度达 58~62HRC,满足耐磨的要求,而心部的组织是低碳马氏体,保持较高的韧性,满足承受冲击载荷的要求。对于大尺寸的零件,由于淬透性不足,零件的心部淬不透,仍保持原来的珠光体+铁素体组织;这时由于是低碳,组织中铁素体所占比例很大,因而钢的韧性较高,能满足“外硬内韧”的要求。

按照淬透性的大小,通常将渗碳钢分为以下三类:

（1）低淬透性渗碳钢。典型钢种为 20Cr,这类钢水淬临界直径小于 25mm,渗碳淬火后,

心部强韧性较低,只适于制造承受冲击载荷较小的耐磨零件,如活塞销、凸轮、滑块、小齿轮等。

（2）中淬透性渗碳钢。典型钢种为20CrMnTi,这类钢油淬临界直径为25~60mm,主要用于制造承受中等载荷,要求足够冲击韧性和耐磨性的汽车、拖拉机齿轮等零件。

（3）高淬透性渗碳钢。典型钢种为12Cr2Ni4A,这类钢的油淬临界直径大于100mm,主要用于制造大截面、高载荷的重要耐磨件,如飞机、坦克中的曲轴、大模数齿轮等。

常用渗碳钢的牌号、热处理、性能及用途见表6-11。

表6-11　常用渗碳钢的牌号、热处理、性能及用途

牌号	热处理/℃		力学性能（≥）					应用举例
	淬火	回火	R_m /MPa	R_{eH} /MPa	A_5 /%	Z /%	α_K /（MJ/m²）	
20	790 水	180	500	280	25	55		可用于制作表面要求耐磨、耐腐蚀的零件
20Cr	800 水、油	200	850	550	10	40	0.6	齿轮、小轴、活塞销等
20MnV	880 水、油	200	600	600	10	40	0.7	同上,也用于制作锅炉、高压容器、管道等
20CrMn	850 油	200	950	750	12	45	0.6	齿轮、轴、蜗杆、活塞销等
20CrMnTi	860 油	200	1100	850	10	45	0.7	汽车、拖拉机的变速箱齿轮
20SiMnVB	800 油	200	1175	980	10	45	0.7	同上
12Cr2Ni4A	860 油	200	1100	850	10	50	0.9	受力大的大型齿轮和轴类耐磨零件
18Cr2-Ni4WA	850 空	200	1200	850	10	45	1.0	大型渗碳齿轮和轴类
20Cr2Ni4A	880 油	200	1180	1080	10	45	0.8	同上

3）渗碳钢的热处理

渗碳钢的热处理一般是渗碳后进行直接淬火（一次淬火或二次淬火）,然后低温回火。碳素渗碳钢和低合金渗碳钢,经常采用直接淬火或一次淬火,而后低温回火;高合金渗碳钢则采用二次淬火和低温回火处理。下面举例来说明该类钢的热处理特点。

某航空发动机两齿轮如图6-10所示,材料均为12Cr2Ni4A。该钢含有大约2%Cr、4%Ni,属于高淬透性合金渗碳钢,通常尺寸大小的零件均能淬透。渗碳技术要求为:齿面渗碳层深度为0.9~1.1mm,加工余量为0.162~0.230mm,渗碳表面硬度大于等于60HRC,非渗碳表面和基体硬度为31~41HRC。该齿轮的制造工艺流程如下:模锻 → 正火 → 高温回火 → 机加工 → 非渗碳面镀铜 → 渗碳 → 高温回火 → 精加工 → 淬火 → 冷处理 → 低温回火 → 退铜 → 磨削。

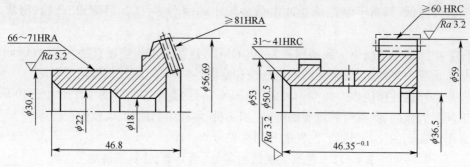

图 6-10　航空发动机渗碳齿轮

模锻后的正火是为了改善锻造后的不均匀组织。高温回火是为了降低硬度便于机械加工。镀铜是为了防止非渗碳面渗碳。渗碳是为了使零件表层获得高的含碳量,一般渗碳后空冷可使组织细小。渗碳后进行高温回火是为了将硬度降低至 35HRC 以下,以便于加工,同时使碳化物球化,使其在后续淬火时溶入奥氏体的量减少,防止淬火后造成较多的残余奥氏体。冷处理可进一步减少表面渗碳层中的残余奥氏体量。淬火和低温回火是为了保证所要求的组织和性能。最终热处理后,零件表层组织为高碳回火马氏体(含少量残余奥氏体)加细小均匀分布的碳化物;心部组织为低碳回火马氏体。

3. 调质钢

1)调质钢的工作条件及对性能的要求

采用调质处理,即淬火+高温回火后使用的优质碳素钢和合金结构钢,统称为调质钢。淬火后得到位错与孪晶马氏体的混合组织以及残余奥氏体和碳化物。高温回火后,由于马氏体分解,碳化物弥散析出,残余奥氏体转变,内应力消除,最终得到回火索氏体组织,综合力学性能好,可用于受力较复杂的重要结构零件,如汽车后桥半轴、连杆、螺栓以及各种轴类零件。对于截面尺寸大的零件,为保证有足够的淬透性,就要采用合金调质钢。

2)调质钢的成分特点和钢种

调质钢的含碳量在 0.30%~0.50% 之间,属中碳钢,含碳量在这一范围内可保证钢的综合力学性能,含碳量过低会影响钢的强度指标,含碳量过高则韧性显得不足。一般碳素调质钢的含碳量偏上限,对于合金调质钢,随合金元素的增加,含碳量趋于下限。调质钢在机械制造中应用十分广泛,常用调质钢的牌号、热处理、性能及用途见表 6-12。

表 6-12　常用调质钢的牌号、热处理、性能及用途

| 牌号 | 热处理/℃ | | 力学性能(≥) | | | | | 应用举例 |
	淬火	回火	R_m /MPa	R_{eH} /MPa	A_5 /%	Z /%	α_K /(MJ/m^2)	
45	830 水冷	600 空冷	800	550	10	40	0.5	受力小的一般结构件
40Cr	850 油冷	500 油冷	1000	800	9	45	0.6	较重要的轴和连杆以及齿轮等调质件
40CrMn	840 油冷	520 水或油	1000	850	9	45	0.6	

牌号	热处理/℃		力学性能（≥）					应用举例
	淬火	回火	R_m /MPa	R_{eH} /MPa	A_5 /%	Z /%	α_K /（MJ/m²）	
40CrNi	820 油冷	500 水或油	1000	800	10	45	0.7	大截面重要调质件
38CrMoAlA	940 油冷	640 油冷	1000	850	14	50	0.9	氮化零件
30CrMnSiA	880 油冷	520 油冷	1100	900	10	45	0.5	起落架等飞机结构件
40CrNiMoA	850 油冷	660 油冷	1050	850	12	55	1.0	航空等轴类零件
37CrNi3A	820 油冷	500 油冷	1150	1000	10	50	0.6	螺浆轴、重要螺栓等

按淬透性的高低，调质钢大致可以分为三类：

（1）低淬透性调质钢。典型钢种是 40Cr，这类钢的油淬临界直径为 30~40mm，广泛用于制造一般尺寸的重要零件，如轴、齿轮、连杆螺栓等。

（2）中淬透性调质钢。典型钢种为 40CrNi，这类钢的油淬临界直径为 40~60mm，含有较多的合金元素，用于制造截面较大、承受较重载荷的零件，如曲轴、连杆等。

（3）高淬透性调质钢。典型钢种为 40CrNiMoA，这类钢的油淬临界直径为 60~100mm，多数为铬镍钢。铬、镍的适当配合，可大大提高淬透性，并能获得比较优良的综合力学性能。用于制造大截面、承受重负荷的重要零件，如汽轮机主轴、压力机曲轴、航空发动机曲轴等。

3）调质钢的热处理

对于调质钢来说，由于加入合金元素种类及数量多少的差异，使这类钢在热加工以后的组织相差很大。含合金元素少的钢，正火后组织多为珠光体+少量铁素体，而合金元素含量高的钢则为马氏体组织，所以调质钢的热轧组织可分为珠光体型和马氏体型两种。

调质钢预备热处理的目的是为了改善热加工造成的晶粒粗大和带状组织，获得便于切削加工的组织和性能。对于珠光体型调质钢，在 800℃左右进行一次退火代替正火，可细化晶粒，改善切削加工性。对马氏体型调质钢，因为正火后可能得到马氏体组织，所以必须再在 A_{C1} 温度以下进行高温回火，使其组织转变为粒状珠光体。回火后硬度可由 380~550HBW 降至 207~240HBW，此时可顺利进行切削加工。

调质钢的最终热处理可根据不同钢号的临界点确定加热温度（一般在 850℃左右），然后淬火、回火，回火温度依对钢的性能要求而定。当要求钢有良好的强韧性配合时，即具有良好综合力学性能，必须进行 500~650℃之间的高温回火（调质处理）。当要求零件具有特别高的强度（R_m =1600~1800MPa）时，采用 200℃左右回火，得到中碳马氏体组织。这也是发展超高强度钢的重要方向之一。

4）应用实例

某发动机涡轮轴如图 6-11 所示。选用材料为 40CrNiMoA，技术要求为：热处理弯曲变形≤1.0mm，布氏硬度为 320~375HBW，纵向性能 $R_m \geq$ 1100MPa，$R_{eH} \geq$ 950MPa，$A \geq$ 12%，$Z \geq 50\%$，$\alpha_K \geq$ 0.8MJ/m²。该涡轮轴的制造工艺流程如下：模锻 → 860℃正火 →

650℃高温回火 → 机加工 → 850℃淬火(油冷) → 550℃高温回火(水冷) → 精加工。

正火之后的650℃高温回火是为了将硬度降低至198~269HBW,便于进行切削加工。

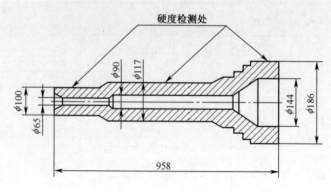

图6-11　某发动机涡轮轴

4. 超高强度钢

1）超高强度钢的工作条件及对性能的要求

工程上一般将 $R_{eH} \geqslant 1400MPa$ 或 $R_m \geqslant 1500MPa$ 的钢称为超高强度钢,这类钢在航空、航天工业中使用较为广泛,主要用于制造飞机起落架、机翼大梁、火箭及发动机壳体与武器的炮筒、枪筒、防弹板等。用作飞行器的构件必须有高的比强度,可以减轻自重;有足够的耐热性,适应在气动力加热的条件下工作;有一定的塑性、冲击韧性及断裂韧性,能抵抗高速气流的剧烈冲击。此外,它还应具有在强烈腐蚀性介质中工作的能力。

2）超高强度钢的成分特点和常用钢种

此类钢的碳含量范围较宽,为 0.13%~0.45%,合金元素按照多元少量的原则加入钢中。常用的元素有 Cr、Mn、Ni、Si、Mo、V、Nb、Ti、Al。

按化学成分和使用性能的不同,超高强度钢可分为低合金超高强度钢、中合金超高强度钢和高合金超高强度钢三类。马氏体时效硬化钢是高合金超高强度钢中的一个系列,它是以 Ni 为基础的高合金超高强度钢,具有极好的强韧性。

常见的低合金超高强度钢有 30CrMnSiNi2A、40CrMnSiMoVA 和 300M(国外牌号)等,其中应用最多的是 30CrMnSiNi2A 钢。这类钢的最终热处理是淬火并低温回火,依靠马氏体强化达到超高强度;也可以进行等温淬火并回火,依靠马氏体和下贝氏体组织的共同强化来达到强度要求。表 6-13 列出了几种常用超高强度钢的牌号、热处理和力学性能。

表 6-13　几种常用超高强度钢的牌号、热处理与力学性能

牌号	热处理	R_m /MPa	$R_{p0.2}$ /MPa	A_5 /%	Z /%	K_{IC} /(MPa·m$^{1/2}$)	α_K /(J/cm^2)
30CrMnSiNi2A	900℃油淬 260℃回火	1795	1430	11.8	50.2	260~274	40~60
40CrMnSiMoVA	920℃油淬 200℃回火	1943	1580	13.7	45.4	203~230	79
300M	870℃油冷 315℃油冷	2020	1720	9.5	34	—	—
Ni18Co9Mo5TiAl (18Ni)	815℃固溶空冷 480℃时效	1500	1400	15	68	80~180	83~152

5. 弹簧钢

1）弹簧钢的工作条件及对性能的要求

弹簧是各种机器和仪表中的重要零件。它是利用弹性变形吸收能量以缓和振动和冲击，或依靠弹性储存能量起驱动作用。因此，要求制造弹簧的材料具有高的弹性极限（即具有高的屈服点或屈强比）、高的疲劳极限与足够的塑性和韧性。

2）弹簧钢的成分特点和钢种

弹簧钢的含碳量一般为 0.45%~0.70%。含碳量过高，塑性和韧性降低，疲劳极限也下降。钢中加入的合金元素有锰、硅、铬、钒和钨等。加入硅、锰主要是提高淬透性，同时也提高屈强比，其中硅的作用更为突出。加入硅、锰元素的不足之处是硅会促使钢材表面在加热时脱碳，锰则使钢易于过热。因此，重要用途的弹簧钢必须加入铬、钒、钨等。它们不仅使钢材有更高的淬透性，不易脱碳和过热，而且有更高的高温强度和韧性。

常用弹簧钢的牌号、热处理、力学性能及用途见表6-14。

表6-14　常用弹簧钢的牌号、热处理、力学性能及用途

牌号	热处理/℃		R_m/MPa	R_{eL}/MPa	$A_{11.3}$/%	Z/%	应用举例
	淬火	回火					
70	830 油	480	1030	835	8	30	直径小于 12mm 的弹簧
65Mn	830 油	540	980	785	8	30	小截面弹簧
60Si2Mn	870 油	480	1275	1180	5	25	低于 250℃ 的高应力弹簧
50CrVA	850 油	500	1275	1130	10	40	不超过 300℃ 的主要弹簧
55SiMnVB	860 油	460	1375	1225	5	30	较大截面板簧和螺旋弹簧

3）弹簧钢的热处理

根据弹簧钢的生产方式，可分为热成形弹簧和冷成形弹簧两类，所以其热处理也分为两类。

对于热成形弹簧，一般可在淬火加热时成形，然后淬火+中温回火，获得回火屈氏体组织，具有很高的屈服强度和弹性极限，并有一定的塑性和韧性。

对于冷成形弹簧，通过冷拔（或冷拉）、冷卷成形。冷卷后的弹簧不必进行淬火处理，只需要进行一次消除内应力和稳定尺寸的定型处理，即加热到 250~300℃，保温一段时间，从炉内取出空冷即可使用。钢丝的直径越小，则强化效果越好，强度极限可达 1600MPa 以上，而且表面质量很好。

如果弹簧钢丝直径太大，如 $\phi>15mm$，板材厚度大于 8mm，会出现淬不透现象，导致弹性极限下降、疲劳强度降低，所以弹簧钢的淬透性必须和弹簧选材直径尺寸相适应。

弹簧的弯曲应力、扭转应力在表面处最高，因而它的表面状态非常重要。热处理时的氧化脱碳是最忌讳的，加热时要严格控制炉气，尽量缩短加热时间。弹簧经热处理后，一般进行喷丸处理，使表面强化并在表面产生残余压应力，以提高疲劳强度。

115

6. 滚动轴承钢

1）滚动轴承钢的工作条件及对性能的要求

用于制造滚动轴承的钢称为滚动轴承钢。滚动轴承是一种高速转动的零件，工作时接触面积很小，不仅有滚动摩擦，而且有滑动摩擦，承受很高、很集中的周期性交变载荷，所以常常发生接触疲劳破坏。因此，要求滚动轴承钢具有高且均匀的硬度，高的弹性极限和接触疲劳强度，足够的韧性和淬透性，一定的抗腐蚀能力。

2）滚动轴承钢的成分特点及钢种

滚动轴承钢是一种高碳低铬钢，含碳量为 0.95%~1.10%，含铬量为 0.4%~1.65%。高碳是为了保证钢有高的淬硬性，同时可形成铬的碳化物。铬的主要作用是提高钢的淬透性，使淬火、回火后整个截面上获得较均匀的组织。铬可形成合金渗碳体（$Fe \cdot Cr)_3C$，加热时降低过热敏感性，得到细小的奥氏体组织。溶入奥氏体中的铬，还可提高马氏体的回火稳定性。高碳低铬的滚动轴承钢，经正常热处理后获得较高且均匀的硬度、强度和较好的耐磨性。对于大型滚动轴承，其材料成分中需加入 Si、Mn 等元素，以进一步提高淬透性，适量的 Si（0.4%~0.6%）还能明显提高钢的强度和弹性极限。滚动轴承钢是高级优质钢，成分中的 S 含量小于 0.015%，P 含量小于 0.025%，最好采用电炉冶炼，并用真空除气。

常用滚动轴承钢的牌号、热处理、性能及用途见表 6-15。

表 6-15　常用滚动轴承钢的牌号、热处理、性能及用途

牌号	热处理/℃	HRC	应用举例
GCr6	850 油 160 回火	62~65	球直径大于 13.5mm，柱直径小于 10mm
GCr9	850 油 160 回火	62~65	球直径大于 13.5mm，柱直径小于 20mm
GCr9SiMn	850 油 160 回火	62~65	球直径为 22.5~50mm，柱直径为 22.5~50mm，套圈厚度小于 20mm
GCr15	845 油 160 回火 845 油 250 回火	62~65 56~61	球直径为 22.5~50mm，柱直径为 22.5~50mm，套圈厚度小于 20mm
GSiMnVRE	790 油 160 回火	62	无 Cr，代替 GCr15

从化学成分看，滚动轴承钢属于工具钢范畴，所以这类钢也常用于制造各种精密量具、冷冲模具、丝杠、冷轧辊和高精度的轴类等耐磨零件。

3）滚动轴承钢的热处理

滚动轴承钢的预备热处理是球化退火，钢经下料、锻造后的组织是索氏体+少量粒状二次渗碳体，硬度为 255~340HBW，采用球化退火的目的在于获得粒状珠光体组织，调整硬度（207~229HBW）便于切削加工及得到高质量的表面。一般加热到 790~810℃，烧透后再降低至 710~720℃保温 3~4h，使组织全部球化。

滚动轴承钢的最终热处理为淬火+低温回火。淬火切忌过热，淬火后应立即回火，经 150~160℃回火 2~4h，以去除内应力，提高韧性和稳定性。滚动轴承钢淬火、回火后得到极细的回火马氏体、分布均匀细小的粒状碳化物（5%~10%）以及少量残余奥氏体（5%~10%），硬度为 62~66HRC。

生产精密轴承或量具时，由于低温回火不能彻底消除内应力和残余奥氏体，在长期保存及使用过程中，因应力释放、残余奥氏体转变等原因造成尺寸变化。所以淬火后应立即进行一次冷处理，并在回火及磨削加工后，于 120~130℃进行 10~20h 的尺寸稳定化处理。

6.2.4 合金工具钢

1. 刃具钢

1) 切削刃具的工作条件及对性能的要求

切削刃具的种类繁多,工况条件各有特点,性能要求也各有不同。车刀工作时主要是承受压应力和弯曲应力,受到很大的机械磨损。机床的振动,要求刀具有一定的耐冲击性能。连续低速切削时,要求车刀有高的硬度、耐磨性和适当的弯曲强度,防止刃部磨钝。连续高速切削时,由于车刀与工件接触,刃部温度会迅速升高,这就要求车刀有较高的热稳定性(又称热硬性或红硬性)。同时在高速切削时,还应注意可能出现车刀的折断、崩刃和塑性变形。

钻头是长杆状刃具,刃部长而薄,对致密的金属进行钻削时,承受很高的轴向压应力、扭转应力及径向力引起的弯曲应力。为防止钻头发生折断和崩刃,应具有足够高的弯曲强度和韧性。工作时刃部与工件剧烈摩擦产生大量的热,并且热量不易散失,特别是进行深孔加工时更为不利。所以钻头用钢要求有高的耐磨性和热稳定性。

鉴于刃具的特殊工况条件,对刃具钢的基本性能要求是:高的切断抗力,高的耐磨性,高的弯曲强度和足够的韧性,高的热稳定性。用于刃具的工具钢有碳素工具钢、低合金工具钢、高速钢和硬质合金等。

2) 低合金工具钢

为了克服碳素工具钢淬透性差、易变形和开裂以及红硬性差等缺点,在碳素工具钢的基础上加入少量的合金元素,一般不超过3%~5%,就形成了低合金工具钢。

(1)低合金工具钢的成分与用途。低合金工具钢的含碳量一般为0.75%~1.50%,高的含碳量可保证钢的高硬度及形成足够数量的合金碳化物,以提高耐磨性。钢中常加入的合金元素有硅、锰、铬、钼、钨、钒等。其中,硅、锰、铬、钼的主要作用是提高淬透性;硅、锰、铬可强化铁素体;铬、钼、钨、钒可细化晶粒使钢进一步强化,提高钢的强度;作为碳化物形成元素的铬、钼、钨、钒等在钢中形成合金渗碳体和特殊碳化物,从而提高钢的硬度和耐磨性。部分常用的低合金工具钢的牌号、热处理、性能及用途见表6-16。

表6-16 部分常用低合金工具钢的牌号、热处理、性能及用途

牌号	试样淬火		退火状态 /HBW	性能特点	应用举例
	淬火温度/℃	HRC(≥)			
Cr06	780~810 水	64	241~187	低合金铬工具钢,其差别在于Cr、C含量,Cr06含C最高,含Cr最低,硬度、耐磨性高,但较脆;9Cr2含C较低,韧性好	Cr06可用作锉刀、刮刀、刻刀、剃刀;Cr2和9Cr2除用作刀具外,还可用作量具、模具、轧辊等
Cr2	830~860 油	62	229~179		
9Cr2	820~850 油	62	217~179		
9SiCr	820~860 油	62	241~197	应用最广泛的低合金工具钢,其淬透性较高,回火稳定性较好;8MnSi可节省Cr资源	常用于制造形状复杂、切削速度不高的刀具,如丝锥板牙、梳刀、搓丝板、钻头及冷作模具等
8MnSi	800~820 油	62	≤229		
CrWMn	800~830 油	62	255~207	淬透性高、变形小、尺寸稳定性好,是微变形钢;缺点是易形成网状碳化物	可用做尺寸精度要求较高的成形刀具,但主要适用于量具和冷作模具
9CrWMn	800~830 油	62	241~197		

低合金工具钢中常用的有 9SiCr、CrWMn 等。9SiCr 可用于制作丝锥、板牙等。由于铬、硅同时加入,淬透性明显提高,油淬直径可达 40~50mm;同时还能强化铁素体,尤其是硅的强化作用较显著。另外,Cr 还能细化碳化物,使之均匀分布,因而耐磨性提高,不易崩刃;Si 还能提高回火稳定性,使钢在 250~300℃ 仍能保持在 60HRC 以上。9SiCr 可采用分级或等温淬火,以减少变形,因而常用于制作形状复杂、要求变形小的刀具。

硅使钢在加热时容易脱碳,退火后硬度偏高(217~241HBW),造成切削加工困难,热处理时要予以注意。

CrWMn 钢的含碳量为 0.90%~1.05%,铬、钨、锰的同时加入,使钢具有更高的硬度(64~66HRC)和耐磨性,但红硬性不如 9SiCr。由于 CrWMn 钢热处理后变形小,故称其为微变形钢。主要用来制造较精密的低速刀具,如长铰刀、拉刀等。

(2)低合金工具钢的热处理。低合金工具钢的预备热处理通常是锻造后进行球化退火。最终热处理为淬火+低温回火,其组织为回火马氏体+未溶碳化物+残余奥氏体。

3) 高速钢

(1)高速钢的成分特点与常用钢种。高速钢是高速切削用钢的代名词。高速钢是一种含有钨、铬、钒等多种合金元素的高合金工具钢。钢中加入较多的碳,其作用是既保证它的淬硬性,又保证淬火后有足够多的碳化物相。一般含碳量在 1% 左右,最高可达 1.6%,如 W6Mo5Cr4V5SiNbAl 钢,含碳量在 1.56%~1.65%。

高速钢中一般含有较多数量的钨元素,它是提高钢红硬性的主要元素,由于世界范围 W 资源的缺少,使人们找到了以 Mo、Co 元素代替 W 元素而保持高红硬性的方法。

Cr 元素在钢中的作用有:Cr 的加入可提高钢的淬透性,并能形成碳化物强化相,Cr 在高温下可形成 Cr_2O_3,能起到氧化膜的保护作用。一般认为 Cr 含量在 4% 左右为宜,高于 4%,使马氏体转变温度 M_s 下降,淬火后造成残余奥氏体量增多的不良后果。

V 元素在钢中的作用有:V 与 C 的亲和力很强,在高速钢中形成碳化物(VC),它有很高的稳定性,即使淬火温度在 1260~1280℃ 时,VC 也不会全部溶于奥氏体中。VC 的最高硬度可达到 83~85HRC,在多次高温回火过程中 VC 呈弥散状析出,进一步提高高速钢的硬度、强度和耐磨性。

为了提高高速钢某些方面的性能,还可以加入适量的 Al、Co、N 等合金元素。部分常用高速钢的牌号、成分、热处理及力学性能见表 6-17。

表 6-17 部分常用高速钢的牌号、成分、热处理和力学性能

牌号	化学成分/%						热处理		硬度		热硬性（HRC）
	C	Cr	W	Mo	V	其他	淬火温度/℃	回火温度/℃	退火 HBW	淬火回火/HRC（≥）	
W18Cr4V (18-4-1)	0.70~0.80	3.80~4.40	17.50~19.00	≤0.30	1.00~1.40	—	1270~1285	550~570	≤255	63	61.5~62
W6Mo5Cr4V2 (6-5-4-2)	0.80~0.90	3.80~4.40	5.50~6.75	4.50~5.50	1.75~2.20	—	1210~1230	540~560	≤255	64	60~61
W6Mo5Cr4V3 (6-5-4-3)	1.10~1.20	3.80~4.40	6.00~7.00	4.50~5.50	2.80~3.30	—	1200~1240	560	≤255	64	64

牌号	化学成分/%						热处理		硬度		热硬性（HRC）
	C	Cr	W	Mo	V	其他	淬火温度/℃	回火温度/℃	退火HBW	淬火回火/HRC（≥）	
W13Cr4V2Co8	0.75~0.85	3.80~4.40	17.50~19.00	0.50~1.25	1.80~2.40	Co7.00~9.50	1270~1290	540~560	≤258	65	64
W6Mo5Cr4V2Al	1.05~1.20	3.80~4.40	5.50~6.75	4.50~5.50	1.75~2.20	A10.80~1.20	1220~1250	540~560	≤269	65	65

我国最常用的高速钢种是 W18Cr4V 和 W6Mo5Cr4V2,通常简称为 18-4-1 和 6-5-4-2。前者的过热敏感性小,磨削加工性好,但由于热塑性差,通常适于制造一般高速切削刀具,如车刀、铣刀和铰刀等;后者由于具有较好的耐磨性、韧性和热塑性,适于制造耐磨性和韧性要求高的高速刀具,如丝锥、齿轮铣刀和插齿刀等。

（2）高速钢的热处理。由于高速钢中的合金元素含量多,使得它的 C 曲线右移,淬火临界冷却速度大为降低,在空气中冷却就可得到马氏体组织,因此高速钢也俗称为风钢(锋钢)。也同样因为合金元素的作用,使 Fe-Fe$_3$C 相图中的 E 点左移,这样在高速钢铸态组织中便出现大量的共晶莱氏体组织,鱼骨状的莱氏体及大量分布不均匀的大块碳化物,使得铸态高速钢既脆又硬,无法直接使用。

高速钢铸造后的组织,不能用热处理办法矫正,必须借助反复的热压力加工,一般选择多次轧制和锻压,将粗大的共晶碳化物和二次碳化物破碎,并使它们均匀分布在基体中。锻造或轧制后,钢锭要缓慢冷却,以防止产生过高应力甚至开裂。

高速钢锻造后必须进行退火,目的在于既调整硬度便于切削加工,又调整组织为淬火做准备。具体工艺可采用等温退火,加热保温(860~880℃),然后冷却到 720~750℃ 保温,炉冷至 550℃ 以下出炉。硬度为 207~225HBW,组织为索氏体+碳化物。

高速钢的淬火加热温度应尽量高些,这样可以使较多的 W、V(提高刃具红硬性的元素)溶入奥氏体中,在 1000℃ 以上加热淬火,W、V 在奥氏体中的溶解度急剧增加;1300℃ 左右加热,各合金元素在奥氏体中的溶解度也大为增加。但时间稍长,会造成晶粒长大,甚至出现晶界熔化,这也是淬火温度和加热时间需精确掌握的原因所在。另外,高碳高合金元素的存在,使高速钢的导热性很差,所以淬火加热时采用分级预热,一次预热温度为 600~650℃,二次预热温度为 800~850℃,这样的加热工艺可避免由热应力而造成的变形或开裂。淬火冷却采用油冷分级淬火法。

高速钢的回火一般进行 3 次,回火温度为 560℃,每次 1~1.5h。第一次回火只对淬火马氏体起回火作用,在回火冷却过程中,发生残余奥氏体的转变,同时产生新的内应力。经第二次回火,没有转变的残余奥氏体继续发生新的转变,又产生新的内应力,这就需要进行第三次回火。高速钢淬火后残余奥氏体量大约为 30%,3 次回火后仍保留有 3%~4%,与此同时,碳化物析出量增多,产生二次硬化现象,可提高刃具的使用性能。为使高速钢中的残余奥氏体量减少到最低程度,往往还需要进行冷处理。高速钢 W18Cr4V 的热处理工艺曲线如图 6-12 所示。

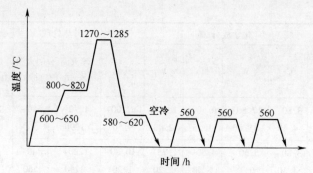

图 6-12　W18Cr4V 钢的热处理工艺曲线

2. 模具钢

根据模具的工作条件不同,模具钢一般分为冷作模具钢(冷变形模具钢)和热作模具钢(热变形模具钢)两大类。前者用于制造冷冲模和冷挤压模等,工作温度大都接近室温;后者用于制造热锻模和压铸模等,工作时型腔表面温度可达 600℃ 以上。

1) 冷作模具钢

(1) 冷作模具钢的工作条件及对性能的要求。

① 制造在冷态下变形的模具,如冷冲模、冷镦模、拉丝模和冷轧辊等,从工作条件出发,对其性能的基本要求是:高的硬度和耐磨性。如在冷态下冲制螺钉、螺帽、硅钢片等,被加工的金属在模具中产生很大的塑性变形,模具的工作部分承受很大的压力和强烈的摩擦,要求有高的硬度和耐磨性,通常要求硬度为 58~62HRC,以保证模具的几何尺寸和使用寿命。

② 较高的强度和韧性。冷作模具在工作时,承受很大的冲击和负荷,甚至有较大的应力集中,因此要求其工作部分有较高的强度和韧性,以保证尺寸精度并防止崩刃。

③ 良好的工艺性。要求热处理时变形小,淬透性高。

(2) 冷作模具钢的成分特点和钢种。

① 低合金工具钢。对于尺寸小、形状简单、工作负荷不大的模具采用这类钢,钢种有 Cr2、9Mn2V、9SiCr、CrWMn、Cr6WV 等。这类钢的优点是价格便宜、加工性能好,基本上能满足模具的工作要求。缺点是这类钢的淬透性差,热处理变形大,耐磨性较差,使用寿命较短。

②高碳高铬模具钢。其主要是指 Cr12 型冷作模具钢。这类钢由于淬透性好、淬火变形小、耐磨性好,广泛用于制造负荷大、尺寸大和形状复杂的模具。常见钢号有 Cr12、Cr12MoV 等,牌号、热处理和用途见表 6-18。

表 6-18　常用冷作模具钢的牌号、热处理和用途

牌号	淬火温度 /℃	达到下列硬度的回火温度/℃		应用举例
		58~62HRC	55~60HRC	
Cr12	950~1000	180~280	280~550	重载的压弯模、拉丝模等
Cr12MoV	950~1000	180~280	280~550	复杂或重载的冲孔落料模、冷挤压模、冷镦模、拉丝模等

这类钢的含碳量为 1.4%~2.3%,含铬量为 11%~12%。含碳量高是为了保证与铬形成碳化物,在淬火加热时,其中一部分溶于奥氏体中,以保证马氏体有足够的硬度,而未溶的碳化物,则起到细化晶粒的作用,在使用状态下提高耐磨性。含铬量高,其主要作用是提高淬

透性和细化晶粒,截面尺寸为200~300mm时,在油中可以淬透;形成铬的碳化物,提高钢的耐磨性。含铬量一般为12%,过高的含铬量会使碳化物分布不均;钼和钒的加入,能进一步提高淬透性、细化晶粒,其中的钒可形成VC,因而可进一步提高耐磨性和韧性,而且钼和钒的加入,可适当降低钢的含碳量,以减少碳化物的不均匀性,所以Cr12MoV钢较Cr12钢的碳化物分布均匀,强度和韧性高,淬透性高,用于制作截面大、负荷大的冷冲模、挤压模、滚丝模、冷剪刀等。

(3) 冷作模具钢的热处理。Cr12型钢的预备热处理是球化退火。球化退火的目的是消除应力,降低硬度,便于切削加工,退火后硬度为207~255HBW。退火组织为球状珠光体+均匀分布的碳化物。

Cr12型钢的最终热处理一般是淬火+低温回火,经淬火、低温回火后的组织为回火马氏体+碳化物+少量残余奥氏体。有时也对Cr12型冷作模具钢进行高温回火,以产生二次硬化,适用于在400~450℃温度下工作受强烈磨损的模具。

2) 热作模具钢

(1) 热作模具钢的工作条件及对性能的要求。用于制造使金属热成形的模具,如热锻模、热挤压模和压铸模等。这类模具是在反复受热和冷却的条件下工作的,所以比冷作模具有更高要求。对热作模具钢的性能要求如下:

① 综合力学性能好。由于模具的承载很大,要求有高的强度,而且模具在工作时还要承受很大的冲击,所以要求韧性也好,即要求综合力学性能好。

② 抗热疲劳能力强。模具工作时的型腔温度高达400~600℃,而且是反复加热冷却,因此要求模具在高温下保持高强度和韧性的同时,还能承受反复加热冷却的作用。

③ 淬透性高。对尺寸大的热作模具,要求淬透性高,以保证模具整体的力学性能好;同时还要求导热性好,以避免型腔表面温度过高。

(2) 热作模具钢的成分特点及钢种。对于中小尺寸(截面尺寸不大于300mm)的模具,一般采用5CrMnMo,对于大尺寸(截面尺寸大于400mm)的模具,一般采用5CrNiMo。常用热作模具钢的牌号、热处理、性能及用途见表6-19。表中的H13为国外牌号,相当于国内牌号4Cr5MoSiV1。

表6-19　常用热作模具钢的牌号、热处理、性能及用途

牌号	淬火处理		回火后硬度/HRC	应用举例
	温度/℃	冷却剂		
5CrMnMo	820~850	油	39~47	中小型热锻模
5CrNiMo	830~860	油	35~39	压模、大型热锻模
3Cr2W8V	1075~1125	油	40~54	高应力热压模、精密锻造或高速锻模
4Cr5MoSiV	980~1030	油或空	39~50	大中型锻模、挤压模
4Cr5W2VSi	1030~1050	油或空	39~50	大中型锻模、挤压模
H13	1000~1050	油或空	50~54	压铸、挤压、塑料模

热作模具钢的含碳量为中碳范围,含碳量为0.50%~0.60%,这一含碳量既可保证钢淬火后的硬度,同时还具有较好的韧性。铬、镍、锰、钼的作用是提高淬透性,使模具表里的硬度趋于一致。铬、钼还有提高回火稳定性、提高耐磨性的作用;铬、钨、钼还通过提高共析温

度,使模具在反复加热和冷却过程中不发生相变,提高抗热疲劳的能力。

（3）热作模具钢的热处理。对于热作模具钢,需要反复锻造,其目的是使碳化物均匀分布。锻造后的预备热处理一般是完全退火,其目的是消除锻造应力,降低硬度(197～241HBW),以便于切削加工。最终热处理根据其用途有所不同:热锻模是淬火后模面中温回火,模尾高温回火;压铸模是淬火后在略高于二次硬化峰值的温度多次回火,以保证热硬性。

3. 量具钢

量具钢是用于制造量具的钢,如卡尺、千分尺、块规和塞尺等。

1）量具钢的工作条件及对性能的要求

量具在使用过程中主要是受到磨损,因此对量具钢的主要性能要求是:工作部分有高的硬度和耐磨性,以防止在使用过程中因磨损而失效;要求组织稳定性高,在使用过程中尺寸保持不变,以保证高的尺寸精度;还要求有良好的磨削加工性。

2）量具钢的成分特点及钢种

为了满足上述高硬度、高耐磨性的要求,一般都采用含碳量高的钢,通过淬火得到马氏体。最常用的量具钢为碳素工具钢和低合金工具钢。碳素工具钢由于采用水冷淬火,淬透性低、变形大,因此常用于制作尺寸小、形状简单、精度要求低的量具。低合金工具钢(包括GCr15等)由于钢中加入少量的合金元素,提高了淬透性,采用油中淬火,因此变形小。另外,合金元素在钢中还会形成合金碳化物,也可提高钢的耐磨性。这类钢中,GCr15用得最多,这是由于滚动轴承钢本身比较纯净,钢的耐磨性和尺寸稳定性都较好。

还可采用低变形钢,如铬锰钢、铬钨锰钢等。这类钢由于含有锰,可使 M_s 点降低,因此淬火后的残余奥氏体增加,造成钢的淬火变形减少,所以有低变形钢之称。

3）量具钢的热处理

作为精密量具,要使其在热处理和使用过程中变形小是一个很复杂的问题,可以从选材方面来考虑。在淬火后,一般尺寸是膨胀的,解决的办法如下:

（1）淬火前进行调质处理,得到回火索氏体组织。由于马氏体与回火索氏体之间的体积差小,淬火后的变形小。

（2）淬火后进行冷处理。在使用过程中尺寸发生变化的原因是:残余奥氏体转变为马氏体,使尺寸增加;残余内应力的重新分布和降低,也会使尺寸发生变化。所以淬火后要进行冷处理,以降低残余奥氏体含量。

（3）长时间的低温回火(低温时效),使马氏体趋于稳定,进一步降低内应力。例如,用GCr15制作量规,其工艺路线为:锻造 → 球化退火 → 机加工 → 粗磨 → 淬火+低温回火 → 精磨 → 时效 → 涂油。其中时效的作用是消除应力,稳定尺寸。

此外,有时也用渗碳钢经渗碳淬火或氮化处理后制作精度不高、耐冲击的量具;有时也用冷作模具钢制作要求精密的量具;在腐蚀性介质中使用的量具则需用不锈钢制作。表6-20所列为量具钢的选用举例。

表6-20　量具钢的选用举例

用　　途	牌号选用举例	
	钢的类别	牌号
尺寸小、精度不高、形状简单的量规、塞规、样板	碳素工具钢	T10A、T11A、T12A

用　　途	牌号选用举例	
	钢的类别	牌号
精度不高,耐冲击的卡板、样板、直尺等	渗碳钢	15、20、15Cr
块规、螺纹塞规、环规、样套等	低合金工具钢	CrMn、9CrWMn、CrWMn
块规、塞规、样柱等	滚动轴承钢	GCr15
各种要求精度的量具	冷作模具钢	9Mn2V、Cr12
各种要求精度的量具和耐腐蚀的量具	不锈钢	40Cr13、95Cr18

6.2.5　特殊性能钢

特殊性能钢是指具有特殊的物理、化学性能的钢,它的种类很多,并且正在迅速发展。其中最主要的是不锈钢和耐热钢等。

1. 不锈钢

不锈钢(又称为不锈耐酸钢),是指能抵抗大气或酸等化学介质腐蚀的钢种。不锈钢并非不生锈,只是在不同介质中的腐蚀行为不一样。因此讨论不锈钢的主要问题是腐蚀。

1) 金属腐蚀的一般概念

腐蚀通常可分为化学腐蚀和电化学腐蚀两种类型。前者是金属在干燥气体或非电解质溶液中的腐蚀,腐蚀过程不产生电流,钢在高温下的氧化属于典型的化学腐蚀;后者是金属与电解质溶液接触时所发生的腐蚀,腐蚀过程中有电流产生,钢在室温下的锈蚀主要属于电化学腐蚀。

室温下,大部分金属的腐蚀都属于电化学腐蚀,电化学腐蚀实际上是微电池作用。当两种互相接触的金属放入电解质溶液时,由于两种金属的电极电位不同,彼此之间就形成一个微电池,并有电流产生。电极电位低的金属为阳极,电极电位高的金属为阴极,阳极的金属将不断被溶解,而阴极金属则不被腐蚀。对于同一种合金,由于组成合金的相或组织不同,也会形成微电池,造成电化学腐蚀。例如,钢中的珠光体组织,是由铁素体(F)和渗碳体(Fe_3C)两相组成的,在电解质溶液中就会形成微电池,由于铁素体的电极电位低,为阳极,被腐蚀,而渗碳体的电极电位高,为阴极而不被腐蚀,如图6-13所示。在观察共析碳钢的显微组织时,要把抛光的试样磨面用硝酸酒精溶液浸蚀,使铁素体腐蚀后才能在显微镜下观察到珠光体的组织,就是利用电化学腐蚀的原理实现的。

由电化学腐蚀的基本原理不难看出,电化学作用是金属被腐蚀的主要原因。为此,要提高金属的抗电化学腐蚀能力,就金属本身而言,通常采取以下措施:

(1) 尽量使金属在获得均匀的单相组织条件下使用,这样金属在电解质溶液中只有一个极,使微电池难以形成。

(2) 加入合金元素提高金属基体的电极电位。例如,在钢中加入含量大于13%的Cr,则铁素体的电极电位由 -0.56V 提高到0.2V,如图6-14所示,从而使金属的抗腐蚀性能提高。

(3) 加入合金元素,在金属表面形成一层致密的氧化膜,又称钝化膜,把金属与介质分隔开,从而防止进一步的腐蚀。

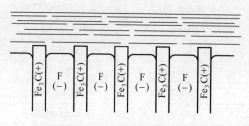

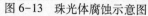

图 6-13　珠光体腐蚀示意图

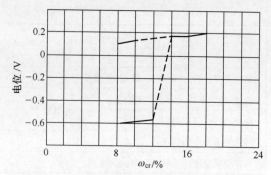

图 6-14　含铬量对铁基固溶体电极电位的影响

铬是不锈钢合金化的主要元素。钢中加入铬,提高基体的电极电位,从而提高钢的耐腐蚀性能。由于含铬量较高,而且绝大部分都溶于固溶体中,使电极电位跃增,基体的电化学腐蚀过程变缓。同时,在金属表面被腐蚀时,形成一层与基体金属结合牢固的钝化膜,使腐蚀过程受阻,从而提高钢的耐蚀性。

2) 常用不锈钢

常用的不锈钢根据其组织特点,可分为马氏体不锈钢、铁素体不锈钢和奥氏体不锈钢等几种类型。常用不锈钢的类型、牌号、成分、热处理、性能及用途见表 6-21。

(1) 马氏体不锈钢。常用马氏体不锈钢的含碳量为 0.08%~0.45%,含铬量为 11.5%~14.0%,属于铬不锈钢,通常指 Cr13 型不锈钢。典型牌号有 12Cr13、20Cr13、30Cr13、40Cr13 等。这类钢一般用来制作既能承受载荷又要求耐蚀性的各种阀、机泵等零件以及一些不锈工具等。

为了提高耐蚀性,马氏体不锈钢的含碳量都控制在很低的含量范围,一般不超过 0.45%。含碳量越低,钢的耐蚀性越好,而含碳量越高,基体中的含碳量就越高,则钢的强度和硬度就越高;另外,含碳量越高,形成铬的碳化物也越多,其耐蚀性就变得越差。由此不难看出,40Cr13 的强度、硬度优于 12Cr13,但其耐蚀性却不如 12Cr13。

12Cr13、20Cr13 和 30Cr13 具有抗大气、蒸汽等介质腐蚀的能力,常作为耐蚀的结构钢使用。为了获得良好的综合性能,常采用淬火+高温回火(600~750℃),得到回火索氏体,用来制造汽轮机叶片、锅炉管附件等。40Cr13 钢,由于含碳量相对较高,耐蚀性相对差一些,通过淬火+低温回火(200~300℃),得到回火马氏体,具有较高的强度和硬度(达 50HRC),因此常作为工具钢使用,用于制造医疗器械、刃具和热油泵轴等。

(2) 铁素体不锈钢。常用铁素体不锈钢的含碳量低于 0.15%,含铬量为 11.5%~27.5%,也属于铬不锈钢,典型牌号有 10Cr17 等。由于含碳量相应降低,含铬量相应提高,钢从室温加热到高温(960~1100℃),其显微组织始终是单相铁素体组织。其耐蚀性、塑性和焊接性均优于马氏体不锈钢,且随钢中含铬量增加,耐蚀性进一步提高。

铁素体不锈钢,由于在加热和冷却时不发生相变,因此不能采用热处理方法使钢强化。在加热过程中容易使晶粒粗化,故只能通过冷塑性变形及再结晶来改善组织与性能。

这类钢若在 450~550℃停留,会引起钢的脆化,称为"475℃脆性"。通过加热到约 600℃再快冷,可以消除脆化。此外,还应注意这类钢在 600~800℃长期加热时会产生硬而脆的 σ 相,使材料产生 σ 相脆性。在 925℃以上急冷时,会产生晶间腐蚀倾向和晶粒显著粗化带来的脆性。这些现象对焊接部位都是严重的问题。前者可经过 650~815℃短时回火消

表 6-21 常用不锈钢的类型、牌号、成分、热处理、性能及用途（摘自 GB/T 1220—2007）

类型	新牌号	旧牌号	化学成分/%			热处理	力学性能					应用举例
			C	Cr	其他		R_m/MPa	$R_{p0.2}$/MPa	A/%	Z/%	HBW	
马氏体型	12Cr13	1Cr13	0.08~0.15	11.50~13.50	Si1.00 Mn1.00 Ni≤0.06	950~1000℃ 油冷，700~750℃回火	540	345	22	55	≥159	制作能抗弱腐蚀性介质、能承受冲击载荷的零件，如汽轮机叶片、水压机阀、结构架、螺栓、螺母等
	20Cr13	2Cr13	0.16~0.25	12.00~14.00	Si1.00 Mn1.00 Ni≤0.06	920~980℃ 油冷，600~750℃回火	640	440	20	50	≥192	
	30Cr13	3Cr13	0.26~0.35	12.00~14.00	Si1.00 Mn1.00 Ni≤0.06	920~980℃ 油冷，600~750℃回火	735	540	12	40	≥217	
	40Cr13	4Cr13	0.36~0.45	12.00~14.00	Si0.60 Mn0.80 Ni≤0.06	1050~1100℃ 油淬，200~300℃回火	—	—	—	—	≥50 HRC	制作具有较高硬度和耐磨性的医疗器具、量具、滚珠轴承等
	95Cr18	9Cr18	0.90~1.00	17.00~19.00	Si0.80 Mn0.80 Ni≤0.06	950~1050℃ 油淬，200~300℃回火	—	—	—	—	≥55 HRC	不锈切片机械刀具、剪切刃片、手术刀片、高耐磨、耐蚀零件等

（续）

类型	新牌号	旧牌号	化学成分/%			热处理	力学性能					应用举例
			C	Cr	其他		R_m /MPa	$R_{p0.2}$ /MPa	A /%	Z /%	HBW	
铁素体型	10Cr17	1Cr17	0.12	16.00~18.00	Si1.00 Mn1.00 Ni≤0.06	退火780~850℃空冷或缓冷	450	205	22	50	≤183	制作硝酸工厂设备,如吸收塔,热交换器,酸槽,输送管道以及食品工厂设备等
奥氏体型	06Cr19Ni10	0Cr18Ni9	0.08	18.00~20.00	Ni8.00~11.00 Si1.00 Mn2.00	固溶1010~1150℃快冷	520	205	40	60	≤187	具有良好的耐蚀及耐晶间腐蚀性能,为化学工业用的良好耐蚀材料
	12Cr18Ni9	1Cr18Ni9	0.15	17.00~19.00	Ni8.00~10.00 Si1.00 Mn2.00	1100~1150℃水淬（固溶处理）	520	205	40	60	≤187	制作耐硝酸,冷磷酸,有机酸及盐,碱溶液腐蚀的设备零件
	06Cr18Ni11Ti	0Cr18Ni10Ti	0.08	17.00~19.00	Ni9.00~12.00 Si1.00 Mn2.00 Ti5C~0.70	固溶920~1150℃快冷	520	205	40	60	≤187	耐酸容器及设备衬里,抗磁仪表,医疗器械,具有较好的耐晶间腐蚀性

除。这类钢的强度显然比马氏体不锈钢低,主要用于制造耐蚀零件,广泛用于硝酸和氮肥工业中。

(3) 奥氏体不锈钢。在含 18%Cr 的钢中加入 8%~11%Ni,就成为奥氏体不锈钢。如 12Cr18Ni9 是最典型的牌号。这类钢中由于镍的加入,扩大了奥氏体区,从而在室温下就能得到亚稳的单相奥氏体组织。由于含有较高的铬和镍,并且呈单相的奥氏体组织,因而具有比铬不锈钢更高的化学稳定性及更好的耐腐蚀性,是目前应用最广泛的一类不锈钢。

18-8 不锈钢在退火状态下为奥氏体+碳化物的组织,碳化物的存在,对钢的耐腐蚀性有很大损伤,故通常采用固溶处理方法,即把钢加热到 1100℃ 后水冷,使碳化物溶解在高温下所得到的奥氏体中,再通过快冷,就能在室温下获得单相奥氏体组织。

这类钢不仅耐腐蚀性能好,而且钢的冷热加工性和焊接性也很好,广泛用于制造化工生产中的某些设备及管道等。这类钢还具有一定的耐热性,可用于 700℃ 工作的工件。但在 450~850℃ 加热或进行焊接时,由于在晶界析出铬的碳化物($Cr_{23}C_6$),使晶界附近的含铬量降低,在介质中会引起晶间腐蚀。因此常在钢中加入强碳化物元素 Ti、Nb 等,使之优先与碳结合形成稳定性高的 TiC 或 NbC,从而可防止产生晶间腐蚀倾向。另外,由于 TiC 和 NbC 在晶内析出呈弥散分布,且高温下不易长大,所以可提高钢的高温强度。如常用的 06Cr18Ni11Ti、06Cr18Ni11Nb 等奥氏体不锈钢,既是无晶间腐蚀倾向的不锈钢,也是可在 600~700℃ 高温下长期使用的耐热钢。为了防止晶间腐蚀,还可以通过进一步降低钢的含碳量,即生产超低碳的不锈钢。

应该指出,尽管奥氏体不锈钢是一种优良的耐蚀钢,但在有应力作用的情况下,在某些介质中,特别是在含有氯化物的介质中,常产生应力腐蚀破裂,而且介质温度越高越敏感。这也是奥氏体不锈钢的一个缺点,在使用中需引起注意。

2. 耐热钢和高温合金

在发动机、化工和航空等部门,有很多零件是在高温下工作。要求具有高耐热性的钢称为耐热钢。

1) 耐热性的一般概念

钢的耐热性包括高温抗氧化性和高温强度两方面的含义。金属的高温抗氧化性是指金属在高温下对氧化作用的抗力;而高温强度是指钢在高温下承受机械负荷的能力。所以,耐热钢既要求高温抗氧化性能好,又要求高温强度高。

(1) 高温抗氧化性。金属的高温抗氧化性,通常主要取决于金属在高温下与氧接触时表面能形成致密且熔点高的氧化膜,以避免金属的进一步氧化。一般碳钢在高温下很容易氧化,这主要是由于在高温下钢的表面会生成疏松多孔的氧化亚铁(FeO),容易剥落,而且氧原子不断地通过 FeO 扩散,使钢继续氧化。

为了提高钢的抗氧化性能,一般是采用合金化方法,加入铬、硅、铝等元素,使钢在高温下与氧接触时,在表面上形成致密高熔点的 Cr_2O_3、SiO_2 和 Al_2O_3 等氧化膜,牢固地附在钢的表面,使钢在高温气体中的氧化过程难以继续进行。如在钢中加入 15%Cr,其抗氧化温度可达 900℃;继续加入 20%~25%Cr,其抗氧化温度可达 1100℃。

(2) 高温强度。金属在高温下所表现出的力学性能与室温下大不相同。在室温下的强度值与载荷作用的时间无关。但金属在高温下,当工作温度高于再结晶温度、工作应力大于此温度下的弹性极限时,随着时间的延长,金属会发生极其缓慢的塑性变形,即产生蠕变现象。在高温下,金属的强度用蠕变极限和持久强度极限来表示。

为了提高钢的高温强度,通常采用以下几种措施:

① 固溶强化。固溶体的热强性首先取决于固溶体自身的晶体结构,由于面心立方的奥氏体晶体结构比体心立方的铁素体排列得更紧密,因此奥氏体耐热钢的热强性高于以铁素体为基的耐热钢。在钢中加入合金元素后,形成单相固溶体,提高原子之间的结合力,减缓原子的扩散,提高再结晶温度,能进一步提高热强性。

② 析出强化。在固溶体中沉淀析出稳定的碳化物、氮化物、金属间化合物,是提高耐热钢热强性的重要途径之一,如加入铌、钒、钛等,形成 NbC、VC、TiC 等,在晶内弥散析出,阻碍位错的滑移,提高塑变抗力,从而提高热强性。

③ 强化晶界。材料在高温下,其晶界强度低于晶内强度,晶界成为薄弱环节。通过加入钼、锆、钒、硼等晶界吸附元素,降低晶界表面能,使晶界碳化物趋于稳定,强化晶界,可提高钢的热强性。

2) 常用耐热钢

常用耐热钢的牌号、成分、热处理及用途见表 6-22。选用耐热钢时,必须注意钢的工作温度范围以及在这个温度下的力学性能指标,按照使用温度范围和组织,耐热钢可分为以下几种:

(1) 珠光体耐热钢。一般是在正火状态下加热到 A_{C3} 以上 30℃,保温一段时间后空冷,随后在高于工作温度约 50℃下进行回火,其显微组织为珠光体+铁素体。其工作温度为 350~550℃,由于钢中合金元素含量少,工艺性好,常用于制造锅炉、化工压力容器、热交换器、汽阀等耐热构件。其中 15CrMo 主要用于锅炉零件。这类钢在长期的使用过程中,会发生珠光体的球化和石墨化,从而显著降低钢的蠕变强度和持久强度。为此,这类钢应力求降低含碳量和含锰量,并适当加入铬、钼等元素,抑制钢的球化和石墨化倾向。此外,钢中加入铬是为了提高抗氧化性,加入钼是为了提高钢的高温强度。

(2) 马氏体耐热钢。这类钢主要用于制造汽轮机叶片和气阀等。12Cr13、20Cr13 是最早用于制造汽轮机叶片的耐热钢。为了进一步提高热强性,在保持高抗氧化性能的同时,加入钨、钼等元素使基体强化,碳化物稳定,提高钢的耐热性能。

14Cr11MoV、15Cr12WMoV 钢经淬火+高温回火后,可使工作温度提高到 550~580℃。42Cr9Si2、40Cr10Si2Mo 是典型的汽车阀门用钢,经调质处理后,钢具有较高的耐热性和耐磨性。钢中 0.4% 的含碳量是为了获得足够高的硬度和耐磨性,加入铬、硅是为了提高抗氧化性,加入钼是为了提高高温强度和避免回火脆性。40Cr10Si2Mo 常用于制作重型汽车的汽阀。

(3) 奥氏体耐热钢。奥氏体耐热钢的耐热性能优于珠光体耐热钢和马氏体耐热钢,这类钢的冷塑性变形性能和焊接性能都很好,一般工作温度在 600~700℃,广泛用于航空、舰艇、石油化工等工业部门制造汽轮机叶片、发动机汽阀等。典型牌号有 06Cr18Ni11Ti 等,Cr 的主要作用是提高抗氧化性和高温强度,Ni 主要是使钢形成稳定的奥氏体,并与 Cr 相配合提高高温强度,Ti 是通过形成弥散的碳化物提高钢的高温强度。

45Cr14Ni14W2Mo 是用于制造大功率发动机排气阀的典型钢种。此钢的含碳量提高到 0.45%,目的在于形成铬、钼、钨的碳化物并呈弥散析出,以提高钢的高温强度。

表6-22 常用耐热钢的牌号、成分、热处理及用途（摘自GB/T 1221—2007）

类别	新牌号	旧牌号	化学成分/%									热处理温度/℃	力学性能(≥)			应用举例
			C	Cr	Si	Mo	Mn	Ni	W	V	Ti		$R_{p0.2}$/MPa	R_m/MPa	HBW	
马氏体型	42Cr9Si2	4Cr9Si2	0.35~0.50	8.00~10.00	2.00~3.00			≤0.60				淬火1020~1040油冷 回火700~780油冷	590	885		有较高的热强性，作内燃机进气阀、轻负荷发动机的排气阀
	40Cr10Si2Mo	4Cr10Si2Mo	0.35~0.45	9.00~10.50	1.90~2.60	0.70~0.90	≤0.70	≤0.60				淬火1010~1040油冷 回火120~160空冷	685	885		有较高的热强性，作内燃机进气阀、轻负荷发动机的排气阀
	14Cr11MoV	1Cr11MoV	0.11~0.18	10.00~11.50	≤0.50	0.50~0.70	≤0.60	≤0.60		0.25~0.40		淬火1050~1100空冷 回火720~740空冷	490	685		有较高的热强性、良好的减振性及组织稳定性，用于透平叶片及导向叶片
	15Cr12WMoV	1Cr12WMoV	0.12~0.18	11.00~13.00	≤0.50	0.50~0.70	0.50~0.90	≤0.60	0.70~1.10	0.18~0.30		淬火1000~1050油冷 回火680~700空冷	585	735		有较高的热强性、良好的减振性及组织稳定性，用于透平叶片、紧固件、转子及轮盘
	12Cr13	1Cr13	0.08~0.15	11.50~13.50	≤1.00		≤1.00	≤0.60				淬火950~1000油冷 回火700~750快冷	345	540	159	作800℃以下耐氧化用部件
	20Cr13	2Cr13	0.16~0.25	12.00~14.00	≤1.00		≤1.00	≤0.60				淬火920~980油冷 回火600~750快冷	440	635	192	淬火状态下硬度高，耐蚀性良好，用于汽轮机叶片

类别	新牌号	旧牌号	化学成分/%									热处理温度/℃	力学性能（≥）			应用举例
			C	Cr	Si	Mo	Mn	Ni	W	V	Ti		$R_{p0.2}$ /MPa	R_m /MPa	HBW	
马氏体型	45Cr14Ni14W2Mo	4Cr14Ni14W2Mo	0.40~0.50	13.00~15.00	≤0.80	0.25~0.40	≤0.70	13.00~15.00		2.00~2.75		淬火820~850 水冷、油冷	315	705	≤248	有较高的耐热性，用于内燃机重负荷排气阀
	06Cr19Ni10	0Cr18Ni9	≤0.08	18.00~20.00	≤1.00		≤2.00	8.00~11.00				固溶1010~1150快冷	205	520	≤187	通用耐氧化钢，可承受870℃以下反复加热
	06Cr18Ni11Ti	0Cr18Ni10Ti	≤0.08	17.00~19.00	≤1.00		≤2.00	9.00~12.00			5×C%~0.70	固溶920~1150快冷	205	520	≤187	作在400~900℃腐蚀条件下使用的部件、高温用焊接结构部件

表6-23　常用变形高温合金的牌号、成分、力学性能及用途（摘自 GB/T 14992—2005）

类别	牌号	化学成分/%													热处理	力学性能（≥）				应用举例
		C	Si	Mn	Cr	Ni	W	Mo	V	Ti	Nb	Al	Co	Fe	其他		R_m /MPa	$R_{p0.2}$ /MPa	A /%	持久强度 /MPa	
铁基高温合金	GH1035	0.06 ~ 0.12	≤0.80	≤0.70	20.0~23.0	35.0~40.0	2.50~3.50			0.70~1.20	1.20~1.70	≤0.50		余	Ce≤0.05，Ti 和 Nb 两者不得同时加入	固溶	600	300	35	$\sigma_{100}^{800} = 80$	750~800℃涡轮发动机的燃烧室和加力燃烧室

（续）

类别	牌号	化学成分/%													热处理	力学性能（≥）				应用举例
		C	Si	Mn	Cr	Ni	W	Mo	V	Ti	Nb	Al	Co	Fe	其他		R_m/MPa	$R_{p0.2}$/MPa	A/%	持久强度/MPa	
铁基高温合金	GH1131	≤0.10	≤0.80	≤1.20	19.0~22.0	25.0~30.0	4.80~6.00	2.80~3.50			0.70~1.30			余	B0.005, N0.15~0.30	固溶	850	450	41	$\sigma_{100}^{800}=110$	900℃以下的涡轮发动机的燃烧室、加力燃烧室和其他高温部件
	GH1140	0.06~0.12	≤0.80	≤0.70	20.0~23.0	35.0~40.0	1.40~1.80	2.00~2.50		0.70~1.20		0.20~0.60		余	Ce≤0.05	固溶	670	260	40	$\sigma_{100}^{800}=83$	800~900℃涡轮发动机的燃烧室、加力燃烧室等零件
	GH2036	0.34~0.40	0.30~0.80	7.50~9.50	11.5~13.5	7.0~9.0		1.10~1.40	1.25~1.55	≤0.12	0.25~0.50			余		固溶+时效	940	600	16	$\sigma_{100}^{650}=350$	650℃以下的涡轮盘、环形件和紧固件
	GH2132	≤0.08	≤1.00	1.00~2.00	13.5~16.0	24.0~27.0		1.00~1.50	0.10~0.50	1.75~2.35		≤0.40		余	B0.001~0.010	固溶+时效	1000	600	25	$\sigma_{100}^{650}=450$	650~700℃的涡轮盘、环形件、冲压焊接件和紧固件
	GH2135	≤0.08	≤0.50	≤0.40	14.0~16.0	33.0~36.0	1.70~2.20	1.70~2.20		2.10~2.50		2.00~2.80		余	Ce≤0.03 B≤0.015	固溶+时效	1100	600	20	$\sigma_{100}^{650}=570$	700~750℃工作的涡轮盘、叶片和其他高温部件

131

（续）

类别	牌号	化学成分/%													热处理	力学性能（≥）				应用举例
		C	Si	Mn	Cr	Ni	W	Mo	V	Ti	Nb	Al	Co	Fe	其他		R_m/MPa	$R_{p0.2}$/MPa	A/%	持久强度/MPa	
镍基高温合金	GH3030	≤0.12	≤0.80	≤0.70	19.0~22.0	余				0.15~0.35		≤0.15		≤1.50		固溶	750	280	39	$\sigma_{100}^{800}=45$	800℃以下涡轮发动机的燃烧室、加力燃烧室等零件，可用GH1140代替
	GH3039	≤0.08	≤0.80	≤0.40	19.0~22.0	余		1.80~2.30		0.35~0.75	0.90~1.30	0.35~0.75		≤3.0		固溶	850	400	45	$\sigma_{100}^{800}=70$	800~850℃的火焰筒及加力燃烧室等零件
	GH3044	≤0.10	≤0.80	≤0.50	23.5~26.5	余	13.0~16.0	≤1.50		0.30~0.70		≤0.50		≤4.0		固溶	830	350	55	$\sigma_{100}^{800}=110$	850~900℃的航空发动机的燃烧室及加力燃烧室等零件
	GH4033	0.03~0.08	≤0.65	≤0.40	19.0~22.0	余			0.10~0.50	2.40~2.80		0.60~1.00		≤4.0	Ce≤0.02 B≤0.01	固溶+时效	1020	660	22	$\sigma_{100}^{800}=250$	700℃以下的涡轮叶片和750℃以下的涡轮盘等
	GH4037	0.03~0.10	≤0.40	≤0.50	13.0~16.0	余	5.00~7.00	2.00~4.00	0.10~0.50	1.80~2.30		1.70~2.30		≤5.0	Ce≤0.02 B≤0.02	固溶+时效	1140	750	14	$\sigma_{100}^{800}=280$	800~850℃的涡轮叶片
	GH4049	0.04~0.10	≤0.50	≤0.50	9.5~11.0	余	5.00~6.00	4.50~5.50	0.20~0.50	1.40~1.90		3.70~4.40	14.0~16.0	≤1.5	Ce≤0.02 B≤0.025	固溶+时效	1100	770	9	$\sigma_{100}^{800}=430$	900℃以下的燃气涡轮工作叶片及其他受力较大的高温部件

3）常用高温合金

目前在900~1000℃工作的构件可使用镍基耐热合金（高温合金）。它是在Cr20Ni80合金系基础上加入钨、钼、钴、钛、铝等元素发展起来的一类合金。主要通过析出强化及固溶强化提高合金的耐热性，可用于制造汽轮机叶片、导向叶片和燃烧室等。

（1）高温合金性能的基本要求。高温合金是指在650~1100℃温度下长期工作的合金。它的开发和应用是与航空、动力等工业部门的迫切需求密切相关的。目前高温合金主要应用于航空发动机、工业燃气轮机等。此外，在石油化工、火箭发动机、宇宙飞行器、核反应堆等方面也获得了广泛应用。

图6-15所示为某喷气发动机的工作温度和压力分布情况示意图。由图可知，发动机中的压气机盘、压气机叶片、燃烧室、涡轮导向叶片、涡轮叶片、涡轮盘等零部件，都是在较高温度下长期工作的。除温度外，它们还承受极复杂的机械负荷，如涡轮叶片，由于振动、气流的冲刷，特别是因旋转而造成的离心力，将受到较大的应力作用；燃料燃烧后，还有大量的氧、水蒸气，并存在SO_2、H_2S等腐蚀性气体，将受到剧烈的氧化和腐蚀作用，因此，其工作条件非常复杂。这时选用一般的耐热钢已不能满足其抗氧化和高温强度的要求，上述这些零部件都应采用高温合金来制造。

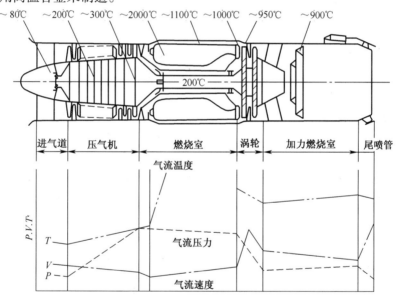

图6-15 某喷气发动机各部件温度分布示意图

因此，高温合金必须满足以下的基本性能要求：①高的热稳定性，又叫热安定性，即合金在高温下具有高的抗氧化和抗腐蚀能力；②高的热强性，合金在高温下具有高的抵抗塑性变形和断裂的能力；③良好的工艺性能，合金在冶炼、铸造、热压、冷压、焊接、热处理和切削加工等方面要有令人满意的工艺性。

（2）高温合金的分类与编号。按合金基体成分不同，高温合金通常可分为铁基、镍基、钴基、铌基、钼基等类型；按生产工艺的不同，又可分为变形高温合金和铸造高温合金两类。下面简单介绍变形铁基和镍基两类高温合金以及铸造高温合金。

① 变形铁基高温合金。这类合金是在奥氏体耐热钢基础上增加了Cr、Ni、W、Mo、V、Ti、Nb、Al等合金元素，用以形成单相奥氏体组织提高抗氧化性，并提高再结晶温度，以及形成

弥散分布的稳定碳化物和金属间化合物,从而提高合金的高温强度。这类合金的常用牌号有 GH1035、GH2036、GH1131、GH2132、GH2135,"GH"是"高合"二字的汉语拼音字首,它们的热处理为固溶处理或固溶+时效处理。其中 GH1035、GH1131 采用固溶处理,获得单相奥氏体组织,抗氧化性好,冷压力加工成形性和焊接性好,用于制造形状复杂、需经冷压和焊接成形,但受力不大,主要要求在 800~900℃ 温度下抗氧化能力强的零件,如喷气发动机的燃烧室、火焰筒等;GH2036、GH2132、GH2135 采用固溶+时效处理,高温强度好,用于制造在650~750℃ 温度下受力的零部件,如涡轮盘、叶片、紧固件等。

② 变形镍基高温合金。这类合金是以 Ni 为基,加入 Cr、W、Mo、Co、V、Ti、Nb、Al 等合金元素,形成以 Ni 为基的固溶体,也称它为奥氏体,产生固溶强化,并提高再结晶温度和形成弥散分布的稳定碳化物及金属间化合物,故这类合金的抗氧化性好,具有好的高温强度。常用牌号有 GH3030、GH4033、GH4037、GH3039、GH3044、GH4049,它们的热处理为固溶处理或固溶+时效处理。其中 GH3030、GH3039、GH3044 采用固溶处理,获得单相奥氏体组织,具有好的塑性和冷压力加工性能及焊接性能,用于制造形状复杂、需冷压和焊接成形,但受力不大,主要要求在 800~900℃ 温度下抗氧化能力强的零件,如喷气发动机的燃烧室、火焰筒等;GH4033、GH4037、GH4049 采用固溶+时效处理,抗氧化性好、高温强度高,用于制造在800~900℃ 温度下受力的零件,如涡轮叶片等。

常用变形高温合金的牌号、成分、力学性能及用途见表 6-23。

③ 铸造高温合金。铸造高温合金是指采用铸造方法成形零件的一类高温合金。其主要特点有二:一是具有更宽的成分范围。由于可不必兼顾其变形加工性能,合金的设计可以集中考虑优化其使用性能;二是具有更广泛的应用领域,由于铸造方法具有的特殊优点,可根据零件的使用需求,设计、制造出具有任意复杂结构和形状的高温合金铸件。

常用的铁基铸造高温合金有 K211、K213、K214、K232、K273;镍基铸造高温合金有K401、K403、K405、K412、K417、K418、K419 等。这些合金适用于 650~1100℃ 范围内的不同工作温度,已成功用于制造飞机和火箭发动机的导向叶片、涡轮工作叶片、整铸导向器、整铸涡轮、整铸扩压器机匣、尾喷口调节片等关键部件和多种民用高温、耐蚀零件。

本 章 小 结

本章重点介绍了常用的工程金属材料,包括铁碳合金和合金钢两大部分。铁碳合金部分介绍了以下内容:碳钢的分类与编号、常用碳钢牌号和用途;铸铁中碳(石墨)的存在形式,常用铸铁(灰铸铁、球墨铸铁、可锻铸铁、蠕墨铸铁)的牌号、组织与性能。

合金钢部分重点介绍了以下内容:合金元素的类型及其在钢中的主要作用;合金钢的分类与编号;合金结构钢(低合金高强度结构钢、合金渗碳钢、合金调质钢、超高强度钢、弹簧钢、滚动轴承钢)的性能要求、成分特点、常用钢种及其热处理特点;合金工具钢(刃具钢、模具钢、量具钢)的性能要求、成分特点、常用钢种及其热处理特点;常用不锈钢、耐热钢和高温合金的类型、牌号、成分、性能及用途。

思考题与习题

1. 说明硫在钢中的存在形式,分析它在钢中的可能作用。

134

2. 指出下列牌号是哪种钢？其含碳量约多少？

20、9SiCr、40Cr、5CrMnMo、T9A、GCr15、30、20Cr。

3. 试说明下列合金钢的名称及其主要用途：

W18Cr4V、5CrNiMo。

4. 全面分析比较灰铸铁的成分、组织与性能及应用特点。

5. 灰铸铁具有低的缺口敏感性，请说明这一特性的工程意义。

6. "以铸代锻、以铁代钢"可适用于哪些场合？试举两例说明。

7. 为什么铸造生产中，化学成分如具有三低（碳、硅、锰的含量低）一高（硫含量高）特点的铸铁易形成白口？而在同一铸铁中，往往在其表面或薄壁处易形成白口？

8. 现有形状和尺寸完全相同的白口铸铁、灰铸铁和低碳钢棒料各一根，如何用最简便的方法将它们迅速区分出来？

9. 机床的床身、床脚和箱体为什么宜采用灰铸铁铸造？能否用钢板焊接制造？试就两者的实用性和经济性作简要分析。

10. 为什么可锻铸铁适宜制造壁厚较薄的零件？而球墨铸铁却不宜制造壁厚较薄的零件？

11. 合金元素在钢中的主要作用有哪些？

12. 请给出凸轮的 3 种不同设计制造方案（材料及相应的处理工艺），并说明各自的特点。

13. 若某种钢在使用状态下为单相奥氏体组织，试全面分析其力学性能、化学性能和工艺性能的特点。

14. 为普通自行车的下列零件选择其合适材料：(1)链条；(2)座位弹簧；(3)大梁；(4)链条罩；(5)前轴。

15. 某厂原用 45MnSiV 生产高强韧性钢筋，现该厂无货，但库房尚有 15、25MnSi、65Mn、9SiCr 钢。试问这 4 种钢中有无可代替上述 45MnSiV 钢筋的材料？若有应怎样进行热处理？其代用的理论依据是什么？

16. 试比较 T9、9SiCr、W6Mo5Cr4V2 作为切削刀具材料的热处理、力学性能特点及适用范围，并由此得出一般性结论。

17. 试全面分析选定一塑料模具材料时应考虑的主要因素。

18. 一般而言，奥氏体不锈钢具有优良的耐蚀性。试问是否在所有的处理状态和使用环境均是如此？为什么？由此得出一般性结论。

19. 为下列零构件确定主要性能要求、适用材料及简明工艺路线。

(1)机床丝杆；(2)大型桥梁；(3)载重汽车连杆；(4)载重汽车连杆锻模；(5)机床床身；(6)加热炉炉底板；(7)汽轮机叶片；(8)铝合金门窗挤压模；(9)汽车外壳(10)手表外壳。

第7章 有色金属及其合金

在工业生产中,通常将金属材料分为两大类,即黑色金属和有色金属。黑色金属是指铁及以铁为基的合金,如碳钢、合金钢、铸铁及其他铁基合金。有色金属是指除黑色金属以外的所有金属及其合金,如铝、镁、钛、铜、镍及其合金等,有色金属又叫非铁金属(合金)。

有色金属的种类和品种很多,各种有色金属都有各自独特的性能特点,在国民经济中占有十分重要的地位,广泛应用于航空航天、石油化工、汽车、电子、原子能、船舶制造等许多领域。通常按密度、价格、在地壳中的储量分布情况等将有色金属分为五大类:①轻有色金属;②重有色金属;③稀有金属;④贵金属;⑤半金属。

轻有色金属一般指密度在 $4.5g/cm^3$ 以下的有色金属,包括铝、钛、镁等。这类金属的共同特点是:密度小、化学活性大,与氧、硫、碳和卤素的化合物都相当稳定。其中轻金属铝在自然界中占地壳质量的 8%(铁为 5%),目前铝已成为有色金属中生产量最大的金属,其产量已超过有色金属总产量的 1/3。重有色金属一般指密度在 $4.5g/cm^3$ 以上的有色金属,有铜、镍、锌、钴、铅、锡、锑、铋等。每种重有色金属根据其特性,在国民经济各部门中都具有其特殊的应用范围。例如,铜是军工及电气设备的基本材料;铅在化工方面有着广泛应用,用来制耐酸管道、蓄电池等;镀锌的钢材广泛应用于工业和生活方面;而镍、钴则是制造高温合金与不锈钢的重要战略物资。

有色金属合金是由一种有色金属作为基体,加入另一种(或几种)金属或非金属组分所组成的既具有基体金属通性又具有某些特定性能的物质。有色金属合金的分类方法很多。按基体金属不同,可分为铝合金、钛合金、镁合金、铜合金、锌合金、镍合金等;按其生产方法不同,可分为铸造合金与变形合金;根据组成合金的组元数目不同,可分为二元合金、三元合金、四元合金和多元合金。一般地,合金组分的总含量小于 2.5% 者为低合金;含量为 2.5%~10% 者为中合金;含量大于 10% 者为高合金。

7.1 铝及铝合金

7.1.1 纯铝的性能特点及应用

纯铝是一种银白色的金属,密度小($2.7g/cm^3$),熔点低(660.4℃),呈面心立方晶格,无同素异构转变。纯铝的导电、导热性好,仅次于金、银、铜;在大气和淡水中具有良好的耐蚀性,但不能耐酸、碱、盐的腐蚀。纯铝的塑性好($A=80\%$),特别是其在低温甚至超低温条件下具有良好的塑、韧性,易于铸造,易于切削,也易于通过压力加工制成各种规格的半成品等。

工业纯铝中或多或少存在有杂质元素(如 Fe、Si 等),我国工业纯铝的牌号是以杂质的限量来编制的,纯铝的导电、导热性随其纯度的降低而变差,所以纯度是纯铝的重要指标。

纯铝的牌号用4位数字体系表示,如1070、1060、1050。

工业纯铝的强度很低,虽可通过加工硬化强化,但仍不能直接用于制作结构材料。工业纯铝适于制作电线、电缆以及要求具有导热和抗大气腐蚀性能而对强度要求不高的一些用品或器皿。

7.1.2 铝合金的分类及其合金元素的作用

为了提高铝的力学性能,在纯铝中加入合金元素(如Cu、Si、Mg、Mn、Zn和RE等)进行合金化,即可得到强度较高的铝合金。铝合金保持了纯铝的熔点低、密度小、导热性好、耐大气腐蚀及良好的塑性、韧性和低温性能,因而在机械工业,特别是在航空航天以及汽车工业等领域中得到了广泛应用。

根据铝合金的成分和工艺特点,可将铝合金分为变形铝合金和铸造铝合金两大类。铝合金一般都具有如图7-1所示相图。相图中最大饱和溶解度B是两类合金的理论分界线。合金成分位于B点以右的合金,都具有低熔点共晶组织,流动性好,塑性低,适于铸造而不适于压力加工,故称为铸造铝合金。凡位于B以左的合金,在加热时能形成单相固溶体组织,这类合金塑性较高,适于压力加工(锻造、轧制和挤压),故称为变形铝合金。

对于变形铝合金来说,位于D点以左的合金,其固溶体成分不随温度的变化而变化,故不能用热处理强化,称为热处理不能强化的变形铝合金。成分在D与B点之间的合金,其固溶体成分随温度变化而改变,可用热处理来强化,故称为可热处理强化的变形铝合金。

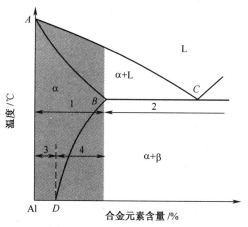

图7-1 典型的铝合金二元相图

1—变形铝合金;2—铸造铝合金;3—不能热处理强化铝合金;4—能热处理强化铝合金。

铝合金的强化方式主要有固溶强化、加工硬化、时效强化和细晶强化。时效强化是可热处理强化铝合金的主要强化手段,它是通过固溶处理和时效处理来实现的。固溶处理是将铝合金加热至α单相区恒温保持,形成单相固溶体,然后快速冷却,使过饱和的α固溶体来不及分解,在室温下获得过饱和α固溶体的处理工艺。经固溶热处理后的铝合金,其塑性、韧性较好,但强度、硬度并没有立即提高,组织也不稳定。时效处理是将固溶处理后的铝合金在室温下放置一定时间或稍许(低温)加热,从过饱和α固溶体中析出弥散分布的第二相化合物(如铝铜合金中析出$CuAl_2$),使铝合金的强度和硬度明显提高,这种合金的性能随时间而变化的现象,称为时效。通常把从过饱和固溶体中沉淀析出第二相,使合金的强度和硬

137

度明显提高的现象,称为时效强化。在室温下进行的时效处理称为自然时效,在室温以上温度进行的时效处理称为人工时效。人工时效时,若时效温度过高,合金会出现软化现象,称为"过时效",在生产中应避免出现过时效现象,一般时效温度不超过 150℃。

变质处理是细化铸造铝合金晶粒的主要方法。变质处理就是在熔融的合金中加入一定量的一种或几种人工晶核即变质剂,大大增加合金溶液中的核心数目,冷却结晶后可获得晶粒细小、力学性能高的铸件(或铸锭)。例如,在 Al-Si 合金中加入 2/3NaF+1/3NaCl 作为变质剂(加入量一般为合金质量的 2%~3%),其中的钠能促进硅形核,并阻碍其晶体长大,使硅晶体能以极细粒状形态均匀分布在 α 固溶体基体上的工艺方法。图 7-2 所示为铸造铝合金 ZL102 未变质处理与经过变质处理后的显微组织。在变形铝合金中加入微量 Ti、Zr 及 RE 元素,能够形成难熔化合物,可作为合金结晶的非自发形核核心,从而细化晶粒,提高合金的强度和塑性。

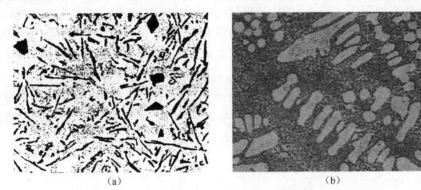

(a)   (b)

图 7-2　铸造铝合金 ZL102 未变质处理与经过变质处理后的组织
(a)未变质处理;(b)经变质处理。

铝合金中常用合金元素的作用如下:

(1)铜。548℃时,铜在铝中的最大溶解度为 5.65%,温度降到 302℃时,铜的溶解度为 0.45%。铜除有一定的固溶强化效果外,主要是时效析出的 $CuAl_2$ 相具有明显的时效强化效果。铝合金中的铜含量通常为 2.5%~5%,以含铜 4%~6.8%Cu 时强化效果最好,所以大部分硬铝合金的含铜量都处于该范围内。此外,铝铜合金中还可以含有少量的硅、镁、锰、铬、锌、铁等元素。

(2)硅。在共晶温度 577℃时,硅在固溶体中的最大溶解度为 1.65%。尽管溶解度随温度降低而减小,但 Al-Si 合金一般不能热处理强化。铝硅合金具有极好的铸造性能和抗蚀性。若将镁和硅同时加入铝中形成 Al-Mg-Si 系合金,强化相为 Mg_2Si。镁和硅的质量比为 1.73:1。设计 Al-Mg-Si 系合金成分时,通常按此比例配制镁和硅的含量。有的 Al-Mg-Si 合金,为了提高其强度,还加入适量的铜,同时加入适量的铬以抵消铜对抗蚀性的不利影响。变形铝合金中,将硅单独加入铝中只限于焊接材料,硅加入铝中也能起到一定的强化作用。

(3)镁。镁在铝中的溶解度随温度下降而大大降低,在大部分工业用变形铝合金中,镁的含量均小于 6%,而硅含量也低,这类合金是不能热处理强化的,但是焊接性良好,抗蚀性也好,并具有中等强度。镁对铝的固溶强化效果较为明显,每增加 1%Mg,抗拉强度大约升高 34MPa。如果加入 1%以下的锰,可起补充强化作用。因此加锰后可降低铝合金中的镁含量,同时可降低热裂倾向,另外锰还可以使 Mg_5Al_8 化合物均匀沉淀,改善抗蚀性和焊接性能。

（4）锰。在共晶温度 658℃ 时,锰在固溶体中的最大溶解度为 1.82%。合金强度随溶解度增加不断提高,锰含量为 0.8% 时,伸长率达最大值。Al-Mn 合金是非时效硬化合金,即不可热处理强化。锰可以单独加入铝中形成 Al-Mn 二元合金,更多的是和其他合金元素一起加入,因此大多数铝合金中均含有锰。锰能阻止铝合金的再结晶过程,提高再结晶温度,并能显著细化再结晶晶粒。主要是通过 $MnAl_6$ 化合物弥散质点对再结晶晶粒长大起阻碍作用。由于 $MnAl_6$ 能溶解杂质铁,形成 $(Fe，Mn)Al_6$,故可减小铁的有害影响。

（5）锌。275℃ 时锌在铝中的溶解度为 31.6%,而在 125℃ 时其溶解度则下降到 5.6%。锌单独加入铝中,在变形条件下对铝合金强度的提高十分有限,同时存在应力腐蚀开裂倾向,因而在一定程度上限制了它的应用。在铝中同时加入锌和镁,形成强化相 $MgZn_2$,对合金产生明显的强化作用。$MgZn_2$ 含量从 0.5% 提高到 12% 时,可明显提高合金的抗拉强度和屈服强度。在镁含量超过形成 $MgZn_2$ 相所需的超硬铝合金中,锌和镁的比例控制在 2.7 左右时,应力腐蚀开裂抗力最大。如在 Al-Zn-Mg 基础上加入铜元素,形成 Al-Zn-Mg-Cu 系合金,基体强化效果在所有铝合金中最大,是航空航天和电力工业中重要的铝合金材料。

7.1.3 铝合金的热处理

铝合金的热处理主要有为强化合金而进行的淬火和时效处理,以及为恢复塑性、消除应力和均匀组织而进行的各种退火。

1. 淬火和时效

铝合金淬火的目的是为了得到过饱和的、不稳定 α 固溶体。以含 4%Cu 的 Al-Cu 合金作为例子,如图 7-3 所示。将合金加热至略高于固溶线以上温度（500℃ 左右）,保温一定时间,此时合金中的 θ 相（$CuAl_2$）几乎全部溶解于 α 固溶体中,然后在水中快速冷却,$CuAl_2$ 来不及析出,于是得到 Cu 在 Al 中的过饱和固溶体。这种组织的强度并不高,与在退火状态的抗拉强度 $R_m = 200MPa$ 相比,略有提高,达 250MPa,此时合金的塑性仍很好,所以在淬火状态仍可以进行冷塑性成形。

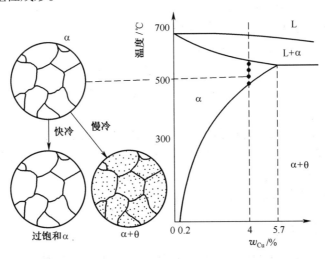

图 7-3 含 4%Cu 的 Al-Cu 合金淬火加热温度范围及快冷和慢冷后的组织

为了进一步提高铝合金的强度和硬度,对于淬火后的铝合金还需进行时效处理。因为淬火以后得到的过饱和固溶体为不稳定组织,趋向于将过饱和的 Cu 原子以一定形式析出。将淬火后的铝合金在室温保持或加热到一定温度,随着时间的延长,析出过程使铝合金的强度和硬度明显提高,即发生了时效过程。对于含 4%Cu 的 Al-Cu 合金,时效的实质是从过饱和 α 固溶体中析出弥散分布的 θ 相($CuAl_2$)。图 7-4 所示为含 4%Cu 的 Al-Cu 合金时效曲线。时效温度和时效时间都影响铝合金的时效强化效果。在室温下(约 20℃)即自然时效时,经 4~5d 后合金强度达到最大值。而人工时效时,加热温度越高,强化速度越快,但所能达到的最高强度值下降。例如,加热到 200℃进行时效,在较短时间内,强度随着时间的延长迅速增加,而后又随时间增加而有所降低,峰值强度的数值并不高。

自然时效时,在开始阶段(淬火后几小时以内)其强度、硬度基本不变,这段时间称为孕育期。由于在此阶段铝合金的强度不高、塑性好,生产上经常利用孕育期进行各种冷变形操作,如铆接、弯边、校形等。当温度很低时,如-50℃,强度随时间的延长增加极其缓慢,甚至几乎不变,生产中常利用这一特性将铝合金材料淬火后进行冷冻储藏,待使用时取出,进行变形加工。

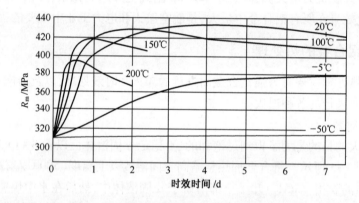

图 7-4 含 4%Cu 的 Al-Cu 合金时效曲线

2. 退火

对于变形铝合金,其退火工艺有完全退火与不完全退火。完全退火的目的是为了消除加工硬化效应,恢复材料塑性,以利于后续进行变形加工,这种退火实质上就是再结晶退火。完全退火加热温度依据合金的化学成分和冷变形条件确定,应高于再结晶温度,一般在350~450℃之间,保温一定时间后空冷。不完全退火的目的是为了消除内应力,保持加工硬化效果,使合金具有较高的强度。不完全退火的加热温度比完全退火的加热温度低些,保温后空冷。

对铸件进行退火的目的是消除成分偏析、均匀细化组织以及消除铸件内应力等。因此,其退火工艺有扩散退火(即均匀化退火)和去应力退火等。扩散退火的时间一般较长。对于某些可进行淬火+时效强化的铝合金铸件,无需专门安排一道退火工序,因为在淬火加热时即可使铸件的成分均匀并消除内应力。

7.1.4 变形铝合金

变形铝及铝合金牌号采用国际 4 位数字体系和 4 位字符体系表示(GB/T 16474-

2011)。变形铝及铝合金国际4位数字体系牌号是按照1970年12月制定的变形铝及铝合金国际牌号命名体系推荐方法命名的牌号。此推荐方法由世界各国团体或组织提出,铝及铝合金牌号及成分注册登记秘书处设在美国铝业协会(AA)。凡按照化学成分在国际牌号注册组织注册命名的铝及铝合金,直接采用4位数字体系表示(即采用4位阿拉伯数字表示);未注册的铝及铝合金则按照4位字符体系表示(采用阿拉伯数字和第二位用英文大写字母表示),以上两种牌号表示方法仅第二位不同(表7-1)。

表 7-1　变形铝及铝合金牌号(GB/T 16474—2011)

组别	牌号系列	组别	牌号系列	组别	牌号系列
纯铝(铝含量不小于99.00%)	1×××	以镁为主要合金元素的铝合金	5×××	以其他元素为主要合金元素的铝合金	8×××
以铜为主要合金元素的铝合金	2×××	以镁和硅为主要合金元素并以 Mg_2Si 相为强化相的铝合金	6×××	备用合金组	9×××
以锰为主要合金元素的铝合金	3×××				
以硅为主要合金元素的铝合金	4×××	以锌为主要合金元素的铝合金	7×××		

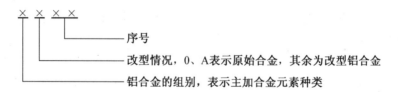

序号

改型情况,0、A表示原始合金,其余为改型铝合金

铝合金的组别,表示主加合金元素种类

注:4位数字符号的含义,第一位数字表示铝及其合金的组别,除改型合金外,铝合金的组别按主要合金元素(6×××系按 Mg_2Si)来确定,主要合金元素指极限含量算术平均值为最大的合金元素,当有一个以上的合金元素极限含量算术平均值同为最大时,应按 Cu、Mn、Si、Mg、Mg_2Si、Zn、其他元素的顺序来确定合金组别;第二位字母表示原始纯铝或铝合金的改型情况,当第二位字母为 A 时,表示原始纯铝或原始合金,如字母为 B~Y 表示改型情况,即改型合金在原始合金(纯铝)的基础上允许有一定的偏差;第三、第四位数字表示同一组中的不同铝合金或表示铝的纯度,纯铝则表示最低铝百分含量,当最低铝百分含量精确到0.01%时,最后两位数则表示铝百分含量中小数点后面的两位。

变形铝合金按其性能特点和用途,可分为防锈铝、硬铝、超硬铝和锻铝4种,防锈铝属于不能热处理强化的铝合金,硬铝、超硬铝、锻铝属于可热处理强化的铝合金。

1. 防锈铝合金

防锈铝合金主要有 Al-Mg 或 Al-Mn 系。Mn 和 Mg 的主要作用是提高抗蚀能力和塑性,并起固溶强化作用。防锈铝合金在锻造退火后组织为单相固溶体,抗蚀性、焊接性能好,易于变形加工,但切削性能差。防锈铝合金不能进行热处理强化,常利用加工硬化提高其强度。

2. 硬铝合金

硬铝主要为 Al-Cu-Mg 系合金,还含有少量的锰。该类合金的主要强化相有 θ 相(Al-

Cu_2)、β 相（Mg_2Al_3）、S 相（$CuMgAl_2$）和 T 相（$CuMg_2Al_6$），其中 S 相的强化作用最大。其强化方式为自然时效或人工时效。合金中加入 Cu 和 Mg 是为了形成强化相 θ、S 和 T 等。Mn 主要是为了提高抗蚀性能。硬铝具有相当高的强度和硬度，经自然时效后强度可达 380～490 MPa（原始态强度为 290～300MPa），提高 25%～30%，硬度由 70～85HBW 提高至 120HBW，同时仍能保持足够的塑性。按照所含合金元素的数量及热处理强化效果的不同，可将硬铝大致分为以下几种：

（1）低合金（低强度）硬铝，如 2A01 等，合金元素 Cu、Mg 的数量少，淬火后冷态下塑性较好，但强度低。合金时效强化速度慢，故可利用孕育期进行变形加工，如铆接，经时效处理后强度提高。可用作铆钉，有铆钉硬铝之称。

（2）标准（中强度）硬铝，如 2A11 等，含有中等数量合金元素，强化相的数量较多，强化效果较好，具有中等强度和塑性，常利用退火后具有良好的塑性进行冷冲、冷弯、轧压等工艺，制成锻材、轧材或冲压件等半成品。还用于制作大型铆钉、飞机螺旋桨叶片等重要构件。

（3）高合金（高强度）硬铝，如 2A12 等，合金元素含量较高，强化相更多，所以具有较高的强度、硬度，但塑性加工能力较低，可用于制作航空模锻件和重要的销轴等。

硬铝合金的性能特点是强度、硬度高，但耐蚀性低于纯铝，特别是不耐海水腐蚀。因此需要防护的硬铝部件，其外部都包一层高纯铝，制成包铝材。硬铝合金的淬火温度范围很窄，如 2A12 为 495～503℃，其温度范围波动不超过 5℃。若在低于此温度范围淬火，固溶体的过饱和度不足，不能发挥最大时效效果，而超过此温度范围，则易产生晶界熔化。

3. 超硬铝合金

超硬铝为 Al-Cu-Mg-Zn 系合金，它是在硬铝合金的基础上加入锌元素而制成的。锌能溶于固溶体起固溶强化作用，还能与铜、镁等元素共同形成多种复杂的强化相，经固溶处理、人工时效后强度高于硬铝合金。超硬铝合金的耐蚀性较差，多用于制造飞机上受力较大、要求强度高的部件，如飞机的大梁、桁架、翼肋、起落架等。超硬铝的耐腐蚀性不如纯铝，常采用压延法在其表面包覆铝，以提高其耐腐蚀性。

4. 锻铝合金

锻铝大多为 Al-Cu-Mg-Si 系合金。这类合金在加热状态下具有优良的锻造性，故称锻铝。锻铝可以通过热处理强化，其力学性能与硬铝相近。

常用变形铝合金的牌号、成分、性能及用途见表 7-2。

7.1.5 铸造铝合金

铸造铝合金按加入主要合金元素的不同，分为 A1-Si 系、A1-Cu 系、A1-Mg 系和 Al-Zn 系合金等。铸造铝合金的代号用"ZL"（铸铝的汉语拼音字首）加 3 位数字表示，压铸铝合金的代号用"YZ"（压铸的汉语拼音字首）加 3 位数字表示。在 3 位数字中，第一位数字表示合金类别：1 为 Al-Si 系、2 为 Al-Cu 系、3 为 Al-Mg 系、4 为 Al-Zn 系，第二、第三位表示顺序号。

铸造铝合金的牌号用 Z+基本元素（铝元素）符号+主要添加合金元素符号+主要添加合金元素的百分含量表示。优质合金在牌号后面标注"A"，压铸合金在牌号前面冠以字母"YZ"，如 ZAlSi12 表示 w_{Si}=12%，余量为铝的铸造铝合金。

表 7-2 变形铝合金的牌号、成分、性能及用途（GB/T 3190—2008）

类别	牌号（旧牌号）	化学成分/% Cu	Mg	Mn	Zn	其他	半成品状态	力学性能 R_m/MPa	A/%	HBW	应用举例
防锈铝合金	5A05（LF5）		4.0~5.5	0.3~0.6			M	280	20	70	焊接油箱、油管、焊条、铆钉以及中等载荷零件及制品
	5A11（LF11）		4.8~5.5	0.3~0.6		V 0.02~0.15	M	280	20	70	焊接油箱、油管、焊条、铆钉以及中等载荷零件及制品
	3A21（LF21）			1.0~1.6			M	130	20	30	焊接油箱、油管、焊条、铆钉以及轻载荷零件及制品
硬铝合金	2A01（LY1）	2.2~3.0	0.2~0.5				线材 CZ	300	24	70	工作温度不超过 100℃ 的结构用中等强度铆钉
	2A11（LY11）	3.8~4.8	0.4~0.8	0.4~0.8			线材 CZ	420	18	100	中等强度的结构零件，如骨架、模锻的固定接头、支柱、螺旋浆叶片、局部镦粗的零件、螺栓和铆钉
	2A12（LY12）	3.8~4.9	1.2~1.8	0.3~0.9			线材 CZ	470	17	105	高强度的结构零件，如骨架、蒙皮、隔框、肋、梁、铆钉等在 150℃ 以下工作的零件
超硬铝合金	7A04（LC4）	1.4~2.0	1.8~2.8	0.2~0.6	5.0~7.0	Cr 0.10~0.25	CS	600	12	150	结构中主要受力件，如飞机大梁、桁架、加强框、蒙皮接头及起落架
	7A09（LC9）	1.2~2.0	2.0~3.0	0.15	7.6~8.6	Cr 0.16~0.30	CS	680	7	190	结构中主要受力件，如飞机大梁、桁架、加强框、蒙皮接头及起落架
锻铝合金	2A50（LD5）	1.8~2.6	0.4~0.8	0.4~0.8		Si 0.7~1.2	CS	420	13	105	形状复杂中等强度的锻件及模锻件
	2A70（LD7）	1.9~2.5	1.4~1.8			Ti 0.02~0.10 Ni 0.9~1.5 Fe 0.9~1.5	CS	415	13	120	内燃机活塞和在高温下工作的复杂锻件，板材可作高温下工作的结构件
	2A14（LD10）	3.9~4.8	0.4~0.8	0.4~1.0		Si 0.5~1.2	CS	480	19	135	承受重载荷的锻件和模锻件

1. 铝硅合金

Al-Si(含 11%～13%Si)系铸造铝合金,俗称硅铝明,其中不含其他合金元素的称为简单硅铝明(如 ZAlSi12,ZL102),除硅外还含有 Mg、Cu、Mn 等其他元素的称为特殊硅铝明(如 ZL108)。这类铝合金的特点是铸造性能优良(流动性好、收缩率小、热裂倾向小),具有一定的强度和良好的耐腐蚀性、耐热性和焊接性。用于制造形状复杂但强度要求不高的铸件,如飞机、仪表壳体等;制造低、中强度的形状复杂的铸件,如电机壳体、汽缸体、风机叶片等。

2. 铝铜合金

铸造 Al-Cu 系合金具有较高的强度、耐热性,但密度大、耐蚀性差,铸造性能不好,常用合金有 ZL201 等,主要用于制造在较高温度下工作、要求高强度的零件,如内燃机汽缸头、增压器导风叶轮等。

3. 铝镁合金

铸造 Al-Mg 系合金的耐蚀性好,强度高,密度小,但铸造性能差,耐热性低。常用合金有 ZL301、ZL303 等,主要用于制造在腐蚀性介质下工作、承受一定冲击载荷、形状较为简单的零件,如舰船配件、氨用泵体等。

4. 铝锌合金

铸造 Al-Zn 系合金的铸造性能好,强度较高,但密度大,耐蚀性较差。常用合金有 ZL401、ZL402 等,主要用于制造受力较小、形状复杂的汽车、飞机、仪器零件。

部分铸造铝合金的牌号、代号、主要特点及用途见表 7-3。

表 7-3　部分铸造铝合金的牌号、代号、主要特点及用途
(摘自 GB/T 1173—2013、GB/T 15115—2009)

类别	牌号	代号	主 要 特 点	应 用 举 例
铝硅合金	ZAlSi12	ZL102	熔点低,密度小,流动性好,收缩和热裂倾向小,耐蚀性、焊接性好,可切削差,不能热处理强化,有足够的强度,但耐热性低	适合铸造形状复杂、耐蚀性和气密性高、强度不高的薄壁零件,如飞机、仪器和船舶零件等
	YZAlSi12	YL102		
	ZAlSi5Cu1Mg	ZL105	铸造工艺性能好,不需变质处理,可热处理强化,焊接性、切削性好,强度高,塑性、韧性低	形状复杂、工作温度不大于 250℃ 的零件,如汽缸体、汽缸盖、发动机箱体等
	ZAlSi12Cu2Mg1	ZL108	铸造工艺性能优良,线收缩小,可铸造尺寸精确的铸件,强度高、耐磨性好,需要变质处理	汽车、拖拉机的活塞,工作温度不大于 250℃ 的零件
	YZAlSi12Cu2	YL108		
铝铜合金	ZAlCu5Mg	ZL201	铸造性能差,耐蚀性能差,可热处理强化,室温强度高,韧性好,焊接性能、切削性、耐热性好	承受中等载荷,工作温度不大于 300℃ 的飞机受力铸件、内燃机汽缸头
	ZAlRE5Cu3Si2	ZL207	铸造性能好,耐热性高,可在 300～400℃ 下长期工作,室温力学性能较低,焊接性能好	适合铸造形状复杂,在 300～400℃ 下长期工作的液压零部件

类别	牌号	代号	主要特点	应用举例
铝镁合金	ZAlMg10	ZL301	铸造性能差,耐热性不高,焊接性差,切削性能好,能耐大气和海水腐蚀	承受高静载荷、冲击载荷,工作温度不大于200℃、长期在大气和海水中工作的零件,如舰船配件等
	ZAlMg5Si1	ZL303	铸造性能比 ZL301 好,热理不能明显强化,但切削性能好,焊接性好,耐蚀性一般,室温力学性能较低	承受中等载荷,工作温度不大于200℃的耐蚀零件,如轮船、内燃机配件
铝锌合金	ZAlZn11Si7	ZL401	铸造性能优良,需变质处理,不经热处理可以达到高的强度,焊接性和切削性能优良,耐蚀性低	承受高静载荷、形状复杂、工作温度不大于200℃ 的铸件,如汽车、仪表零件
	ZAlZn6Mg	ZL402	铸造性能优良,耐蚀性能好,可加工性能好,有较高的力学性能;但耐热性能低,焊接性一般;铸造后能自然时效	承受高的静载荷或冲击载荷,不能进行热处理的铸件,如活塞、精密仪表零件等

7.2 镁及镁合金

7.2.1 纯镁的性质

镁为银白色金属元素,为密排六方晶格,无同素异构转变。镁的熔点为650℃,密度为 $1.74g/cm^3$,是铝的2/3,钢的1/4,甚至轻于许多工程塑料。镁元素在地壳中有丰富的含量,仅次于铝、铁、钙等。镁具有很高的化学活泼性,在潮湿大气、海水、无机酸及其盐类、有机酸、甲醇等介质中均会引起剧烈的腐蚀,但镁在干燥的大气、碳酸盐、氰化物、铬酸盐、氢氧化钠溶液、苯、四氯化碳以及不含水和酸的润滑油中却很稳定。

在室温下,镁能与空气中的氧起作用,在表面形成保护性的氧化镁薄膜,但由于氧化镁薄膜较脆,且不像氧化铝薄膜那样致密,故其耐蚀性很差。纯镁的强度和硬度很低,不能直接用作结构材料,通常熔制成 Mg 合金或作 Al 合金中的合金元素,也可作炼钢和铸铁的脱硫剂或作稀有金属 V、Ti、Be 等冶炼用的还原剂。

7.2.2 镁的强化机制及其合金元素的作用

1. 镁的强化机制

镁合金中的强化机制主要有以下几种:

(1)固溶强化。镁合金中加入的主要合金元素 Al 和 Zn 等,可固溶于 Mg 基体中导致晶格畸变,当在镁合金中加入不超过10%~11%Al 和4%~5%Zn 时,起到固溶强化作用。

(2)析出强化。析出相的形状、尺寸、性能以及析出相与基体之间界面的性质等,是影响镁合金析出强化效果的主要因素。一般弥散分布且不易粗大的共格析出相强化效果较好。许多合金元素在镁中的固溶度随温度降低而减小,但由于镁的原子半径较大,析出相通常不能满足界面共格的要求,而是形成与镁基体非共格的复杂析出相,在高温下这些相很容易粗大和软化。

(3)弥散强化。弥散强化颗粒是在合金凝固过程中产生的,一般熔点较高,且不溶于镁基体,所以具有良好的热力学稳定性。弥散强化合金的强度可以保持到大大超过一般的软化温度。在常温下,析出相和弥散颗粒都可以阻碍位错滑移,强化合金。在高温下,析出相逐渐粗大化和软化,失去强化效果,而弥散相却能继续阻止位错的移动,从而保持合金的高温强度。

(4) 细晶强化。对于密排六方结构的镁合金,细晶强化效果较为明显。当镁合金中的细晶粒($\leqslant 10\mu m$)达到一定比例时,合金表现出超塑性。

2. 合金元素在镁合金中的作用

镁合金中加入的主要合金元素有 Al、Zn、Mn、Zr 和 RE 等,以下简述镁合金中主要合金元素的作用。

(1) 铝。Mg-Al 系合金是最常用的镁合金。在含量较低时,Al 固溶于镁基体中,使合金产生固溶强化;随着 Al 含量的增加,从合金中析出 $Mg_{17}Al_{12}$ 相(β 相),从而提高合金的强度。但 Al 含量过高时,β 相会在晶界处呈不连续析出,形成胞状或珠光体状,从而使合金变脆,恶化合金的性能。通常,随着 Al 含量的增加,合金的屈服强度提高,但塑性降低。此外,Al 含量的增加会提高合金的流动性,但同时也增加了合金的热裂倾向和显微缩松倾向。随着合金中 Al 含量的增加,杂质对耐蚀性的不良影响逐渐降低,使合金的耐蚀性提高;但当 Al 含量超过 8%后,合金的耐蚀性反而有所降低。

(2) 锌。Zn 是镁合金中的另一重要合金元素,能固溶于 Mg 中形成固溶体,主要作用为固溶强化。Zn 和 Mg 会形成 MgZn 和 $MgZn_2$ 化合物相,适量 Zn 的加入可提高镁合金的强度和塑性,但 Zn 含量大于 5.5%时,塑性开始下降。

(3) 锰。Mn 是压铸镁合金的一种重要合金元素,Mn 的加入会使合金的强度有所提高,但除了 Mg-Mn 系镁合金外,加入 Mn 一般是为了除去金属液中的有害杂质元素。熔炼时杂质 Fe 与 Mn 结合生成沉淀进入渣中,Mn 还会与合金中的 Fe 和 Al 反应,析出对耐蚀性影响较小的化合物相(Fe, Mn)Al_3,从而有效提高合金的耐蚀性。

(4) 稀土(RE)。镁合金中添加的稀土一般为混合稀土,各稀土元素在合金中的行为相似。RE 可以提高镁合金的铸造性能和高温性能,而不会影响其导电性,因此,RE 是耐热镁合金的主要添加元素。含 Al 的镁合金中,RE 优先与 Al 形成析出相。例如,$Al_{11}RE_3$(RE 为 La、Nd、Ce 及 Pr),其熔点很高,是提高高温性能的主要化合物相,可大大提高镁合金的高温强度和高温蠕变性能。

(5) 锆。Zr 也是密排六方结构,其晶格常数与 Mg 相近,在镁合金的凝固过程中,Zr 的细小颗粒可以作为基体形核的异质核心,促进形核,从而大大细化合金组织。Zr 经常被用作 Mg-Zn 和 Mg-RE 合金的晶粒细化剂。

7.2.3 镁合金的分类

在纯镁中加入 Al、Zn、Mn、Zr 及稀土等元素,制成镁合金。它们分为变形镁合金和铸造镁合金两大类。

1. 变形镁合金

变形镁合金主要分为 Mg-Mn 系、Mn-Al-Zn 系、Mn-Zn-Zr 系和 Mg-Mn-RE 系 4 类。镁合金牌号以"英文字母+数字+英文字母"的形式表示。前面的英文字母是其最主要的合金组成元素代号(元素代号符合表 7-4 中的规定),其后的数字表示其最主要的合金组成元素的大致含量。最后面的英文字母为标识代号,用以标识各具体组成元素相异或元素含量有微小差别的不同合金。常用变形镁合金的牌号、化学成分及用途见表 7-5。其中的 M2M 为 Mg-Mn 系合金,具有良好的耐蚀性和焊接性,使用温度不超过 150℃。主要用于制作飞机蒙皮、壁板及航空航天结构件。

表 7-4 变形镁及镁合金牌号中的元素代号(摘自 GB/T 5153—2003)

元素代号	元素名称	元素代号	元素名称	元素代号	元素名称
A	铝	H	钍	R	铬
B	铋	K	锆	S	硅
C	铜	L	锂	T	锡
D	镉	M	锰	W	钇
E	稀土	N	镍	Y	锑
F	铁	P	铅	Z	锌
G	钙	Q	银		

表 7-5 常用变形镁合金的牌号、化学成分及用途(摘自 GB/T 5153—2003)

新牌号(旧牌号)	合金组别	主要化学成分/%						应用举例
		Al	Mn	Zn	Ce	Zr	Mg	
M2M (MB1)	Mg-Mn		1.3~2.5				余量	焊接结构板材、棒材、模锻件、低强度构件
AZ40M (MB2)	Mg-Al-Zn	3.0~4.0	0.15~0.5	0.2~0.8				形状复杂的锻件、模锻件
AZ41M (MB3)		3.7~4.7	0.3~0.6	0.8~1.4				板材、模锻件
AZ61M (MB5)		5.5~7.0	0.15~0.5	0.5~1.5				条材、棒材、锻件、模锻件
AZ62M (MB6)		5.0~7.0	0.2~0.5	2.0~3.0				棒材
AZ80M (MB7)		7.8~9.2	0.15~0.5	0.2~0.8				棒材、锻件、模锻件、高强度构件
ZK61M (MB15)	Mg-Zn-Zr			5.0~6.0		0.3~0.9		棒材、型材、条材、锻件、模锻件、高强度构件
ME20M (MB8)	Mg-Mn-RE		1.3~2.2		0.15~0.35			棒材、模锻件、200℃以下工作的耐热镁合金

2. 铸造镁合金

铸造镁合金约占镁合金总量的 90% 以上,其中压铸是镁合金成形的主要方法。铸造镁合金按其性能特点可分为高强镁合金和耐热镁合金。高强镁合金主要以 Mg-Al-Zn 系和 Mg-Zn-Zr 系为主。耐热铸造镁合金大多选用 Mg-RE-Zr 系。铸造镁合金的代号用 ZM 加顺序号表示。

表 7-6 所列为常用铸造镁合金的牌号及力学性能。其中 Mg-Al-Zn 系的 ZM5 和 Mg-Zn-Zr 系的 ZM1、ZM2、ZM7 等具有较高的强度、良好的塑性和铸造工艺性能,但耐热性较差,主要用于制造 150℃ 以下工作的飞机、导弹、发动机中承受较高载荷的结构件或壳体。Mg-RE-Zr 的 ZM3、ZM4 和 ZM6 具有良好的铸造性能,室温强度和塑性较低,但耐热性较

高,主要用于制造 250℃ 以下工作的高气密性零件。

表 7-6　常用铸造镁合金的牌号及力学性能(摘自 GB/T 1177—1991)

牌号	代号	热处理状态	抗拉强度 R_m /MPa	屈服极限 $R_{p0.2}$ /MPa	伸长率 A_5 /%
			≥		
ZMgZn5Zr	ZM1	人工时效 T1	235	140	5
ZMgZn4RE1Zr	ZM2	人工时效 T1	200	135	2
ZMgRE3ZnZr	ZM3	铸态 F	120	85	1.5
		退火 T2	120	85	1.5
ZMgRE3Zn2Zr	ZM4	人工时效 T1	140	95	2
ZMgAl8Zn	ZM5	铸态 F	145	75	2
		人工时效 T4	230	75	6
		固溶处理+时效 T6	230	100	2
ZMgRE2ZnZr	ZM6	固溶处理+时效 T6	230	135	3
ZMgZn8AgZr	ZM7	固溶处理 T4	265	—	6
		固溶处理+时效 T6	275	—	4
ZMgAl10Zn	ZM10	铸态 F	145	85	1
		固溶处理 T4	230	85	4
		固溶处理+时效 T6	230	130	1

表 7-7 所列为常用镁合金国内外牌号对照表。

表 7-7　常用镁合金国内外牌号对照表

合金类别	中国 GB	苏联 ГОСТ	美国 ASTM	英国 BS	德国 DIN	日本 JIS
铸造镁合金	ZM1	МЛ12	ZK51A	ZL127		
	ZM2		ZE41A	ZL128		
	ZM3	МЛ11				
	ZM5	МЛ15	AZ81A	3L122		
变形镁合金	M2M	MA1	A1M1A	DTD737		
	AZ40M	MA2	AZ31C	MAG111	$MgAl_3Zn$	M1
	AZ41M	MA2-1				
	AZ61M	MA3	AZ61A	MAG121	$MgAl_6Zn$	M2
	AZ62M	MA4				
	AZ80M	MA5	AZ80X	88B	$MgAl_7Zn$	AZ61A
	ME20M	MA8				A280A
	ZK61M	ВМ65-1	AK60A	DTD5061		AK60A

7.2.4　镁合金的性能特点及应用

镁合金是目前工业生产中最轻的金属结构材料,具有高的比强度和比刚度。镁合金的强度接近铝合金,但因为镁合金的密度小,所以其比强度明显高于铝合金和钢,比刚度接近于铝合金。与工程塑料相比,虽然工程塑料尤其是纤维增强塑料的比强度最高,但其弹性模量很小,比刚度远小于镁合金,且工程塑料难以回收利用。采用镁合金代替铝合金和工程塑料,将成为航空航天和汽车工业轻量化的理想材料。镁合金具有以下性能特点:

(1)具有高的振动阻尼容量,即高的减振性。镁合金受外力作用时弹性变形功大,吸收的能量多,因此,适宜于铸造承受猛烈碰撞的零件,如轮毂和飞机起落架采用镁合金制造就是利用其减振性能好的特性。

(2)具有优良的切削加工性能,切削速度可大大高于其他金属。其另一个突出特点是,不需要磨削和抛光,不使用切削液即可得到光洁的表面。

(3)无磁性,具有良好的电磁屏蔽性能。镁合金的这一特性已经运用到 3C 产品(即计算机 Computer、通信 Communication 和消费类电子产品 Consumer Electronics)的外壳上,能有效减轻电器产生的电磁辐射对人体及周围环境的危害。

(4)在铸造工艺上具有较大的适应性。除砂型铸造外,根据各类合金的特性和零件的要求,可以采用金属型铸造、压力铸造、壳型铸造、石膏型铸造、低压铸造以及冷凝树脂砂型铸造等几乎所有特种铸造工艺。镁合金的比热容和结晶潜热小,充型速度约为铝合金的 1.25 倍,压铸生产时生产率比铝合金提高 40%~50%。

(5)耐腐蚀性较差。使用时要采取防护措施,如阳极氧化、化学镀、涂漆保护等。研究发现,镁的耐蚀性其实十分优异,镁铸件不耐腐蚀的原因是混入杂质及电化学腐蚀所致。因此,只要采用无覆盖剂方式制造高纯度镁合金铸件,并注意材料成分搭配及表面处理的选用,腐蚀问题在一定程度上可以避免。由于镁的氧化倾向较大,在熔炼和热处理时炉内要进行保护。

除航空航天工业外,在汽车行业中的应用一直是镁合金发展的主要推动力量,20 世纪 80 年代中后期,镁合金复兴的直接原因就是汽车行业的需求。目前镁合金在汽车中的应用主要是发动机和传动系统的壳体类零件,以及包括座椅零件、仪表盘、踏板托架和转向盘/柱等在内的车内部件。镁合金在电子器材中的应用从 21 世纪初开始获得了快速增长,显示出诱人的发展前景,目前镁合金主要用于制作便携式计算机、移动电话、摄录器材以及数码视听产品的壳体。

7.3 钛及钛合金

钛及其合金具有比强度高、耐热耐蚀性能优异等突出优点,自 20 世纪中叶以来,钛一跃成为突出的稀有金属。钛首先用在制造飞机、火箭、导弹、舰艇等方面,现已推广用于化工和石油部门。例如,在超声速飞机制造方面,由于这类飞机在高速飞行时,表面温度较高,采用铝合金或不锈钢,在这种温度下已失去原有性能,而钛合金在 550℃ 以上仍保持良好的力学性能,因此可用于制造超过声速 3 倍的高速飞机。这种飞机的钛用量占其结构总质量的 95%,故有"钛飞机"之称。目前,全世界约有一半以上的钛用于制造飞机机体和喷气发动机的重要零件。此外,经过长期实践证明,钛在人体内没有毒性,与人体的分泌物不起作用,对任何杀菌方法都适应,且没有磁性,因此钛目前已成为主要的生物医用材料。钛的用途越来越广,日益受到人们的重视,人们称它为 21 世纪的金属。

7.3.1 纯钛的特性

钛是银白色金属,熔点为1680℃,密度为4.5g/cm³。钛和钢相比,它的密度只有钢的57%,而强度和硬度与钢相近;和铝相比,铝的密度虽较钛小,但力学强度却很差。因此,钛同时兼有钢(强度高)和铝(质地轻)的优点。钛的电极电位低,钝化能力强,在常温下极易形成由氧化物和氮化物组成的与基体结合牢固的致密钝化膜,在大气及淡水、海水、硝酸、碱溶液等许多介质中非常稳定,钛具有优异的耐蚀性;钛的高熔点使其具有极好的耐热性能。在工艺性能上,钛具有良好的可塑性,其韧性超过纯铁的2倍。

钛具有同素异构转变,在882.5℃以下为密排六方晶格,称为 $\alpha-Ti$;在882.5℃以上为体心立方晶格,称为 $\beta-Ti$。钛的性能受杂质影响很大,少量杂质会使钛的强度急剧增高,塑性却显著下降。工业纯钛的钛含量一般在99.5%~99.0%之间,常存杂质元素有 Fe、C、N、H、O 等。按其杂质含量及力学性能不同,工业纯钛的牌号主要有 TA1、TA2、TA3、TA4 等。牌号中的数字越大,杂质含量越高,钛的强度增加,塑性下降。工业纯钛的室温组织为 α 相,具有优良的焊接性能和耐蚀性能,长期工作温度可达300℃,可制成板材、棒材、线材等。主要用于飞机的蒙皮、构件和耐蚀的化学装置、海水淡化装置等。

工业纯钛不能进行热处理强化,实际使用中主要采用冷变形进行强化,热处理工艺主要有再结晶退火和去应力退火。

7.3.2 钛合金的合金化及其分类

钛的合金化元素影响钛的同素异构转变温度,如图7-5所示。在钛中加入的合金元素通常有以下三类:①升高转变温度的合金元素,扩大 α 相区,称为 α 稳定元素,主要有铝、氮、硼等;②钼、铬、锰、钒等元素使同素异构转变温度下降,称为 β 稳定元素;③锡、锆等元素对转变温度的影响不明显,称为中性元素。

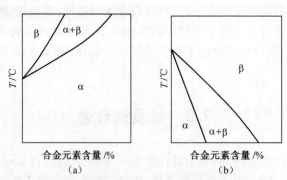

图7-5 合金元素对钛同素异构转变温度的影响
(a)提高转变温度,扩大 α 相区;(b)降低转变温度,扩大 β 相区。

根据退火状态的组织不同,通常将钛合金分为三类: α 钛合金、β 钛合金、($\alpha+\beta$)钛合金。牌号分别以 TA、TB、TC 加上编号表示。

1.α 钛合金

α 钛合金中加入的主要元素有 Al、Sn、Zr 等,在室温和使用温度下均处于 α 单相状态,因而具有很高的强度、韧性及塑性。在冷态下也能加工成半成品,如板材、棒材等。α 钛合金在高温下组织稳定,抗氧化能力较强,热强性较好。在高温(500~600℃)时的强度为三类合金中的较高者。但它的室温强度一般低于β和(α+β)钛合金,α钛合金是单相合金,不能进行热处理强化。具代表性的合金有TA5、TA6、TA7,主要用于制造导弹燃料罐、超声速飞机的涡轮机匣等部件。

2. β钛合金

组织全部为β相的钛合金在工业上很少应用,因为这类合金的密度较大、耐热性差及抗氧化性能低。当温度高于700℃时,合金很容易受大气中的杂质气体污染,生产工艺复杂,因而限制了它的使用。由于全β相钛合金是体心立方结构,合金具有良好的塑性,为了利用这一特性,可通过淬火和时效进一步强化,发展了一种介稳定的β相钛合金。该合金在淬火状态为全β相组织,便于进行加工成形,随后的时效处理又能获得很高的强度。典型牌号是TB2,主要用于制造压气机叶片、轴、轮盘等重载荷零件。

3. (α+β)钛合金

(α+β)钛合金兼有α和β钛合金两者的优点,耐热性和塑性都较好,容易锻造、压延和冲压成形,并可通过淬火和时效进行强化,热处理后强度可提高50%~100%,这类合金的生产工艺也比较简单。因此,(α+β)钛合金的应用较为广泛,典型牌号是TC4,既可用于低温结构件,也可用于高温结构件,常用来制造航空发动机压气机盘和叶片以及火箭液氢燃料箱部件等。

工业纯钛和部分钛合金的牌号、成分、力学性能及用途见表7-8。

表7-8 工业纯钛和部分钛合金的牌号、成分、力学性能及用途
（摘自 GB/T 3620.1—2007、GB/T 3621—2007）

组别	代号	化学成分		室温力学性能			高温力学性能			应用举例
			热处理	R_m /MPa	A /%	温度 /℃	R_m /MPa	σ_{100h} /MPa		
工业纯钛	TA1	Ti(杂质极微)		退火	≥240	≥30				在350℃以下工作、强度要求不高的零件
	TA2	Ti(杂质微)		退火	≥400	≥25				
	TA3	Ti(杂质微)		退火	≥500	≥20				
	TA4	Ti(杂质稍多)		退火	≥580	≥20				
α钛合金	TA5	Ti-4Al-0.005B	Al3.3~4.7 B0.005	退火	≥685	12~20				在500℃以下工作的零件,导弹燃料罐、超声速飞机的涡轮机匣
	TA6	Ti5Al	Al4.0~5.5	退火	≥685	12~20	350	≥420	≥390	
	TA7	Ti-5Al-2.5Sn	Al4.0~6.0 Sn2.0~3.0	退火	735~930	12~20	350	≥490	≥440	
β钛合金	TB2	Ti-5Mo-5V-8Cr-3Al	Mo4.7~5.7 V4.7~5.7 Cr7.5~8.5 Al2.5~3.5	淬火	≤980	≥20				在350℃以下工作的零件、压气机叶片、轴、轮盘等重载荷旋转件
				淬火+时效	1320	≥8				

组别	代号	化学成分	室温力学性能			高温力学性能			应用举例
			热处理	R_m/MPa	A/%	温度/℃	R_m/MPa	σ_{100h}/MPa	
（α+β）钛合金	TC1	Ti-2Al-1.5Mn Al1.0~2.5 Mn0.7~2.0	退火	590~735	20~25	350	≥340	≥320	在400℃以下工作的零件,有一定高温强度的发动机零件,低温用部件
	TC2	Ti-4Al-1.5Mn Al3.5~5.0 Mn0.8~2.0	退火	≥685	12~25	350	≥420	≥390	
	TC3	Ti-5Al-4V Al4.5~6.0 V3.5~4.5	退火	≥880	10~12	400	≥590	≥540	
	TC4	Ti-6Al-4V Al5.5~6.75 V3.5~4.5	退火	≥895	8~12	400	≥590	≥540	

7.3.3 钛及钛合金的热处理

1. 钛及钛合金的退火

（1）消除应力退火。目的是消除工业纯钛和钛合金零件加工或焊接后的内应力。退火温度一般为450~650℃,保温1~4h,空冷。

（2）再结晶退火。目的是消除加工硬化。对于工业纯钛一般加热到550~690℃,而钛合金则需加热到750~800℃,保温1~3h,空冷。

2. 钛合金的淬火和时效

淬火和时效的目的是提高钛合金的强度和硬度。α钛合金和含β稳定元素较少的(α+β)钛合金,自β相区淬火时,发生无扩散型的马氏体转变β→α′。α′为β稳定元素在α-Ti中的过饱和固溶体。α′马氏体与α的晶体结构相同,具有密排六方晶格。α′相的硬度低、塑性好,是一种不平衡组织,加热时效时分解成α和β两相混合物,使合金的强度、硬度升高。

β钛合金和含β稳定元素较多的(α+β)钛合金,淬火后β相转变成介稳定的β′相,加热时效时,从介稳定β′相析出弥散的α相,使合金的强度和硬度提高。

α钛合金一般不进行淬火和时效处理,β钛合金和(α+β)钛合金可进行淬火时效处理,以提高合金的强度、硬度。

钛合金的淬火加热温度一般选在(α+β)两相区的上部范围,淬火后部分α保留下来,细小的β相转变成介稳定β相(即β′相)或α′相,或两者均有(决定于β稳定元素的含量),经时效后可获得较好的综合力学性能。若加热到β单相区,β晶粒极易长大,则热处理后的韧性很低。一般淬火温度为760~950℃,保温5~60min,水中冷却。

钛合金的时效温度一般在450~550℃之间,时间为几小时至几十小时。

钛合金热处理加热时应防止污染和氧化,并严防过热。β晶粒长大后,无法用热处理方法消除。

7.4 铜及铜合金

铜及铜合金具有以下性能特点:

（1）优异的物理、化学性能。纯铜的导电性、导热性极佳，许多铜合金的导电、导热性也很好；铜及铜合金对大气和海水的抗腐蚀能力也很高；铜是抗磁性物质。

（2）良好的加工性能。铜及某些铜合金的塑性很好，容易冷、热成形；铸造铜合金有很好的铸造性能。

（3）具有某些特殊的力学性能。例如，优良的减摩性和耐磨性（如青铜及部分黄铜）；高的弹性极限及疲劳极限（如铍铜等）。

（4）色泽美观。

由于具有以上优良性能，铜及铜合金在电气、仪表、造船及机械制造业等许多部门中获得了广泛应用。由于铜的储藏量较小，价格较贵，属于应节约使用的材料之一，只有在特殊需要的情况下，如要求有特殊的磁性、耐蚀性、加工性能、力学性能以及特殊的外观要求等条件下才考虑使用。

7.4.1 纯铜

铜的熔点为1083℃，具有面心立方晶格，无同素异构转变。铜的密度为$8.92g/cm^3$，比普通铸钢重约15%。纯铜呈浅玫瑰色，表面氧化后常呈紫色，故一般称为紫铜。纯铜主要用于制作电工导体以及配制各种铜合金。

工业纯铜中通常含有锡、铋、氧、硫、磷等杂质，使铜的导电能力下降。铅和铋能与铜形成熔点很低的共晶体（Cu+Pb）和（Cu+Bi），共晶温度分别为326℃和270℃，分布在铜的晶界上。进行热加工时（温度为820～860℃），因共晶体熔化，破坏晶界的结合，使铜发生脆性断裂（热裂）。硫、氧与铜也形成共晶体（Cu+Cu_2S）和（Cu+Cu_2O），共晶温度分别为1067℃和1065℃，因共晶温度高，它们不易引起热脆。但由于Cu_2S、Cu_2O都是脆性化合物，在冷加工时易促进破裂（冷脆）。

根据杂质含量的不同，工业纯铜可分为3种，即T1、T2、T3。"T"为铜的汉语拼音字首，后面的数字越大，纯度越低。工业纯铜的牌号、成分及用途见表7-9。

表7-9　工业纯铜的牌号、成分及用途（GB/T 5231—2012）

代号	牌号	含铜量/%	杂质/%		杂质总量/%	应用举例
			Bi	Pb		
T10900	T1	99.95	0.001	0.003	0.05	导电材料和配制高纯度合金
T11050	T2	99.90	0.001	0.005	0.10	导电材料，制作电线、电缆等
T11090	T3	99.70	0.002	0.010	0.30	一般用铜材，电气开关、垫圈、铆钉、油管等

纯铜中除工业纯铜外，还有一类叫无氧铜，其含氧量极低，不大于0.003%。牌号有TU00、TU0、TU1、TU2、TU3，主要用来制作电真空器件及高导电性铜线。这种导线能抵抗氢的作用，不发生氢脆现象。纯铜的强度低，不宜直接用作结构材料。

7.4.2 黄铜

铜锌合金或以锌为主要合金元素的铜合金称为黄铜。黄铜具有良好的塑性和耐腐蚀性，良好的变形加工性能和铸造性能，在工业中有很高的应用价值。按化学成分的不同，黄铜可分为普通黄铜和特殊黄铜两类。表7-10所列为常用黄铜的牌号、成分、性能及用途。

表 7-10　常用黄铜的牌号、成分、性能及用途

类别	牌号	化学成分		力学性能			应用举例
		Cu	其他	R_m* /MPa	A /%	HBW	
普通黄铜	H90	89.0~91.0	余量 Zn	260/480	45/4	53/130	双金属片、供水和排水管、证章、艺术品（又称金色黄铜）
	H68	67.0~70.0	余量 Zn	320/660	55/3	-/150	复杂的冷冲压件，散热器外壳、弹壳、导管、波纹管、轴套
	H62	60.5~63.5	余量 Zn	330/600	49/3	56/164	销钉、铆钉、螺钉、螺母、垫圈、弹簧、夹线板
	ZH62	60.0~63.0	余量 Zn	300/300	30/30	60/70	散热器、螺钉
特殊黄铜	HSn62-1	61.0~63.0	0.7~1.1Sn 余量 Zn	400/700	40/4	50/95	与海水和汽油接触的船舶零件（又称海军黄铜）
	HSi80-3	79.0~81.0	2.5~4.5Si 余量 Zn	300/350	15/20	90/100	船舶零件，在海水、淡水和蒸汽（<265℃）条件下工作的零件
	HMn58-2	57.0~60.0	1.0~2.0Mn 余量 Zn	400/700	40/10	85/175	海轮制造业和弱电用零件
	HPb59-1	57.0~60.0	0.8~1.9Pb 余量 Zn	400/650	45/16	44/80	热冲压及切削加工零件，如销钉、螺钉、螺母、轴套（又称易削黄铜）
	HAl59-3-2	57.0~60.0	2.5~3.5Al 余量 Zn	380/650	50/15	75/155	船舶、电机及其他在常温下工作的高强度、耐蚀零件
	ZHMn55-3-1	53.0~58.0	3.0~4.0Mn 0.5~1.5Fe 余量 Zn	440/490	15/10	100/110	轮廓不复杂的重要零件，海轮上在300℃以上工作的管配件、螺旋桨
	ZHAl66-6-3-2	64.0~68.0	5.0~7.0Al 2.0~4.0Fe 1.5~2.5Mn 余量 Zn	600/650	7/7	160/160	压缩螺母、重型蜗杆、轴承、衬套

* 力学性能中数值的分母：对压力加工黄铜为硬化状态（变形程度 50%），对铸造黄铜为金属型铸造；
分子：对压力加工黄铜为退火状态（600℃），对铸造黄铜为砂型铸造

1. 普通黄铜

普通黄铜是铜锌二元合金。图 7-6 所示为 Cu-Zn 二元合金相图。α 相是锌溶于铜中形成的固溶体,其溶解度随温度下降而增大。α 相具有面心立方晶格,塑性好,适合于进行冷、热加工,并具有优良的铸造、焊接和镀锡的能力。β′ 相是以电子化合物 CuZn 为基的有序固溶体,具有体心立方晶格,性能硬而脆。

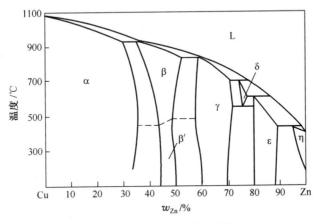

图 7-6 Cu-Zn 二元合金相图

黄铜中的含锌量对其力学性能具有较大影响。如图 7-7 所示,当 $w_{Zn} \leqslant 32\%$ 时,随着含锌量的增加,强度和伸长率都升高,当 $w_{Zn} > 32\%$ 后,因组织中出现 β′ 相,塑性开始下降,强度在 $w_{Zn} = 45\%$ 附近达到最大值。含 Zn 更高时,黄铜的组织全部为 β′ 相,强度与塑性急剧下降。

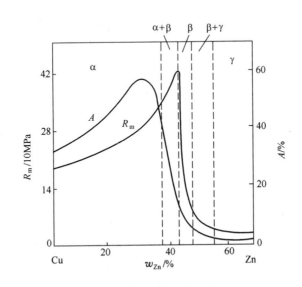

图 7-7 Zn 含量对黄铜力学性能的影响

普通黄铜分为单相黄铜和双相黄铜两大类。从变形特征来看,单相黄铜适宜于冷加工,而双相黄铜只能进行热加工。常用的单相黄铜牌号有 H68 等,"H"为黄铜的汉语拼音字首,数字表示平均含铜量。它们的组织为 α,塑性很好,可进行冷、热压力加工,适于制作冷轧板材、冷拉线材、管材及形状复杂的深冲零件。常用双相黄铜的牌号有 H62 等,退火状态组织为 α+β′。由于室温 β′ 相很脆,冷变形性能差,而高温 β 相塑性好,因此可以进行热变形加工。通常将双相黄铜热轧成棒材、板材,再经机加工制造成各种零件。

2. 特殊黄铜

为了获得更高的强度、抗蚀性和具有良好的铸造性能,在铜锌合金中加入铝、铁、硅、锰、镍等元素,形成各种特殊黄铜。

特殊黄铜的编号方法是:"H+主加元素符号+铜含量+主加元素含量"。特殊黄铜可分为压力加工黄铜(以黄铜加工产品供应)和铸造黄铜两大类,其中铸造黄铜在编号前加"Z"。例如,HPb60-1 表示平均成分为 60%Cu、1%Pb,余为 Zn 的铅黄铜;ZCuZn31Al2 表示平均成分为 31%Zn、2%Al,其余为 Cu 的铸造铝黄铜。

(1)锡黄铜。锡可显著提高黄铜在海洋大气和海水中的抗蚀性,也可使黄铜的强度有所提高。压力加工锡黄铜广泛应用于制造海船零件。

(2)铅黄铜。铅能改善切削加工性能,并能提高耐磨性。铅对黄铜的强度影响不大,略微降低塑性。压力加工铅黄铜主要用于要求有良好切削加工性能及耐磨的零件(如钟表零件),铸造铅黄铜可以制作轴瓦和衬套。

(3)铝黄铜。铝能提高黄铜的强度和硬度,但使其塑性降低。铝能使黄铜表面形成保护性的氧化膜,因而改善黄铜在大气中的抗蚀性。铝黄铜可制作海船零件及其他耐蚀零件。铝黄铜中加入适量的镍、锰、铁后,可得到高强度、高耐蚀性的特殊黄铜,常用于制作大型蜗杆、海船用螺旋桨等需要高强度、高耐蚀性的重要零件。

(4)硅黄铜。硅能显著提高黄铜的力学性能、耐磨性和耐蚀性。硅黄铜具有良好的铸造性能,并能进行焊接和切削加工。主要用于制造船舶及化工机械零件。

(5)锰黄铜。锰能提高黄铜的强度,不降低塑性,也能提高其在海水中及过热蒸汽中的抗蚀性。锰黄铜常用于制造海船零件及轴承等耐磨部件。

(6)铁黄铜。黄铜中加入铁,同时加入少量的锰,可起到提高黄铜再结晶温度和细化晶粒的作用,使力学性能提高,同时使黄铜具有高的韧性、耐磨性及在大气和海水中优良的抗蚀性,因而铁黄铜可以用于制造承受摩擦及受海水腐蚀的零件。

(7)镍黄铜。镍可提高黄铜的再结晶温度和细化晶粒,提高其力学性能和抗蚀性,降低应力腐蚀开裂倾向。镍黄铜的热加工性能良好,在造船、电机制造业中获得了广泛应用。

7.4.3 青铜

青铜原指铜锡合金,但工业上习惯把铜基合金中不含锡而含有铝、镍、锰、硅、铅等特殊元素组成的合金也叫青铜。所以青铜实际上包括锡青铜、铝青铜和硅青铜等。青铜也可分为压力加工青铜(以青铜加工产品供应)和铸造青铜两大类。青铜的编号规则是:"Q+主加元素符号+主加元素含量(+其他元素含量)","Q"表示青的汉语拼音字首。如 QSn4-3 表示成分为 4%Sn、3%Zn、其余为铜的锡青铜。铸造青铜的编号前加"Z"。

1. 锡青铜

锡青铜的力学性能与含锡量有关。如图 7-8 所示,当 $w_{Sn} \leq 6\%$ 时,Sn 溶于 Cu 中,形成面心立方晶格的 α 固溶体,随着含锡量的增加,合金的强度和塑性都增加。当 $w_{Sn} > 6\%$ 时,组织中出现硬而脆的 δ 相(以复杂立方结构的电子化合物 $Cu_{31}Sn_8$ 为基的固溶体),虽然强度继续升高,但塑性却会下降。当 $w_{Sn} >$ 20%时,由于出现过多的 δ 相,使合金变得很脆,强度显著下降。因此,工业上用的锡青铜其含锡量一般为 3%~14%。其中 w_{Sn}<5%的锡青铜适宜于冷加工使用,含锡 5%~7%的锡青铜适宜于热加工,大于 10%Sn 的锡青铜适合于铸造。除 Sn 以外,锡青铜中一般含有少量的 Zn、Pb、P、Ni 等元素。Zn 能提高锡青铜的力学性能和流动性。Pb 能改善青铜的耐磨性和切削加工性能,但会降低力学性能。Ni 能细化青铜的晶粒,提高力学性能和耐蚀性。P 能提高青铜的韧性、硬度、耐磨性和流动性。

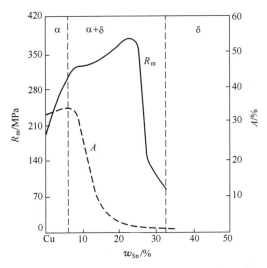

图 7-8　Sn 含量对锡青铜力学性能的影响

2. 铝青铜

以铝为主要合金元素的铜合金称为铝青铜。铝青铜的强度和抗蚀性比黄铜和锡青铜还高,它是锡青铜的代用品,常用来制造弹簧、船舶零件等。

铝青铜与上述介绍的铜合金的明显不同之处是可通过热处理进行强化。其强化原理是利用淬火获得类似钢中马氏体的介稳定组织,使合金强化。铝青铜有良好的铸造性能。在大气、海水、碳酸及大多数有机酸中具有比黄铜和锡青铜更高的耐蚀性。此外,还有耐磨损、冲击时不产生火花等特性。但铝青铜也有不足之处,它的体积收缩率比锡青铜大,铸件内易产生难熔的氧化铝,难以进行钎焊,在过热蒸汽中不稳定等。

表 7-11 所列为常用青铜的牌号、成分、性能和主要用途。

表 7-11　常用青铜的牌号、成分、性能和主要用途

类别	牌号	化学成分/%		状态	力学性能			应用举例
		主加元素	其他		R_m /MPa	A /%	HBW	
锡青铜	QSn4-3	Sn3.5~4.5	Zn2.7~3.7 Cu余量	T L	350 550	40 4	60 160	制作弹性元件、化工设备的耐蚀零件、抗磁零件、造纸工业用刮刀
	QSn7-0.2	Sn6.0~8.0	P0.10~0.25 Cu余量	T L	360 500	64 15	75 180	制作中等负荷、中等滑动速度下承受摩擦的零件,如抗磨垫圈、轴套、蜗轮等
	ZCuSn5Pb5Zn5	Sn4.0~6.0	Zn4.0~6.0 Pb4.0~6.0 Cu余量	S J	180 200	8 10	59 64	在较高负荷、中等滑速下工作的耐磨、耐蚀零件,如轴瓦、衬套、离合器等
	ZCuSn10P1	Sn9.0~11.5	P0.8~1.1 Cu余量	S J	220 250	3 5	79 89	用于高负荷和高滑速下工作的耐磨零件,如轴瓦等

157

类别	牌号	化学成分/%		状态	力学性能			应用举例
		主加元素	其他		R_m/MPa	A/%	HBW	
铅青铜	ZCuPb30	Pb27.0~33.0	Cu 余量	J			25	要求高滑速的双金属轴瓦减摩零件
	ZCuPb15Sn8	Sn7.0~9.0 Pb13.0~17.0	Cu 余量	S J	170 200	5 6	59 64	制造冷轧机的铜冷却管、冷冲击的双金属轴承等
铝青铜	ZCuAl9Mn2	Al8.0~10.0 Mn1.5~2.5	Cu 余量	S J	390 440	20 20	83 93	耐磨、耐蚀零件,形状简单的大型铸件和要求气密性高的铸件
	ZCuAl9Fe-4Ni4Mn2	Ni4.0~5.0 Al8.5~10.0 Fe4.0~5.0	Mn0.8~2.5 Cu 余量	S	630	16	157	要求强度高、耐蚀性好的重要铸件,可用于制造轴承、齿轮、蜗轮、阀体等

注:T—退火状态;L—冷变形状态;S—砂型铸造;J—金属型铸造

7.4.4 铍铜

以铍为主要合金化元素的铜合金称为铍铜,典型牌号有 TBe2、TBe1.9、TBe1.7 等。铍铜是极其珍贵的金属材料,热处理后其抗拉强度可高达 1250~1500MPa,硬度可达 350~400HBW,远远超过任何铜合金,可与高强度合金钢媲美。铍铜的含铍量在 0.2%~2.1% 之间,铍溶于铜中形成 α 固溶体,固溶度随温度变化很大,它是唯一可以通过固溶+时效强化的铜合金,经过固溶处理和人工时效后,可以获得很高的强度和硬度。铍铜具有很高的弹性极限、疲劳强度、耐磨性和抗蚀性,导电、导热性极好,并且耐热、无磁性,受冲击时不产生火花。因此铍铜常用来制造各种重要弹性元件、耐磨零件(如钟表齿轮,高温、高压、高速下的轴承)及防爆工具等。由于铍是稀有金属,价格昂贵,在使用上受到限制。

本 章 小 结

铝及铝合金是应用广泛的有色金属材料,要求熟悉铝合金的分类、时效强化、各种常见铝合金的牌号、性能特点及用途。按加工工艺不同,铝合金可分为变形铝合金和铸造铝合金。在变形铝合金中,按加热时是否有溶解度变化,又可分为可热处理强化铝合金和不可热处理强化铝合金。按化学成分和性能特点不同,变形铝合金可分为防锈铝合金、硬铝合金、超硬铝合金和锻铝合金;铸造铝合金可分为铝硅合金、铝铜合金、铝镁合金和铝锌合金。

按钛中杂质元素含量的不同,工业纯钛的牌号主要有 TA1、TA2、TA3、TA4 等。根据退火组织,钛合金可分为三类:α 钛合金、β 钛合金、(α+β)钛合金。牌号分别以 TA、TB、TC 加上编号表示。在工业生产中应用最广泛的钛合金是 TC4(即 Ti-6Al-4V)。

镁合金按加工工艺可分为变形镁合金和铸造镁合金两大类。在航空工业中应用较多的变形镁合金牌号有 ZK61M 等,属于 Mn-Zn-Zr 系合金;铸造镁合金的牌号有 ZM5 等,属于

Mg-Al-Zn 系合金。

按照铜合金中所加主要合金元素的不同,铜合金有黄铜和青铜等。黄铜是以 Zn 作为主要合金元素的铜合金;青铜包括锡青铜和无锡青铜,锡青铜以 Sn 作为主要合金元素,无锡青铜分别以 Al、Si、Pb 等作为主要元素形成各自的铜合金。按照加工方式的不同,铜合金又分为压力加工铜合金和铸造铜合金。

思考题与习题

1. 填空题

（1）根据铝合金一般相图可将铝合金分为_____铝合金和_____铝合金两类。

（2）普通黄铜当 w_{Zn} <39%时,称为_____黄铜,由于其塑性好,适宜_____加工;当 w_{Zn} 在 39%~45%范围时,称为_____黄铜,其强度高,热状态下塑性较好,适宜_____加工。

（3）ZL101 是_____合金,其组成元素为_____。

（4）HSn62-1 是_____合金,其含 Sn 量为_____。

（5）ZCuPb30 是_____合金,其组成元素为_____。

（6）TC4 是_____型_____合金。

2. 选择题

（1）HMn58-2 中含 Mn 量为(　　)。

A. 0%; B. 2%; C. 58%; D. 40%

（2）ZM5 是(　　)。

A. 铸造铝合金; B. 铸造黄铜; C. 铸造镁合金; D. 铸造耐磨合金

（3）3A21（LF21）的(　　)。

A. 铸造性能好; B. 强度高; C. 耐蚀性好; D. 时效强化效果好

（4）对于可热处理强化的铝合金,其热处理方法为(　　)。

A. 淬火十低温回火; B. 完全退火; C. 水韧处理; D. 固溶+时效

3. 是非题

（1）变形铝合金可以进行热处理强化,而铸造铝合金则不能热处理强化。　　(　　)

（2）铅黄铜中加铅是为了提高合金的切削加工性。　　(　　)

（3）若铝合金的晶粒粗大,可以重新加热予以细化。　　(　　)

（4）特殊黄铜是不含锌的黄铜。　　(　　)

（5）特殊青铜是不含锡的青铜。　　(　　)

（6）黄铜呈黄色、青铜呈青色。　　(　　)

4. 综合分析题

（1）变形铝合金分为不能热处理强化和能热处理强化两类的依据是什么?

（2）变形铝合金中哪些品种可以进行热处理强化?

（3）什么是硅铝明?为什么硅铝明具有良好的铸造性能?

（4）说出下列材料的类别,各举一个应用实例:

2A12,ZL102,H62,TC4,QSn4-3,ZM5。例如,5A05,防锈铝合金,可制造油箱。

第8章　常用非金属材料及复合材料

8.1　高分子材料

随着科学技术的发展,传统的金属材料已不能完全满足现代工业的需要。近60年来,非金属材料由于来源丰富、性能优良而得到迅速发展。其中,高分子材料和工业陶瓷材料的发展尤为突出。高分子材料是以高分子化合物为主要成分,在其中加入各种添加剂组成的材料。高分子材料具有很多独特的性能,如高的耐磨性、耐蚀性以及绝缘性好、比强度高、密度小等,在现代工业生产中得到了广泛应用。

8.1.1　高分子化合物的基本概念

高分子化合物和人们平时所接触到的低分子化合物不同,它是指由一种或多种低分子化合物聚合而成的相对分子质量很大的化合物,所以高分子化合物又称为聚合物或高聚物。一个高分子化合物的长链中可能包含有成千上万个原子,原子之间以共价键连接起来。高分子化合物的相对分子质量可高达几十万甚至上百万。高分子化合物的长径比在 $10^3 \sim 10^5$ 以上,因此可以将它看成一条细长而且具有柔性的长链。高分子化合物之所以区别于小分子化合物并具有高强度、高弹性、高耐蚀性等特性,都和这种链状结构有关。

高分子化合物的相对分子质量虽然非常"巨大",但其化学组成一般比较简单。通常组成高分子的元素主要是碳、氢、氧、氮和硅等少数几种元素,整个高分子链是由许多简单的结构单元重复连接起来的。例如,氯乙烯和聚氯乙烯的结构式分别如图8-1所示。

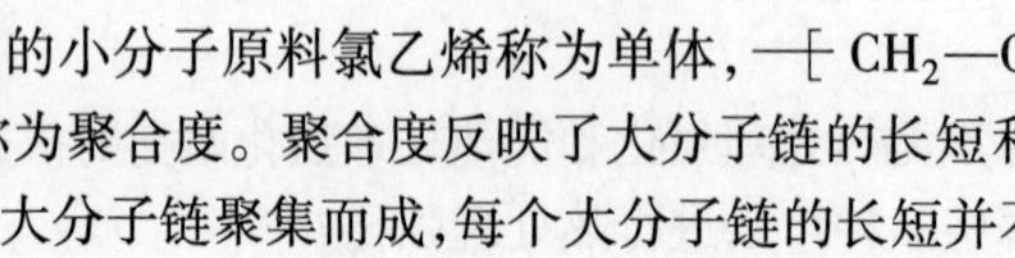

图8-1　氯乙烯和聚氯乙烯的结构式
(a)氯乙烯;(b)聚氯乙烯。

合成聚氯乙烯所用的小分子原料氯乙烯称为单体, $\text{—} \! \left[\, CH_2 \text{—} CHCl \,\right]_n$ 为聚氯乙烯分子的重复结构单元,n 称为聚合度。聚合度反映了大分子链的长短和相对分子质量的大小。高分子材料是由大量的大分子链聚集而成,每个大分子链的长短并不一样,其数值呈统计规律分布。所以,高聚物的相对分子质量是大量高分子链的相对分子质量的平均值。

8.1.2　高分子材料的结构

高分子材料的基本性质是由其主要成分(即高分子化合物)的内部结构所决定的,所以讨论高分子材料的性能需要首先从它的结构开始。高聚物的结构比常见的低分子物质更为复杂,它是由成千上万的原子组成的长链大分子,按其研究单元不同可分为高分子链结构和聚集态结构。高分子的链结构包括两个部分:

(1)一次结构(又称近程结构)。主要研究高分子链结构单元的化学组成、键接方式、空间构型、支化和交联、序列结构等问题。

(2)二次结构(又称远程结构)。主要研究高分子的大小与形态,链的柔顺性及分子在各种环境中所采取的构象,即单个大分子链在空间的存在形式。

高分子的聚集态结构(又称三次结构),主要研究大分子链在空间存在的形式和相互之间的作用力。

1. 结构单元化学组成

只有在元素周期表中表8-1所列非金属元素才能组成大分子链。

表8-1 元素周期表中组成大分子链的非金属元素

ⅢA	ⅣA	ⅤA	ⅥA
B	C	N	O
	Si	P	S
		As	Se

其中以碳原子通过共价键结合成的碳链高分子产量最大、应用最广。由于高聚物中常见的 C、H、O、N 等元素都是轻元素,决定了高分子材料的密度较小,为 $0.9 \sim 2.0 \mathrm{g/cm^3}$,相当于钢铁材料密度的 $1/4 \sim 1/7$。

2. 高分子链结构单元的连接方式

均聚物是由同种结构单元组成的高分子化合物,在缩聚过程中,结构单元的键接方式一般都很明确,但在加聚过程中,单体的键接方式可以有所不同。单烯类单体($CH_2 = CHR$)聚合时,有一定比例的头-头、尾-尾键合出现在正常的头-尾键合之中(图8-2)。且头-头结构的比例有时可以相当大。

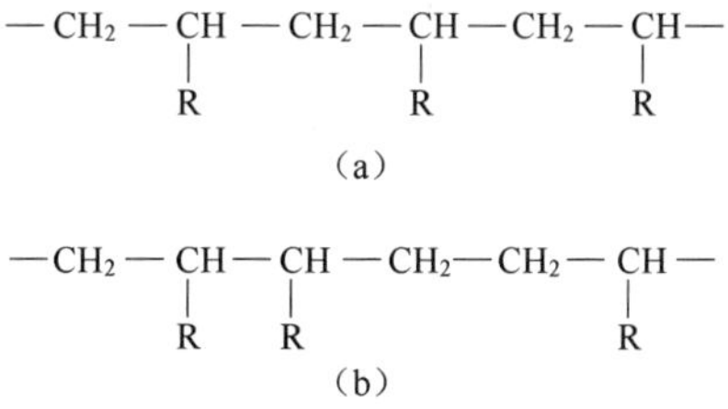

$$-CH_2-\underset{R}{CH}-CH_2-\underset{R}{CH}-CH_2-\underset{R}{CH}-$$

(a)

$$-CH_2-\underset{R}{CH}-\underset{R}{CH}-CH_2-CH_2-\underset{R}{CH}-$$

(b)

图8-2 高分子链结构单元的连接方式
(a)头-尾;(b)头-头。

共聚物是由两种或两种以上的单体聚合所得的高聚物。以 A、B 两种单体共聚为例,它们的键接方式可分为如下几种形式,如图8-3所示。

3. 高分子链的构型

构型是指分子中由化学键所固定的原子在空间的几何排列。这种排列是稳定的,要改

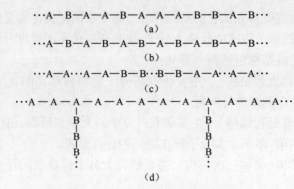

图 8-3 两种单体共聚物的链接方式

(a)无规共聚物;(b)交替共聚物;(c)嵌段共聚物;(d)接枝共聚物。

变构型必须经过化学键的断裂和重组。例如,结构单元为 —CH₂—CH— 型的高分子,高

$$—CH_2—CH— \\ \qquad\qquad | \\ \qquad\qquad X$$

聚物中的取代基 X 可以有 3 种不同的排列方式,如图 8-4 所示。

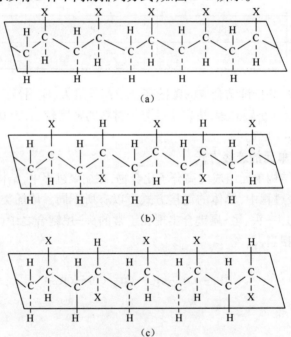

图 8-4 乙烯类聚合物分子的 3 种立体构型

(a)全同立构 (b)间同立构 (c)无规立构。

4. 高分子链的形态

一般高分子链的形状为线型,也有高分子链为支化或交联结构,如图 8-5 所示。

1)线型高分子链

整个大分子像一条长链,在空间多呈无规线团状。线型高分子的分子间没有化学键合,可以在适当的溶剂中溶解,加热可以熔融,易于加工成形。

2)支化高分子链

大分子主链上带有一些长短不一的支链分子,这样的大分子称为支化高分子。支化高

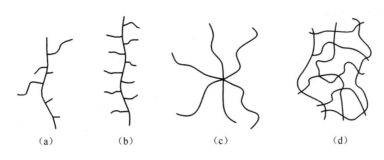

（a）　　　（b）　　　（c）　　　（d）

图 8-5　高分子链的形态示意图

（a）、（b）、（c）支化分子链；（d）体型或网状大分子。

分子的化学性质与线型分子相似,由于支化破坏了分子的规整性,使其结晶度大大降低。由于支链的存在,分子之间的距离增加,分子之间的作用力降低,从而使高聚物的强度和硬度也降低。

3）交联高分子链

高分子链之间通过化学键或链段连接成一个三维网状结构即为交联高分子。交联和支化有质的区别,支化的高分子能够溶解,交联的高分子是不溶不熔的,只有当交联度不太大时才能在溶剂中溶胀。

5. 高分子链的构象

高分子链的主链都是通过共价键连接起来的,它具有一定的键长和键角。在保持键长、键角不变的情况下,它们可以任意旋转,这就是单键的内旋转,如图 8-6 所示。

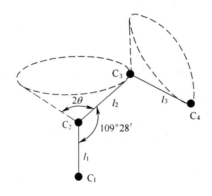

图 8-6　键角固定的高分子链的内旋转

高分子的每个单键都能内旋转,而且频率很高,因此很容易想象,高分子在空间的形态可以有无穷多个。这种由于单键内旋转而产生的分子在空间的不同形态称为构象。高分子链的构象不同时,将引起大分子链的伸长或回缩,高分子链能够改变其构象的性质称为柔顺性。高分子链的柔顺性与单键内旋转的难易程度有关。C—C 单键上一般都带有其他原子或基团,这些原子和基团之间存在着一定的相互作用,阻碍了单键的内旋转。另外,单键的内旋转是彼此受牵制的,每个键不能成为一个独立运动的单元。把若干个单键组成的一段链作为一个独立运动的最小单元,称为"链段"。链段长度越小,高分子链的柔顺性越好。具有较好柔顺性的聚合物其强度、硬度、熔点较低,但弹性和塑性较好;刚性高分子其强度、硬度、熔点较高,弹性和韧性差。

6. 高分子的聚集态结构

高分子的聚集态结构是指高聚物内部高分子链之间的几何排列和堆砌结构。高聚物分子间的作用力虽然主要是范德瓦耳斯力,但由于相对分子质量巨大,所以分子间的作用力很大,很容易凝聚成固体或高温熔体,而不存在气体。固体分为晶体和非晶体,分子链规则排列的部分是晶体,不规则排列的部分是非晶体。要把大分子链全部规则排列起来是非常困难的,所以结晶高聚物都是部分结晶的,即同时存在结晶区和非晶区,如图 8-7 所示。结晶区所占的重量百分数或体积百分数,称为结晶度。结晶度越高,分子间的作用力越强,高分子化合物的强度、硬度、刚度和熔点越高,耐热性和化学稳定性越好;弹性、延伸率、冲击强度则有所降低。

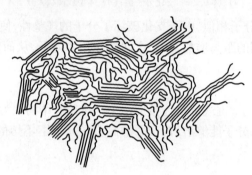

图 8-7　高聚物的结晶区和非结晶区示意图

8.1.3　高分子材料的性能特点

高分子材料的性能主要决定于高分子化合物的性能。对于高分子化合物,其大分子长链中的原子是以共价键结合,而大分子链之间则是范德瓦耳斯键或氢键,后者的结合键强度要比金属键或共价键低两个数量级。因而高分子材料在性能上有许多明显不同于陶瓷或金属之处。

(1) 高分子材料的弹性模量和强度都较低,即使是工程塑料也不能用于受力较大的结构零件,而且高分子材料的力学性能对温度与时间的变化十分敏感,在室温下就有明显的蠕变和应力松弛现象。

(2) 高分子材料从液态凝固后多数呈非晶态,只有少数结构简单、对称性高的分子结构可以得到晶体,但也不能得到 100% 的晶态。这是因为高分子的长链结构很难在较大范围内实现完全有序的规则排列。因此,高分子材料中有一个表征其材料特性的玻璃化温度 T_g,在 $0.75T_g$ 以下材料呈完全脆性,在 $(0.75 \sim 1.0)T_g$ 之间材料是刚硬的,只能发生弹性变形;而加热至 T_g 以上温度,先后发生皮革状、胶状的黏弹性变形;温度再升高则发生黏性流动,材料可在 $(1.3 \sim 1.5)T_g$ 温度范围内加工成形。

(3) 高分子材料的主要弱点是容易老化,即在长期使用或存放过程中,由于受各种因素的作用,其性能随时间的延长而不断恶化,逐渐丧失使用价值的过程。其主要表现是:塑料会逐渐褪色、失去光泽和开裂;橡胶会变脆、龟裂、变软、发黏等。

但是,高分子材料也有许多金属和陶瓷所不具备的优点:

(1) 如原料丰富,成本低廉,它们大多可以从石油、天然气或煤中提取,密度较小,多数在 0.96~1.48g/cm³,这对减轻质量、节约能源具有重要意义。

（2）化学稳定性好,一般对酸、碱和有机溶剂均有良好的耐腐蚀性。

（3）良好的电绝缘性能,这对电器、电机和电子工业都是很重要的。

（4）良好的耐磨、减摩和自润滑性能,并能吸振和减小噪声,这对一些机械中使用的轴承和齿轮是十分有利的,常用它们来代替金属。

（5）优良的光学性能,如有机玻璃对普通光的透射率达92%（普通玻璃为82%）。

8.1.4 常用高分子材料简介

按照高分子材料的用途可分为塑料、橡胶、合成纤维、胶黏剂和涂料5大类。实际上,这也是真正把高分子材料从材料的角度进行分类的一种方法。本小节主要介绍用量最大、用途最广的塑料和橡胶的组成及其应用。

1. 塑料

1）塑料的基本组成

塑料是以高聚物（通常称为树脂）为基础,加入各种添加剂,在一定温度、压力下可塑成形的材料。

（1）树脂。树脂是塑料的主要成分,它粘接塑料中的其他一切组成部分,并使其具有成形性能。树脂的种类、性质以及所占比例大小,对塑料的性能起决定性作用。因此,绝大多数塑料就是以所用树脂命名。

（2）添加剂。为改善塑料的某些性能而必须加入的物质称为添加剂。按加入的目的不同,可以有以下几类:

① 增强剂和填料。增强剂主要是用以改善制品的刚性和强度。常用的增强剂以高强度的纤维为主,使用最多的是玻璃纤维和石棉。还有一些新的增强材料,如碳纤维、硼纤维、石墨纤维和芳纶等。填料的作用是降低成本,改善收缩率,在一定程度上改善塑料的某些性能。填料一般是粉末状物质,主要有碳酸钙、滑石粉、硅灰石、云母和木粉等。

② 增塑剂。增塑剂主要是增加高分子树脂的塑性,改善其加工性能。常用的增塑剂大多是碳原子数为6~11的脂肪醇与邻苯二甲酸合成的酯类。

③ 稳定剂。提高树脂在受热和光作用时的稳定性,防止过早老化,延长其使用寿命。常用稳定剂有硬酯酸盐和铅的化合物等。

④ 润滑剂。为防止在塑料成形过程中粘附在模具或其他设备上而加入的,同时可使制品表面光亮美观的物质。

⑤ 其他。发泡剂、阻燃剂、着色剂和抗静电剂等。

2）塑料的分类

（1）按树脂特性分类。根据塑料受热后的性能,可分为热塑性和热固性两大类。

① 热塑性塑料。加热软化,冷却变硬,可多次重复使用。属于这类塑料的有聚烯烃塑料、聚酰胺、ABS、聚碳酸酯和聚四氟乙烯等。

② 热固性塑料。大多以缩聚树脂为基础,通过加入固化剂等添加剂,在一定条件下发生化学反应,固化为不溶不熔的坚硬制品,如酚醛塑料、环氧塑料等。

（2）按塑料的应用范围分类。

① 通用塑料。指产量大、价格低、用途广的塑料。主要指聚烯烃类塑料、酚醛塑料和氨

基塑料。它们占塑料总产量的 3/4 以上,大多数用于生活制品。

② 工程塑料。指在工程技术中用作结构材料使用的塑料。它们的机械强度较高,或具备耐热、耐蚀等特殊性能,因而可部分代替金属制作某些机器构件、零件等。

3)常用工程塑料

(1)常用热塑性塑料。

① 聚酰胺(尼龙、锦纶、PA)。聚酰胺是最早发现能够承受载荷的热塑性塑料,在机械工业中应用较为广泛。尼龙 6、尼龙 66、尼龙 610、尼龙 1010 和芳香尼龙是其中应用较多的品种。由于其强度较高,耐磨、自润滑性好,且耐油、耐蚀、消声、减震,可替代有色金属及其合金大量用于制造小型零件(如齿轮、蜗轮等)。但尼龙容易吸水,吸水后性能及尺寸会发生很大变化,使用时要特别注意。

单体浇铸尼龙(MC 尼龙)是通过简便的聚合工艺直接浇铸到模具中进行聚合成形的一种特殊尼龙。由于 MC 尼龙的相对分子质量比普通尼龙提高了 1 倍,因此它的力学性能和物理性能比一般尼龙的要好,可制作大型机械零件、轴套等。

芳香尼龙具有很高的热稳定性和优良的物理、力学及电绝缘性能,特别是在高温下仍能保持这些优良的性能,而且还有很好的耐辐射、耐火焰性能,可用于制作高温下要求耐磨的零件、H 级绝缘材料和宇宙服等。

② 聚碳酸酯(PC)。聚碳酸酯是一种透明的、既刚且韧的材料。透光率可达 90%,被誉为"透明金属"。具有优异的冲击韧性和尺寸稳定性,很好的耐高低温性能,长期使用温度范围为−70~120℃;有良好的电绝缘性和加工成形性。缺点是耐化学试剂性能差,易受碱、胺、酮、酯、芳香烃的侵蚀,长期浸在沸水中会发生水解现象,在四氯化碳中可能会发生"应力开裂"现象。PC 主要用于制造大型灯罩、防护玻璃、照相器材等;要求耐冲击性高、耐热性好的电力工具、防护安全帽等;在电子电器方面,用于制备线圈骨架、绝缘套管等高级绝缘材料。

③ 聚甲醛(POM)。聚甲醛是一种没有侧链、高密度、高结晶性的线型聚合物,具有高强度、高弹性模量、耐疲劳、耐磨和耐蠕变等优良的综合物理、力学性能。其强度与金属相近,因而可以代替有色金属及其合金用来制造各类机器零件,如轴承、齿轮、凸轮、阀门、管道、叶轮、汽化器和化工容器等,且其使用范围在不断扩大。聚甲醛的吸湿性小,尺寸稳定性好,但热稳定性较差,容易燃烧,长期暴露在大气中容易老化,表面会粉化或龟裂。加工时在保证流动的情况下,尽量降低温度和减少受热时间。

④ ABS 塑料。它是以丙烯腈(A)、丁二烯(B)、苯乙烯(S)的三元共聚物 ABS 树脂为基的塑料。它兼有聚丙烯腈的高化学稳定性和高硬度,聚丁二烯的弹性和耐冲击性,聚苯乙烯的良好加工成形性,故 ABS 塑料是一种坚韧、质硬、刚性材料,具有耐热、表面硬度高、尺寸稳定、良好的耐蚀性及电性能,易成形和机械加工等特点。缺点是耐高、低温性能差,易燃、不透明。ABS 是一种重要的工程塑料,广泛用于制作齿轮、泵叶轮、轴承、电机外壳、冰箱衬里、仪表壳、容器、管道、飞机舱内装饰板、窗框、隔声板等结构件。

⑤ 聚四氟乙烯(PTFE,特氟龙)。聚四氟乙烯是一种结晶性高聚物,具有很好的化学稳定性和热稳定性及优越的电性能。耐化学腐蚀性优良,不受任何化学试剂的侵蚀,即使在高温下及强酸、强碱、强氧化剂中也不受腐蚀,故有"塑料之王"之称。它还具有突出的耐高、低温性能,在−195~250℃长期使用其力学性能几乎不发生变化。它的摩擦系数小(0.04,是

固体材料中最低的），有自润滑性,吸水性小,在极其潮湿的条件下仍能保持良好的绝缘性。聚四氟乙烯的缺点是热膨胀系数较大、刚性差,机械强度较低,当温度达到 390℃ 时开始分解,并放出有毒气体,因此在加工时必须严格控制温度。由于它加热到 415℃ 时也不会从高弹态变为黏流态,所以只能采用冷压烧结法成形。

⑥ 聚甲基丙烯酸甲酯(PMMA,有机玻璃)。它是目前最好的透明材料,透光率达 92% 以上,比普通玻璃好。密度为 1.19 g/cm³,为无机玻璃的 1/2。具有较高的强度和韧性,冲击强度是无机玻璃的 7~18 倍。有很好的耐候性、耐紫外线和防大气老化。由于有机玻璃分子中含有极性基团,吸水性强,可作为一般的电绝缘材料。主要用于制作具有一定透明度和强度的零件,如飞机座舱盖、光学镜片、设备招牌、防弹玻璃、汽车风挡、仪器仪表防护罩及各种文具和日常生活用品。

(2) 常用热固性塑料。

① 酚醛塑料(PF)。酚醛塑料是以酚醛树脂为基,加入必要的添加剂如木粉、布、石棉、纸等填料经固化处理而形成的交联型热固性塑料。它具有较高的强度和硬度,耐热、耐磨、耐腐蚀及良好的绝缘性,广泛用于机械、电器、电子、航空、船舶、仪表等工业中,如齿轮、轴承、垫圈、带轮等结构件和各种电器绝缘零件,并可代替有色金属制造的金属零件。酚醛树脂制造的复合材料耐热性高,能在 150~200℃ 范围内长期使用,且吸水性小,电绝缘性好,耐腐蚀,尺寸精度高,耐烧蚀性好,广泛应用于航空航天工业中作电绝缘材料和耐烧蚀材料。

② 环氧塑料(EP)。它是以环氧树脂为基,加入各种添加剂,经固化处理形成的热固性塑料。其突出性能是具有较高的机械强度,优良的电绝缘性、耐蚀性,很高的尺寸稳定性,成形性能好。缺点是成本太高,所使用的某些树脂和固化剂的毒性大。主要用于制作模具、精密量具、电气及电子元件等重要零件。

2. 橡胶

橡胶是一类具有高弹性的轻度交联的高分子材料。其在外力作用下很容易发生较大的变形,除去外力后又能恢复到原来的状态,并在很宽的温度范围内(-50~50℃)具有优异的弹性,所以又称其为高弹体。橡胶的机械强度和弹性模量比塑料低,但它的伸长率比塑料大得多。橡胶还具有较好的抗撕裂、耐疲劳特性,在使用中经多次弯曲、拉伸、剪切和压缩不受损伤,并具有不透气、不透水、耐酸碱和隔声、绝缘等特性。应注意的是,除了某些品种外,橡胶一般不耐油、不耐溶剂和强氧化性介质,而且易老化,高温时发黏、低温时变脆。因此工业上使用的橡胶必须添加其他成分并经特殊处理。

1) 橡胶的组成

(1) 生胶。它是橡胶制品的主要组分,其来源可以是天然的,也可以是合成的。生胶在橡胶制备过程中不但起到粘接剂的作用,而且是决定橡胶制品性能的关键因素。

(2) 配合剂。生胶本身强度低、易变质,易在溶剂中溶解或溶胀,所以无单独使用价值。配合剂是为了提高和改善橡胶制品的各种性能而加入的物质,其种类很多,可分为硫化剂、硫化促进剂、增塑剂、防老化剂、软化剂、填充剂、发泡剂、染色剂等。

2) 橡胶的分类

按照原料来源橡胶可分为天然橡胶和合成橡胶两大类;按照橡胶的使用性能和环境又可分为通用橡胶和特种橡胶。通用橡胶主要用于生产各种工业制品和日用杂品,特种橡胶主要用于生产在特殊环境下(高低温、酸碱、油类和辐射等)使用的制品。

3）常用橡胶材料

（1）天然橡胶。天然橡胶是以聚异戊二烯为主要成分的天然高分子化合物。天然橡胶具有良好的弹性，较高的力学性能，很好的耐屈挠疲劳性能，滞后损失小，广泛用于制造轮胎。

（2）合成橡胶。工程上通常使用的橡胶主要有以下几种：

① 丁苯橡胶。丁苯橡胶的耐磨性、耐热性、耐油性和耐老化性均优于天然橡胶，与天然橡胶、顺丁橡胶混溶性好，成本低。缺点是弹性、耐寒性、耐撕裂性和黏着性能不如天然橡胶。主要用来制造轮胎、胶带和胶管。

② 顺丁橡胶。由丁二烯聚合而成，弹性好，是当前橡胶中弹性最高的一种；耐低温性能好，耐磨性能优异，与其他橡胶的相容性好。缺点是抗张强度和抗撕裂强度均低于天然橡胶和丁苯橡胶，加工性能和黏着性能较差。主要用于制造轮胎、胶带、减振部件、绝缘零件等。

③ 氯丁橡胶。由氯丁二烯聚合而成。具有高弹性、高绝缘性、高强度、耐油、耐溶剂、耐氧化、耐酸、耐热和抗氧化等，有"万能橡胶"之称。缺点是耐寒性差、密度大、稳定性差。主要用于制造运输带、风管、电缆和输油管等。

④ 乙丙橡胶。它是由乙烯和丙烯共聚而成的。是通用橡胶中耐老化性能最好的一种，具有突出的耐臭氧性能，耐热性好，具有较高的弹性和低温性能。缺点是耐油性差，黏着性差，硫化速度慢。主要用来制造轮胎、输送管和电线套管等。

⑤ 丁腈橡胶。丁腈橡胶是以丁二烯和丙烯腈为单体经乳液共聚而制得的高分子弹性体。具有优良的耐油性和耐非极性溶剂性能，另外其耐热性、耐腐蚀性、耐老化性、耐磨性及气密性均优于天然橡胶。但其耐臭氧性、电绝缘性能和耐寒性较差。主要用于各种耐油制品，如油箱的密封垫圈、飞机油箱衬里、劳保手套等。

⑥ 硅橡胶。目前主要是聚有机硅氧烷，它是由氯硅烷水解再经缩合生成的聚合物。具有高耐热性和耐寒性，能在-100~300℃很宽的温度范围内使用。有很好的电绝缘性能和良好的耐候、耐臭氧性能，并且无味、无毒。常用于制备各种密封垫圈、防振缓冲层材料和电气绝缘材料，以及食品工业的传送带和医疗用橡胶制品。

⑦ 氟橡胶。以碳原子为主链，含有氟原子的聚合物。氟橡胶具有突出的耐热性，可与硅橡胶相媲美，耐候性好，对日光、臭氧等均稳定，以及化学稳定性、耐油、耐有机溶剂及耐腐蚀性介质均优于其他橡胶。主要缺点是弹性和加工性能差，价格昂贵。氟橡胶最主要的用途是密封制品，也是目前高科技部门如航空航天、导弹、火箭等不可缺少的材料。

8.1.5 高分子材料的成形加工

高分子材料的成形加工是使其成为具有实用价值产品的途径。高分子材料可以用多种方法成形加工。例如，可以采用注射、挤出、压制、压延、缠绕、注塑、烧结、吹塑等方法来成形制品，也可以采用车、磨、刨、铣、刮、锉、钻以及抛光等方法来进行二次加工。由于高分子材料种类繁多，加工成形方法也各不相同。下面简要介绍实际生产中用量较大的塑料和橡胶两大类高分子材料的主要加工成形方法。

1. 塑料成形加工方法

1）挤出成形

挤出成形也称挤塑，它是在挤出成形机中通过加热、加压而使物料以流动状态通过口模成形的方法。挤出工艺是加工热塑性塑料最早使用的方法之一,也是目前应用最普遍、最重要的一种方法。该工艺是将聚合物和各种助剂混合均匀后,在挤出机的机筒内经旋转的螺杆进行输送、压缩、剪切、塑化、熔融并通过机头定量定压挤出而成制品的过程。挤出成形用的主要设备是挤出机,挤出机的主要性能取决于挤出螺杆的结构和有关参数,如直径、长径比、螺槽深、压缩比等。机筒内装有一根螺杆的挤出机称为单螺杆挤出机,装有两根可做同向或反向旋转螺杆的挤出机称为双螺杆挤出机。显然,双螺杆挤出机的塑化能力、物料混合及质量均优于单螺杆挤出机。

挤出过程中,从原料到产品需要经历3个阶段:第一阶段是塑化,通过加热或加入溶剂使固体物料变成黏性流体;第二阶段是成形,在压力的作用下使黏性流体经过口模而得到连续的型材;第三阶段是定型,用冷却或溶剂脱除的方法使型材由塑性状态变为固体状态。挤出成形方法可以生产管材、棒材、异型材、薄膜、板材、片材、发泡材料、中空制品和不同材料的复合挤出。挤出成形是连续化生产,生产效率高。

2)注射成形

注射成形也是热塑性塑料成形中应用最广泛的成形方法之一,它是由金属压铸工艺演变而来的。注射成形又称为注射模塑或注塑,绝大多数热塑性塑料都是用此方法来成形。近年来,此种成形工艺也成功地用于某些热固性塑料的生产。由于注射成形能一次成形制得外形复杂、尺寸精确或带有金属嵌件的制品,而且可以制得满足各种使用要求的塑料制品,因此得到了广泛的应用。目前注射成形的制品占塑料制品总量的 20%~30%。

注射成形一般是将塑料粒料经注射成形机的料斗送至加热的料筒,使其受热熔融至流动状态,然后在柱塞或螺杆的连续加压下,熔融料被压缩并向前移动,经料筒前端的喷嘴快速注入一个温度较低的预先闭合模具中,经一定时间冷却定型后开启模具,获得制品。注射成形过程通常由塑化、充模(注射)、保压、冷却和脱模等5个阶段所组成。

2. 橡胶成形加工方法

橡胶制品的制备工艺过程复杂,一般包括塑炼、混炼、压延、压出、成形和硫化等加工工艺,如图8-8所示。随生胶的种类和制品的不同,制备工艺也有所差别,既有像浇铸液体那样的浇注成形,也有像塑料那样注射成形、挤出成形和压延成形。橡胶制品除了主要原料为生胶以外,还需要加入其他多种配合剂,如补强剂、硫化剂和硫化促进剂等,并将它们混炼均匀,所以必须首先将生胶进行塑炼。塑炼是使生胶从弹性状态转变为可塑性状态的工艺过程。塑炼常用的设备有开炼机和密炼机。塑炼过程的实质是依靠机械力、热或氧的作用,使橡胶的大分子断裂,大分子链由长变短。混炼是将各种配合剂混入到经塑炼后具有一定塑

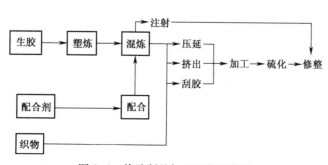

图 8-8　橡胶制品加工工艺示意图

169

性的生胶中,并混合分散均匀的过程。混炼是橡胶加工工艺中最基本和最重要的工序之一,混炼胶的质量对半成品的加工工艺性能和橡胶制品的质量具有决定性作用。混炼采用的设备有开炼机和密炼机,密炼机的混炼室是密闭的,混合过程中物料不会外泄,有效地改善了工作环境。

混炼胶通过压延和压出等工艺,可以制成一定形状的半成品。硫化工艺是胶料在一定温度和压力下,橡胶大分子由线型结构变为网状结构的过程。在该过程中,橡胶经过一系列复杂的化学变化,由塑性的混炼胶变为高弹性的或硬质的交联橡胶,从而获得更完善的物理、力学性能和化学性能。硫化是橡胶制品生产中的最后一道加工工序。硫化过程中对温度、压力和时间等硫化条件的控制关系到制品的性能。硫化采用的设备有平板硫化机、硫化罐、鼓式硫化机和自动定型硫化机等。

8.2 陶 瓷 材 料

8.2.1 陶瓷的概念及分类

陶瓷是人类最早利用的材料之一。传统意义上的陶瓷是陶器和瓷器的总称,而现代陶瓷则包括了整个硅酸盐材料(陶瓷、玻璃、水泥和耐火材料等),以及新型的氧化物、氮化物、碳化物等特种陶瓷材料。陶瓷是指以天然硅酸盐或人工合成的各种化合物为原料,经粉碎、配制、成形和高温烧制而成的无机非金属材料。陶瓷已经成为与金属、有机高分子和复合材料并列的四大类现代材料之一。

陶瓷的种类很多,按其来源可分为普通陶瓷和特种陶瓷;按用途可分为日用陶瓷和工业陶瓷;按化学组分又分为氧化物陶瓷、氮化物陶瓷和碳化物陶瓷等;按性能分为高强度陶瓷、高温陶瓷和耐酸陶瓷等。具体分类见表8-2。

表8-2 陶瓷的种类

普通陶瓷	特种陶瓷						其他硅酸盐陶瓷
	按性能分类	按化学组成分类					
		氧化物陶瓷	氮化物陶瓷	碳化物陶瓷	复合陶瓷		
日用陶瓷 建筑陶瓷 绝缘陶瓷 化工陶瓷 多孔陶瓷	高强度陶瓷 高温陶瓷 耐磨陶瓷 耐酸陶瓷 压电陶瓷 电介质陶瓷 光学陶瓷 半导体陶瓷 磁性陶瓷 生物陶瓷	氧化铝陶瓷 氧化铍陶瓷 氧化锆陶瓷 氧化镁陶瓷	氮化硅陶瓷 氮化硼陶瓷 氮化铝陶瓷	碳化硅陶瓷 碳化硼陶瓷	金属陶瓷 纤维增强陶瓷		玻璃 铸石 水泥

8.2.2 陶瓷材料的物质结构和显微结构

陶瓷材料的性能主要取决于材料的物质结构和显微结构。物质结构主要是指材料的结合键;显微结构是指在光学显微镜或电子显微镜下观察到的组织结构。

1. 物质结构

如第2章所述,材料的结合键通常有离子键、共价键、金属键和分子键4种。大多数陶瓷材料的物质结构是由离子键构成的离子晶体和由共价键组成的共价晶体。不同的结合方式,使材料的硬度、熔点、强度和导电能力都有所不同。共价键和离子键有很强的方向性和很高的结合能,因此,陶瓷材料很难像金属那样产生塑性变形,其脆性大、裂纹敏感性强。但是由于陶瓷材料具有这些化学键类型使其同时具有许多特殊性能,如高硬度、高熔点和高的化学稳定性,因而其耐磨性、耐热性和耐蚀性优异。

2. 显微结构

陶瓷的性能与其显微结构密不可分。陶瓷是一种多晶体材料,尽管各种陶瓷的显微结构各不相同,但都是由晶相、玻璃相和气相三部分组成。

1) 晶相

晶相是陶瓷材料的主要组成相。最常见的是氧化物结构和硅酸盐结构。

(1) 氧化物结构。这类物质主要由离子键结合,也有一定成分的共价键。这种结构的显著特点是与氧原子的密堆积有密切关系。氧化物中的氧原子作为陶瓷结构的骨架紧密排列,较小的阳离子处于间隙之中。大多数氧化物排成简单立方、面心立方和密排六方3种晶体结构。例如,氧化物 MgO、BeO 和 CaO 等为面心立方结构,而 Al_2O_3 为密排六方结构。

(2) 硅酸盐结构。硅酸盐是传统陶瓷的主要原料,也是陶瓷组织的基本相。硅酸盐的结构特点是阳离子形成四面体,硅离子位于四面体中心,组成硅氧 $[SiO_4]$ 四面体。四面体之间以共有顶点的氧离子相互连接。由于连接方式不同,形成了不同的硅酸盐结构(如岛状、链状、层状和骨架状等)。

陶瓷材料的晶相有时不止一个,此时可分为主晶相、次晶相和第三晶相等。陶瓷材料的力学性能、物理和化学性能主要取决于主晶相。

2) 玻璃相

玻璃相是陶瓷烧结时各组成物与杂质产生物理、化学变化后所形成的一种非晶态物质。其结构是由离子多面体构成的短程有序的空间网络。玻璃相在陶瓷中主要起粘接分散晶体相、降低陶瓷的烧结温度、抑制晶粒长大和填充气孔的作用。玻璃相是一种非晶态的低熔点固体相,热稳定性差,导致陶瓷在高温下产生蠕变,因此玻璃相对陶瓷的机械强度、耐热性不利,工业陶瓷中必须严格控制玻璃相的含量。一般情况下为 20%～40%,特殊情况下可达 60%。

3) 气相

气相是陶瓷孔隙中的气体,即气孔。它是在陶瓷生产过程中形成并保留下来的,对陶瓷的性能有显著影响。一方面气孔使陶瓷密度减小并能吸振;另一方面它同时会使陶瓷强度降低、介电损耗增大、绝缘性能下降。因此应控制工业陶瓷中气孔的数量、大小及分布。一般希望降低气孔体积分数(5%～10%),力求气孔细小、均匀、呈球形。

8.2.3 陶瓷材料的性能特点

1. 陶瓷的力学性能

与金属相比,陶瓷的力学性能具有以下特点:

(1)高硬度、高弹性模量、高脆性。大多数陶瓷的硬度比金属高得多,其莫氏硬度都在 7 以上,因而耐磨性好,常用于制作耐磨件,如轴承、刀具等。陶瓷属于脆性材料,其在拉伸时几乎没有塑性变形,且冲击韧性和断裂韧性都很低。陶瓷的弹性模量均比金属高。

(2)低抗拉强度及较高的抗压强度。陶瓷材料的抗压强度较高,约为抗拉强度的 10 倍以上。但由于陶瓷材料的内部和表面均存在大量相当于裂纹的气孔、杂质等缺陷,在拉伸状态下很容易扩散形成裂纹,故其抗拉强度很低。

(3)优良的高温强度和低热振性。陶瓷的高温强度高,高温下不仅能保持高硬度,而且基本保持其室温下的强度;具有高的蠕变抗力和抗高温氧化性,故广泛用作高温材料。但陶瓷承受温度急剧变化的能力(抗热振性)差,当温度剧烈变化时易破裂。因此,在烧结和使用时应加以注意。

2. 陶瓷的物理、化学性能

(1)热性能。陶瓷具有熔点高(大于 2000℃)、热膨胀系数小、热导率低、热容量小等热性能。且随着气孔率的增加,热膨胀系数、热导率、热容量均降低,所以多孔或泡沫陶瓷可作绝热材料。

(2)化学稳定性。陶瓷的结构稳定,不易氧化,对酸、碱、盐有良好的抗蚀能力,还能抵抗熔融金属的侵蚀(如 Al_2O_3 坩埚)。

(3)其他性能。陶瓷晶体中没有自由电子,所以大多数陶瓷材料具有良好的绝缘性能,少数陶瓷如 $BaTiO_3$ 具有半导体性质。此外,某些陶瓷具有特殊的光学性能,可用作固体激光材料、光导纤维和光储备材料等;某些陶瓷具有磁性,可用作磁芯、磁带和磁头等。

8.2.4 陶瓷的制备工艺

陶瓷材料制备工艺的最大特殊性在于其制备是采用粉末冶金工艺,即由粉末原料加压成形后直接在固相或大部分呈固相状态下烧结而成。陶瓷的制备过程虽然各不相同,但一般都要经过粉末原料制备、成形和烧结 3 个阶段。

1. 粉末原料制备加工与处理

粉末的制备方法很多,大体可归结为机械研磨法和化学法两类。传统陶瓷的合成方法一般都是采用固相反应加机械粉碎(球磨)。这种方法易于工业化,但同时会引入杂质,且得到的粉末粒度有限,难以获得亚微米级的粉末颗粒,微观均匀性差。制取微粉的化学方法有溶液沉淀法、气相沉积法和固相法。化学合成法制得的粉料纯度高、粒度小、成分均匀性好,十分适合于生产对性能要求高、产量低的陶瓷材料。溶液沉淀法使用较普遍,比较适用于氧化物陶瓷粉料的制备;气相法一般适用于非氧化物陶瓷粉末的制备;固相法适合于单组分氧化物陶瓷粉料的制备。

2. 成形

成形是将陶瓷粉料加工制备成具有一定形状和尺寸的毛坯。陶瓷制品的成形方法很多,主要有以下三类:

1）可塑成形

传统的黏土质陶瓷坯料中含一定量的黏土,本身即具有一定的可塑性。在坯料中加入一定量的水或塑化剂,使其成为具有良好塑性的料团,然后手工或机械成形。常用的有挤压和车坯成形。

2）注浆成形

在溶剂量比较大时,形成含陶瓷粉料的悬浮液,具有一定的流动性,将悬浮液注入模具中得到具有一定形状的毛坯,这种方法称为注浆成形。可分为一般注浆成形和热压注浆成形。

3）压制成形

陶瓷生产中经常采用压力成形,在陶瓷粉料中添加少量黏结剂,然后造粒,之后充填入模型,再加压成形。成形方法主要有模压成形和冷等静压成形。模压成形是在压力作用下将粉料压制成一定形状的坯体。其工艺简单、操作方便、生产效率高,有利于连续生产;但模具加工复杂、寿命短、成本高。冷等静压成形则是指在常温下对密封于塑性模具中的粉料各向同时施压的一种成形工艺。后一种成形方法得到的坯体密度比常规模压高且均匀。

3. 烧结

陶瓷材料的各种性能不仅与化学组成有关,而且还与材料的显微结构直接相关。烧结对决定陶瓷材料的显微结构起重要作用。未经烧结的陶瓷制品称为生坯,生坯是由许多固相粒子堆积起来的聚积体,颗粒之间除了点接触以外,存在许多孔隙,因此强度不高,必须经过高温烧结后才能使用。烧结是指生坯在高温加热时发生一系列物理、化学变化(水的蒸发、硅酸盐分解、有机物及碳化物的气化、晶体转型及熔化)并使生坯体积收缩,强度、密度增加,最终形成致密、坚硬的具有某种显微结构的烧结体的过程。烧结是陶瓷材料制备工艺中的一个十分重要的最终环节。生坯经初步干燥后即可涂釉或送去烧结。一般烧结温度较高,时间也较长。常见的烧结方法有热压法、液相烧结法和反应烧结法等。

8.3 复合材料

信息、能源、材料等是当今世界科技发展的主题。尖端科学技术的迅速发展,对材料性能提出了越来越高的要求:①传统的单一材料已不能满足实际需要,复合材料可以结合不同单一类型材料的性能优点,从而满足新的使用性能;②对复合材料的需求越来越大,相应的研究也越来越多。

事实上,人们早就在使用复合材料,如古代在泥浆中掺入麦杆(或稻草)做成原始的建筑复合材料。近代用的水泥、砂、石子和钢筋组成的钢筋混凝土材料也可看成是复合材料。

8.3.1 复合材料的定义与分类

复合材料是由两种或两种以上异质、异形、异性的原材料通过某种工艺组合而成的一种新材料。在复合材料中,通常有一相为连续相,称为基体;另一相为分散相,称为增强材料。复合材料一般由强度低、韧性好、模量低的材料作为基体材料,采用高强度、高模量、脆性大的材料作为增强材料复合而成。它既保留了原始组分材料的主要特性,又通过复合效应获得原组分所不具备的新性能。

复合材料品种繁多,有各种分类方式,归纳起来主要有以下几种。

1. 按照使用功能要求划分

1)结构复合材料

结构复合材料主要是作为承力结构使用的复合材料,它基本上是由能承受载荷的增强体组元与能连接增强体成为整体承载同时又起分配与传递载荷作用的基体组元构成。结构复合材料的特点是可根据材料在使用中的受力要求进行组元选材和增强体排布设计,从而充分发挥各组元的效能。

2)功能复合材料

它指除力学性能外还有其他物理性能的复合材料,这些性能包括电、磁、热、声、力学(指阻尼、摩擦)等。该类材料可用于电子、仪器、汽车、航空航天、武器等工业中。

2. 按增强体的几何形态划分

1)纤维增强复合材料

复合材料中的一维增强体根据其长度的不同可分为长纤维、短纤维和晶须。长纤维又叫连续纤维,它对基体的增强方式可以单向纤维、二维织物和三维织物形式存在,单向纤维增强的复合材料表现出明显的各向异性特征,第二种复合材料在织物平面方向的力学性能与垂直该平面的方向不同,而后者的性能基本是各向同性的。连续纤维增强复合材料是指以高性能纤维为增强体制成的复合材料。纤维是承受载荷的主要组元,纤维的加入不但大大改善了材料的力学性能,而且也提高了耐温性能。

2)颗粒增强复合材料

颗粒增强复合材料的增强体是不同尺寸的颗粒(球形或者非球形)。颗粒增强复合材料按照分散相的尺寸大小和间距又分为弥散增强复合材料(颗粒等效直径为 $0.01 \sim 0.1\mu m$,颗粒间距为 $0.01 \sim 0.3\mu m$)和粒子增强复合材料(颗粒等效直径为 $1 \sim 50\mu m$,颗粒间距为 $1 \sim 25\mu m$)。还有一类颗粒增强体是空心微球(微球直径为 $10 \sim 30\mu m$,壁厚为 $1 \sim 4\mu m$),分为有机微球、无机微球和金属微球 3 种,主要用作热固性与热塑性高聚物的增强体或填料。颗粒型增强体的主要作用是调节复合材料的电导率、热导率,改善摩擦磨损性能、降低热膨胀系数、提高耐热温度及调节复合材料的密度。

3)薄片增强复合材料

薄片增强复合材料的增强体是长与宽尺寸相近的薄片。薄片增强体由天然、人造和在复合材料工艺过程中自身生长 3 种途径获得。天然的片状增强体的典型代表是矿产云母,人造的片状增强体有有机玻璃(又称玻璃鳞片)、铝、铍、银、二硼化铝(AlB_2)等。自身生长薄片增强体的实例为二元共晶合金 Al-Cu 中的 $CuAl_2$ 片状晶。天然和人造片状增强体的含量可以在较大范围内变动。当金属薄片紧密堆叠时,还可在片的平面方向提供导电和导热性,而在片的法线方向提供电磁波屏蔽。

4)叠层复合材料

叠层复合材料指复合材料中的增强相是分层铺叠的,即按相互平行的层面配置增强相,而各层之间通过基体材料连接。叠层复合材料中的"层",可以是单向无纬布、浸胶纤维布,如玻璃纤维布、碳纤维布或棉布、合成纤维布、石棉布等;也可以是片状材料,如纸张、木材及铝箔(在混杂叠层复合材料中);也有将双金属层合片、涂覆金属和夹层玻璃归于叠层复合材料。叠层复合材料在其层面方向可以提供优良的性能。

3. 按照基体材料的性质划分

按照其基体材料的性质通常分成两类,即金属基复合材料和非金属基复合材料。后者又可以分为两类,即聚合物基复合材料和陶瓷基复合材料。金属基复合材料包括铝基、镁基、铜基、钛基、高温合金基、金属间化合物基和难熔金属基复合材料。

8.3.2 复合材料的性能特点

从复合材料的定义中可看出,一般材料的简单混合与复合材料的本质区别主要体现在以下两个方面:其一是复合材料不仅保留了原始组分材料的特点,而且通过各组分的相互补充和关联可以获得原始组分所没有的新的优越性能;其二是复合材料的可设计性,如结构复合材料不仅可根据材料在使用中的受力要求进行组元选材设计,更重要的是还可以通过调整增强体的比例、分布、排列和取向等因素,进行复合结构设计。

1. 复合材料性能复合原则

复合材料是由基体、增强体和两者之间的界面组成,复合材料的性能主要取决于增强体与基体的比例以及 3 个组成部分的性能。

1) 性能可设计性

通过改变材料的组分、结构、工艺方法和工艺参数来调节材料的性能,就是材料性能的可设计性。进行复合材料设计的首要步骤是选择构成复合材料的基本组分(增强体和基体),包括确定增强体和基体的种类(确定复合体系),并根据复合体系初步确定增强体在复合材料中的体积分数(各组元之间的体积比例)。选材的目的是根据复合材料中各组分的职能和所需承担的载荷及载荷分布情况,再根据所了解的具体使用条件下所要求复合材料提供的各种性能,来确定复合材料体系。从几种复合材料体系的候选方案中,经定性和定量分析后确定。

2) 性能叠加效应

增强体和基体各自具有优点和缺点。但在复合材料中,由于叠加的结果有可能扬长避短,即每种组分只将自己的优点贡献给复合材料,而避开各自的缺点;或者是由另一组分的优点来补偿该组分的缺点,做到性能互补,从而使复合材料在任何使用环境中增强体与基体之间均能保持协调一致,成为能够在指定的工作环境中有效承担预期载荷和发挥预期效能的有机整体。复合材料的性能高于增强体和基体的相应性能中的较小者,一般等于按 A、B 体积分数 V 的加和,即 $C = C_A V_A + C_B V_B$,当组分匹配得当和复合工艺适宜时,有可能高于此值;反之则可能低于此值。

其中性能的可设计性是复合材料的最大优点。

2. 复合材料的性能特点

与其他材料相比较,复合材料具有以下特点:

(1) 高比强度(极限强度与相对密度之比)和高比模量(模量与相对密度之比)。其中以纤维增强复合材料的比强度和比模量最高。

(2) 高温性能好。与某些金属相比,具有明显的耐高温性能。一般铝合金在 400℃ 时弹性模量大幅度下降,强度也显著下降,但以碳或硼纤维增强的铝合金复合材料,在上述温度时弹性模量和强度基本不变。

(3) 化学稳定性好。选用耐腐蚀的树脂为基体,强度高的纤维为增强材料制备的复合材料,能耐酸、碱、油脂等侵蚀。

（4）成形工艺简单。复合材料构件可整体成形、用模具一次成形,有利于节省原材料和工时。

此外,复合材料还具有较好的减摩耐磨性、抗疲劳性、减振性和隔热性等。其缺点是抗冲击性能差、不同方向上的力学性能存在较大差异,构件制造时手工劳动多,质量不够稳定,成本较高。

8.3.3 复合材料的成形工艺

1. 聚合物基复合材料的成形工艺

聚合物基复合材料是目前结构复合材料中发展最早、研究最多、应用最广的一类复合材料,其基体可为热塑性塑料和热固性塑料,增强物可以是纤维、晶须、粒子等。聚合物基复合材料的成形工艺有以下几种:

1）预浸料及预混料成形

预浸料通常是指定向排列的连续纤维等浸渍树脂后形成的厚度均匀的薄片状半成品。预混料是指由不连续纤维浸渍树脂或与树脂混合后所形成的较厚的片状、团状或粒状半成品。预浸料和预混料半成品还可通过其他成形工艺制成最终产品。

2）手糊成形

手糊成形工艺如图8-9(a)所示,是用于制造热固性树脂复合材料的一种最原始、最简单的成形工艺。在模具上涂一层脱模剂,再涂上表面胶后,将增强材料铺放在模具中或模具上,然后通过浇、刷或喷的方法加上树脂并使增强材料浸渍;用橡皮辊或涂刷的方法赶出空气,如此反复添加增强剂和树脂,直到获得所需厚度,经固化成为产品。

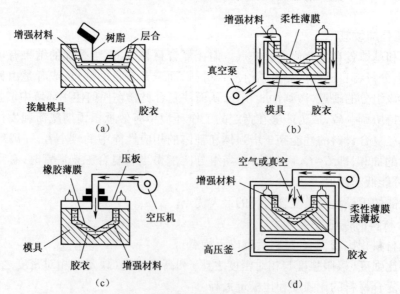

图8-9 手糊成形与袋压成形示意图

(a)手糊成形;(b)真空袋压成形;(c)加压袋压法;(d)高压釜加压法。

手糊成形操作技术简单,适于多品种、小批量生产,不受制品尺寸和形状的限制,可根据设计要求手糊成形不同厚度、不同形状的制品。但这种成形方法生产效率低,劳动条件差且劳动强度大;制品的质量、尺寸精度不易控制,性能稳定性差,强度较其他成形方法低。手糊成形可用于制造船体、储罐、储槽、大口径管道、风机叶片、汽车壳体、飞机蒙皮、机翼、火箭外壳等大中型制件。

3)袋压成形

将预浸料铺放在模具中,盖上柔软的隔离膜,在热压下固化,经过所需的固化周期后,材料形成具有一定结构的构件。根据加压方式不同,袋压成形又有真空袋压法、加压袋压法和高压釜加压法,分别如图8-9(b)、(c)、(d)所示。

袋压成形高级复合材料已广泛用在航天飞机上,如飞机机翼、舱门、尾翼、壁板、隔板等薄壁件、工字梁等型材。有的已代替金属材料作为主要承力构件。

4)缠绕成形

缠绕成形是将浸渍了树脂的纤维缠绕在回转芯模上,在常压及室温下固化成形的一种工艺,如图8-10所示。缠绕成形工艺是一种生产各种回转体的简单、有效方法。

5)喷射成形

喷射成形是将调配好的树脂胶液(多采用不饱和聚酯树脂)与短切纤维(长度为25～50mm),通过喷射机的喷枪(喷嘴直径为1.2～3.5mm,喷射量为8～60g/s)均匀喷射到模具上沉积,每喷一层(厚度应小于10mm)即用辊子滚压,使之压实、浸渍并排出气泡,再继续喷射,直至完成坯件制作,最后固化成制品,如图8-11所示。

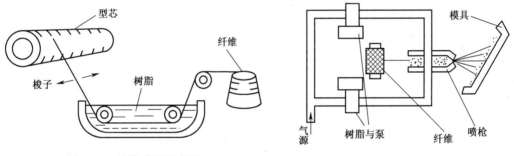

图8-10 缠绕成形示意图　　　　图8-11 喷射成形示意图

6)拉挤成形

拉挤成形是将浸渍了树脂的连续纤维通过一定截面形状的模具成形并固化,拉挤成制品的工艺,如图8-12所示。拉挤成形的主要工序有纤维输送、纤维浸渍、成形与固化、拉拔、切割。拉挤成形可生产各种杆棒、平板、空心板或型材等。

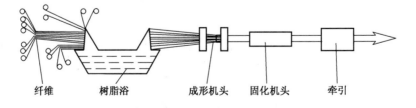

图8-12 拉挤成形示意图

7)模压成形

模压工艺是将模塑料、预浸料以及缠绕在芯模上的缠绕坯料等放入金属模具中,在压力和温度作用下经过塑化、熔融流动、充满模腔成形固化而获得制品。模塑料是由树脂浸渍短切纤维经过烘干制成的,如散乱状的高强度短纤维模塑料(纤维含量高)、成卷的片状模塑料(片料宽度为1.0mm,厚度为2.0mm)、块状模塑料(一定重量和形状的料块)、成形坯模塑料(结构、形状、尺寸与制品相似的坯料)等。模压成形方法适用于异形制品的成形,生产效率高,制品的尺寸精确,重复性好,表面粗糙度小,外观好,材料质量均匀,强度高,适于大批量生产。结构复杂制品可一次成形,无需有损制品性能的辅助机械加工。其主要缺点是模具设计制造复杂,一次投资费用高,制件尺寸受压机规格的限制。一般限于中小型制品的批量生产。

模压成形工艺按成形方法可分为压制模压成形、压注模压成形与注射模压成形。

(1)压制模压成形是将模塑料、预浸料(布、片、带需经裁剪)等放入金属对模(由凸模和凹模组成)内,由压力机(大多为液压机)将压力作用在模具上,通过模具直接对模塑料、预浸料进行加压,同时加温,使其流动充模,固化成形。整个模压过程是在一定温度、压力、时间下进行的,所以温度、压力和时间是控制模压成形工艺的主要参数,其中温度的影响尤为重要。压制模压成形工艺简便,应用广泛,可用于成形船体、机器外罩、冷却塔外罩、汽车车身等制品。

(2)压注模压成形是将模塑料在模具加料室中加热成熔融状,然后通过流道压入闭合模具中成形固化,或先将纤维、织物等增强材料制成坯件置入密闭模腔内,再将加热成熔融状态的树脂压入模腔,浸透其中的增强材料,然后固化成形,如图8-13所示。主要用于制造尺寸精确、形状复杂、薄壁、表面光滑、带金属嵌件的中小型制品,如各种中小型容器及各种仪器、仪表的表盘和外壳等,还可制作小型车船外壳及零部件等。

(3)注射模压成形是将模塑料在螺杆注射机的料筒中加热成熔融状态,通过喷嘴小孔,以高速、高压注入闭合模具中固化成形,是一种高效率自动化的模压工艺,适于生产小型复杂形状零件,如汽车及火车配件、纺织机零件、泵壳体、空调机叶片等。

2. 金属基复合材料的成形工艺

金属基复合材料是以金属为基体,以纤维、晶须、颗粒和薄片等为增强体的复合材料。基体金属多采用纯金属及合金,如铝、铜、银、铅、铝合金、铜合金、镁合金、钛合金和镍合金等。增强材料采用陶瓷颗粒、碳纤维、石墨纤维、硼纤维、陶瓷纤维、陶瓷晶须、金属纤维、金属晶须和金属薄片等。

复合(成形)工艺按复合时金属基体的物态不同可分为固相法和液相法。由于金属基复合材料的加工温度高,工艺复杂,界面反应控制困难,成本较高,故应用的成熟程度远不如树脂基复合材料,应用范围相对较小。目前,主要应用于航空航天等领域。

1)颗粒增强金属基复合材料的成形

对于以各种颗粒、晶须及短纤维增强的金属基复合材料,其成形通常采用以下方法:

(1)粉末冶金法。将金属基体制成粉末,并与增强材料混合,再经热压或冷压后烧结等工序制得复合材料的工艺。

(2)铸造法。一边搅拌金属或合金熔融体,一边向熔融体中逐步投入增强体,使其分散混合,形成均匀的液态金属基复合材料,然后采用压力铸造、离心铸造和熔模精密铸造等方法制成金属基复合材料。

(3)加压浸渍。将颗粒、短纤维或晶须增强体制成含一定体积分数的多孔预成形坯体,将预成形坯体置于金属型腔的适当位置,浇注熔融金属并加压,使熔融金属在压力下浸透预成形坯体(充满预成形坯体内的微细间隙),冷却凝固形成金属基复合材料制品,采用此法已成功制造了陶瓷晶须局部增强铝活塞。图 8-14 所示为加压浸渍工艺示意图。

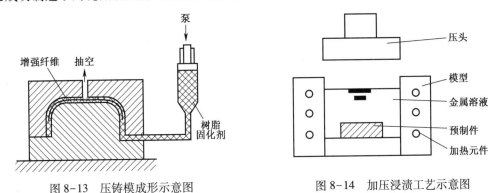

图 8-13　压铸模成形示意图　　　　图 8-14　加压浸渍工艺示意图

（4）挤压或压延。将短纤维或晶须增强体与金属粉末混合后进行热挤或热轧,获得制品。

2）纤维增强金属基复合材料的成形

对于以长纤维增强的金属基复合材料,其成形方法主要有以下几种:

（1）扩散结合法。该法是连续长纤维增强金属基复合材料最具代表性的复合工艺。按制件形状及增强方向要求,将基体金属箔或薄片以及增强纤维裁剪后交替铺叠,然后在低于基体金属熔点的温度下加热、加压并保持一定时间,基体金属产生蠕变和扩散,使纤维与基体间形成良好的界面结合,获得制件。图 8-15 所示为扩散结合法示意图。该法易于精确控制,制件质量好。但由于加压的单向性,使该方法限于制作较为简单的板材、某些型材及叶片等制件。

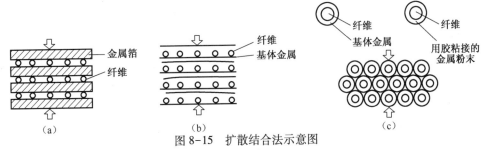

图 8-15　扩散结合法示意图

（2）熔融金属渗透法。在真空或惰性气体介质中,使排列整齐的纤维束之间浸透熔融金属,如图 8-16 所示。常用于连续制取圆棒、管子和其他截面形状的型材,而且加工成本低。

（3）等离子喷涂法。在惰性气体保护下,等离子弧向排列整齐的纤维喷射熔融金属微粒子。其特点是熔融金属粒子与纤维结合紧密,纤维与基体材料的界面接触较好;而且微粒在离开喷嘴后是急速冷却的,因此几乎不与纤维发生化学反应,又不损伤纤维。此外,还可以在等离子喷涂的同时,将喷涂后的纤维随即缠绕在芯模上成形。喷涂后的纤维经过集束层叠,再用热压法压制成制品。

3）层合金属基复合材料的成形

层合金属基复合材料是由两层或多层不同金属相互紧密结合组成的材料,可根据需要

179

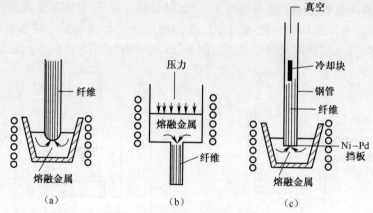

图 8-16　熔融金属渗透法示意图

(a)毛细管上升法;(b)压力渗透法;(c)真空吸铸法。

选择不同的金属层。其成形方法有轧合、双金属挤压和爆炸焊合等。

（1）轧合。将不同的金属层通过加热、加压轧合在一起,形成整体结合的层压包覆板。包覆层金属的厚度范围一般是层压板厚度的 2.5%~20%。

（2）双金属挤压。将由基体金属制成的金属芯,置于由包覆用金属制成的套管中,组装成挤压坯,在一定压力、温度条件下挤压成带无缝包覆层的线材、棒材、矩形和扁型材等。

（3）爆炸焊合。这是一种焊接方法,利用炸药爆炸产生的爆炸力使金属叠层间整体结合成一体。

3. 陶瓷基复合材料的成形工艺

陶瓷基复合材料的成形方法分为两类:一类是针对陶瓷短纤维、晶须、颗粒等增强体,复合材料的成形工艺与陶瓷基本相同,如料浆浇铸法、热压烧结法等;另一类是针对碳、石墨、陶瓷连续纤维增强体,复合材料的成形工艺常采用料浆浸渗法、料浆浸渍后热压烧结法和化学气相渗透法。

1）料浆浸渗法

将纤维增强体编织成所需形状,用陶瓷浆料浸渗,干燥后进行烧结。该法的优点是不损伤增强体,工艺较简单,无需模具。缺点是增强体在陶瓷基体中的分布不大均匀。

2）料浆浸渍后热压烧结法

将纤维或织物增强体置于制备好的陶瓷粉体浆料里浸渍,然后将含有浆料的纤维或织物增强体排布成一定结构的坯体,干燥后在高温、高压下热压烧结为制品。与浸渗法相比,该方法所获制品的密度与力学性能均有所提高。

3）化学气相渗透法

将增强纤维编织成所需形状的预成形体,并置于一定温度的反应室内,然后通入某种气源,在预成形体孔穴的纤维表面上产生热分解或化学反应沉积出所需陶瓷基质,直至预成形体中各孔穴被完全填满,获得高致密度、高强度、高韧度的制件。

8.3.4　常见复合材料及其应用

1. 聚合物基复合材料

以纤维增强塑料和纤维增强橡胶为代表,其特点是加工性能好、加工周期短、材料的比强度高、耐腐蚀性能好；缺点是耐热性不够高，传热性差，且不导电、会老化。这是最早开发的复合材料。

玻璃纤维增强塑料（GFRP），即玻璃钢，是复合材料鼻祖。自1942年问世后，以其轻质（密度只有钢的1/5～1/4，比铝还轻）、高强度、耐腐蚀性好以及良好的隔热、隔声、抗冲击性能，很快成为重要的建筑材料和工业材料。在航空工业中用于制造飞机头罩、机翼、尾翼、副油箱、雷达罩等，比一般金属轻20%～25%。在军事上用于制造自动枪托、火箭发射管、钢盔、装甲车和艇身等。目前也用在石油化工工业中，如管道、泵件和容器等。汽车工业是使用增强塑料的大户。

碳纤维增强塑料（CFRP），是最具代表性且性能最优越的塑料基复合材料。除具一般特性外，还具有一定的电性能（通电发热、抗静电干扰和导电性等）、滑动特性（耐磨性、润滑性）、放射线特性（X射线透过性）等多种功能，从而在许多方面获得广泛应用。例如，为运动器材的现代化作出重大贡献，制造出一流的羽毛球拍、网球拍、高尔夫球棒、滑雪杖、撑杆、弓箭、自行车等。它是最具发展前途的复合材料之一。混杂有增强纤维的塑料是把玻璃、碳、凯芙拉等组合起来，达到降低成本、特性互补的目的，产生混杂效果。

2. 金属基复合材料

与聚合物基复合材料比，金属基复合材料有较高的耐高温性和不燃烧性，有高的导热导电性、抗辐射性，不吸湿耐老化等特性，横向强度和模量也较高。与一般传统金属相比，它有质量轻、强度和刚度高、耐磨损、高温性能好等显著特点。但制造工艺复杂，造价昂贵。金属基复合材料的应用领域主要是航空和航天。碳纤维（石墨纤维）可用来增强铝、镁、铜等。

碳铝复合材料被认为是最有前途的金属基复合材料，用于制造飞机上的大梁、骨架、支柱；战术导弹上的蒙皮加固件、发射管等；坦克上的传动箱、底盘和装甲部件；卫星上的设备支架、天线等，同时也是轻便野战桥梁的理想材料。用碳化硼纤维增强的铁基高温合金，性能超过目前使用的强度最高的铸造高温合金，可用于使用温度不超过870℃的涡轮部件上，它的强度比目前最好的单晶合金高30%，比强度高一倍，达到减重40%的效果。碳化硅纤维增强钛已广泛成形为板材和管材，可用于制作飞机垂尾、导弹壳体等。从美国空军的观点看，飞机和发动机最合适的选材是碳化硅纤维以及晶须增强的铝合金和钛合金，而空间结构的选材是碳纤维增强铝合金和镁合金。需要说明的是，金属材料本身具有较高的强度和抗氧化性，因此，其增强纤维的性能应大大超出金属基体才能发挥复合的优越性。能满足这种要求的只有硼纤维、碳纤维、碳化硅纤维、晶须和金属等有限的几种。

3. 纤维增强陶瓷复合材料

陶瓷材料具有高硬度及耐腐蚀、耐高温等性能特点，但脆性大。而陶瓷基复合材料由于具有优良的韧性和耐热疲劳性能，可克服单一陶瓷材料对裂纹敏感性高和易断裂的致命弱点。陶瓷基复合材料已实用化或即将实用化的领域有刀具、滑动构件、航空航天部件、发动机制件和能源构件等。碳/碳复合材料广义上属于陶瓷基复合材料，它具有比强度高、耐高温、抗烧蚀、抗磨损和抗热振性能好等优点，已在航空航天领域广泛应用，如用于制作导弹头锥、火箭喷管等。碳/碳复合材料刹车片已用于军机、民机起落架的刹车构件。碳/碳复合材料还具有良好的力学性能和生物相容性。其弹性模量接近人骨，是颇有前途的医用生物材料。等离子喷涂生物陶瓷涂层已进行人工骨与关节的临床实验，证明疗效良好，已广泛用于人工半骨盆、肘关节、膝关节等。

对纤维增强类复合材料来说,必须注意的是基体与纤维之间应配合得当,即相容性要好,由于其中纤维是主要承载部分,起骨架作用,因而纤维的性能、在基体中的含量、分布及纤维与基体的粘接力等对复合材料的力学性能影响极大。以下简要介绍工业生产中常用的纤维种类及其主要性能特点。

(1) 玻璃纤维。强度高、耐腐蚀、不燃烧、电绝缘性好。世界上有 30 多个国家生产,品种多达三千多种,用途很广。例如,在前述的玻璃钢中已有应用。

(2) 碳纤维。目前生产碳纤维的公司世界上有 20 多家,主要集中于日本、美国、西欧。可与塑料、碳、橡胶、陶瓷、水泥、玻璃及金属等多种材料复合。它来源广、成本低,而且产品性能好,是最有发展前途的增强物。

(3) 硼纤维。其优点是耐高温、强度高,弹性模量远较玻璃纤维高;但价格昂贵,温度高时强度降低。硼纤维在高温下会与许多金属发生反应,可在其表面上涂一层碳化硅、碳化硼或碳化钛。

(4) 碳化硅纤维。它比碳纤维有更好的化学稳定性和耐热性,高温抗氧化性比碳纤维、硼纤维都好,且易与金属、陶瓷复合制成复合材料。

(5) 芳纶纤维。凯芙拉(Kevlar)是其商品名,与其他纤维相比,它的密度小、强度高。价格与碳纤维相同,却比其具有更优越的耐冲击性、比强度和减振性,且手感舒适,特别与环氧树脂的相容性好。

(6) 其他金属纤维。钨、钼纤维熔点高,弹性模量较高,可制成连续纤维,有一定韧性;但密度大、价格贵。

本 章 小 结

高分子材料具有很多独特的性能,如高的耐蚀性、耐磨性、绝缘性,比强度高、密度小,在现代工业中得到广泛应用。高分子材料的特殊性能与其重要组成部分高分子化合物的链结构以及聚集态结构密不可分。高分子的链结构不同,主要有线型、支链型和网状几种形态,从而使高分子化合物有热塑性和热固性之分。在高分子化合物中加入添加剂,通过挤出成形或注塑成形可得到不同性能的塑料。按其热性能不同可分为热塑性塑料和热固性塑料;按使用范围不同可分为通用塑料和工程塑料。常用的工程塑料有聚酰胺、聚甲醛、ABS、氨基塑料和酚醛塑料等。

陶瓷材料硬度高,耐磨性好,耐蚀性和绝缘性能优良。这些优异的性能与陶瓷材料的结合键特性是分不开的。陶瓷材料的结合键主要是离子键和共价键,其结合强度高,但塑性变形困难,因而脆性大、抗热振性能差。常用的陶瓷有氧化铝陶瓷、其他高熔点氧化物陶瓷和非氧化物陶瓷等。

复合材料是由两种或两种以上异质、异形、异性的原材料通过某种工艺组合而成的一种新材料。复合材料有许多分类方法,按照使用功能要求分为两类,即结构复合材料和功能复合材料;按增强体的几何形态分为纤维增强复合材料、颗粒增强复合材料、薄片增强复合材料和叠层复合材料;纤维复合材料又分为连续纤维增强复合材料和非连续纤维(包括晶须和短切纤维)增强复合材料;按照其基体材料的性质通常分成两类,即金属基复合材料和非金属基复合材料。

复合材料具有高比强度、高比刚度,良好的高温性能、耐腐蚀性能、减摩耐磨性、抗疲劳性、减振性和隔热性等。聚合物基复合材料的成形方法有预浸料及预混料成形、手糊成形、袋压成形、缠绕成形、喷射成形、拉挤成形和模压成形;金属基复合材料的成形方法有粉末冶金、铸造、加压浸渍、扩散结合、熔融金属渗透和等离子喷涂等方法;陶瓷基复合材料的成形方法有料浆浸渍法、料浆浸渍后热压成形法、气相渗透法。

思考题与习题

1. 什么是高分子材料? 按照性能和用途如何分类?
2. 高聚物的结构可分为哪几个层次?
3. 举例说明高聚物结构与性能之间的关系。
4. 简要叙述高分子材料性能的主要特点和应用。
5. 简要叙述塑料的主要成形方法和橡胶的加工工艺。
6. 简述陶瓷材料的主要性能特点。
7. 陶瓷的显微结构主要由哪几个部分组成? 分别对陶瓷材料的性能有何影响?
8. 简述陶瓷材料的制备工艺。
9. 简述复合材料的定义及分类。
10. 复合材料的性能有何特点?
11. 模压成形工艺按成形方法可分为哪几种? 各有何特点?
12. 纤维缠绕工艺的特点是什么? 适合于何类制品的成形?
13. 颗粒增强金属基复合材料的成形方法主要有哪些?
14. 陶瓷基复合材料的成形方法有哪些?
15. 常用复合材料有哪些应用?

第9章 铸 造

9.1 铸造工艺理论基础

9.1.1 铸造成形概述

将液态金属浇注到具有与零件形状、尺寸相适应的铸型型腔中,待其冷却凝固后获得毛坯或零件的方法,称为铸造。铸造的实质是利用了液体的流动成形,它是毛坯或机器零件成形的重要方法之一。

铸造在工业生产中获得了广泛应用,铸件所占的比例相当大。例如在机床和内燃机产品中,铸件占总重量的 70%~90%,在拖拉机和农用机械中占 50%~70%。

铸造过程中,金属材料是在液态下一次成形,因而具有很多优点:

(1)适应性广泛。工业上常用的金属材料如铸铁、碳素钢、合金钢、非铁合金等,均可在液态下成形,特别是对于不宜用压力加工或焊接成形的材料,铸造生产方法具有特殊的优势。并且铸件的大小、形状几乎不受限制,质量可从零点几克到数百吨,壁厚可为 1~1000mm。

(2)可以制成形状复杂的零件。具有复杂内腔的毛坯或零件,如复杂箱体、机床床身、阀体、泵体、缸体等都能铸造成形。

(3)生产成本较低。铸造用原材料大都来源广泛,价格低廉。铸件与最终零件的形状相似,尺寸相近,加工余量小,因而可减少切削加工量。

铸造成形也存在某些缺点。例如,由于铸造涉及的生产工序较多,生产过程中难以精确控制,废品率较高;铸件组织疏松,晶粒粗大,内部常出现缩孔、缩松、气孔、砂眼等缺陷,导致铸件某些力学性能较低;常用铸造方法获得的铸件表面粗糙,尺寸精度不高。

一般来说,铸造工作环境较差,工人劳动强度大。但随着特种铸造方法的发展,铸件质量有了很大的提高,工作环境也有了进一步改善。

从造型方法来分,铸造可分为砂型铸造和特种铸造两大类。

9.1.2 铸造工艺基础

合金在铸造过程中所表现出来的工艺性能,称为合金的铸造性能。合金的铸造性能主要是指流动性、凝固收缩性、吸气性和偏析等。合金的铸造性能与铸件的质量密切相关,它是确定具体铸造工艺的关键。

1. 合金的流动性和充型能力

1)流动性

合金的流动性是指液态合金本身的流动能力,它是合金的主要铸造性能之一。合金的流动性差,铸件容易产生浇不足、冷隔、气孔和夹杂等缺陷。流动性好的合金,易于充满型腔,便于浇铸出轮廓清晰、薄而复杂的铸件;同时还有利于液态金属中的气体和非金属夹杂物的上浮,有利于对铸件进行补缩。

液态合金流动性的好坏,通常用螺旋形试样的长度来衡量。如图9-1所示,浇出的试样越长,说明流动性越好。

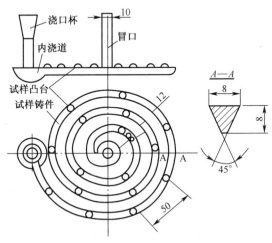

图 9-1　螺旋形金属流动性试样

表9-1列出了常用铸造合金的流动性长度值,其中灰铸铁、硅黄铜的流动性最好,而铸钢最差。

表 9-1　常用合金的流动性(砂型,试样截面 8mm×8mm)

合金种类	铸型种类	浇注温度/℃	螺旋线长度/mm
铸铁　$w_{C+Si}=6.2\%$	砂型	1300	1800
$w_{C+Si}=5.9\%$	砂型	1300	1300
$w_{C+Si}=5.2\%$	砂型	1300	1000
$w_{C+Si}=4.2\%$	砂型	1300	600
铸钢　$w_C=0.4\%$	砂型	1600	100
铸钢　$w_C=0.4\%$	砂型	1640	200
铝硅合金(硅铝明)	金属型(300℃)	680~720	700~800
镁合金(含 Al 和 Zn)	砂型	700	400~600
锡青铜($w_{Sn}\approx10\%$,$w_{Zn}\approx2\%$)	砂型	1040	420
硅黄铜($w_{Si}=1.5\%\sim4.5\%$)	砂型	1100	1000

2)影响合金流动性的因素

化学成分对合金流动性的影响最为显著。纯金属和共晶成分的合金,由于是在恒温下进行结晶,液态合金从表层逐渐向中心凝固,固-液界面比较光滑,因此对液态合金的流动阻力较小。同时,共晶成分合金的凝固温度最低,可获得较大的过热度,推迟了合金的凝固,故流动性最好。其他成分的合金是在一定温度范围内凝固的,由于初生树枝状晶体与液态金属两相共存,粗糙的固-液界面使合金的流动阻力加大,合金的流动性大大下降。

Fe-C 合金的流动性与含碳量之间的关系如图 9-2 所示。由图可见,亚共晶铸铁随碳含量的增加,结晶温度区间减小,流动性逐渐提高,越接近共晶成分,合金的流动性越好。

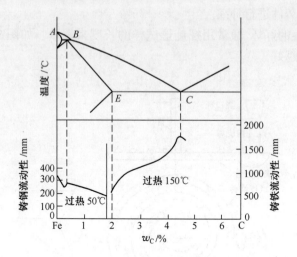

图 9-2　Fe-C 合金的流动性与含碳量之间的关系

3）充型能力及其影响因素

充型能力是指液态金属充满铸型型腔,获得轮廓清晰、形状准确的铸件的能力。若充型能力不好,则易产生浇不足、冷隔等缺陷,产生废品。合金的充型能力除了受合金本身流动性的影响外,还受到很多工艺因素的影响。

（1）浇注条件。提高合金的浇注温度,增大充型压力都会使合金的充型能力提高。例如,铸造合金采用提高充型压力的压铸和低压铸造方法,充型能力明显比重力铸造好。但浇注温度太高,将使合金的收缩量增加,吸气增多,氧化严重,砂型铸件会产生严重的粘砂和胀砂缺陷。因此,每种合金都有一定的浇注温度范围。一般铸钢为 1520~1620℃;铸铁为1230~1450℃;铝合金为 680~780℃。

（2）铸型条件。铸型的蓄热能力表示铸型从合金中吸收并储存热量的能力,它与铸型的密度、比热容、热导率等有关。铸型的导热性越好,即蓄热能力越强,表示铸型传导热量的能力越强,从而导致合金保持在液态的时间越短,充型能力下降。例如,铸造合金采用金属铸型的充型能力比采用砂型时要低。当铸型的发气量大、排气能力较低时,合金的流动受到阻碍,会使合金的充型能力下降。铸型的温度越高,合金的充型能力也越好。例如,为了改善金属型铸造时合金的充型能力,一般要对金属铸型预热。浇注系统和铸型的结构越复杂,合金在充型时的阻力越大,充型能力也会下降。

2. 铸件的凝固与收缩

1）铸件的凝固方式

在铸件的凝固过程中,其断面上一般存在 3 个区域,即固相区、凝固区和液相区。其中,液相和固相并存的凝固区的宽窄对铸件质量影响较大。铸件的"凝固方式"是依据图 9-3 (b)中凝固区的宽窄 S 来划分的。

（1）逐层凝固。纯金属或共晶成分合金在凝固过程中因不存在液、固并存的凝固区,如图 9-3(a)所示,故断面上外层的固体和内层的液体由一条清楚的界限(凝固前沿)分开。

随着温度的下降,固体层不断加厚,液体层不断减少,最后到达铸件的中心,这种凝固方式称为逐层凝固。

(2)糊状凝固。如果合金的结晶温度范围很宽,且铸件的温度分布较为平坦,则在凝固的某段时间内,铸件表面并不存在固体层,液、固并存的凝固区贯穿整个断面,如图9-3(c)所示。由于这种凝固方式与水泥类似,即先呈糊状而后固化,故称为糊状凝固。

(3)中间凝固。大多数合金的凝固介于逐层凝固和糊状凝固之间,如图9-3(b)所示,称为中间凝固。

铸件质量与其凝固方式密切相关。一般说来,逐层凝固时,合金的充型能力强,有利于防止缩孔和缩松;糊状凝固时,难以获得结晶紧实的铸件。在常用合金中,灰铸铁、铝硅合金等倾向于逐层凝固,易于获得紧实铸件;球墨铸铁、锡青铜、铝铜合金等倾向于糊状凝固,为获得紧实铸件常需采用适当的工艺措施,以便补缩或减小其凝固区域。

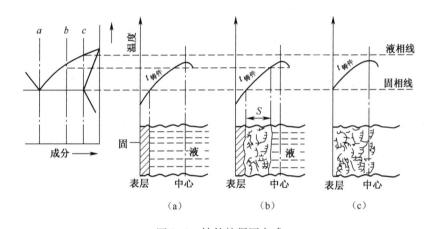

图9-3　铸件的凝固方式
(a)逐层凝固;(b)中间凝固;(c)糊状凝固。

2)铸造合金的收缩

液态合金在凝固和冷却过程中,体积和尺寸减小的现象称为液态合金的收缩。收缩是绝大多数合金的物理性质之一。收缩会使铸件产生缩孔、缩松、裂纹、变形和内应力等缺陷,影响铸件质量。为了获得形状和尺寸符合技术要求、组织致密的合格铸件,必须研究合金收缩的规律。

合金的收缩一般经历以下3个阶段,如图9-4所示。

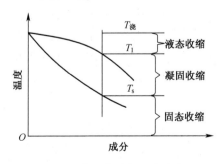

图9-4　合金收缩的3个阶段

（1）液态收缩。从浇注温度（$T_{浇}$）到凝固开始温度（即液相线温度 T_1）间的收缩。

（2）凝固收缩。从凝固开始温度（T_1）到凝固终止温度（即固相线温度 T_S）间的收缩。

（3）固态收缩。从凝固终止温度（T_S）到室温间的收缩。

合金的收缩率为上述 3 个阶段收缩率的总和。

因为合金的液态收缩和凝固收缩体现为合金体积的缩减，故常用单位体积收缩量（即体积收缩率）来表示。合金的固态收缩不仅引起体积上的缩减，同时还使铸件在尺寸上缩减，因此常用单位长度上的收缩量（即线收缩率）来表示。

不同合金的收缩率不同。常用合金中，铸钢的收缩率最大，灰铸铁最小。几种铁碳合金的体积收缩率见表 9-2。常用铸造合金的线收缩率见表 9-3。因为受实际铸件结构的限制，铸造合金的收缩率并不是一个恒定值。

表 9-2　几种铁碳合金的体积收缩率

合金种类	含碳量/%	浇注温度/℃	液态收缩/%	凝固收缩/%	固态收缩/%	总体积收缩/%
碳素铸钢	0.35	1610	1.6	3.0	7.86	12.46
白口铸铁	3.0	1400	2.4	4.2	5.4~6.3	12~12.9
灰 铸 铁	3.5	1400	3.5	0.1	3.3~4.2	6.9~7.8

表 9-3　常用铸造合金的线收缩率

合金种类	灰铸铁	可锻铸铁	球墨铸铁	碳素铸钢	铝合金	铜合金
线收缩率/%	0.8~1.0	1.2~2.0	0.8~1.3	1.38~2.0	0.8~1.6	1.2~1.4

3）缩孔和缩松

（1）缩孔和缩松的形成。液态合金在铸型内冷凝过程中，若其液态收缩和凝固收缩所缩减的容积得不到补足时，将在铸件最后凝固的部位形成孔洞。根据孔洞的大小和分布，可将其分为缩孔和缩松两类。

缩孔是指集中在铸件上部或最后凝固部位、容积较大的孔洞。缩孔多呈倒圆锥形，内表面粗糙。缩松是指分散在铸件某些区域内的细小缩孔。当缩松和缩孔的容积相同时，缩松的分布面积要比缩孔大得多。

① 缩孔的形成。假设铸件呈逐层凝固，则其形成过程如图 9-5 所示。

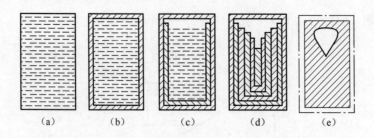

（a）　　　（b）　　　（c）　　　（d）　　　（e）

图 9-5　缩孔形成过程示意图

液态合金充满型腔后，如图 9-5（a）所示，由于铸型的吸热，靠近型腔内表面的金属很快凝固成一层外壳，而内部仍然是高于凝固温度的液体，如图 9-5（b）所示。随着温度继续下降,外壳加厚,内部液体因液态收缩和补充凝固层的凝固收缩,体积缩减,液面下降,使铸件内部出现了空隙,如图 9-5(c) 所示。等到内部完全凝时,在铸件上部形成了缩孔,如图 9-5(d) 所示。继续冷至室温,整个铸件发生固态收缩,缩孔的绝对体积略有减小,如图 9-5(e) 所示。可见,缩孔的形成原因是合金在凝固过程中得不到外来的金属液补充,因液态收缩和凝固收缩而造成的体积缩小。

合金的液态收缩和凝固收缩越大,浇注湿度越高,铸件的壁越厚,缩孔的容积就越大。

② 缩松的形成。缩松主要出现在呈糊状凝固方式的合金中或断面较大的铸件壁中,是被树枝状晶体分隔开的小液体区难以得到补缩所致。缩松大多分布在铸件中心轴线处、热节处、冒口根部、内浇道附近或缩孔下方,如图 9-6 所示。

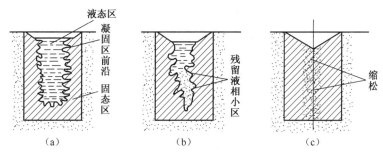

图 9-6 缩松形成示意图

对气密性、力学性能、物理性能或化学性能要求很高的铸件,必须设法减少缩松。生产中可采用一些工艺措施,如控制冷却速度来控制铸件的凝固方式,使产生缩孔和缩松的倾向在一定条件下、一定范围内相互转化。

(2) 缩孔和缩松的防止。缩孔和缩松都会使铸件的力学性能下降,缩松还可使铸件因渗漏而报废。因此,必须采取适当的工艺措施,防止缩孔和缩松的产生。

防止产生缩孔的有效措施,是使铸件实现"定向凝固"。定向凝固是在铸件可能出现缩孔的厚大部位,通过安放冒口等工艺措施,使铸件上远离冒口的部位最先凝固(图 9-7 Ⅰ区),然后是靠近冒口的部位凝固(图 9-7 Ⅱ、Ⅲ区),最后是冒口本身凝固。按照这样的凝固顺序,先凝固部位的收缩,由后凝固部位的金属液来补充,后凝固部位的收缩,由冒口中的金属液来补充,从而使铸件各个部位的收缩均能得到补充,而将缩孔转移到冒口之中。冒口为铸件的多余部分,在铸件清理时去除。

为了实现定向凝固,在安放冒口的同时,还可在铸件上某些厚大部位增设冷铁。如图 9-8 所示,铸件的厚大部位不止一个,仅靠顶部冒口难以向底部的凸台补缩,为此,在该凸台的型壁上安放了两块外冷铁。冷铁加快了铸件在该处的冷却速度,使厚度较大的凸台反而最先凝固,从而实现了自下而上的定向凝固,防止了凸台处缩孔、缩松的产生。可以看出,冷铁的作用是加快某些部位的冷却速度,用以控制铸件的凝固顺序,但本身并不起补缩作用。冷铁通常用铸钢或铸铁加工制成。

采用定向凝固,虽然可以有效防止铸件产生缩孔,但却耗费许多金属和工时,增加铸件成本。同时,定向凝固也加大了铸件各部分之间的温度梯度,使铸件的变形和开裂倾向加大。因此,定向凝固主要用于体积收缩大的合金,如铝青铜、铝硅合金和铸钢件等。

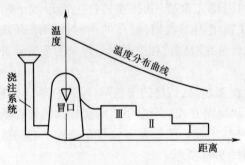
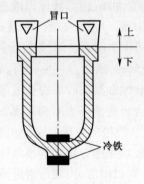

图 9-7 定向凝固示意图　　　　　　　　　　图 9-8 冷铁的应用

对于结晶温度范围很宽的合金,由于倾向于糊状凝固,结晶开始之后,发达的树枝状骨架布满了铸件整个截面,使冒口的补缩通道严重受阻,因而难以避免缩松的产生。显然,选用近共晶成分或结晶温度范围较窄的合金,是防止缩松产生的有效措施。此外,加快铸件的冷却速度,或加大结晶压力,可达到部分防止缩松的效果。

3. 铸造内应力、变形和裂纹

1) 铸造内应力

铸件在凝固之后的继续冷却过程中,若固态收缩受到阻碍,将会在铸件内部产生内应力。这些内应力有的是在冷却过程中暂存的,有的则一直保留到室温,称为残留内应力。铸造内应力有热应力和机械应力两类,它们是铸件产生变形和开裂的基本原因。

(1) 热应力的形成。热应力是由于铸件壁厚不均匀,各部分冷却速度不同,以致在同一时期铸件各部分收缩不一致而引起的。

为了分析热应力的形成,首先必须了解金属自高温冷却到室温时应力状态的变化。固态金属在弹塑临界温度以上的较高温度时,处于塑性状态,在应力作用下会产生塑性变形,变形之后,应力可自行消除。而在弹塑临界温度以下,金属呈弹性状态,在应力作用下发生弹性变形,变形之后,应力仍然存在。下面用图 9-9(a)所示的框形铸件来分析热应力的形成。

该铸件中的杆 I 较粗,杆 II 较细。当铸件处于高温阶段(图中 $T_0 \sim T_1$ 间),两杆均处于塑性状态,尽管两杆的冷却速度不同,收缩不一致,但瞬时的应力均可通过塑性变形而自行消失。继续冷却后,冷速较快的杆 II 已进入弹性状态,而粗杆 I 仍处于塑性状态(图中 $T_1 \sim T_2$ 间)。冷却开始时,由于细杆 II 冷却快,收缩大于粗杆 I,所以细杆 II 受拉伸,粗杆 I 受压缩,如图 9-9(b)所示,形成了暂时内应力,但这个内应力随之因粗杆 I 的微量塑性变形(压短)而消失,如图 9-9(c)所示。当进一步冷却到更低温度时(图中 $T_2 \sim T_3$),已被塑性压短的粗杆 I 也处于弹性状态,此时,尽管两杆长度相同,但所处的温度不同。粗杆 I 的温度较高,还会进行较大的收缩;细杆 II 的温度较低,收缩已趋停止。因此,粗杆 I 的收缩必然受到细杆 II 的强烈阻碍,于是,细杆 II 受压缩,粗杆 I 受拉伸,直到室温,形成了残余内应力,如图9-9(d)所示。

由此可见,不均匀冷却使铸件的厚壁或心部受拉应力,薄壁或表层受压应力。铸件的壁厚差别越大,合金的线收缩率越高,弹性模量越大,热应力也越大。

(2) 机械应力的形成。机械应力是合金的线收缩受到铸型或型芯的机械阻碍而形成的内应力,如图 9-10 所示。

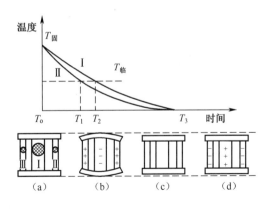

图 9-9　热应力的形成

+表示拉应力;-表示压应力。

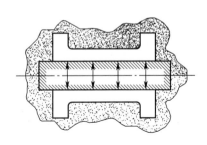

图 9-10　机械应力

机械应力使铸件产生的拉伸或剪切应力是暂时存在的,在铸件落砂之后,这种内应力便可自行消除。但机械应力在铸型中可与热应力共同起作用,增大某些部位的拉应力,增加铸件的裂纹倾向。

(3)减小应力的措施。在铸造工艺上采取"同时凝固原则",即尽量减小铸件各部位间的温度差,使铸件各部位同时冷却凝固。如在铸件的厚壁处加冷铁,并将内浇道设在薄壁处。但采用该原则容易在铸件中心区域产生缩松,组织不致密,所以该原则主要适用于凝固收缩小的合金,如灰铸铁,以及壁厚均匀、结晶温度范围宽且对致密性要求不高的铸件等。改善铸型和型芯的退让性,以及浇注后尽早开型,可以有效减小机械应力。将铸件加热到 $550 \sim 650 ℃$ 之间保温,进行去应力退火可消除残余内应力。

2)铸件的变形

存在残留内应力的铸件是不稳定的,它将自发地通过变形来减缓其内应力,以便趋于稳定状态。图 9-11 所示为 T 形铸件在热应力作用下的变形情况,双点画线表示变形的方向。

为防止铸件变形,在设计时应力求壁厚均匀、形状简单而对称。对于细而长、大而薄的易变形铸件,可将模样制成与铸件变形方向相反的形状,待铸件冷却后变形正好与相反的形状抵消,此方法称为"反变形法",如图 9-12 所示。此外,将铸件置于露天场地一段时间,使其缓慢地发生变形,从而使内应力消除,这种方法称为自然时效法。

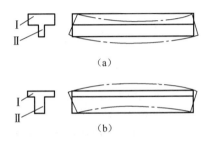

图 9-11　T 形梁铸钢件变形示意图

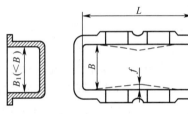

图 9-12　箱体件的反变形法示意图

3）铸件的裂纹

当铸造内应力超过金属材料的抗拉强度时,铸件便会产生裂纹。裂纹是严重的铸件缺陷,必须设法防止。根据产生时温度的不同,裂纹可分为热裂和冷裂两种。

（1）热裂。凝固后期,高温下的金属强度很低,如果金属较大的线收缩受到铸型或型芯的阻碍,机械应力超过该温度下金属的最大强度,便产生热裂。其形状特征是:尺寸较短、缝隙较宽、形状曲折、缝内呈现严重的氧化色。

影响热裂的主要因素如下:

① 合金性质。铸造合金的结晶特点和化学成分对热裂的产生均有明显的影响。合金的结晶温度范围越宽,凝固收缩量越大,合金的热裂倾向也越大。灰铸铁和球墨铸铁由于凝固收缩很小,故热裂倾向也较小。铸钢、某些铸铝合金、白口铸铁的热裂倾向较大。

② 铸型阻力。铸型、型芯的退让性对热裂的形成有着重要影响。退让性越好,机械应力越小,形成热裂的可能性也越小。

防止热裂的方法主要有:设计合理的铸件结构;改善型砂和芯砂的退让性;严格限制钢和铸铁中的硫含量等,因为硫会增加钢和铸铁的热脆性。

此外,砂箱的箱带与铸件过近、型芯骨的尺寸过大、浇注系统设置不合理等,均会增大铸型阻力,引发热裂的形成。

（2）冷裂。铸件凝固后在较低温度下形成的裂纹叫冷裂。其形状特征是:表面光滑,具有金属光泽或呈微氧化色,裂口常穿过晶粒延伸到整个断面,常呈圆滑曲线或直线状。脆性大、塑性差的合金,如白口铸铁、高碳钢及某些合金钢,最易产生冷裂纹,大型复杂铸铁件也易产生冷裂纹。冷裂往往出现在铸件受拉应力的部位,特别是应力集中的部位。

防止冷裂的方法主要是尽量减小铸造内应力和降低合金的脆性。如铸件壁厚要均匀;增加型砂和芯砂的退让性;降低钢和铸铁中的含磷量,因为磷会显著降低合金的冲击韧性,使钢产生冷脆。例如,铸钢中 $w_P > 0.1\%$、铸铁中 $w_P > 0.5\%$ 时,冲击韧性急剧下降,冷裂倾向明显增加。

4. 合金的吸气性和氧化性

合金在熔炼和浇注时吸收气体的能力称为合金的吸气性。如果合金在液态时吸收的气体多,凝固时侵入的气体若来不及逸出,就会出现气孔缺陷。合金的性能在很大程度上取决于含气量及其对力学性能、物理和化学特性以及工艺性能的影响。有色金属中的气体会使金属铸件中产生像铝合金和镁合金的气孔、钛合金的内部氧化等缺陷。

为了减少合金的吸气性,可缩短熔炼时间;选用烘干过的炉料;提高铸型和型芯的透气性;降低造型材料中的含水量和对铸型进行烘干等。

合金的氧化性是指液态合金与空气接触,被空气中的氧气氧化,形成氧化物的一种性质。若不及时清除氧化物,则在铸件中会出现夹渣缺陷。

5. 铸件的常见缺陷及分析

砂型铸造铸件缺陷有冷隔、浇不足、气孔、粘砂、夹砂、砂眼和胀砂等。

（1）冷隔和浇不足。液态金属充型能力不足,或充型条件较差,在型腔被填满之前,金属液便停止流动,将使铸件产生浇不足或冷隔缺陷。产生浇不足时,会使铸件不能获得完整的形状;形成冷隔时,铸件虽可获得完整的外形,但因存有未完全融合的接缝,铸件的力学性能严重受损。

防止产生浇不足和冷隔的措施是:提高浇注温度与浇注速度。

(2)气孔。气体在金属液结壳之前未及时逸出,在铸件内生成的孔洞类缺陷。气孔的内壁光滑,明亮或带有轻微的氧化色。铸件中产生气孔后,将会减小其有效承载面积,且在气孔周围会引起应力集中而降低铸件的抗冲击性和抗疲劳性。气孔还会降低铸件的致密性,致使某些要求承受水压试验的铸件报废。另外,气孔对铸件的耐腐蚀性和耐热性也有不良的影响。

防止产生气孔的办法有:降低金属液中的含气量,增大砂型的透气性以及在型腔的最高处增设出气冒口等。

(3)粘砂。铸件表面上粘附有一层难以清除的砂粒,称为粘砂。粘砂既影响铸件外观,又增加铸件清理和切削加工的工作量,甚至会影响机器的寿命。例如,铸齿表面有粘砂时容易损坏,泵或发动机等机器零件中若有粘砂,将影响燃料油、气体、润滑油和冷却水等流体的流动,并会污染和磨损整个机器。

防止粘砂是在型砂中加入煤粉,以及在铸型表面涂刷防粘砂涂料等。

(4)夹砂。在铸件表面形成的沟槽和疤痕缺陷,在用湿型铸造厚大平板类铸件时极易产生。铸件中产生夹砂的部位大多是与砂型上表面相接触的地方,型腔上表面受金属液辐射热的作用,容易拱起和翘曲,当翘曲的砂层受金属液流不断冲刷时可能断裂破碎,留在原处或被带入其他部位。铸件的上表面越大,型砂体积膨胀越大,形成夹砂的倾向性也越大。

(5)砂眼。在铸件内部或表面充塞着型砂的孔洞类缺陷。

(6)胀砂。浇注时在金属液的压力作用下,铸型型壁移动,铸件局部胀大形成的缺陷。

为了防止胀砂,应提高砂型强度、砂箱刚度、加大合箱时的压箱力或紧固力,并适当降低浇注温度,使金属液的表面提早结壳,以降低金属液对铸型的压力。

铸件中常见的缺陷及其产生原因见表9-4。

表9-4 铸件常见的缺陷及其产生原因

类别	缺陷名称	主要原因分析
孔眼	气孔	①砂型捣得太紧或型砂透气性太差 ②型砂太湿,起模、修型时刷水过多 ③砂芯通气孔堵塞或砂芯未烘干
	缩孔	①冒口位置不正确 ②合金成分不合理,收缩过大 ③浇注温度过高 ④铸件设计不合理,无法进行补缩
	砂眼	①型砂强度不够或局部没捣紧,掉砂 ②型腔、浇口内散砂未吹净 ③合箱时砂型局部挤坏,掉砂 ④浇注系统不合理,冲坏砂型(芯)
	渣眼 夹渣	①浇注温度太低,熔渣不易上浮 ②浇注时没有挡住熔渣 ③浇注系统不正确,撇渣作用差

（续）

类别	缺陷名称	主要原因分析
表面缺陷	冷隔	①浇注温度过低 ②浇注时断流或浇注速度太慢 ③浇注位置不当或浇口太小
	粘砂	①未刷涂料或涂料太薄 ②浇注温度过高 ③型砂耐火性不够
	夹砂	①型砂受热膨胀，表层鼓起或开裂 ②型砂湿态强度太低 ③内浇口过于集中，使局部砂型烘干厉害 ④浇注温度过高，浇注速度太慢
形状尺寸不合理	偏芯	①砂芯变形 ②下芯时放偏 ③砂芯未固定好，浇注时被冲偏
	浇不足	①浇注温度太低 ②浇注时液态金属量不够 ③浇口太小或未开出气口
	错箱	①合型时上、下箱未对准 ②定位销或泥号标准线不准 ③造芯时上、下模样未对准
裂纹	热裂 冷裂	①铸件设计不合理，壁厚差别太大 ②砂型（芯）退让性差，阻碍铸件收缩 ③浇注系统开设不当，使铸件各部分冷却及收缩不均匀，造成过大的内应力
其他	铸件的化学成分、组织和性能不合格	①炉料成分、质量不符合要求 ②熔炼时配料不准或操作不当 ③热处理未按照规范进行

9.2 砂型铸造

砂型铸造是指在砂型中生产铸件的方法。型砂、芯砂通常是由硅砂、黏土或粘接材料和水按一定比例混制而成的。型砂、芯砂要具有"一强三性"，即一定的强度、透气性、耐火性和退让性。砂型铸造是实际生产中应用最广泛的一种铸造方法，其基本工艺过程如图 9-13 所示。

194

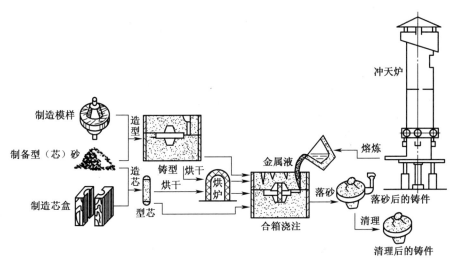

图 9-13　砂型铸造工艺过程

砂型铸造是传统的铸造方法,它适用于各种形状、大小、批量及各种常用合金铸件的生产。掌握砂型铸造技术是合理选择铸造方法和正确设计铸件结构的基础。

9.2.1　造型与造芯方法

制造砂型的工艺过程称为造型。造型是砂型铸造最基本的工序,通常分为手工造型和机器造型两大类。

1. 手工造型

手工造型时,填砂、紧实和起模都由手工来完成。手工造型的优点是操作方便灵活,适应性强,模样生产准备时间短,但生产率低,劳动强度大,铸件质量不易保证。故手工造型只适用于单件或小批量生产。

实际生产中,造型方法的选择具有较大的灵活性,一个铸件往往可用多种方法造型。应根据铸件的结构特点、形状和尺寸、生产批量、使用要求及车间具体条件等进行分析比较,以确定最佳方案。各种常用手工造型方法的特点及其适用范围见表 9-5。

表 9-5　常用手工造型方法的特点和应用范围

	造型方法	主要特点	适用范围
按砂箱特征区分	两箱造型	铸型由上型和下型组成,造型、起模、修型等操作方便	适用于各种生产批量,各种大、中、小铸件
	三箱造型	铸型由上、中、下三部分组成,中型的高度须与铸件两个分型面的间距相适应。三箱造型费工,应尽量避免使用	主要用于单件、小批量生产具有两个分型面的铸件

	造型方法	主要特点	适用范围
按砂箱特征区分	**地坑造型** 上型 地坑	在车间地坑内造型,用地坑代替下砂箱,只要一个上砂箱,可减少砂箱的投资。但造型费工,而且要求操作者的技术水平较高	常用于砂箱数量不足,制造批量不大的大、中型铸件
	脱箱造型 套箱 底板	铸型合型后,将砂箱脱出,重新用于造型。浇注前,须用型砂将脱箱后的砂型周围填紧,也可在砂型上加套箱	主要用在生产小铸件,砂箱尺寸较小
按模样特征区分	**整模造型** 整模	模样是整体的,多数情况下,型腔全部在下半型内,上半型无型腔。造型简单,铸件不会产生错型缺陷	适用于一端为最大截面,且为平面的铸件
	挖砂造型 挖砂	模样是整体的,但铸件的分型面是曲面。为了起模方便,造型时用手工挖去阻碍起模的型砂。每造一件,就挖砂一次,费工、生产率低	用于单件或小批量生产分型面不是平面的铸件
	假箱造型 木模 用砂做的成形底板(假箱)	为了克服挖砂造型的缺点,先将模样放在一个预先做好的假箱上,然后放在假箱上造下型,省去挖砂操作。操作简便,分型面整齐	用于成批生产分型面不是平面的铸件
	分模造型 上模 下模	将模样沿最大截面处分为两半,型腔分别位于上、下两个半型内。造型简单,节省工时	常用于最大截面在中部的铸件

造型方法		主要特点	适用范围
按模样特征区分	活块造型 木模主体 活块	铸件上有妨碍起模的小凸台、肋条等。制模时将此部分做成活块,在主体模样起出后,从侧面取出活块。造型费工,要求操作者的技术水平较高	主要用于单件、小批量生产带有突出部分、难以起模的铸件
	刮板造型 刮板 木桩	用刮板代替模样造型。可大大降低模样成本,节约木材,缩短生产周期。但生产率低,要求操作者的技术水平较高	主要用于有等截面的或回转体的大、中型铸件的单件或小批量生产

2. 机器造型

机器造型是用机器来完成填砂、紧实和起模等造型操作过程,是现代化铸造车间的基本造型方法。与手工造型相比,可以提高生产率和铸型质量,减轻劳动强度。但设备及工装模具投资较大,生产准备周期较长,主要用于成批大量生产。

机器造型时按型砂紧实方式的不同,可分为压实造型、震压造型、抛砂造型和射砂造型4种基本方式。

（1）压实造型。压实造型是利用压头的压力将砂箱内的型砂紧实,图 9-14 所示为压实造型示意图。先将型砂填入砂箱和辅助框中,然后压头向下将型砂紧实。辅助框是用来补偿紧实过程中型砂被压缩的高度。压实造型生产率较高,但砂型沿砂箱高度方向的紧实度不够均匀,一般越接近模底板,紧实度越差。因此,只适于高度不大的砂箱。

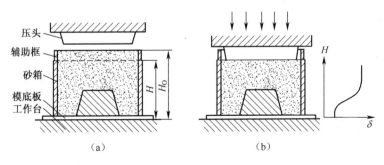

图 9-14 压实造型示意图
(a)压实前;(b)压实后。

（2）震压造型。这种造型方法是利用震动和撞击力对型砂进行紧实。图 9-15 所示为顶杆起模式震压造型机的工作过程。

① 填砂,如图 9-15(a)所示。打开砂斗门,向砂箱中放满型砂。

② 震击紧砂,如图 9-15(b)所示。先使压缩空气从进气口 1 进入震击汽缸底部,活塞

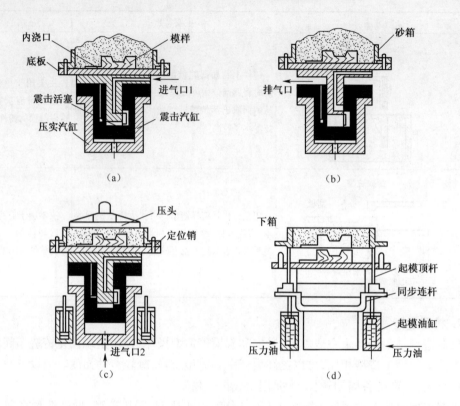

图 9-15 震压式造型机的工作过程
(a)填砂;(b)震击紧砂;(c)辅助压实;(d)起模。

上升至一定高度便关闭进气口,接着又打开排气口,使工作台与震击汽缸顶部发生一次撞击。如此反复进行震击,使型砂在惯性力的作用下被初步紧实。

③ 辅助压实,如图 9-15(c)所示。由于震击后砂箱上层的型砂紧实度仍然不足,还必须进行辅助压实。此时,压缩空气从进气口 2 进入压实汽缸底部,压实活塞带动砂箱上升,在压头的作用下,使型砂受到了压实。

④ 起模,如图 9-15(d)所示。当压力油进入起模液压缸后,4 根顶杆平稳地将砂箱顶起,从而使砂型与模样分离。

(3)抛砂造型。图 9-16 所示为抛砂机的工作原理。抛砂头转子上装有叶片,型砂由皮带输送机连续地送入,高速旋转的叶片接住型砂并分成一个个砂团,当砂团随叶片转到出口处时,由于离心力的作用,以高速抛入砂箱,同时完成填砂与紧实。

(4)射砂造型。射砂紧实方法除用于造型外多用于造芯。图 9-17 所示为射砂机工作原理。由储气筒中迅速进入到射腔的压缩空气,将芯砂由射砂孔射入芯盒的空腔中,而压缩空气经射砂板上的排气孔排出,射砂过程是在较短的时间内同时完成填砂和紧实,生产率极高。

机器造型的工艺特点如下:

机器造型工艺是采用模底板进行两箱造型。模底板是将模样、浇注系统沿分型面与底板连接成一个整体的专用模具。造型后,底板形成分型面,模样形成铸型空腔。

198

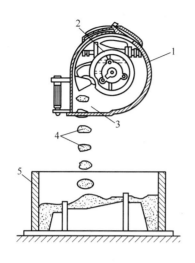

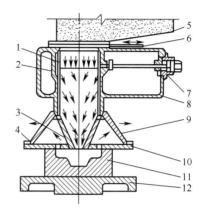

图 9-16　抛砂紧实原理图
1—机头外壳;2—型砂入口;3—砂团出口;
4—被紧实的砂团;5—砂箱。

图 9-17　射砂机工作原理图
1—射砂筒;2—型腔;3—射砂孔;4—排气孔;
5—砂斗;6—砂闸板;7—进气阀;8—储气筒;
9—射砂头;10—射砂板;11—芯盒;12—工作台。

机器造型所用模底板可分为单面模底板和双面模底板两种,单面模底板用于制造半个铸型,是最为常用的模底板。造型时,采用两个配对的单面模底板分别在两台造型机上同时分别造上型和下型,造好的两个半型依靠定位装置(如箱锥)合型。双面模底板仅用于生产小铸件,它是把上、下两个半模及浇注系统固定在同一底板的两侧,此时,上、下型均在同一台造型机上制出,待铸型合型后将砂箱脱除(即脱箱造型),并在浇注之前,在铸型上加套箱,以防错型。

由于机器造型不能紧实型腔穿通的中箱(模样与砂箱等高),故不能进行三箱造型。同时,机器造型也应尽力避免活块,因取出活块费时,使造型机的生产率大为降低。所以,在大批量生产铸件及制定铸造工艺方案时,必须考虑机器造型这些工艺特点。

3. 造芯

当制作空心铸件,或铸件的外壁内凹,或铸件具有影响起模的外凸时,经常要用到型芯,制作型芯的工艺过程称为造芯。型芯可用手工制造,也可用机器制造。形状复杂的型芯可分块制造,然后粘合成形。

浇注时芯子被高温熔融的金属液包围,所受的冲刷及烘烤比铸型强烈得多,因此芯子比铸型应具有更高的强度、耐火性与退让性。芯砂的组成与配比比型砂要求更严格。为了提高型芯的刚度和强度,需在型芯中放入芯骨;为了提高型芯的透气性,需在型芯的内部制作通气孔;为了提高型芯的强度和透气性,一般型芯需烘干使用。

9.2.2　铸造工艺设计

1. 浇注位置的选择

浇注位置是指浇注时铸件在铸型中所处的位置。铸件浇注位置正确与否,对铸件的质量影响很大,选择浇注位置时一般应遵循以下原则:

(1)铸件的重要加工面应朝下或位于侧面。这是因为铸件的上表面容易产生砂眼、气孔、夹渣等缺陷,组织也没有下表面致密。如果某些加工面难以做到朝下,则应尽力使其位于侧面。当铸件的重要加工面有数个时,则应将较大的平面朝下。

图 9-18 所示为车床床身铸件的浇注位置方案。由于床身导轨面是重要表面,不允许有明显的表面缺陷,而且要求组织致密,因此应将导轨面朝下浇注。

图 9-19 所示为起重机卷扬筒的浇注位置方案。卷扬筒的圆周表面质量要求高,不允许有明显的铸造缺陷,若采用水平浇注,圆周朝上的表面质量难以保证;反之,若采用立式浇注,由于全部圆周表面均处于侧立位置,其质量均匀一致,较易获得合格铸件。

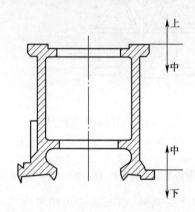

图 9-18　车床床身的浇注位置

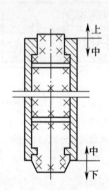

图 9-19　卷扬筒的浇注位置

(2) 铸件的大平面应朝下。型腔的上表面除了容易产生砂眼、夹渣等缺陷外,大平面上还常容易产生夹砂缺陷。因此,平板、圆盘类铸件的大平面应朝下。

(3) 面积较大的薄壁部分置于铸型下部或使其处于垂直或倾斜位置,可以有效防止铸件产生浇不足或冷隔等缺陷。图 9-20 所示为箱盖薄壁铸件的浇注位置选择。

(4) 对于容易产生缩孔的铸件,应将厚大部分放在分型面附近的上部或侧面,以便在铸件厚壁处直接安置冒口,实现自下而上的定向凝固。如前所述铸钢卷扬筒,浇注时厚端放在上部是合理的;反之,若厚端在下部,则难以补缩。

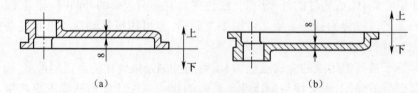

图 9-20　箱盖的浇注位置

(a)不合理;(b)合理。

2. 铸型分型面的选择

铸型分型面是指两半铸型互相接触的表面。它的选择合理与否是铸造工艺合理与否的关键。如果选择不当,不仅影响铸件质量,还会使制模、造型、造芯、合型或清理等工序复杂化,甚至还会增大切削加工的工作量。因此,分型面的选择应能在保证铸件质量的前提下,尽量简化工艺。分型面的选择应考虑以下原则:

(1) 应尽可能使铸件的全部或大部分置于同一砂型中,以保证铸件的精度。图 9-21

中分型面 A 是正确的,它有利于合型,又可防止错型,保证了铸件的质量。分型面 B 是不合理的。

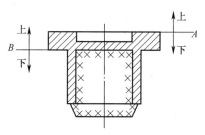

图 9-21　压筒分型面

（2）应使铸件的加工面和加工基准面处于同一砂型中。图 9-22 所示水管堵头,铸造时采用的两种铸造方案中,图 9-22(a)所示分型面位置可能导致螺塞部分和扳手方头部分不同轴,而图 9-22(b)所示分型面位置使铸件位于上箱中,不会产生错型缺陷。

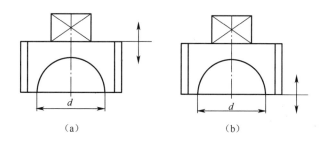

图 9-22　水管堵头分型面
(a)铸件位于两箱;(b)铸件位于同箱。

（3）应尽量减少分型面的数量,尽可能选平直的分型面,最好只有一个分型面。这样可以简化操作过程,提高铸件的精度。图 9-23(a)所示的三通,其内腔必须采用一个 T 形型芯来形成,但不同的分型方案,其分型面数量不同。当中心线 ab 呈现垂直时,如图 9-23(b)所示,铸型必须有 3 个分型面才能取出模样,即用四箱造型。当中心线 cd 呈垂直位置时,如图 9-23(c)所示,铸型有两个分型面,必须采用三箱造型。当中心线 ab 和 cd 都呈水平位置时,如图 9-23(d)所示,此时铸型只有一个分型面,采用两箱造型即可。显然,图 9-23(d)是合理的分型方案。

（4）应尽量减少型芯和活块的数量,以简化制模、造型、合型等工序。图 9-24 所示支架分型方案是避免活块的示例。按图中方案 Ⅰ,凸台必须采用 4 个活块方可制出,而下部两个活块的位置很深,取出困难。当改用方案 Ⅱ 时,可省去活块,仅在 A 处稍加挖砂即可。

（5）应尽量使型腔及主要型芯位于下型,以便于造型、下芯、合型和检验壁厚。但下型型腔也不宜过深,并应尽量避免使用吊芯。图 9-25 所示为机床支柱的两个分型方案。方案 Ⅱ 的型腔及型芯大部分位于下型,有利于起模及翻箱,故较为合理。

浇注位置和分型面的选择原则,对于某个具体铸件来说,在多数情况下难以同时满足,有时甚至是相互矛盾的,因此必须抓住主要矛盾。对于质量要求很高的重要铸件,应以浇注位置为主,在此基础上,再考虑简化造型工艺。对于质量要求一般的铸件,则应以简化铸造工艺、提高经济效益为主,不必过多考虑铸件的浇注位置,仅对朝上的加工表面留较大的加工余量即可。对于机床立柱、曲轴等圆周面质量要求很高,又需沿轴线分型的铸件,在批量生产中有时采用"平作立浇"法,即采用专用砂箱,先按轴线分型来造型、下芯,合箱之后,将铸型翻转90°,竖立后再进行浇注。

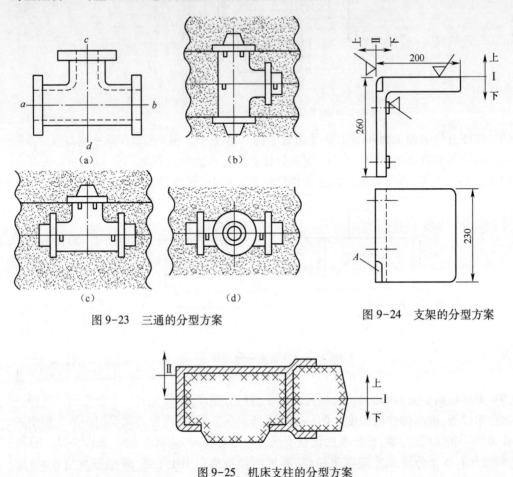

图 9-23　三通的分型方案

图 9-24　支架的分型方案

图 9-25　机床支柱的分型方案

3. 工艺参数的确定

为了绘制铸造工艺图,在铸造工艺方案初步确定之后,还必须选定铸件的机械加工余量、收缩余量、起模斜度、型芯头尺寸、最小铸出孔及槽等具体参数。

（1）机械加工余量。在铸件上为切削加工而加大的尺寸称为机械加工余量。余量过大,切削加工费时,且浪费金属材料;余量过小,因铸件表层过硬会加速刀具的磨损甚至会因残留黑皮而报废。

机械加工余量的具体数值取决于铸件生产批量、合金的种类、铸件的大小、加工面与基准面之间的距离及加工面在浇注时的位置等。采用机器造型,铸件精度高,余量可减小;手工造型误差大,余量应加大。铸钢件因表面粗糙,余量应加大;非铁合金铸件价格昂贵,且表面光洁,余量应比铸铁件小。铸件的尺寸越大或加工面与基准面之间的距离越大,尺寸误差也越大,故余量也应随之加大。浇注时铸件朝上的表面因产生缺陷的概率较大,其余量应比底面和侧面大。灰铸铁的机械加工余量见表9-6。

202

表 9-6　灰铸铁的机械加工余量

铸件最大尺寸/mm	浇注时位置	加工面与基准面之间的距离/mm					
		<50	50～120	120～260	260～500	500～800	800～1250
<120	顶面	3.5～4.5	4.0～4.5				
	底、侧面	2.5～3.5	3.0～3.5				
120～260	顶面	4.0～5.0	4.0～5.0	5.0～5.5			
	底、侧面	3.0～4.0	3.5～4.0	4.0～4.5			
260～500	顶面	4.5～6.0	5.0～6.0	6.0～7.0	6.5～7.0		
	底、侧面	3.5～4.5	4.0～4.5	4.5～5.0	5.0～6.0		
500～800	顶面	5.0～7.0	6.0～7.0	6.5～7.0	7.0～8.0	7.5～9.0	
	底、侧面	4.0～5.0	4.5～5.0	4.5～5.5	5.0～6.0	6.5～7.0	
800～1250	顶面	6.0～7.0	6.5～7.5	7.0～8.0	7.5～8.0	8.0～9.0	8.5～10
	底、侧面	4.5～5.0	5.0～5.5	5.0～6.0	5.5～6.0	5.5～7.0	6.5～7.5

（2）收缩余量。收缩余量是指由于合金的收缩,铸件的实际尺寸要比模样的尺寸小,为确保铸件的尺寸,必须按合金收缩率放大模样的尺寸。合金的收缩率受到多种因素的影响。通常灰铸铁的收缩率为 0.7%～1.0%,铸钢为 1.6%～2.0%,有色金属及其合金为1.0%～1.5%。

（3）起模斜度。为方便起模,在模样、芯盒的起模方向留有一定斜度,以免损坏砂型或砂芯,这个斜度叫起模斜度。起模斜度的大小取决于立壁的高度、造型方法、模型材料等。对木模,起模斜度通常为 15′～3°,如图 9-26 所示。

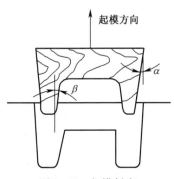

图 9-26　起模斜度

（4）型芯头。型芯头是指型芯端头的延伸部分。它主要用于定位和固定砂芯,使砂芯在铸型中有准确的位置。垂直型芯一般都有上、下芯头,如图 9-27(a)所示,但短而粗的型芯也可省去上芯头。芯头必须留有一定的斜度 α。下芯头的斜度应小些(5°～10°),上芯头的斜度为便于合箱应大些(6°～15°)。水平型芯头,如图 9-27(b)所示,其长度取决于型芯头直径及型芯的长度。如果是悬壁型芯头必须加长,以防合箱时型芯下垂或被金属液抬起。为便于铸型的装配,型芯头与铸型型芯座之间应留有 1～4mm 的间隙。

（5）最小铸出孔及槽。零件上的孔、槽、台阶等是否要铸出,应从工艺、质量及经济性等方面全面考虑。一般来说,较大的孔、槽等应铸出,不但可减少切削加工工时、节约金属材

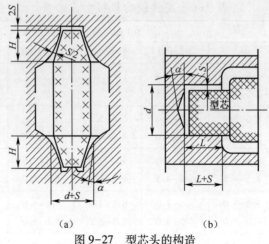

| (a) | (b) |

图 9-27　型芯头的构造

料,还可避免铸件的局部过厚所造成的热节,提高铸件质量。若孔、槽尺寸较小而铸件壁较厚,则不易铸孔,而采用直接加工反而方便。有些特殊要求的孔,如弯曲孔,无法进行机械加工,则一定要铸出。可用钻头加工的受制孔(有中心线位置精度要求)最好不要铸,铸出后很难保证铸孔中心位置准确,再用钻头扩孔无法纠正中心位置。表 9-7 所列为最小铸出孔的数值。

表 9-7　铸件毛坯的最小铸出孔

生产批量	最小铸出孔的直径 d/mm	
	灰铸铁件	铸钢件
大量生产	12~15	—
成批生产	15~30	30~50
单件、小批量生产	30~50	50

9.2.3　铸造成形工艺设计示例

为了获得合格的铸件、减少制造铸型的工作量、降低铸件成本,必须合理地制订铸造工艺方案,并绘制出铸造工艺图。

铸造工艺图是在零件图上用各种工艺符号及参数表示出铸造工艺方案的图形。内容包括:浇注位置,铸型分型面,型芯的数量、形状、尺寸及其固定方法,加工余量,收缩余量,浇注系统,起模斜度,冒口和冷铁的尺寸和布置等。铸造工艺图是指导模样(芯盒)设计、生产准备、铸型制造和铸件检验的基本工艺文件。

下面以发动机汽缸套为例,进行工艺过程综合分析。

1. 生产批量

大批量生产。

2. 技术要求

图 9-28(a)所示为汽缸套零件图,材质为铬铝铜耐磨铸铁。零件的轮廓尺寸为 $\phi143mm×\phi274mm$,平均壁厚为 9mm,铸件质量为 16kg。汽缸套工作环境较差,要承受活塞环上下的反复摩擦及燃气爆炸后的高温和高压作用,其内圆柱表面是铸件要求质量最高的

部位。汽缸套质量的好坏,在很大程度上将决定发动机的使用寿命。

(1)不得有裂纹、气孔、缩孔和缩松等缺陷。

(2)粗加工后,需经退火消除应力,硬度为190~248HBW,同一工件硬度差不大于30HBW。

(3)组织致密。加工完毕后,需做水压试验,在50MPa压力下保持5min,不得有渗漏和浸润现象。

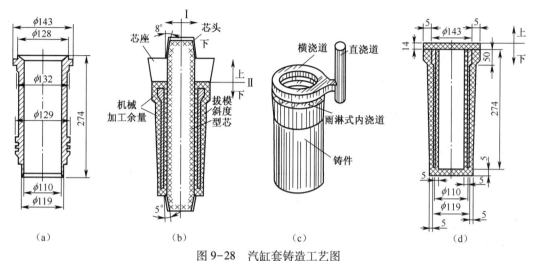

图 9-28　汽缸套铸造工艺图
(a)零件图;(b)铸造工艺图;(c)雨淋式浇口;(d)铸件图。

3. 铸造工艺方案的选择

其主要是分型面的选择和浇注位置的选择。该零件可供选择的分型面主要如下:

(1)图9-28(b)所示方案Ⅰ。此方案采用分开模两箱造型,型腔较浅,因此造型、下芯很方便,铸件尺寸较准确。但分型面通过铸件圆柱面,会产生披缝,毛刺不易清除干净,若有微量错型,就会影响铸件的外形。

(2)图9-28(b)所示方案Ⅱ。此方案造型、下芯也比较方便,铸件无披缝,分型面在铸件一端,毛刺易清除干净,不会发生错型缺陷。

浇注位置的选择也有两种方案:

(1)水平浇注。此方案易使铸件上部产生砂眼、气孔、夹渣等缺陷,且组织不致密,耐磨性差,很难满足汽缸套的工作条件和技术要求。

(2)垂直浇注。此方案易使铸件主要加工面处于铸型侧面,而将次要的较小的凸缘放在上面,采用雨淋式浇口垂直浇注,如图9-28(c)所示,可以控制金属液呈细流流入型腔,减少冲击力,铁液上升平稳;铸件定向凝固,补缩效果好;气体、熔渣易于上浮,不易产生夹渣、气孔等缺陷;铸件组织均匀、致密、耐磨性好。

根据以上分析,汽缸套分型面的选择应采用方案Ⅱ,浇注位置的选择应采用垂直浇注和机器造型的工艺方案。

4. 主要工艺参数的确定

浇注温度为1360~1380℃;线收缩率为1%;开箱时间为2~3h;加工余量较大,这是因为铸件质量要求较高,加工工序较多。其数值:顶面为14mm,底面和侧面为5mm;热处理采取

650~680℃退火工艺。

5. 绘制铸造工艺图

分型面确定后,铸件芯头的形状和尺寸、加工余量、起模斜度及浇注系统等就可以确定,根据这些资料则可绘制出铸造工艺图,如图 9-28(d)所示。

9.3 特 种 铸 造

生产中采用的铸型用砂较少或不用砂,使用特殊工艺装备进行铸造的方法,统称为特种铸造,如熔模铸造、金属型铸造、压力铸造、低压铸造、离心铸造、陶瓷型铸造和消失模铸造等。与砂型铸造相比,特种铸造具有铸件精度和表面质量高、内部性能好、原材料消耗少、工作环境好等优点。每种特种铸造方法均有其优越之处和适用的场合。但铸件的结构、形状、尺寸、重量、材料种类往往受到某些限制。

9.3.1 熔模铸造

熔模铸造是用易熔材料制成模样,然后在模样上涂挂耐火材料,经硬化之后,再将模样熔化排出型外,从而获得无分型面的铸型。由于模样一般采用蜡质材料来制造,故又将熔模铸造称为"失蜡铸造"。

1. 熔模铸造工艺过程

如图 9-29 所示,其主要包括蜡模制造、结壳、脱蜡、焙烧和浇注等过程。

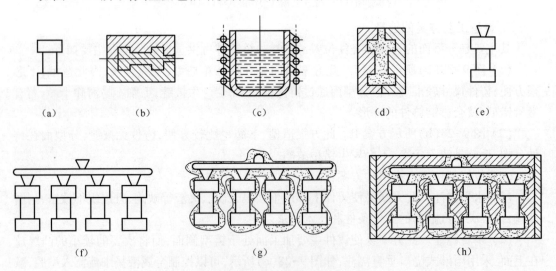

图 9-29 熔模铸造工艺过程
(a)母模;(b)压型;(c)熔蜡;(d)充满压型;(e)一个蜡模;
(f)蜡模组;(g)结壳、倒出熔蜡;(h)填砂浇注。

(1)蜡模制造。通常是根据零件图制造出与零件形状尺寸相符合的母模,如图 9-29(a)所示;再根据母模做成压型,如图 9-29(b)所示;把熔化成糊状的蜡质材料压入压型,等冷却凝固后取出,就得到蜡模,如图 9-29(c)、(d)、(e)所示。在铸造小型零件时,常把若干个蜡模粘合在一个浇注系统上,构成蜡模组,如图 9-29(f)所示,以便一次浇出多个铸件。

（2）结壳。把蜡模组放入黏结剂与硅粉配制的涂料中浸渍，使涂料均匀地覆盖在蜡模表层，然后在上面均匀地撒一层硅砂，再放入硬化剂中硬化。如此反复4~6次，最后在蜡模组外表面形成由多层耐火材料组成的坚硬的型壳，如图9-29（g）所示。

（3）脱蜡。通常将附有型壳的蜡模组浸入85~95℃的热水中，使蜡料熔化并从型壳中脱除，以形成形腔。

（4）焙烧和浇注。型壳在浇注前，必须在800~950℃下进行焙烧，以彻底去除残蜡和水分。为了防止型壳在浇注时变形或破裂，可将型壳排列于砂箱中周围用砂填紧，如图9-29（h）所示。焙烧后通常趁热（600~700℃）进行浇注，以提高充型能力。

（5）待铸件冷却凝固后，将型壳打碎取出铸件，切除浇口，清理毛刺。

2. 熔模铸造铸件的结构工艺性

熔模铸造铸件的结构，除应满足一般铸造工艺的要求外，还具有其特殊性。

（1）铸孔不能太小和太深；否则涂料和砂粒很难进入蜡模的空洞内。一般铸孔应大于2mm。

（2）铸件壁厚不能太薄，一般为2~8mm。

（3）铸件的壁厚应尽量均匀。熔模铸造工艺一般不用冷铁，少用冒口，多用直浇道直接补缩，故不能有分散的热节。

3. 熔模铸造的特点和应用

熔模铸造的特点如下：

（1）铸件精度高、表面质量好，是少、无切削加工工艺的重要方法之一，其尺寸精度可达IT11~IT14，表面粗糙度为 $Ra12.5~1.6\mu m$。如熔模铸造的涡轮发动机叶片，铸件精度已达到无加工余量的要求。

（2）可制造形状复杂铸件，其最小壁厚可达0.3mm，最小铸出孔径为0.5mm。对由几个零件组合成的复杂部件，可用熔模铸造一次铸出。

（3）铸造合金种类不受限制，用于高熔点和难切削合金，更具显著的优越性。

（4）生产批量基本不受限制，既可成批、大批量生产，又可单件、小批量生产。

但熔模铸造也存在工序繁杂、生产周期长、原辅材料费用比砂型铸造高等缺点，生产成本较高。另外，受蜡模与型壳强度、刚度的限制，铸件不宜太大、太长，一般限于25kg以下。

熔模铸造主要用于生产汽轮机及燃汽轮机的叶片、泵的叶轮、切削刀具以及飞机、汽车、拖拉机、风动工具和机床上的小型零件。

9.3.2 金属型铸造

金属型铸造是将液态金属浇入金属型内，冷却结晶以获得铸件的铸造方法。由于金属型可重复使用，所以又称为永久型铸造。

1. 金属型的结构及其铸造工艺

金属型的结构有整体式、水平分型式、垂直分型式和复合分型式几种。图9-30所示为铸造铝活塞的金属型铸造垂直分型示意图。该金属型由左半型1和右半型2组成，采用垂直分型，活塞的内腔由组合式型芯构成。铸件冷却凝固后，先取出中间型芯4，再取出左、右两侧型芯3，然后沿水平方向拔出左右销孔型芯5，最后分开左右两个半型，即可取出铸件。

金属型铸造工艺由于金属型导热速度快,没有退让性和透气性,为了确保获得优质铸件和延长金属型的使用寿命,通常应采取以下工艺措施:

(1) 加强金属型的排气。如在金属型腔上部设排气孔、通气塞(气体能通过,金属液不能通过),在分型面上开通气槽等。

(2) 表面喷刷涂料。金属型与高温金属液直接接触的工作表面上应喷刷耐火涂料,每次浇注都要喷涂一次,以产生隔热气膜,用以保护金属型,并可调节铸件各部分冷却速度,提高铸件质量。涂料一般由耐火材料(石墨粉、氧化锌、石英粉等)、水玻璃黏结剂和水组成,涂料层厚度为 0.1~0.5mm。

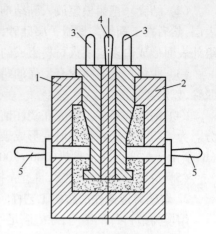

图 9-30　金属型铸造示意图
1—左半型;2—右半型;
3,4—组合型芯;5—销孔型芯。

(3) 预热金属型。金属型浇注前需预热,预热温度一般为 200~350℃,目的是为了防止金属液冷却过快而造成浇不足、冷隔和气孔等缺陷。

(4) 开型。因金属型无退让性,除在浇注时应正确选择浇注温度和浇注速度外,浇注后,如果铸件在铸型中停留时间过长,易引起过大的铸造应力而导致铸件开裂,因此,铸件冷凝后,应及时从铸型中取出。通常铸铁件出型温度为 780~950℃,开型时间为 10~60s。

2. 金属型铸件的结构工艺性

(1) 由于金属型无退让性和溃散性,铸件结构一定要保证能顺利出型,铸件结构斜度应比砂型铸件大些。

(2) 铸件壁厚要均匀,以防出现缩松和裂纹。同时,为防止浇不足、冷隔等缺陷,铸件的壁厚不能太薄,如铝硅合金铸件的最小壁厚为 2~4mm,铝镁合金为 3~5mm,铸铁为 2.5~4mm。

(3) 铸孔的孔径不能过小、过深,以便于金属型芯的安放和抽出。

3. 金属型铸造的特点及应用

金属型铸造的特点如下:

(1) 具有较高的尺寸精度(IT12~IT16)和较小的表面粗糙度(Ra12.5~6.3μm),机械加工余量小。

(2) 由于金属型的导热性好,冷却速度快,铸件的晶粒较细,力学性能好。

(3) 可实现"一型多铸",提高劳动生产率,且节约造型材料,减轻环境污染,改善劳动条件。

但金属铸型的制造成本高,不宜生产大型、形状复杂和薄壁铸件。由于冷却速度快,铸铁件表面易产生白口,使切削加工困难。受金属型材料熔点的限制,熔点高的合金不适宜采用金属型铸造。

金属型铸造主要用于铜合金、铝合金等非铁金属铸件的大批量生产,如活塞、连杆、汽缸盖等。铸铁件的金属型铸造目前也有所发展,但其尺寸限制在 300mm 以内,质量不超过 8kg,如电熨斗底板等。

9.3.3 压力铸造

压力铸造是将熔融的金属液在高压下快速压入金属铸型中,并在压力下凝固,以获得铸件的方法。压铸时所用的比压为 5~150MPa,充填速度为 5~100m/s,充满铸型的时间为 0.05~0.15s。高压和高速是压铸法区别于一般金属型铸造的两大特征。

1. 压铸机和压铸工艺过程

压力铸造通常在压铸机上完成。压铸机分为立式和卧式两种。图 9-31 所示为立式压铸机工作过程示意图。合型后,用定量勺将金属注入压室中,如图 9-31(a)所示。压射活塞向下推进,将金属液压入铸型,如图 9-31(b)所示。金属凝固后,压射活塞退回,下活塞上移顶出余料,动型移开,取出铸件,如图 9-31(c)所示。

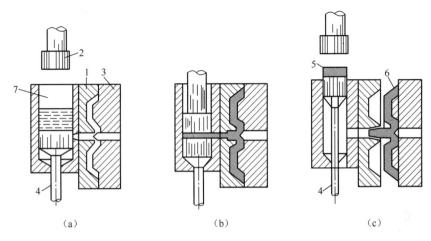

（a）　　　　　　　　　　（b）　　　　　　　　　　（c）

图 9-31　立式压铸机工作过程示意图

(a)浇注;(b)压射;(c)开型。

1—定型;2—压射活塞;3—动型;4—下活塞;5—余料;6—压铸件;7—压室。

2. 压铸件的结构工艺性

(1) 压铸件上应消除内侧凹,以保证压铸件从压型中顺利取出。

(2) 压力铸造可铸出细小的螺纹、孔、齿和文字等,但有一定的限制。

(3) 应尽可能采用薄壁并保证壁厚均匀。由于压铸工艺的特点,金属浇注和冷却速度都很快,厚壁处不易得到补缩而形成缩孔、缩松。压铸件适宜的壁厚为:锌合金 1~4mm,铝合金 1.5~5mm,铜合金 2~5mm。

(4) 对于复杂而无法取芯的铸件或局部有特殊性能(如耐磨、导电、导磁和绝缘等)要求的铸件,可采用嵌铸法,把镶嵌件先放在压型内,然后和压铸件铸合在一起。

3. 压力铸造的特点及应用

压力铸造的特点如下:

(1) 压铸件尺寸精度高,表面质量好,尺寸公差等级为 IT11~IT13,表面粗糙度值为 Ra 6.3~16μm,可不经机械加工直接使用,而且互换性好。

(2) 可以压铸壁薄、形状复杂以及具有很小孔和螺纹的铸件。如锌合金的压铸件最小壁厚可达 0.8mm,最小铸出孔径可达 0.8mm,最小可铸螺距达 0.75mm,还能压铸镶嵌件。

（3）压铸件的强度和表面硬度较高。由于在压力下结晶,加上冷却速度快,铸件表层晶粒细密,其抗拉强度比砂型铸件高 25%~40%。

（4）生产率高,可实现半自动化及自动化生产。

但压铸也存在一些不足。由于充型速度快,型腔中的气体难以排出,在压铸件皮下易产生气孔,故压铸件不能进行热处理,也不宜在高温下工作;否则气孔中的气体产生热膨胀压力,可能使铸件开裂。金属液凝固快,厚壁处来不及补缩,易产生缩孔和缩松。另外,设备投资大,铸型制造周期长,造价高,不宜小批量生产。

压力铸造应用广泛,可用于生产锌合金、铝合金、镁合金和铜合金等铸件。在压铸件产量中,占比最大的是铝合金压铸件,为 30%~50%,其次为锌合金压铸件,铜合金和镁合金的压铸件产量很小。应用压铸件最多的行业是汽车、拖拉机制造业,其次为仪表和电子仪器工业。此外,在农业机械、国防工业、计算机、医疗器械等制造业中,压铸件也用得较多。

9.3.4 低压铸造

低压铸造是液体金属在压力作用下自下而上充填型腔,以形成铸件的一种方法。由于所用的压力较低(0.02~0.06MPa),所以叫低压铸造。低压铸造是介于重力铸造和压力铸造之间的一种铸造方法。

1. 低压铸造装置和工艺过程

低压铸造装置如图 9-32(a)所示。其下部是一个密闭的保温坩埚炉,用于储存熔炼好的金属液。坩埚炉的顶部紧固着铸型(通常为金属型,也可为砂型),垂直升液管使金属液与朝下的浇注系统相通。

铸型在浇注前必须预热到工作温度,并在型腔内喷刷涂料。压铸时,先缓慢地向坩埚炉内通入干燥的压缩空气,金属液受气体压力的作用,由下而上沿着升液管和浇注系统充满型腔,如图 9-32(b)所示。这时将气压上升到规定的工作压力,使金属液在压力下结晶。当铸件凝固后,使坩埚炉内与大气相通,金属液的压力恢复到大气压。于是升液管及浇注系统中尚未凝固的金属液因重力作用而流回到坩埚中。然后,开起铸型,取出铸件,如图 9-32(c)所示。

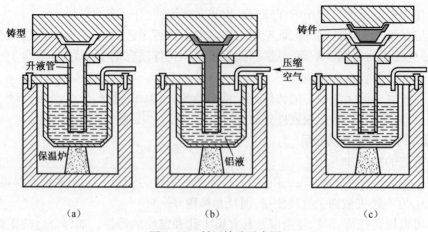

图 9-32　低压铸造示意图
(a)合型;(b)压铸;(c)取出铸件。

2. 低压铸造的特点及应用

低压铸造的特点如下:

(1)浇注时的压力和速度可以调节,故可适用于不同的铸型,如金属型、砂型等,铸造各种合金及各种大小的铸件。

(2)采用底注式充型,金属液充型平稳,无飞溅现象,可避免卷入气体及对型壁和型芯的冲刷,提高了铸件的合格率。

(3)铸件在压力下结晶,铸件组织致密,轮廓清晰,表面光洁,力学性能较高,对于大型薄壁件的铸造尤为有利。

(4)省去补缩冒口,金属利用率提高到90%~98%。

(5)劳动强度低,劳动环境好,设备简易,易实现机械化和自动化。

低压铸造目前广泛应用于铝合金铸件的生产,如汽车发动机缸体、缸盖、活塞、叶轮等。还可用于铸造各种铜合金铸件(如螺旋桨等)以及球墨铸铁曲轴等。

9.3.5 离心铸造

离心铸造是指将熔融金属浇入旋转的铸型中,使液体金属在离心力作用下充填铸型并凝固成形的一种铸造方法。

1. 离心铸造类型及工艺

为使铸型旋转,离心铸造必须在离心铸造机上进行。根据铸型旋转轴空间位置的不同,离心铸造机通常可分为立式和卧式两大类,如图9-33所示。

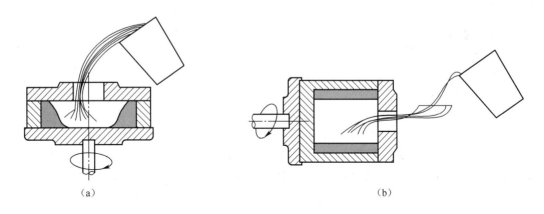

(a)   (b)

图9-33 离心铸造机原理图

(a)立式离心铸造;(b)卧式离心铸造。

在立式离心铸造机上,铸型是绕垂直轴旋转的,如图9-33(a)所示。由于离心力和液态金属本身重力的共同作用,使铸件的内表面呈抛物面形状,造成铸件上薄下厚。显然,在其他条件不变的前提下,铸件的高度越高,壁厚的差别也越大。因此,立式离心铸造主要用于高度小于直径的圆环类铸件。

在卧式离心铸造机上,铸型是绕水平轴旋转的,如图9-33(b)所示。由于铸件各部分的冷却条件相近,故铸出的圆筒形铸件壁厚均匀,因此,卧式离心铸造适合于生产长度较大的套筒、管类铸件,是常用的离心铸造方法。

2. 铸型转速的确定

离心力的大小对铸件质量有着十分重要的影响。没有足够大的离心力,就不能获得形状正确和性能良好的铸件。但是,离心力过大又会使铸件产生裂纹,用砂套铸造时还可能引起胀砂和粘砂。因此,在实际生产中,通常根据铸件的大小来确定离心铸造的铸型转速,一般情况下,铸型转速在 250~1500r/min 范围内。

3. 离心铸造的特点及应用

离心铸造的特点如下:

(1)不用型芯即可铸出中空铸件。液体金属能在铸型中形成中空的自由表面,大大简化了套筒、管类铸件的生产过程。

(2)可以提高金属液充填铸型的能力。由于金属液体旋转时产生离心力作用,因此一些流动性较差的合金和薄壁铸件可用离心铸造法生产,形成轮廓清晰、表面光洁的铸件。

(3)改善了补缩条件。气体和非金属夹杂物易于从金属液中排出,产生缩孔、缩松、气孔和夹渣等缺陷的比率很小。

(4)无浇注系统和冒口,节约金属。

(5)便于铸造"双金属"铸件,如钢套镶铜轴承等。

离心铸造也存在不足。由于离心力的作用,金属中的气体、熔渣等夹杂物,因密度较轻而集中在铸件的内表面上,所以内孔的尺寸不精确,质量也较差,必须增加机械加工余量;铸件易产生成分偏析和密度偏析。

目前,离心铸造已广泛用于铸铁管、汽缸套、铜套、双金属轴承、特殊钢的无缝管坯、造纸机滚筒等铸件的生产。

9.3.6 陶瓷型铸造

陶瓷型铸造是在砂型铸造和熔模铸造的基础上发展起来的一种精密铸造方法。

1. 陶瓷型铸造工艺过程

陶瓷型铸造的工艺过程如图 9-34 所示。

(1)砂套造型。为了节约昂贵的陶瓷材料和提高铸型的透气性,通常先用水玻璃砂制出砂套(相当于砂型铸造的背砂)。制造砂套的模样 B 比铸件模样 A 应大一个陶瓷料厚度,如图 9-34(a)所示。砂套的制造方法与砂型铸造相同,如图 9-34(b)所示。

(2)灌浆与胶结。即制造陶瓷面层。其过程是将铸件模样固定于模底板上,刷上分型剂,扣上砂套,将配制好的陶瓷浆料从浇注口注满砂套,如图 9-34(c)所示,经数分钟后,陶瓷浆料便开始结胶。陶瓷浆料由耐火材料(如刚玉粉、铝矾土等)、黏结剂(如硅酸乙酯水解液)等组成。

(3)起模与喷烧。待浆料浇注 5~15min 后,趁浆料尚有一定弹性便可起出模样。为加速固化过程提高铸型强度,必须用明火喷烧整个型腔,如图 9-34(d)所示。

(4)焙烧与合型。陶瓷型在浇注前要加热到 350~550℃焙烧 2~5h,以烧去残存的水分,并使铸型的强度进一步提高。

(5)浇注。浇注温度可略高,以便获得轮廓清晰的铸件。

2. 陶瓷型铸造的特点及应用

陶瓷型铸造的特点如下:

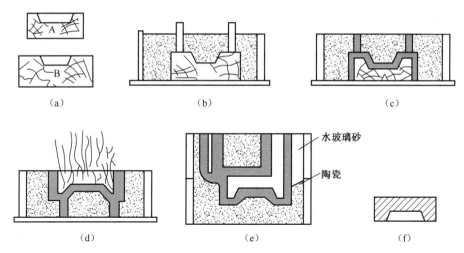

图 9-34　陶瓷型铸造的工艺过程

(a)模样;(b)砂套造型;(c)灌浆;(d)喷烧;(e)合型;(f)铸件。

(1) 由于是在陶瓷面层具有弹性的状态下起模,同时陶瓷面层耐高温且变形小,故铸件的尺寸精度和表面粗糙度等与熔模铸造相近。

(2) 陶瓷型铸件的大小几乎不受限制,可从几千克到数吨。

(3) 在单件、小批量生产条件下,投资少,生产周期短,一般铸造车间即可生产。

(4) 陶瓷型铸造不适于生产批量大、重量轻或形状复杂的铸件,生产过程难以实现机械化和自动化。

目前陶瓷型铸造主要用于生产厚大的精密铸件,广泛用于生产冲模、锻模、玻璃器皿模、压铸型模和模板等,也可用于生产中型铸钢件等。

9.3.7　消失模铸造

消失模铸造(Lost Foam Casting,LFC)是 20 世纪 50 年代末发展起来的砂型铸造生产史上革命性的新技术,被誉为"21 世纪的铸造新技术""铸造中的绿色工程"。

LFC 的基本原理是采用与所需铸件形状、尺寸完全相同的泡沫塑料模代替铸模进行造型,模样不取出呈实体铸型,浇入金属液气化并取代泡沫模样,冷却凝固后获得所需铸件的铸造方法,也称为实型铸造、气化模铸造。其原理示意图如图 9-35 所示。

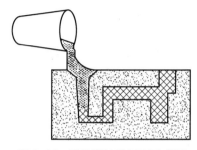

图 9-35　消失模铸造原理示意图

近 30 年来,随着泡沫模样材料、化工和机械工业的发展,LFC 技术日臻完善,在工业生产中获得了广泛的应用,汽车行业中的发展尤为迅速(如 GM、Ford、Fiat、BMW、中国一汽等),在与其他精确成形技术的竞争中,其技术优势日益明显,目前已成为替代传统铸造工艺生产新一代汽车薄壁缸体、缸盖、变速箱壳体、进气歧管、排气管、曲轴等的主要生产方法。消失模铸造工艺过程如图9-36所示。

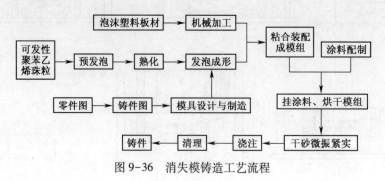

图 9-36　消失模铸造工艺流程

消失模铸造是一种操作非常简便的铸造方法,最直接的优点是减少了生产工序和工序的操作内容。与其他铸造工艺相比,其主要工艺优点如下:

(1) 简化了生产工序,提高了生产效率。LFC取消了混砂、制芯工序,省去了传统造型工序中分箱、起模、修型、组芯与下芯、合箱等操作,大大简化了落砂、铸件清理精整、砂处理工序,因而缩短了生产周期,提高了生产效率。

(2) 近无余量、精确成形,铸件质量好。LFC避免了传统工艺中分箱、起模、修型、组芯与下芯、合箱等造型操作带来的铸件尺寸误差,杜绝了错箱、飞边和毛刺等疵病;LFC采用干砂造型,消除了型芯砂中水、黏结剂和附加物引起的铸造缺陷。在浇注过程中,金属液平稳充型避免了铸型内的飞溅现象;同时泡沫塑料热解对充型金属液的冷却作用和铸件在一定的压力下凝固也利于组织的改善和铸件表面和内在质量的提高。

(3) 零件设计制造灵活,可生产形状非常复杂的铸件。LFC无需考虑分型、取模,设计者可依据产品要求任意设计,原先由多个零件加工组装的构件可以通过分片制模再粘合的方法直接整体铸出。

(4) 投资少,降低了生产成本。LFC生产工序少,各道工序操作简便,易实现自动化生产,因而不仅减少了工艺装备的品种,降低了生产设备的投资和能源消耗,而且减少了操作人员的数量、劳动强度和技能要求;LFC采用单一干砂型料,不但免除了传统铸造型芯砂所需的各种粘接剂和附料的投资,而且旧砂的回用率高,无需庞大的砂处理设备;LFC铸件尺寸精度高,降低了毛坯的机加工费用;此外,LFC模具使用寿命长,模具成本低。

(5) 绿色环保,易于实现清洁生产。LFC采用干砂造型,消除了各种无机物(如煤粉)与有机物(如合脂油、树脂)引起的污染,浇注过程中泡沫模样气化产生的烟雾、废气在真空作用下可通过密闭管道排放到车间外进行集中净化处理,因而大幅度地降低了对环境的污染程度,彻底改善了铸造的面貌。

9.3.8　磁型铸造

磁型铸造是在实型铸造的基础上发展起来的,它是用聚苯乙烯塑料制成气化模,在其表面刷涂料,放进特制的砂箱内,填入磁丸(又称铁丸)并微振紧实,再将砂箱放在磁型机里,磁化后的磁丸相互吸引,形成强度高、透气性好的铸型。浇注时,气化模在液体金属热的作用下气化消失,金属液替代了气化模的位置,待冷却凝固后,解除磁场,磁丸恢复原来的松散状,便能方便地取出铸件。磁型铸造的原理如图 9-37 所示。

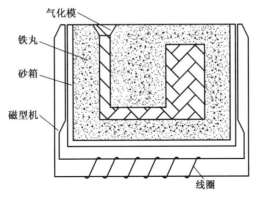

图 9-37　磁性铸造原理示意图

磁型铸造的特点:

(1) 提高了铸件的质量。因为磁型铸造无分型面,不起模,不用型芯,造型材料不含黏结剂,流动性和透气性好,可以避免气孔、夹砂、错型和偏芯等缺陷。

(2) 所用工装设备少,通用性强,易实现机械化和自动化生产。

(3) 磁型铸造已在机车车辆、拖拉机、兵器、农业机械和化工机械等制造业中得到了应用。主要适用于形状不十分复杂的中、小型铸件的生产,以浇注黑色金属为主。其质量范围为 0.25~150kg,铸件的最大壁厚可达 80mm。

9.4　铸件结构工艺性

铸件结构工艺性是指铸件结构的合理性。进行铸件设计时,不仅要保证其工作性能和力学性能的要求,还必须满足铸造工艺各个环节和铸造性能的要求。铸件结构工艺性与铸件材质、铸造工艺、后续加工、技术要求及生产批量等许多因素有关。实践证明,要充分发挥铸造工艺方法的优势,必须使铸件的结构设计符合下列要求。随着铸造及机械加工工艺的发展,其结构工艺性也将发生变化。

9.4.1　合金铸造性能对铸件结构工艺性的影响

铸件中的主要缺陷,如缩孔、疏松、裂纹、变形、浇不足及气孔等,往往是由于铸件结构设计未考虑合金的铸造性能所致。下面以砂型铸造为主进行分析。

1. 考虑合金流动性的结构

(1) 合理设计铸件壁厚。不同合金铸件的最小壁厚不同,即使在同样砂型铸造条件下,所能浇铸出的最小壁厚也不相同。如选择不当,易产生浇不足、冷隔等缺陷。确定铸件壁厚应综合考虑以下几个方面:保证铸件达到所需的强度和刚度;尽量节约金属,铸造方便。同时,还应考虑合金力学性能对铸件壁厚的敏感性,各种铸造合金都存在一个临界壁厚,若超过临界壁厚,随着铸件厚度增加,其强度下降。砂型铸造时各种合金的临界壁厚为最小壁厚的 3 倍。在普通砂型铸造条件下,各种合金的最小壁厚见表 9-8。

表 9-8　普通砂型铸造条件下铸件最小壁厚　　　　　　　　（mm）

铸件尺寸	灰铸铁	球墨铸铁	可锻铸铁	碳素铸钢	铸铝	铜合金
<200	3~4	6	5	5	3~5	3~5
200~400	4~5	12	8	6	5~6	6
400~800	5~6	—	—	8	6~8	8
800~1250	6~8	—	—	12	8~12	—

由于铸件内壁散热条件差,冷却慢,易产生热应力而引起裂纹,因此铸件内壁厚度比外壁要薄,铸铁件和铸铝件减少 10%~20%,铸钢件减少 20%~30%。

图 9-38(a)所示为铸钢平板,由于厚度较薄,尺寸较大,在浇注过程中,因液体漫流而易产生浇不足、冷隔等缺陷。若在平板上增加几条筋,如图 9-38(b)所示,则可解决问题。

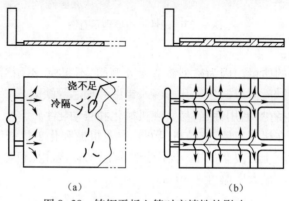

图 9-38　铸钢平板上筋对充填性的影响
(a)无筋平板;(b)有筋平板。

（2）铸壁应有合理的连接形式。在铸件结构设计中,经常碰到多个铸壁相连接,其中有过渡连接、L 形连接、V 形连接以及 T 形、K 形、X 形连接等,正确设计这些连接可防止产生缩孔、缩松、裂纹及变形等。各种连接形式中缩孔的大小,与铸件内接圆有关。通常把铸件中内切圆直径大于壁厚的部位,称为热节,如图 9-39 所示。内接圆直径越大,即热节大,则缩孔也越大。在同样壁厚情况下,X 形连接的缩孔最大,T 形次之,其他的较小。图 9-40 所示为 K 形连接,图 9-41 所示为 X-H 形连接。

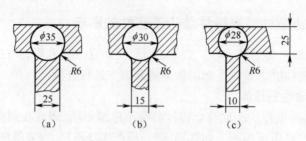

图 9-39　铸件中的热节

（3）应有适当圆角。铸件各转角处或壁间连接处都应设计成圆角,有利于提高铸件结构强度和防止铸造缺陷;否则在尖角(转角)处易产生缩孔、裂纹、粘砂等缺陷。例如,图 9-42(a)所示结构直角内接圆较大,形成热节,浇注时金属在该处集聚,可能产生缩孔。此外,直角结构易产生应力集中,可能引起裂纹;设计成图9-42(b)所示的圆角结构,则不会引起金属集聚和产生应力集中。

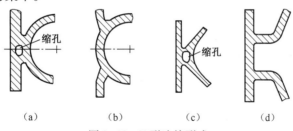

(a)　　　　　(b)　　　　　(c)　　　　　(d)

图9-40　K形连接形式

(a)不合理;(b)合理;(c)不合理;(d)合理。

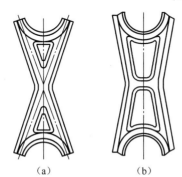

(a)　　　　　(b)

图9-41　X-H形连接

(a)不合理;(b)合理。

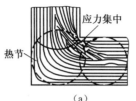

(a)　　　　　　　　(b)

图9-42　铸件应设计成圆角结构

(a)直角结构;(b)圆角结构。

表9-9所列为铸造外圆角半径与最小边之间的关系,表9-10所列为内圆角半径 R 值。

表9-9　铸造外圆角半径

表面的最小边长/mm	外圆角半径 R/mm					
	外圆角度 α					
	<50°	51°~75°	76°~105°	106°~135°	136°~165°	>165°
<25	2	2	2	4	6	8
>25~60	2	4	4	6	10	16
>60~160	4	4	6	8	16	25
>160~250	4	6	8	12	20	30
>250~400	6	8	10	16	25	40
>400~600	6	8	12	20	30	50
>600~1000	8	12	16	25	40	60

表9-10　铸件内圆半径　　　　　　　　　　　　　(mm)

相邻壁平均厚度*		≤8	8~12	12~16	16~20	20~27	27~35	35~45	45~60
内圆半径 R	铸铁	4	6	8	8	10	12	16	20
	铸钢	6	6	8	10	12	16	20	25
*指构成内角两连接壁平均厚度									

2. 考虑合金收缩的结构

考虑合金的收缩特性,应根据铸造合金的种类、技术要求、基本尺寸与形状等因素来决定其铸件的结构。

(1)按顺序凝固原则设计铸件结构。这样有利于克服因液态和凝固收缩造成的缩孔、缩松等缺陷,使铸件质地致密,图9-43(a)所示零件,各处内接圆大小不一,难以实现顺序凝固,易形成缩孔等,采用图9-43(b)、(c)所示结构来实现顺序凝固,可使铸件完整。在实际设计中,往往采用铸造斜度来解决。

对于某些形状复杂的大铸件,不能简单地按顺序凝固原则设计时,可根据各部分特点采用组合结构。

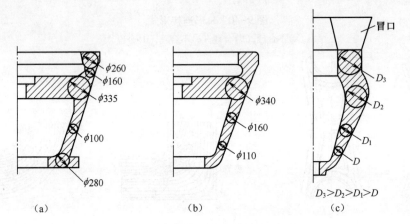

图9-43 用内接圆判断铸件的凝固次序
(a)原结构中的内接圆;(b)、(c)顺序凝固结构中的内接圆。

(2)按同时凝固的原则设计铸件结构。同时凝固可以减小铸造应力、防止铸件变形与裂纹。图9-44所示的盖板结构中,图9-44(b)的结构合理,壁厚均匀且不用冒口,还可增加其刚度。

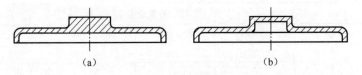

图9-44 盖板
(a)结构不合理;(b)结构合理。

(3)减少铸件受阻,防止裂纹和变形。

①尽量使铸件能自由收缩。铸件结构在凝固过程中,应尽量不受热阻碍和机械阻碍,能够自由收缩。图9-45(a)所示各种截面形状都能自由收缩。图9-45(b)所示形状受到机械阻碍,图9-45(c)受到热阻碍,而图9-45(d)同时受到热阻碍和机械阻碍。

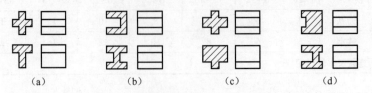

图9-45 各种截面形状对收缩的影响
(a)能自由收缩;(b)受机械阻碍;(c)受热阻碍;(d)同时受热阻碍和机械阻碍。

② 采用对称结构和尽量增加截面的惯性矩。图 9-46(a)所示铸钢梁,易产生变形,若采用对称的截面形状,如图 9-46(b)所示,虽然壁厚不均匀,但由于相互抵消而使变形大大减小,且惯性矩大,有利于防止变形。

③ 增加铸件的刚度与强度。由于平板铸件的尺寸较大,如图 9-47(a)所示,浇注冷却后会产生翘曲,若采用图 9-47(b)所示结构,在一个面上设计加强筋,则可以增加刚度、防止变形。在铸件壁上孔或槽的周围加上适当凸边,可增加铸件结构的刚度与强度,防止变形和裂纹,如缝纫机支架。

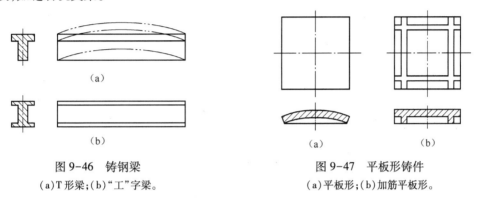

图 9-46　铸钢梁
(a)T 形梁;(b)"工"字梁。

图 9-47　平板形铸件
(a)平板形;(b)加筋平板形。

④ 采用弯曲形或波浪形壁代替平直面或大平面。将铸件结构中的某些部位设计成弯曲形或波浪形,使铸件在受力时表现出一定的"柔性",减少受阻应力。图 9-48 所示为普通手轮铸件,图 9-48 (a)由于收缩时内应力过大而易产生裂纹,因此,改成图 9-48(b)或图 9-48 (c)所示结构,能大大减缓内应力。

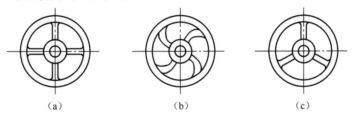

图 9-48　轮辐的设计
(a)偶数轮辐;(b)弯曲轮辐;(c)奇数轮辐。

3. 有利于排气除渣

铸件结构应能在浇注时使气体和夹渣物上浮到冒口(或铸件顶部)中,因此,应尽量避免大的水平面,而采用倾斜或阶梯面结构,使气体和渣一直上浮至面积较小的顶部。此外,还应使壁厚均匀,过渡平缓无锐角,如图 9-49 所示。

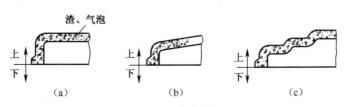

图 9-49　壳体铸件
(a)较大的水平面;(b)倾斜面;(c)阶梯面。

219

9.4.2　铸造工艺对铸件结构工艺性的影响

铸件结构在满足使用要求的前提下,应尽可能使制模、造型、制芯、合箱和清理等过程简化,为实现铸造生产的机械化、自动化创造条件,因此应考虑以下问题:

1. 简化模样和芯盒的制造

在单件、小批量生产中,模样和芯盒的制造费用在铸件总成本中占有很大比例,因此,铸件应尽量采用规则易加工平面、圆柱面及垂直连接的结构,并尽量减少铸件表面上的凹、凸台,减少模样、芯盒上的活块。图 9-50 所示为轴承座,其中 A、B 为曲面,制模样与芯盒均费工、费料,若改为图 9-50(b),则可降低制模费约 30%。

2. 简化造型工艺

据统计,砂型铸造时,造型约占总工作量的 1/3,因此,必须重视铸件结构对造型工艺的影响。除合理设计圆角、铸造斜度、凸台、凸边及壁的连接外,还应注意以下几个方面:

(1)尽量使铸型分型面为平直面。铸型分型面若为曲面,则需采用挖砂或假箱造型。

(2)尽量减少分型面的数目。

(3)避免窄小的沟槽。窄小的沟槽在造型、浇注时很容易产生掉砂、损坏铸型或增加修型工作量。图 9-51 所示的箱体结构,若将图 9-51(a)改为图 9-51(b),则结构较合理。其尺寸应不小于表 9-11 所列数值。

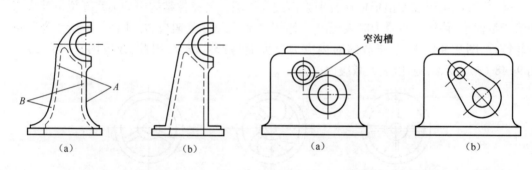

图 9-50　轴承座的结构
(a)曲线结构;(b)直线结构。

图 9-51　箱体结构
(a)不合理;(b)合理。

表 9-11　砂型铸件上沟槽的尺寸限度　　　　　　　　　　(mm)

沟槽深度 H	≤8	9~15	16~25	26~50	50~100	>100
沟槽宽度 A	1.8H	1.6H	1.4H	1.2H	60	70

(4)应有适当的铸造斜度,如图 9-52 所示。此外,铸件结构还应尽量减少型腔深度,不用或少用活块,如有可能,尽量缩小铸件的轮廓尺寸等。

3. 简化制芯工艺

为保证铸件质量、简化制芯工艺,尽量少用或不用型芯,在不影响使用性能的前提下,可以通过改变铸件结构,如图 9-53(a)所示铸件,其内腔只能用型芯成形,铸件壁厚难以保证,若改为图 9-53(b),则可在下箱形成"自带型芯",避免单独制芯。

4. 铸件结构应使型芯固定、出气和清理方便

在浇注过程中,型芯被高温液体包围,产生大量的气体,应通过型芯头迅速排出。此外,

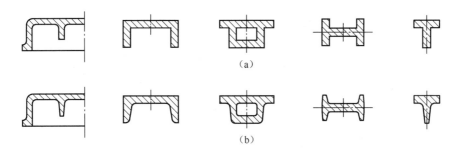

图 9-52　铸件的铸造斜度

（a）无铸造斜度的结构；（b）有铸造斜度的结构。

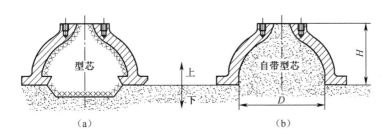

图 9-53　内腔的两种结构

如果型芯固定不牢,在液体作用下,易产生位移,造成铸件壁厚不均匀或报废;同时型芯还应便于清理。图 9-54（a）中的两孔互不相通,最好改为图 9-54（b）所示的结构。

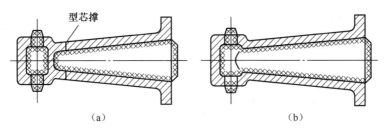

图 9-54　轴承座的结构

（a）不合理；（b）合理。

5. 大量生产时应考虑机器造型的特点

考虑机器造型的铸件结构应尽量减小铸件的轮廓尺寸;应方便金属模板及芯盒的加工;尽量只有一个分型面,便于两箱造型;设法减少型芯数量,最好不用活块;铸件上不能有尖角、深槽等结构;否则难以振（压）实、易冲砂等。

9.4.3　机械加工对铸件结构工艺性的影响

1. 铸件结构尽量减少切削加工工作量

铸件结构应使加工面积减少,图 9-55（a）所示轴承座的底面（340mm×250 mm）及底座两个端面全部需要切削加工,而实际上两个端面在高度上只有很少部分与其他零件相配合,故采用图 9-55（b）所示的结构可减少 1/3 的刨削加工量。

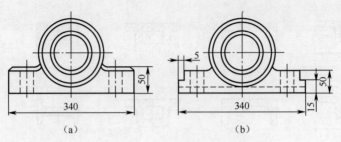

图 9-55 减少底面加工面积

2. 铸件的结构应便于切削加工

（1）采用组合件代替大型复杂铸件。如果一个大的结构铸件上某部分需进行比较精密的切削加工，可将这部分单独铸造、加工，然后与本体组装起来，图 9-56(a) 中的环槽 A 较窄，不便于加工，改为图 9-56 (b) 较为合理。

（2）应留有退刀空间。为便于进退刀，铸件的结构应预留退刀空间，如图 9-57 所示。此外，铸件还应尽量避免内表面的加工。

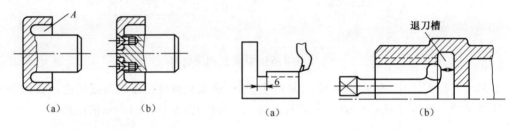

图 9-56　组合结构件
(a) 不合理；(b) 合理。

图 9-57　留退刀槽结构实例
(a) 刨；(b) 镗。

3. 铸件结构应有利于提高切削效率

铸件结构应有利于提高切削用量，因此，要提高结构刚度，便于高速切削、提高加工精度及降低表面粗糙度。

9.4.4　铸造合金及热处理对结构工艺性的影响

1. 合金种类与结构工艺性的关系

铸铁的抗压强度比抗拉强度高(一般高 3 倍左右)，为此，应使铸件承受压应力。普通灰铸铁的力学性能对壁厚的敏感性大，因此，不宜采用增加壁厚的办法来提高铸件的承载能力。可锻铸铁要求厚壁，防止出观灰口或麻口，由于铸造时收缩大，因此，应设计成有利于自由收缩或加强抗裂的结构。

铸钢的熔点高、流动性差、收缩性大，易产生浇不足、缩孔、缩松、变形及裂纹等缺陷，因此，应尽量采用顺序凝固的原则，以利于补缩，并要增大加工余量。

铝、镁合金铸件的壁厚尽量均匀、壁薄，防止缩孔、缩松及提高铸件强度。由于易氧化吸气，密度小，故应避免大的水平面，过渡要平稳，防止浇注时产生金属紊流。

锡青铜的流动性好，收缩大，易于铸造，但偏析倾向大，强度较低。黄铜的收缩大、易氧化、易形成气孔和缩孔，因此，一般按铸钢结构特点进行设计。

2. 考虑节约金属和热处理工艺的结构

在设计铸件结构时,应考虑节约金属用量。另外,由于目前在工业生产中越来越多地利用热处理工艺来发挥铸造合金的潜力,以提高铸件的使用寿命,所以还应考虑以下几点:

(1) 应有预防裂纹的结构。铸件结构要避免尖角,采用较大圆角和倒角;避免断面突变,采用均匀过渡的连接形式;避免厚大的实心断面,以免淬不透或加热不均。

(2) 应有预防变形的结构。尽量采用对称结构,并增加零件刚度,零件各部位的尺寸比例要适当。

(3) 应有预防硬度不均匀的结构。尽量避免盲孔、死角,零件上两个高频淬火的部位不应相距太近,以免互相影响造成硬度不均匀。

9.5　液态成形新技术

9.5.1　悬浮铸造

悬浮铸造是在浇注过程中,将一定量的金属粉末或颗粒加到金属液流中混合,一起充填铸型。经悬浮浇注到型腔中的已不是通常的过热金属液,而是含有固态悬浮颗粒的悬浮金属液。悬浮浇注时所加入的金属颗粒,如铁粉、铁丸、钢丸、碎切屑等统称悬浮剂。由于悬浮剂具有通常的内冷铁的作用,所以也称为微型冷铁。

悬浮浇注工艺过程如图9-58所示。浇注的液体金属沿引导浇道7成切线方向进入悬浮杯8后,绕其轴线旋转,形成一个漏斗形旋涡,造成负压将由漏斗1落下的悬浮剂吸入,形成悬浮的金属液,通过直浇道6注入铸型4的型腔5中。

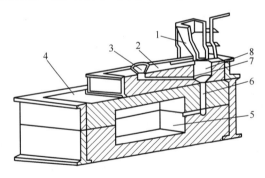

图9-58　悬浮浇注示意图

1—悬浮剂漏斗;2—悬浮浇注系统装置;3—浇口杯;4—铸型;5—型腔;6—直浇道;7—引导浇道;8—悬浮杯。

悬浮剂有很大的活性表面,并均匀分布在金属液中,因此与金属液之间产生一系列的热物理化学作用,进而控制合金的凝固过程,起到冷却作用、孕育作用和合金化作用等。经过悬浮处理的金属,缩孔可减少10%~20%,晶粒细化,力学性能提高。悬浮铸造已获得越来越广泛的应用,目前已用于生产船舶、冶金和矿山设备的铸件。

9.5.2　半固态金属铸造

在金属凝固过程中,进行强烈搅拌,使普通铸造易于形成的树枝晶网络被打碎,得到一种在液态金属母液中均匀悬浮着一定颗粒状固相组分的固—液混合浆料,这种半固态金属具有某种流变特性,因而易于采用常规加工技术如压铸、挤压、模锻等实现成形。采用这种既非液态、又非完全固态的金属浆料加工成形的方法,称为半固态金属铸造。与以往的金属成形方法相比,半固态金属铸造技术是集铸造、塑性加工等多专业学科于一体制造金属制品的又一独特领域,其特点主要表现在以下几个方面:

（1）由于其具有均匀的细晶粒组织及特殊的流变特性,加之在压力下成形,使工件具有很高的综合力学性能。此外,由于其成形温度比全液态成形温度低,不仅可减少液态成形缺陷,提高铸件质量,还可拓宽压铸合金的种类至高熔点合金。

（2）能够减轻成形件的质量,实现金属制品的近终成形。

（3）能够制造用常规液态成形方法不可能制造的合金,如某些金属基复合材料的制备。因此,半固态金属铸造技术以其诸多的优越性而被视为突破性的金属加工新工艺。

1. 半固态金属制备方法

半固态金属坯料制备方法有熔体搅拌法、应变诱发熔化激活法、热处理法、粉末冶金法等。其中熔体搅拌法是应用最普遍的方法。熔体搅拌法根据搅拌原理不同可分成以下两种:

（1）机械搅拌法。其突出特点是设备技术比较成熟,易于实现投产。搅拌状态和强弱容易控制,剪切效率高,但对搅拌器材料的强度、可加工性及化学稳定性要求很高。在半固态成形的早期研究中多采用机械搅拌法。

（2）电磁搅拌法。其原理是在旋转磁场的作用下,使熔融金属液在容器内做涡流运动。电磁搅拌法的突出优点是不用搅拌器,对合金液成分影响小,搅拌强度易于控制,尤其适合于高熔点金属的半固态制备。

2. 半固态金属铸造的成形工艺

半固态金属铸造成形的工艺流程可分为两种:一种是由原始浆料连铸或直接成形的方法,称为"流变铸造";另一种为"搅熔铸造"。一般搅熔铸造中半固态组织的恢复仍用感应加热的方法,然后进行压铸、锻造加工成形。半固态金属成形工艺如图 9-59 所示。

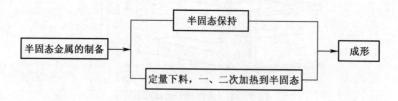

图 9-59 半固态金属成形工艺

3. 半固态金属铸造的工业应用与开发前景

目前,半固态成形的铝和镁合金件已经大量用于汽车工业的特殊零件上。生产的汽车零件主要有汽车轮毂、主制动缸体、反锁制动阀、盘式制动钳、动力换向壳体、离合器总泵体、发动机活塞、液压管接头、空压机本体和空压机盖等。

9.5.3 近终形状铸造

近终形状铸造技术主要包括薄板坯连铸(厚度为 40~100 mm)、带钢连铸(厚度小于

40mm）以及喷雾沉积等技术。其中喷雾沉积技术为金属成形工艺开发出了一条特殊的工艺路线,适用于复杂钢种的凝固成形。其工作原理如图9-60所示。

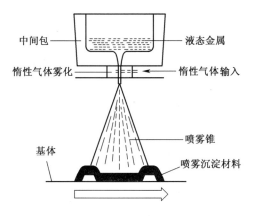

图9-60 喷雾沉积技术工作原理

液态金属的喷射流束从安装在中间包底部的耐火材料喷嘴中喷出,金属液被强劲的气体流束雾化,形成高速运动的液滴。在雾化液滴与基体接触前,其温度介于固-液相温度之间。随后液滴冲击在基体上,完全冷却和凝固后形成致密的产品。根据基体的几何形状和运动方式,可以生产各种形状的产品,如小型材、圆盘、管子和复合材料等。当喷雾锥的方向沿平滑的循环钢带移动时,便可得到扁平状的产品。多层材料可由几个雾化装置连续喷雾成形。空心产品也可采用类似的方法制成,将液态金属直接喷雾到旋转的基体上,可制成管坯、圆坯和管子。以上讨论的各种方式均可在喷雾射流中加入非金属颗粒,制成颗粒固化材料。该工艺是可代替带钢连铸或粉末冶金的一种生产工艺。

9.5.4 计算机数值模拟技术

在铸造领域应用计算机技术标志着生产经验与现代科学的进一步结合,是当前铸造科研开发和生产进一步发展的重要内容之一。随着计算模拟、几何模拟和数据库的建立及其相互联系的扩展,数值模拟已迅速发展为铸造工艺CAD、CAE,并将实现铸造生产的CAM。例如,可用计算机数值模拟技术模拟铸件的凝固过程,模拟计算包括冒口在内的三维铸件的温度场分布。先将铸件剖分成六面体的网格,每一个网格单元有一初始温度,然后计算其在实际生产条件下,在各种铸型中的传热情况。计算出各个时刻每个单元的温度值,分析铸件薄壁处、棱角边缘处的凝固时间,厚壁处、铸件芯部和冒口处的凝固时间,判断冒口是否能很好地补缩铸件,铸件最后凝固部位是否在冒口处。可预测铸件在凝固过程中是否出现缩孔、缩松缺陷,这种模拟计算叫做计算机试浇。

由于工艺设计的不同,如砂型种类,冒口大小和位置,初始浇注温度,冷铁多少、大小的不同,其计算机试浇的结果也不同,反复试浇即反复模拟计算,总可以找到一种科学、合理的工艺,即通过计算机模拟计算优化了的工艺,进而组织生产,就可以得到优质铸件,这就是铸造工艺CAD技术。由于计算机试浇并非真正的人力、物力投入进行生产试验,而只要有计算机,在一定的程序软件下进行模拟计算就行,因而不但可以大量节省生产试验资金,而且可以进行工艺优化,因此其经济效益十分显著。

本 章 小 结

铸造利用了液体的流动成形。由于液体的流动能力强,所以铸造适合于生产形状复杂尤其是内腔复杂、质量较大的零件毛坯。但是,由于铸造毛坯的晶粒粗大,组织疏松,成分不均匀,力学性能比同样材料的锻件差。因此,铸造主要用于受力较小零件毛坯的生产。

本章的重点在于合金的铸造性能,主要包括流动性、收缩性、吸气性和偏析等。合金的流动性即为液态合金的流动能力,是合金本身的性能。它反映了液态金属的充型能力,但液态金属的充型能力除与金属流动性有关外,还与外界条件如铸型性质、浇注条件和铸件结构等因素有关,是各种因素的综合反映。液态金属的收缩性能要掌握不同阶段的收缩对铸件质量的影响。掌握铸件中的缩孔、缩松、内应力、变形和裂纹的形成原因及其防止措施。

砂型铸造是最常用的铸造工艺,在工艺设计上应抓住怎样"起模"、保证铸件重要部位质量这个核心问题,结合合金的铸造性能领会浇注位置、分型面的选择确定原则;在"加工余量""拔模斜度""铸造圆角"和"铸造收缩率"等内容的学习中,应清楚地掌握零件、铸件和模型三者之间在形状和尺寸等方面的差别与联系。这三者的形状应相近,但铸件与零件相比要考虑加工余量、拔模斜度和铸造圆角等,而模型除了这些方面的考虑外,还需考虑铸造收缩率、型芯头形状等。

不同于普通砂型铸造的其他铸造方法统称为特种铸造。应重点掌握金属型铸造、熔模铸造、压力铸造、低压铸造和离心铸造这5种最常见的特种铸造工艺过程、特点及典型应用。与砂型铸造相比,每种特种铸造方法都具有区别于其他铸造方法的特点和应用范围,这是由于每种特种铸造方法的具体工艺条件(充型条件、凝固条件等)与其他铸造方法的显著不同,应从铸造工艺理论基础中所学的知识加以领会。

思考题与习题

1. 什么是液态合金的充型能力?它与合金的流动性有何关系?不同化学成分的合金为何流动性不同?为什么铸钢的充型能力比铸铁差?

2. 某定型生产的薄壁铸铁件,投产以来质量基本稳定,但近期浇不足和冷隔缺陷突然增多,试分析其原因。

3. 既然提高浇注温度可提高液态合金的充型能力,但为什么又要防止浇注温度过高?

4. 缩孔与缩松对铸件质量有何影响?为何缩孔比缩松较容易防止?

5. 为什么灰铸铁的收缩比碳钢小?

6. 区分以下名词:(1)缩孔和缩松;(2)浇不足与冷隔;(3)出气口与冒口;(4)逐层凝固与定向凝固。

7. 什么是定向凝固原则?什么是同时凝固原则?各需采用什么措施来实现?上述两种凝固原则各适用于哪种场合?

8. 分析图9-61所示轨道铸件热应力的分布,并用虚线表示出铸件的变形方向。

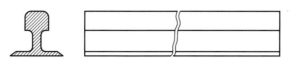

图 9-61　轨道铸件

9. 下列哪几种情况易产生气孔？为什么？

（1）砂型捣砂过紧；（2）型芯撑生锈；（3）起模时刷水过多；（4）熔铝时铝料油污过多。

10. 试分析图 9-62 所示铸件：

（1）哪些是自由收缩？哪些是受阻收缩？

（2）受阻收缩的铸件形成哪一类铸造应力？

（3）各部分应力属于拉应力还是压应力？

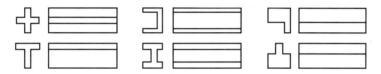

图 9-62　几种截面形状铸件

11. 为什么手工造型仍是目前的主要造型方法？常用的机器造型方法有哪些？

12. 挖砂造型、活块造型、三箱造型各适用于哪种场合？

13. 什么是熔模铸造？试述其工艺过程。

14. 金属型铸造有何优越性？为什么金属型铸造未能广泛取代砂型铸造？

15. 压力铸造有何优、缺点？它与熔模铸造的适用范围有何不同？

16. 低压铸造的工作原理与压力铸造有何不同？为什么低压铸造发展较为迅速？为何铝合金常采用低压铸造？

17. 什么是离心铸造？它在圆筒形或圆环形铸件生产中有哪些优越性？铸件采用离心铸造成形有什么好处？

18. 与熔模铸造相比，陶瓷型铸造有何优越性？其适用范围为何？

19. 实型铸造的本质是什么？它适用于哪种场合？

20. 下列铸件在大批量生产时，采用什么铸造方法为宜？

铝活塞，摩托车汽缸体，车床床身，铸铁水管，汽缸套，汽轮机叶片，缝纫机头，大模数齿轮滚刀。

21. 试比较传统的铸造过程与实现了 CAD、CAM 的铸造过程有何不同？

第10章 压力加工

金属材料在一定的外力作用下,通过相应的模具,利用材料的塑性变形而使其成形为所需要的形状,并获得一定力学性能的零件或毛坯的加工方法称为塑性成形,也称为塑性加工或压力加工。

1. 压力加工工艺分类

根据压力加工工艺性质,通常把压力加工工艺分为两大类,即体积成形与板料成形。如图 10-1 所示,其中体积成形工艺主要有自由锻造、模锻、轧制、挤压、拉拔等,其变形特征是三向应力状态;而板料成形工艺主要有冲裁、弯曲、拉深等,其变形特征是平面应力状态。

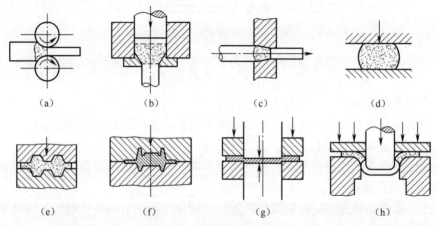

图 10-1　压力加工工艺分类

(a)轧制;(b)挤压;(c)拉拔;(d)自由锻;(e)开模锻;(f)闭模锻;(g)冲裁;(h)拉深。

2. 压力加工工艺的特点

与其他金属的加工方法(如切削加工、铸造、焊接等)比较,金属压力加工具有以下特点:

(1)可改善金属的组织和结构。金属材料经过压力加工产生塑性变形后,其内部的组织结构得到有益的改善。例如,钢锭内部存在的组织疏松多孔、晶粒粗大且不均匀等许多缺陷,经压力加工后可以使其组织致密,夹杂物被破碎;该工艺与机械加工相比,金属的纤维组织不会被切断,因而零件的力学性能得以提高。同时,由于金属压力加工后的性能提高,故在相同的服役条件下,零件的截面可以减小。因此,90%以上的钢锭都要经过压力加工才能制成各种所需的坯料或零件。

(2)材料的利用率高。金属压力加工主要是依靠金属在塑性状态下的体积转移来获得一定的形状与尺寸,不产生切屑,只有少量的工艺废料,因此材料的利用率高。据统计,一般材料利用率可达 75% ~ 85%,最高几乎可达 100%。

(3)尺寸精度高。精密锻造、精密挤压、精密冲裁的零件,可以达到不需机械加工就直接

228

使用的程度。如精密锻造和精密冲裁的锥齿轮,其齿形部分可不经切削加工而直接使用;精锻叶片的复杂曲面可达到只需磨削加工的精度。许多挤压零件可直接作为机械零件使用。

(4)生产效率高,适于大批量生产。这是由于随着塑性加工工具和设备的改进以及机械化、自动化程度的提高,生产率也相应得到提高。例如,高速冲床的行程次数已达 1500~1800 次/min;在热模锻压力机上锻造一根汽车发动机用的六拐曲轴只需 40s;在双动拉深压力机上成形一个汽车覆盖件仅需几秒钟。

由于压力加工工艺有上述特点,因此它在机械制造、航空航天、船舶及汽车制造等许多部门得到广泛应用,在国民经济中占有十分重要的地位。

10.1 压力加工的理论基础

总体上说,压力加工的过程就是金属材料的塑性变形过程,金属的塑性变形过程与其应力、应变状态及材料的变形机制等金属塑性成形理论密切相关,金属塑性成形理论是压力加工的基础。由于金属塑性变形的实质及其对材料组织与性能的影响等相关基本理论知识已在本书第 3 章的 3.2 节中作了详细介绍,因此,以下仅就金属塑性变形的其他基本原理及特点进行阐述。

10.1.1 纤维组织与锻造比

金属塑性加工最原始的坯料是铸锭。其内部组织很不均匀,晶粒较粗大,并存在气孔、缩松、非金属夹杂物等缺陷。将铸锭加热进行塑性加工后,由于金属经过塑性变形及再结晶,从而改变了粗大的铸造组织,获得细化的再结晶组织。同时还可以消除铸锭中的气孔、缩松,使金属更加致密、力学性能更好。此外,铸锭在塑性加工过程中产生塑性变形时,基体金属的晶粒形状和沿晶界分布的杂质形状都发生了变化,它们将沿着变形方向被拉长,呈纤维形状,这种结构叫纤维组织,如图 10-2 所示。

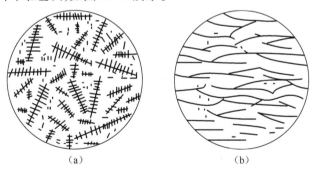

(a)   (b)

图 10-2 铸锭热变形前后的组织

(a)变形前;(b)变形后。

纤维组织使金属在性能上具有明显的方向性,对金属变形后的质量也有一定影响。纤维组织越明显,金属在纵向(平行于纤维方向)的塑性和韧性提高,而在横向(垂直于纤维方向)的塑性和韧性降低。

纤维组织的明显程度与金属的变形程度有关。变形程度越大,纤维组织越明显。塑性加工过程中,常用锻造比(Y)来表示变形程度。

拔长时的锻造比为 $\qquad Y_{锻} = F_0/F$

镦粗时的锻造比为 $\qquad Y_{镦} = H_0/H$

式中：H_0，F_0 为坯料变形前的高度和横截面积；H，F 为坯料变形后的高度和横截面积。

纤维组织的稳定性很高，不能用热处理方法加以消除。只有经过锻压使金属产生变形，才能改变其方向和形状。因此，为了获得具有最好力学性能的零件，在设计和制造时，都应使零件在工作中受到的最大正应力方向与纤维方向一致、最大切应力方向与纤维方向垂直、纤维分布与零件的轮廓相符合，从而使纤维组织不被切断。

例如，当采用棒料直接经切削加工制造螺钉时，螺钉头部与杆部的纤维被切断，不能连贯起采，受力时产生的切应力顺着纤维方向，故螺钉的承载能力较弱，如图 10-3(a) 所示。当采用同样棒料经局部镦粗方法制造螺钉时，如图 10-3(b) 所示，纤维不被切断，连贯性好，方向也较为有利，故螺钉质量较好。

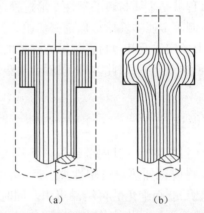

图 10-3 不同工艺方法对纤维组织的影响
(a)切削加工制造的螺钉；(b)局部镦粗制造的螺钉。

10.1.2 金属的可锻性

金属可锻性是衡量材料通过塑性加工获得优质零件的难易程度的工艺性能指标。金属的可锻性好，表明该金属适合于塑性加工成形；可锻性差，说明该金属不宜采用塑性加工方法成形。可锻性常用金属的塑性和变形抗力两个指标来综合衡量。塑性越高，变形抗力越小，则可认为金属的可锻性好；反之则差。

金属的塑性常用金属的断面收缩率 Z 和伸长率 A 来表示。凡是 Z、A 值越大或镦粗时在不产生裂纹情况下变形程度越大的，其塑性就越高。变形抗力系指在变形过程中金属抵抗工具作用的力。变形抗力越小，则变形过程中所消耗的能量也越少。金属的可锻性取决于金属的本质和加工条件。

1. 金属的本质

(1) 化学成分的影响。不同化学成分的金属，其可锻性不同。一般情况下，纯金属的可锻性比合金好。例如，纯铁的塑性就比含碳量高的钢好，变形抗力也较小。又如钢中含有碳化物形成元素（如铬、钼、钨、钒等）时，则可锻性显著下降。

(2) 金属组织的影响。金属内部的组织结构不同，其可锻性有很大差别。纯金属及固溶体（如奥氏体）的可锻性好，而碳化物（如渗碳体）的可锻性差。铸态柱状组织和粗晶粒结构不如晶粒细小而又均匀组织的可锻性好。

2. 加工条件

（1）变形温度的影响。提高金属变形时的温度是改善金属可锻性的有效措施，并对生产率、产品质量及金属的有效利用等均有很大影响。金属在加热过程中随着温度的升高，其性能的变化很大。基本规律是随温度升高，金属的塑性上升，变形抗力下降，即金属的可锻性变好。其原因是金属原子在热能作用下，处于极为活泼的状态中，很容易进行滑移变形。对于碳素结构钢而言，加热温度超过 Fe-C 合金状态图中的 A_3 线，其组织为单一的奥氏体，塑性好，故很适宜于进行塑性加工。

但加热温度过高会产生过热、过烧、脱碳和严重氧化等缺陷，甚至使锻件报废。因此，应严格控制锻造温度。锻造温度系指始锻温度（开始锻造的温度）和终锻温度（停止锻造的温度）间的温度范围。碳素钢的始锻温度和终锻温度的确定是以 Fe-C 合金状态图为依据。碳钢的始锻温度和终锻温度如图 10-4 所示。始锻温度比 AE 线低 200℃ 左右，终锻温度约为800℃。终锻温度过低，金属的加工硬化严重，变形抗力急剧增加，使加工难以进行。如强行锻造，将导致锻件破裂报废。

（2）变形速度的影响。变形速度即单位时间内的变形程度。它对金属可锻性的影响是相互矛盾的：一方面由于变形速度的增大，回复和再结晶不能及时消除加工硬化现象，金属表现出塑性下降、变形抗力增大，如图 10-5 所示，可锻性变坏；另一方面，金属在变形过程中，消耗于塑性变形的能量，有一部分转化为热能，使金属温度升高（称为热效应现象）。变形速度越大，热效应现象越明显，则金属的塑性提高、变形抗力下降，如图 10-5 中 a 点以后，可锻性变好。但热效应现象除高速锤锻造外，在一般塑性加工的变形过程中，因速度低故不甚明显。

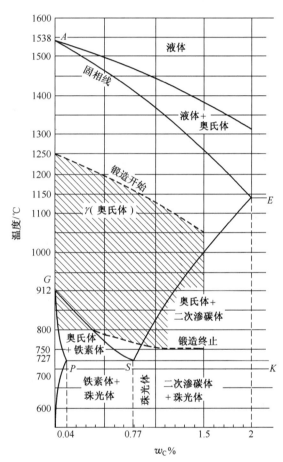

图 10-4　碳钢的锻造温度范围

（3）应力状态的影响。金属在经受不同压力加工方法进行变形时，所产生的应力大小和性质（压应力或拉应力）是不同的。例如，挤压变形时（图 10-6），为三向受压状态，而拉拔时（图 10-7），则为两向受压、一向受拉的应力状态。

实践证明，3 个方向中压应力的数目越多，则金属的塑性越好。拉应力的数目越多，则金属的塑性越差。而且同号应力状态下引起的变形抗力大于异号应力状态下的变形抗力。当金属内部存在气孔、小裂纹等缺陷时，在拉应力作用下，缺陷处易产生应力集中，缺陷将扩

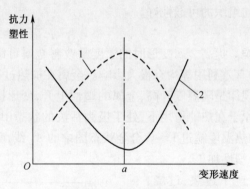

图 10-5　变形速度对塑性及变形抗力的影响

1—变形抗力曲线；2—塑性变化曲线。

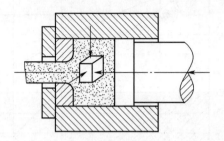

图 10-6　挤压时金属的应力状态

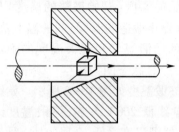

图 10-7　拉拔时金属的应力状态

展、甚至破坏而使金属失去塑性。压应力使金属内部摩擦增大，变形抗力随之增大。由于压应力使金属内部原子间距减小，又不易使缺陷扩展，故金属的塑性提高。

综上所述，金属的可锻性既取决于金属的本质，又取决于变形条件。在塑性加工过程中，要力求创造最有利的变形条件，充分发挥金属的塑性，降低变形抗力，使功耗最少，变形进行得充分，以达到加工的目的。

10.1.3　金属塑性变形的基本定律

1. 体积不变假设

金属在塑性变形过程中其体积为一常数，或者说金属坯料在塑性变形前后的体积相等。这就是体积不变假设，又叫体积不变定律。

而实际上，金属在塑性变形过程中其体积总会发生一些微小的变化。例如，热变形后金属的密度增加，体积稍许减少；冷变形时，由于晶体的晶内破坏和晶间破坏现象，金属的疏松程度增加，使金属体积稍有增加。这些微小的变化，在锻造生产中可以忽略不计。因此，在工艺上计算锻件坯料尺寸和工序尺寸以及设计模具时，均可根据体积不变定律来进行。

2. 最小阻力定律

最小阻力定律指金属变形时首先向阻力最小的方向流动。一般而言，金属内某一质点流动阻力最小的方向是通过该质点向金属变形部分的周边所作的法线方向。因为质点沿此方向移动的距离最短，所需的变形功最小。最小阻力定律的应用，在锻造生产中具有重要意义。根据这个定律，就可以在许多复杂情况下确定金属变形时各质点的移动方向，进而控制金属坯料变形的流动途径，以利于金属坯料的锻造成形，从而达到降低变形能量的消耗、提高生产效率的目的。图10-8所示为最小阻力定律在锻造生产中的应用举例。

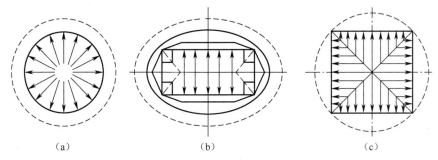

图 10-8　不同断面上质点的移动方向
(a)圆形断面;(b)矩形断面;(c)正方形断面。

(1) 当镦粗圆形坯料时,内部各质点在水平方向的移动是沿着半径方向进行的。如图 10-8(a)所示。这是因为质点沿半径方向移动的距离最短,而所受的阻力也最小,故镦粗后的形状仍是圆形。

(2) 当镦粗矩形坯料时,根据最小阻力定律可知,断面上各质点应沿着垂直于周边并由质点至周边最短距离的方向(即质点离周边的最短法线方向)移动。因此,按金属质点移动方向可用分角线和平分线将平面划分成图 10-8(b)所示的 4 个区域。图中箭头所示方向为各区域质点移动的最短法线方向;分角线处质点移动的阻力比平分线处的要大。

(3) 正方形坯料镦粗时,断面上各质点沿着垂直于周边的最短距离的方向移动,最后呈圆形,如图 10-8(c)所示。

10.2　自　由　锻

自由锻是利用冲击力或压力使金属在上、下两个砧铁之间产生塑性变形,从而得到所需锻件的锻造方法。自由锻时,除与上、下砧铁接触的金属部分受到约束外,金属坯料朝其他各个方向均能自由变形流动,不受外部的限制,故无法精确控制变形的发展。常用自由锻设备有空气锤、蒸汽-空气锤和水压机。自由锻分为手工自由锻与机器自由锻,机器锻通常有锤上自由锻以及水压机上自由锻。机器自由锻是自由锻的主要方法。

自由锻具有以下特点:

(1) 应用设备和工具有很大的通用性,且工具简单,但只能锻造形状简单的锻件,劳动强度大,生产率低。

(2) 自由锻可以锻出质量从不到 1kg 到 200~300t 的锻件,自由锻是生产大型锻件的唯一方法,因此,自由锻在重型机械制造中具有特别重要的意义。

(3) 自由锻依靠操作者控制其形状和尺寸,锻件精度低,表面质量差,金属消耗也较多。

因此,自由锻主要用于品种多、产量不大的单件小批量生产,也可用于模锻前的制坯工序。工序是指在一个工位(工作地点)对一个工件所连续完成的那部分工艺过程。

10.2.1　自由锻的基本工序

各种类型的自由锻件都是采用不同的锻造工序来完成的。自由锻工序可分为基本工序、辅助工序及精整工序三大类。辅助工序是为了使基本工序操作方便而进行的预先变形，如压钳口、钢锭倒棱和切肩等。精整工序一般是以提高锻件表面质量为目的的工序，通常在终锻温度以下进行。

自由锻造的基本工序可分为镦粗、拔长(延伸)、冲孔、错移、扭转、弯曲、切割及锻接等8种。

1. 镦粗

镦粗是减少坯(锭)料的高度，增加其横截面积的工序。若使坯料的局部截面增大，叫做局部镦粗，如图10-9(a)所示。镦粗时由于工具与坯料接触表面有摩擦力 T 的存在使变形不均匀，大致可分为3个区域，如图10-9(b)所示。Ⅰ表示由于外摩擦的影响而产生的难变形区；Ⅱ表示与作用力 F 成45°角的有利方位的易变形区；Ⅲ表示变形程度居于中间的自由变形区。镦粗时Ⅰ区及Ⅲ区内往往产生附加拉应力，Ⅰ区内的附加拉应力一般说来是没有危险的，因为在该区内主要是三向压应力状态。而在Ⅲ区内，附加拉应力作用是比较危险的，有时在坯料侧面出现纵向的镦粗裂纹，应当特别注意。

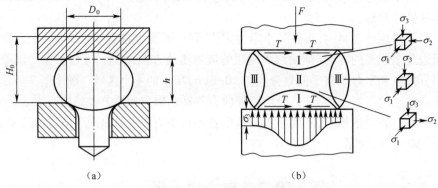

图 10-9　自由锻的镦粗

(a)局部镦粗；(b)镦粗。

(1) 镦粗的目的如下：①得到比坯料(或钢锭)截面大的锻件，如锻造叶轮、齿轮和圆盘等锻件；②锻制空心锻件时作为冲孔前的预备工序，如锻造护环、高压容器筒等锻件；③作为提高拔长锻压比的预备工序。如锻件本身对变形量要求高，必须采用镦粗工序来满足；④作为测定金属工艺塑性的试验手段，采用镦粗试验测定的塑性指标，可作为制定锻压工艺规程中最大允许压下量的根据。

(2) 镦粗的技术要求：①被镦粗坯料的高度 H_0 要小于其直径 D_0 的2.5~3倍，即 $H_0 \leqslant (2.5\sim3)D_0$，否则易产生弯曲；②坯料加热要均匀，防止坯料轴线在镦粗中偏移；③坯料的两端面要平整且与其轴线垂直，防止镦歪；④坯料表面要平整，不得有裂纹或凹坑，防止裂纹扩大与产生夹层；⑤锭料在镦粗前要先压棱，消除锥度，锻合皮下气泡，防止在镦粗过程中露出表面被氧化而造成裂纹。

2. 拔长(延伸)

拔长是缩小坯料横截面积以增加其长度的工序，它适用于锻制长轴类工件。拔长时坯料上的变形区分布与镦粗变形相似，如图10-10所示，同样可分为Ⅰ、Ⅱ、Ⅲ这3个变形区。

金属在承受了第一次压缩后，一般需要把坯料翻转90°，再进行第二次压缩，这样使原来的区域Ⅲ在第二次压缩后变为区域Ⅰ，消除了鼓形。所以金属在拔长变形中基本上改善了变形的不均匀性。

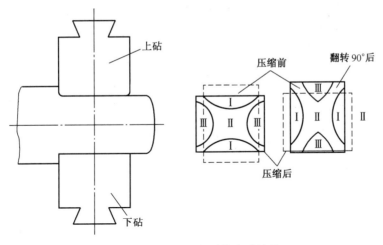

图 10-10　坯料拔长时的变形情况

拔长的一般规则如下:①拔长时要不断地翻转 90°,以使坯料四面压下均匀,减少因为不均匀变形而引起的内应力,甚至造成裂纹;②钢锭拔长时,开始从冒口线以内 20mm 处向外部进行锻压,防止缩孔压入坯料内部,首先要轻压棱角,压下量一般为 20~60mm,防止被压开裂;③锻造钢坯时,一般是从中间向两端进行拔长,有利于重量均衡,便于操作;④为防止坯料转 90°后再压下时产生弯曲,应使 $h_1 \leqslant 2.5b$,如图 10-11 所示;⑤每次送进量 L 不要小于单面压下量 h,太小时易产生折叠,太大时变形不均匀、不深透,正常送进量规定为 $L = \frac{3}{4}a$(a 为方坯边长)或 $L = (0.4 \sim 0.8)B$(B 为砧宽),如图 10-12 所示。

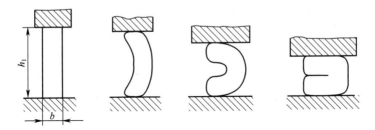

图 10-11　坯料转 90°压下产生弯曲折叠情况

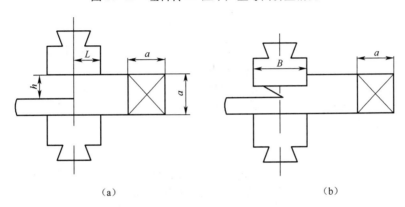

(a)　　　　　　　　　　　　　(b)

图 10-12　拔长时送进量 L 的规定

(a)开始送进;(b)产生折叠。

235

其他几种变相拔长,图10-13(a)所示的带芯轴拔长,锻制炮筒类空心长管锻件;图10-13(b)所示的在芯轴上扩孔,用以锻制护环和空心圈等锻件。

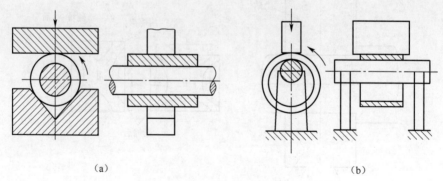

(a)　　　　　　　　　　　　　　　　　　　(b)

图 10-13　其他几种变相拔长
(a)芯轴拔长;(b)芯轴扩孔。

3. 冲孔

冲孔是锻制空心锻件的主要工序,如护环、厚壁钢管及高压汽缸等锻件。冲孔常用的方法有两种,即实心冲头冲孔及空心冲头冲孔。实心冲头冲孔工艺如图10-14所示。冲孔时坯料要放在下砧7或垫板上,如是采用锭料冲孔,应将钢锭的冒口端朝下放。冲头的小头向下放在坯料的端面中央,然后轻击冲头在坯料端面压出一浅坑,取下冲头撒上一层煤粉或石墨粉,再装上冲头并开始猛烈锤击冲头,使其冲入坯料深处。此时煤粉(或石墨粉)燃烧生成气体而顶回冲头,有利于冲头从坯料中取出。

若在高大坯料和钢锭上冲孔,可以使用圆柱形接长垫柱4、5进一步将冲头冲入金属,直到与冲子接触的坯料连皮厚度到100~160mm为止。然后将坯料翻转180°,再用开孔冲头6冲去芯料和工作冲头,如图10-14(c)所示。

要在大型钢锭上得到大直径的孔,如冲孔直径大于300~500mm,而且必须去除中央偏析区时,则用空心冲头冲孔,除去偏析区可以提高锻件质量,这是此种方法的主要优点。采用空心冲头冲孔工艺如图10-15所示。

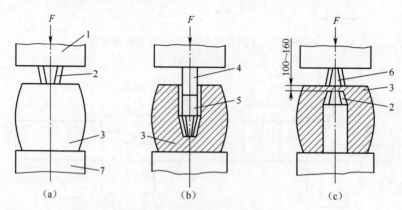

(a)　　　　　　　　　　(b)　　　　　　　　　　(c)

图 10-14　实心冲头冲孔
1—上砧;2—冲头;3—钢锭冒口部分;4—第二节垫柱;
5—第一节长垫柱;6—开孔冲头;7—下砧(或垫板)。

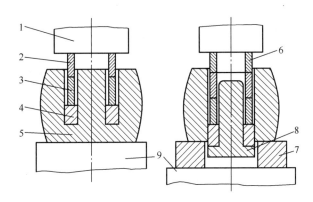

图 10-15　空心冲头冲孔

1—上砧;2—第二节套筒;3—第一节套筒;4—空心冲头;5—钢锭冒口端;

6—第三节套筒;7—垫圈;8—芯料;9—垫板(或下砧)。

4. 错移

错移是使坯料的一部分相对另一部分产生位移的工序。错移后其轴线仍保持平行。锻制曲轴时多采用错移工序,如图 10-16 所示的单拐曲轴的锻制。

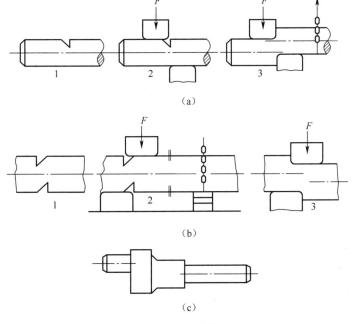

图 10-16　错移

(a)在一个平面内错移;(b)在两个平面内错移;(c)单拐曲轴。

1—切肩;2—移动下砧块;3—错移结果。

5. 扭转

扭转是坯料的一部分绕其轴心线旋转一定角度的工序。几个曲拐不在同一平面的多拐曲轴,常需采用扭转或错移的工序来实现。扭转工艺如图 10-17 所示。

6. 弯曲

弯曲是用以锻制弯曲形锻件所采用的工序。如锻制吊钩,在弯曲的时候坯料横截面的

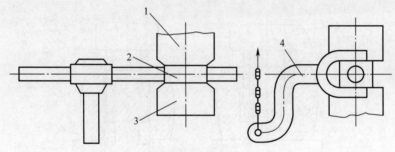

图 10-17　扭转

1—上砧;2—锻件;3—下砧;4—扭转叉子。

原始形状会随着改变。弯曲半径越小,这种变形就越大,如图 10-18 所示。在弯曲处的外面金属会被拉缩,圆形截面会变成椭圆的,而方形截面可能变成梯形的。在弯曲部分的凸面上由于有很大的拉应力,可能出现裂纹;而在内侧可能形成皱纹。为使弯曲处保持坯料截面形状,应采取图 10-18(b)所示的坯料形状。图 10-18(c)所示为弯曲成形的吊钩件。

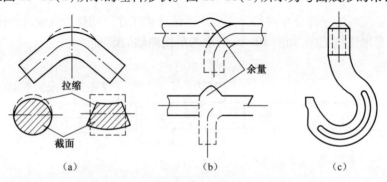

图 10-18　弯曲

(a)弯曲时截面变形 ;(b)弯曲处的裕量;(c)吊钩件。

7. 切割

切割是使坯料分开的工序。如锻造钢锭时要切头、切尾、分段、劈缝及切割成所需要的形状等,如图 10-19 所示。

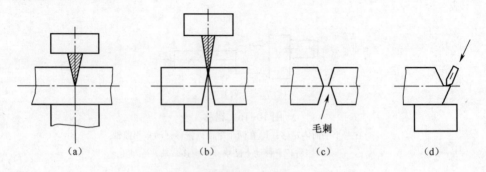

图 10-19　切割

(a)切入;(b)翻转再切入;(c)切开;(d)去毛刺。

10.2.2　自由锻工艺规程的制定

制定工艺规程、编写工艺卡片是进行自由锻生产必不可少的技术准备工作,是组织生产

238

过程、制定操作规范、控制和检查产品质量的依据。自由锻工艺规程包括以下几方面主要内容。

1. 绘制锻件图

锻件图是工艺规程中的核心内容。它是以零件图为基础,结合自由锻工艺特点绘制而成的。绘制锻件图时主要应考虑以下几个因素:

（1）敷料。为了简化锻件形状、便于进行锻造而增加的一部分金属,称为敷料,如图 10-20 所示。

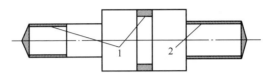

图 10-20　锻件的敷料与余量

1—敷料;2—余量。

（2）锻件余量。由于自由锻件的尺寸精度低、表面质量较差,需再经切削加工制成成品零件,所以,应在零件的加工表面上增加可供切削加工用的金属,称为锻件余量。其大小与零件的状态、尺寸等因素有关。零件越大,形状越复杂,则余量越大。具体数值应结合生产的实际条件查表确定。

（3）锻件公差。锻件公差是锻件名义尺寸的允许变动量。其值的大小应根据锻件的形状、尺寸并考虑到具体的生产情况加以选取。图 10-21 所示为典型自由锻件图。为了使锻造者了解零件的形状和尺寸,在锻件图上用双点画线画出零件主要轮廓形状,并在锻件尺寸线的下面用括弧标注出零件尺寸。对于大型锻件,必须在同一个坯料上锻造出进行性能检验用的试样。试样的形状和尺寸也应在锻件图上表示出来。

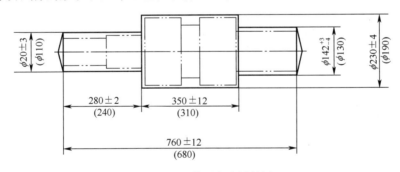

图 10-21　典型自由锻件图

2. 计算坯料质量及尺寸

材料质量可按下式计算,即

$$G_{坯料} = G_{锻件} + G_{烧损} + G_{料头}$$

式中:$G_{坯料}$为坯料质量;$G_{锻件}$为锻件质量;$G_{烧损}$为加热时坯料表面氧化而烧损的质量,第一次加热取被加热金属的 2%~3%,以后各次加热取 1.5%~2.0%;$G_{料头}$为锻造过程中冲掉或被切掉的金属质量,如冲孔时坯料中部的料芯、修切端部产生的料头等。

当采用钢锭作坯料锻造大型锻件时,还要考虑切掉的钢锭头部和钢锭尾部的质量。确定坯料尺寸时,应考虑到坯料在锻造过程中必需的变形程度,即锻造比的问题。对于以碳素钢锭作为坯料并采用拔长方法锻制的锻件,锻造比一般不小于 2.5~3;如果采用轧材作坯料,则锻造比可取 1.3~1.5。

3. 选择锻造工序

自由锻造的工序是根据工序特点和锻件形状来确定的。对于一般自由锻件的分类及大致所采用的工序见表 10-1。

表 10-1　自由锻件分类及所需锻造工序

锻件类型	图　　例	锻造工序	实例
盘类、圆环类锻件	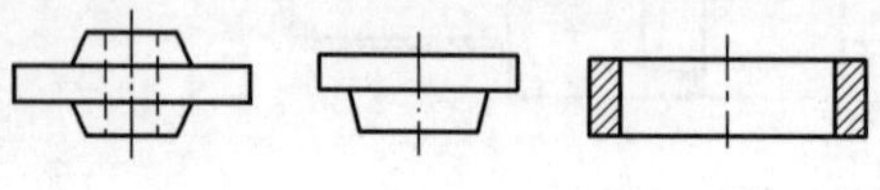	镦粗、冲孔、扩孔、定径	齿轮、法兰、套筒、圆环等
筒类零件	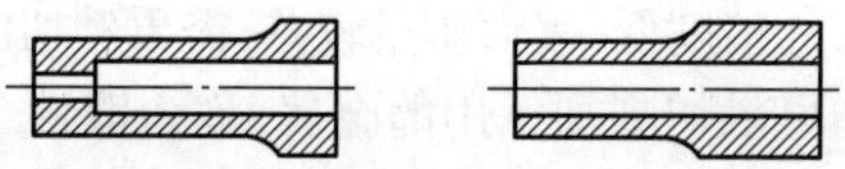	镦粗、冲孔、芯棒拔长、滚圆	圆筒、套筒等
轴类零件	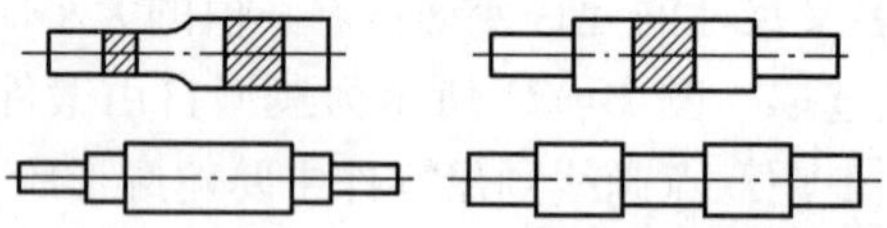	拔长、压肩、滚圆	主轴、转动轴等
杆类零件	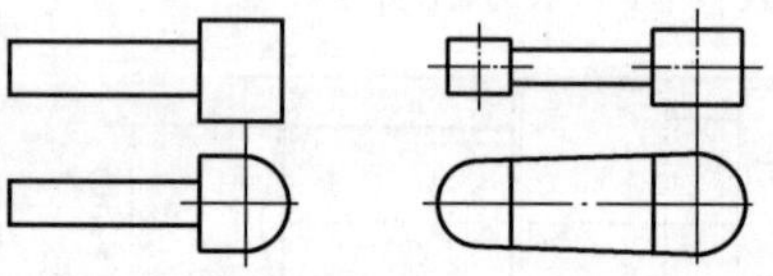	拔长、压肩、修正、冲孔	连杆等
曲轴类零件	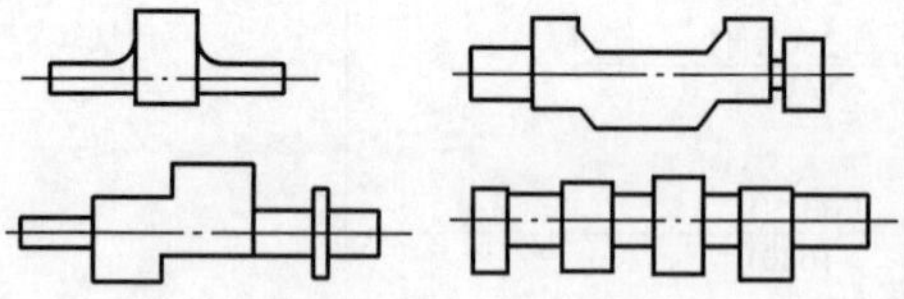	拔长、错移、压肩、扭转、滚圆	曲轴、偏心轴等
弯曲类零件	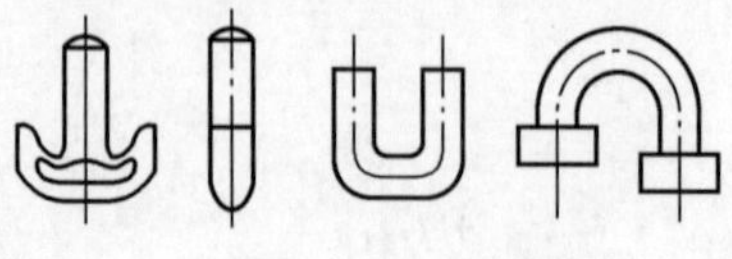	拔长、弯曲	吊钩、轴瓦盖、弯杆等

自由锻工艺规程的内容还包括确定所用工具、加热设备、加热规范、加热火次、冷却规范、锻造设备和锻件的后续处理等。

典型自由锻件(半轴)的锻造工艺卡见表 10-2。

240

表 10-2 半轴自由锻工艺卡

	半　轴	图　例
坯料质量	25kg	$\phi55\pm2(\phi48)$　$\phi70\pm2(\phi60)$　$\phi60^{+1}_{-2}(\phi50)$　$\phi80\pm2(\phi70)$　$\phi105\pm1.5$ (98)　$\phi123^{+2}_{-1}$　$\phi114.8$
坯料尺寸	$\phi130\times240mm$	$45\pm2(38)$　102 ± 2 (92)
材料	18CrMnTi	90^{+3}_{-2}　$287^{+2}_{-3}(297)$　$150\pm2(140)$　$690^{+3}_{-5}(672)$

火次	工　序	图　例
1	锻出头部	$\phi108$　$\phi125$　47
	拔长	$\phi108$
	拔长及修整台阶	$\phi81$　104
	拔长并留出台阶	$\phi70$　152
	锻出凹档及拔长端部并修整	$\phi60$　$\phi55$　90　287

10.3　模　锻

模锻是在高强度金属锻模上预先制出与锻件形状一致的模腔,使坯料在模腔内受压变形的锻造方法。在变形过程中,由于模腔对金属坯料流动的限制,因而锻造终了时能得到与

模腔形状相符的锻件。与自由锻相比,模锻具有以下优点:

(1) 生产率较高。自由锻时,金属的变形是在上、下两个砧铁间进行的,难以控制。模锻时,金属的变形是在模腔内进行的,故能较快获得所需形状。

(2) 模锻件尺寸精确,加工余量小。

(3) 可以锻造出形状比较复杂的锻件,如果采用自由锻方法来生产,则必须加大量敷料来简化结构形状。

(4) 模锻生产比自由锻生产节省金属材料,减少切削加工工作量。在批量足够的条件下大大降低零件的生产成本。

但是,模锻生产由于受模锻设备吨位的限制,模锻件不能太大,模锻件质量一般在150kg 以下。此外,由于制造锻模成本很高,所以模锻不适合小批和单件生产。模锻生产适合于小型锻件的大批量生产。

按使用的设备不同,模锻可分为锤上模锻、压力机上模锻、胎模锻等。

10.3.1　锤上模锻

锤上模锻所用设备有蒸汽-空气锤、无砧座锤、高速锤等。一般工厂中主要是用蒸汽-空气锤,如图 10-22 所示。

模锻生产所用蒸汽—空气锤的工作原理与蒸汽-空气自由锻锤基本相同。但由于模锻生产要求精度较高,故模锻锤的锤头与导轨之间的间隙比自由锻锤小,且机架 2 直接与砧座 3 连接,这样使锤头运动精确,保证上、下模能对准。其次,模锻锤一般均由一名模锻工人操纵,他除掌钳外,还同时要踩踏板 1 带动操纵系统 4 控制锤头行程及打击力的大小。

模锻锤的吨位为 10~200kN,模锻件的质量为 0.5~150kg。

1. 锻模结构

锤上模锻用的锻模如图 10-23 所示,由带有燕尾的上模 2 和下模 4 两部分组成。下模 4 用紧固楔铁 7 固定在模垫 5 上。上模 2 靠楔铁 10 紧固在锤头 1 上,随锤头一起做上、下往复运动。上、下模腔在一起,其中部形成完整的模腔 9。8 为分模面,3 为飞边槽。

模腔根据其功用的不同,可分为模锻模腔和制坯模腔两大类。

1) 模锻模腔

模锻模腔又分为终锻模腔和预锻模腔两种。

(1) 终锻模腔。其作用是使坯料最后变形到锻件所要求的形状和尺寸,因此它的形状应和锻件的形状相同。但因锻件冷却时要收缩,终锻模腔的尺寸应比锻件尺寸放大一个收缩量。一般钢件收缩量可取 1.5%。另外,沿模腔四周设有飞边槽,用以增加金属从模腔中流出的阻力,促使金属充满模腔,同时容纳多余的金属。对于具有通孔的锻件,由于不可能靠上、下模的凸起部分把金属完全挤压掉,故终锻后在孔内留下一薄层金属,称为冲孔连皮,如图 10-24 所示。把冲孔连皮和飞边冲掉后,才能得到有通孔的模锻件。

(2) 预锻模腔。其作用是使坯料变形到接近锻件的形状和尺寸,这样再进行终锻时金属容易充满终锻模腔。同时可减少终锻模腔的磨损,以延长锻模的使用寿命。预锻模腔和终锻模腔的区别在于前者的圆角和斜度较大,没有飞边槽。对于形状简单或批量不大的模锻件可不设置预锻模腔。

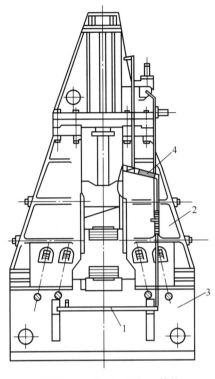

图 10-22　蒸汽-空气锤模锻

1—踏板;2—机架;3—砧座;4—操纵系统。

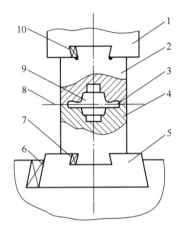

图 10-23　锤上锻模

1—锤头;2—上模;3—飞边槽;4—下模;5—模垫;

6,7,10—紧固楔铁;8—分模面;9—模膛。

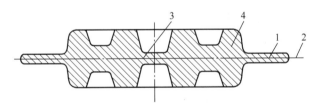

图 10-24　带有冲孔连皮及飞边的模锻件

1—飞边;2—分模面;3—冲孔连皮;4—锻件。

2）制坯模膛

对于形状复杂的模锻件,为了使坯料形状基本接近锻件形状,使金属能合理分布,并很好地充满模膛,必须预先在制坯模膛内制坯。制坯模膛有以下几种:

（1）拔长模膛。用它来减小坯料某部分的横截面积,以增加该部分的长度,当模锻件沿轴向横截面积相差较大时,采用这种模膛进行拔长。拔长模膛分为开式和闭式两种,分别如图 10-25（a）、(b)所示,一般设在锻模的边缘。操作时坯料除送进外还需翻转。

（2）滚压模膛。用它来减小坯料某部分的横截面积,以增大另一部分的横截面积。主要是使金属按模锻件的形状来分布。滚压模膛分为开式和闭式两种,分别如图 10-26(a)、(b)所示。当模锻件沿轴线的横截面积相差不是很大或修整拔长后的毛坯时可采用开式滚压模膛;而当模锻件的最大和最小截面相差较大时,宜采用闭式滚压模膛。操作时需不断翻转坯料。

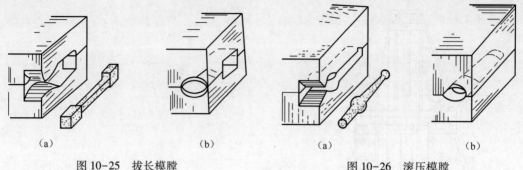

图 10-25 拔长模膛
(a)开式;(b)闭式。

图 10-26 滚压模膛
(a)开式;(b)闭式。

（3）弯曲模膛。对于弯曲的杆类模锻件,需用弯曲模膛来弯曲坯料,如图 10-27(a)所示。坯料可直接或先经其他制坯工步后放入弯曲模膛进行弯曲变形。弯曲后的坯料须翻转90°,再放入模锻模膛成形。

（4）切断模膛。切断模膛是在上模与下模的角部组成的一对刃口,用来切断金属,如图 10-27(b)所示。单件锻造时,用它从坯料上切下锻件或从锻件上切下钳口;多件同时锻造时,用它来分离成单件。

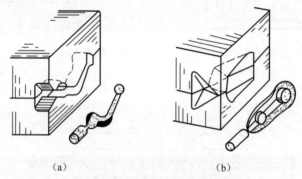

图 10-27 弯曲模膛和切断模膛
(a)弯曲模膛;(b)切断模膛。

此外,尚有成形、镦粗台和击扁面等制坯模膛。

根据模锻件的复杂程度不同,所需变形的模膛数量不等,可将锻模设计成单膛锻模或多膛锻模。单膛锻模是指在一副锻模上只有一个终锻模膛。例如,齿轮坯模锻件就是将圆柱形坯料直接放入单膛锻模中成形。多膛锻模是指在一副锻模上具有两个以上模膛的锻模。

2. 模锻工艺规程制定

模锻生产的工艺规程包括制定模锻件图、计算坯料尺寸、确定模锻工步(模膛)、选择模锻设备及安排修整工序等。

1）制定模锻件图

模锻件图是设计和制造锻模、计算坯料以及检查锻件尺寸的依据。绘制模锻件图时应考虑以下几方面问题:

（1）分模面。分模面是上、下锻模在模锻件上的分界面。锻件分模面的位置选择合适与否,直接关系到锻件成形、锻件出模和材料利用率等一系列问题。故制定模锻件图时,必须按以下原则确定分模面位置：

① 要保证模锻件能从模腔中顺利取出。如图 10-28 中所示零件，若选 a—a 面为分模面，则无法从模腔中取出锻件。一般情况下，分模面应选在模锻件最大尺寸的截面上。

② 按选定的分模面制造锻模，应使上、下两模沿分模面的模腔轮廓一致，以便在安装锻模和生产中容易发现错模现象，及时调整锻模位置。按图 10-28 中选 c—c 面为分模面时，就不符合此原则。

③ 最好把分模面选在能使模腔深度最浅的位置处。这样可使金属很容易充满模腔，便于取出锻件，并有利于锻模的制造。如图 10-28 中的 b—b 面，就不适合做分模面。

④ 选定的分模面应使零件上所加的敷料最少。如选择图 10-28 中的 b—b 面做分模面时，零件中间的孔锻造不出来，其敷料最多，既浪费金属、降低材料的利用率，又增加切削加工的工作量。因此，该面不宜选做分模面。

⑤ 最好使分模面为一个平面，且上、下锻模的模腔深度基本一致，差别不宜过大，以便于制造锻模。

按上述原则综合分析，图 10-28 所示的 d—d 面是最合理的分模面。

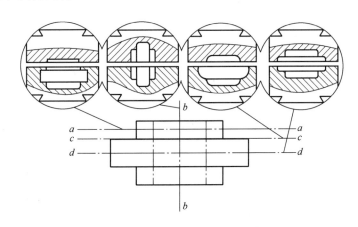

图 10-28　分模面的合理选择

（2）余量、公差和敷料。模锻时金属坯料在锻模中成形，因此模锻件的尺寸较精确，其公差和余量比自由锻件小得多。余量一般为 1~4mm，公差一般取在 ±(0.3~3)mm 之间。

当模锻件孔径 $d>25$mm 时孔应锻出，但需留冲孔连皮。冲孔连皮的厚度与孔径 d 有关，当孔径为 30~80mm 时，冲孔连皮的厚度为 4~8mm。

（3）模锻斜度。模锻件上平行于锤击方向的表面必须具有斜度，如图 10-29 所示，以便于从模腔中取出锻件。对于锤上模锻，模锻斜度一般为 5°~15°。模锻斜度与模腔深度和宽度有关。模腔深度与宽度的比值（h/b）越大，取的斜度值应越大。斜度 α_2 为内壁斜度（即当锻件冷却时锻件与模壁夹紧的表面），其值比外壁斜度 α_1（即当锻件冷却时锻件与模壁分开的表面）大 2°~5°。

（4）模锻圆角半径。在模锻件上所有两平面的交角处均需设计成圆角，如图 10-30 所示。这样，可增大锻件强度，使锻造时金属易于充满模腔，同时避免锻模上的内尖角处产生裂纹，减缓锻模外尖角处的磨损，从而提高锻模的使用寿命。一般钢模锻件外圆角半径 r 取 1.5~12mm，内圆角半径 R 比外圆角半径大 2~3 倍。模腔深度越深，圆角半径取值应越大。

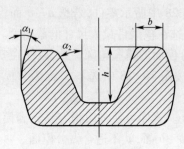

图 10-29　模锻斜度

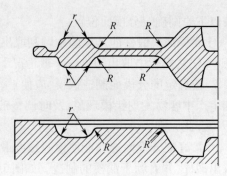

图 10-30　圆角半径

图 10-31 所示为齿轮坯的模锻件图。图中点画线为零件轮廓外形,分模面选在锻件高度方向的中部。零件轮辐部分不需加工,故不留加工余量。图中内孔中部的两条直线为冲孔连皮切掉后的痕迹线。

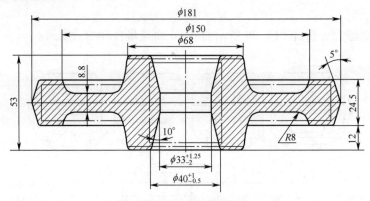

图 10-31　齿轮坯模锻件图

2)确定模锻工步

模锻工步主要根据锻件的形状和尺寸来确定,模锻件按形状可分为两大类:一类是长轴类零件,如台阶轴、曲轴、连杆、弯曲摇臂等,如图 10-32 所示;另一类为盘类模锻件,如齿轮、法兰盘等,如图 10-33 所示。

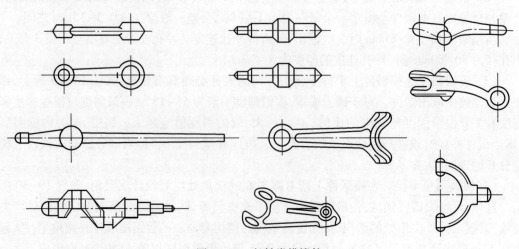

图 10-32　长轴类模锻件

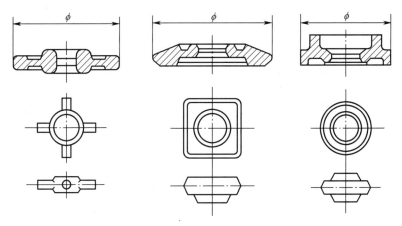

图 10-33　盘类模锻件

（1）长轴类模锻件。锻件的长度与宽度之比较大,锻造过程中锤击方向垂直于锻件的轴线。终锻时,金属沿高度与宽度方向流动,而长度方向的流动不显著。因此,常选用拔长、滚压、弯曲、预锻和终锻等工步。

对于形状复杂的锻件,还需选用预锻工步,最后在终锻模腔中模锻成形。例如,锻造弯曲连杆模锻件,如图 10-34 所示,坯料经过拔长、滚压、弯曲等 3 个工步,使其形状接近于锻件,然后经预锻及终锻两个模腔制成带有飞边的锻件。再经切除飞边等其他工步后即可获得合格锻件。

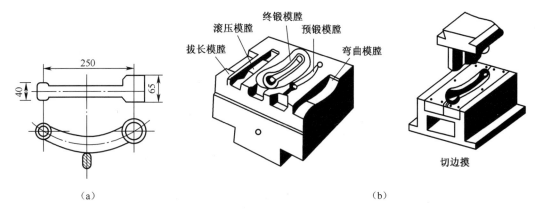

（a）　　　　　　　　　　　　　　　　（b）

图 10-34　弯曲连杆及锻造模具

(a)零件图;(b)锻造模具。

（2）盘类模锻件。盘类模锻件是在分模面上的投影为圆形或长度接近于宽度的锻件。锻造过程中锤击方向与坯料轴线相同,终锻时金属沿高度、宽度及长度方向均产生流动。因此常选用镦粗、终锻等工步。

对于形状简单的盘类模锻件,可只用终锻工步成形。而对于形状复杂、有深孔或有高筋的模锻件,则应增加镦粗工步。

3）修整工序

坯料在锻模内制成模锻件后,尚须经过一系列修整工序,以保证和提高锻件质量。修整工序主要包括以下内容:

(1) 切边和冲孔。刚锻制成的模锻件，一般都带有飞边及连皮，须在压力机上将它们切除。切边模如图 10-35(a) 所示，由活动凸模和固定凹模所组成。切边凹模的通孔形状和锻件在分模面上的轮廓一致。凸模工作面的形状与锻件上部外形相符。在冲孔模上，如图 10-35(b) 所示，凹模作为锻件的支座，凹模的形状应制成使锻件放到模具中时能对准中心。冲孔连皮从凹模孔落下。当锻件为大量生产时，切边及冲连皮可在一个较复杂的复合模或连续模上联合进行。

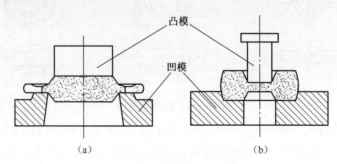

图 10-35　切边锻模及冲孔锻模
(a)切边锻模；(b)冲孔锻模。

(2) 校正。在切边及其他工序中都可能引起锻件变形。因此对许多锻件，特别是对形状复杂的锻件在切边（冲连皮）之后还需进行校正。校正可在锻模的终锻模腔或专门的校正模内进行。

(3) 热处理。对模锻件进行热处理的目的是为了消除模锻件的过热组织或加工硬化组织，使模锻件具有所需的力学性能。模锻件的热处理一般为正火或退火。

(4) 清理。为了提高模锻件的表面质量，改善模锻件的切削加工性能，模锻件需要进行表面处理，以去除在生产过程中形成的氧化皮、所沾油污及其他表面缺陷（如残余毛刺）等。

10.3.2　压力机上模锻

虽然锤上模锻具有工艺适应性广的特点，目前仍在锻压生产中得到广泛应用，但是，模锻锤在工作中存在振动和噪声大、劳动条件差、蒸汽效率低、能源消耗多等许多难以克服的缺点。因此，近年来大吨位模锻锤有逐步被压力机所取代的趋势。

用于模锻生产的压力机有摩擦压力机、曲柄压力机、平锻机、模锻水压机等。

1. 摩擦压力机上模锻

摩擦压力机也称为螺旋压力机，其工作原理如图 10-36 所示。锻模分别安装在滑块 7 和机座 9 上。滑块与螺杆 1 相连，沿导轨 8 只能做上下滑动。螺杆穿过固定在机架上的螺母 2，上端装有飞轮 3。两个圆盘 4 同装在一根轴上，由电动机 5 经过皮带 6 使圆盘轴在机架上的轴承中旋转。改变操纵杆位置可使圆盘轴沿轴向移动，这样就把某一个圆盘靠紧飞轮边缘，借助摩擦力带动飞轮转动。飞轮分别与两个圆盘接触就可获得不同方向的旋转，螺杆也就随飞轮做不同方向的转动。在螺母的约束下，螺杆的转动变为滑块的上下滑动，实现模锻生产。

在摩擦压力机上进行模锻主要是靠飞轮、螺杆及滑块向下运动时所积蓄的能量来实现。最大吨位可达 80000kN，常用的一般都在 10000kN 以下。摩擦压力机工作过程中滑块的速度为 0.5~1.0m/s，使坯料变形具有一定的冲击作用，且滑块行程可控，这与锻锤相似。坯

248

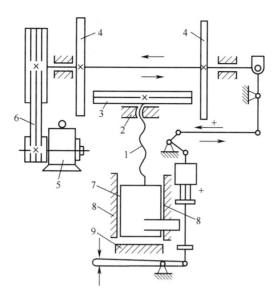

图 10-36　摩擦压力机传动简图

1—螺杆;2—螺母;3—飞轮;4—圆盘;5—电动机;6—皮带;7—滑块;8—导轨;9—机座。

料变形中的抗力由机架承受,形成封闭力系,这又是压力机的特点,所以摩擦压力机具有锻锤和压力机的双重工作特性。摩擦压力机上模锻具有以下特点:

(1)摩擦压力机的滑块行程不固定,并具有一定的冲击作用,因而可实现轻打、重打,可在一个模膛内进行多次锻打。不仅能满足模锻各种主要成形工序的要求,还可以进行弯曲、压印、热压、精压、切飞边、冲连皮及校正等工序。

(2)由于滑块运动速度慢,金属变形过程中的再结晶过程可以充分进行。因此,特别适合于锻造低塑性合金钢和有色金属(如铜合金)等。

(3)由于滑块打击速度慢,设备本身具有顶料装置,使取件容易,生产中不仅可以使用整体式锻模,还可以采用特殊结构的组合模具。使模具设计和制造得以简化,节约材料和降低生产成本。同时可以锻制出形状更为复杂、敷料和模锻斜度都很小的锻件,并可将轴类锻件直立起来进行局部镦锻。

(4)摩擦压力机承受偏心载荷能力差,通常只适用于单膛锻模进行模锻。对于形状复杂的锻件,需要在自由锻设备或其他设备上制坯。

摩擦压力机上模锻适合于中小型锻件的小批和中批量生产,如铆钉、螺钉、螺母、配汽阀、齿轮、三通阀体等,如图 10-37 所示。

综上所述,摩擦压力机具有结构简单、造价低、投资少、使用维修方便、基建要求不高、工艺用途广泛等特点,所以我国中小型工厂都拥有这类设备,用它来代替模锻锤、平锻机、曲柄压力机进行模锻生产。

2. 曲柄压力机上模锻

曲柄压力机的传动系统如图 10-38 所示。用 V 带 2 将电动机 1 的运动传到飞轮 3 上,通过传动轴 4 及传动齿轮 5、6 带动曲柄连杆机构的曲柄 8、连杆 9 和滑块 10。曲柄连杆机构的运动是靠气动多片式摩擦离合器 7 与飞轮 3 结合来实现。停止靠制动器 15 完成。锻模的上模固定在滑块上,而下模则固定在下部的楔形工作台 11 上。下顶料由凸轮 16、拉杆

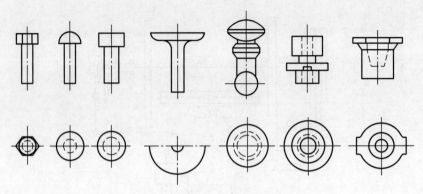

图 10-37　摩擦压力机上模锻件

14 和顶杆 12 来实现。

　　曲柄压力机的吨位一般为 2000~120000kN。曲柄压力机上模锻具有以下特点：

　　(1) 滑块行程固定,并具有良好的导向装置和顶件机构,因此锻件的公差、余量和模锻斜度都比锤上模锻小。

　　(2) 曲柄压力机作用力的性质是静压力。因此,曲柄压力机用锻模的主要模腔都设计成镶块式的,这种组合模制造简单、更换容易,而且可节省贵重模具材料。

　　(3) 由于热模锻曲柄压力机有顶件装置,所以能够对杆件的头部进行局部镦粗。如图 10-39(a) 所示的汽阀,在 6300kN 热模锻曲柄压力机上模锻,其锻坯可由平锻机或电镦

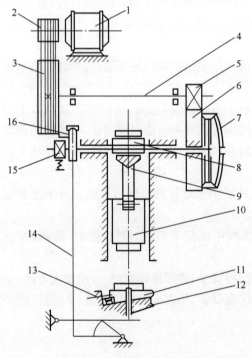

图 10-38　曲柄压力机传动图

1—电动机;2—V 带;3—飞轮;4—传动轴;5,6—传动齿轮;
7—离合器;8—曲柄;9—连杆;10—滑块;11—工作台;
12—顶杆;13—工作台调节器;14—拉杆;15—制动器;16—凸轮。

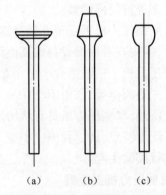

(a)　　(b)　　(c)

图 10-39　汽阀及锻坯

(a)汽阀锻件;(b)平锻锻坯;(c)电锻锻坯。

机供给,分别如图 10-39(b)、(c)所示。

(4) 因为滑块行程一定,不论在何种模腔中都是一次成形,所以坯料表面上的氧化皮不易被清除掉,影响锻件质量。其氧化问题应在加热时解决。同时,曲柄压力机上也不宜进行拔长和滚压工步。如果是横截面变化较大的长轴类模锻件,可以采用循环轧制坯料或用辊锻机制坯来代替这两个工步。

(5) 曲柄压力机上模锻由于是一次成形,金属变形量大,不易使金属填满终锻模腔,因此变形应逐渐进行。常常先采用预成形及预锻工步,最后终锻成形。

与锤上模锻相比,曲柄压力机上模锻具有以下优点:锻件精度高、生产率高、劳动条件好和节省金属等,适合于大批量生产。曲柄压力机上模锻的不足之处是设备复杂、造价相对较高。

10.3.3 胎模锻

胎模锻是在自由锻设备上使用胎模生产模锻件的压力加工方法。通常先采用自由锻方法使坯料预成形,然后放在胎模中终锻成形。胎模锻不需使用贵重的模锻设备,而且胎模一般不固定在锤头和砧座上,锻模结构比较简单。它在没有模锻设备的中小型工厂得到广泛应用。

胎模按其结构特点大致可分为扣模、套模及合模 3 种类型。

1. 扣模

扣模由上、下扣组成,如图 10-40(a)所示,或只有下扣,上扣以上砧代替,如图 10-40(b)所示。在扣模中锻造时锻件不需翻转,扣形后翻转 90°在锤砧上平整侧面。锻件不产生飞边及毛刺。扣模主要用于具有平直侧面的非回转体锻件成形。

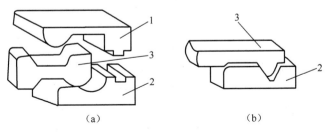

(a)   (b)

图 10-40 扣模
1—上扣;2—下扣;3—坯料。

2. 套模

套模又称套筒模,分开式套模和闭式套模两种。

(1) 开式套模,如图 10-41(a)所示。开式套模只有下模,上模以上砧代替。金属在模腔中成形,然后在上端面形成横向小飞边。开式套模主要应用于回转体锻件(如法兰盘、齿轮等)的最终成形或制坯。当用于最终成形时,锻件的端面必须为平面。

(2) 闭式套模,如图 10-41(b)所示。闭式套模由套模 4、冲头 6 及垫模 5 组成。它与开式套模的不同之处是,锤头的打击力通过冲头传给金属,使其在封闭的模腔中变形,封闭模腔大小取决于坯料体积。闭式套模属于无飞边锻造,要求下料体积准确。主要应用于端面有凸台或凹坑的回转体锻件的制坯与终锻成形,有时也用于非回转体锻件。

3. 合模

合模由上、下模及导向装置组成,如图 10-42 所示。在上、下模的分模面上环绕模腔开有飞边槽。金属在模腔中成形,多余金属流入飞边槽。锻后需要将飞边切除。合模是一种通用性较广的胎模,适合于各种锻件的终锻成形,特别是非回转体类锻件,如连杆、叉形锻件等。

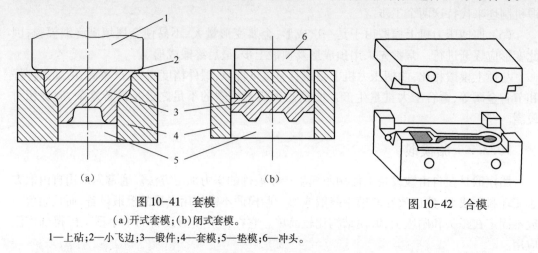

图 10-41 套模
(a)开式套模;(b)闭式套模。

图 10-42 合模

1—上砧;2—小飞边;3—锻件;4—套模;5—垫模;6—冲头。

胎模锻与自由锻相比,能提高锻件的质量、节省原材料、提高生产率、降低锻件的成本等。胎模锻与其他模锻相比,不需要贵重的专用模锻设备,锻模制作简单。其缺点是:锻件的精度稍差,工人的劳动强度大,生产率偏低,胎模具的使用寿命短等。

10.4 板料冲压

板料冲压是利用冲模使板料产生分离或成形的加工方法。这种加工方法通常是在冷态下进行的,所以又叫冷冲压。只有当板料厚度超过 8～10mm 时,才采用热冲压。板料冲压具有以下特点:①可以冲压出形状复杂的零件,废料较少;②产品具有足够高的精度和较低的表面粗糙度,互换性能好;③能获得质量小、材料消耗少、强度和刚度较高的零件;④冲压操作简单,工艺过程便于实现机械化和自动化,生产率很高,故零件成本低。但冲模制造复杂,只有在大批量生产条件下这种加工方法的优越性才显得更为突出。

板料冲压所用的原材料,特别是制造中空杯状和钩环状等成品件时,必须具有足够的塑性,板料冲压常用的金属材料有低碳钢、铜合金、铝合金、镁合金及塑性好的合金钢等。从形状上分,金属材料有板料、条料及带料。

冲压生产中常用的设备是剪床和冲床。剪床用来把材料剪成一定宽度的条料,以供下一步的冲压工序用。冲床用来实现冲压工序,获得所需形状和尺寸的成品零件。冲床的最大吨位可达 40000kN 以上。冲压生产可以进行很多种工序,其基本工序有分离工序和变形工序两大类。

10.4.1 分离工序

分离工序是使坯料的一部分与另一部分相互分离的工序,如落料、冲孔、切断、修正等。

1. 冲裁（落料和冲孔）

冲裁是使坯料按封闭轮廓分离的工序。落料和冲孔这两个工序中坯料的变形过程和模具结构都是一样的,只是用途不同。落料是被分离的部分为成品,而周边是废料;冲孔是被分离的部分为废料,周边是成品。

冲裁件的质量、冲裁模结构与冲裁时板料变形过程有密切关系,冲裁变形过程可分为以下 3 个阶段,如图 10-43 所示。

(1) 弹性变形阶段。冲头接触板料后,继续向下运动的初始阶段,使板料产生弹性压缩、拉伸与弯曲等变形,板料中的应力迅速增大。此时,凸模下的材料略有弯曲,凹模上的材料则向上翘。模具间隙 Z 的数值越大,弯曲和上翘越明显。

(2) 塑性变形阶段。冲头继续压入,材料中的应力值达到屈服点,则产生塑性变形。变形达到一定程度时,位于凸、凹模刃口处的材料硬化加剧,出现微裂纹,塑性变形阶段结束。

(3) 断裂分离阶段。冲头继续压入,已形成的上、下微裂纹逐渐扩大并向内扩展。上、下裂纹相遇重合后,材料被剪断分离。

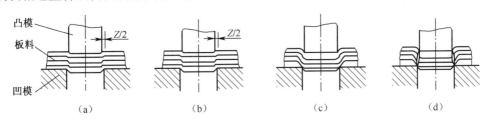

图 10-43 冲裁变形过程
(a)弹性变形;(b)塑性变形;(c)、(d)断裂分离。

冲裁件被剪断分离后,其断裂面分成两部分。塑性变形过程中,由冲头挤压切入所形成的表面光滑,表面质量最佳,称为光亮带;材料在剪断分离后所形成的断裂表面较粗糙,称为剪裂带。图 10-44 所示为冲裁零件断面示意图。冲裁件的断面质量主要与凸凹模间隙、刃口锋利程度等有关,同时也受模具结构、材料性能及厚度等因素的影响。

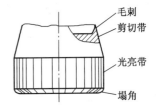

图 10-44 冲裁零件断面示意图

2. 凸凹模间隙

凸凹模间隙不仅严重影响冲裁件的断面质量,而且影响模具寿命、卸料力、推件力、冲裁力和冲裁件的尺寸精度等。如果间隙过大,材料中的拉应力增大,塑性变形阶段结束较早。凸模刃口附近的剪裂纹较正常间隙时向里错开一段距离,因此光亮带小一些,剪切带和毛刺均较大;而间隙过小时,材料中的拉应力减小,压应力增大,裂纹产生受到抑制,凸模刃口附近的剪裂纹较正常间隙时向外错开一段距离,上、下裂纹不能很好重合,致使毛刺增大。只有间隙控制在合理的范围内,上、下裂纹才能基本重合于一线,此时毛刺最小。

间隙也是影响模具寿命的最主要因素。冲裁过程中,凸模与被冲的孔之间、凹模与落料件之间均有摩擦,间隙越小摩擦越严重。在实际生产中,模具受制造误差和装配精度的限制,凸模不可能绝对垂直于凹模平面,间隙也不会均匀分布,所以过小的间隙对延长模具使用寿命极为不利。间隙对卸料力、推件力也有比较明显的影响。间隙越大,则卸料力和推件力越小。

正确选择合理间隙对冲裁生产至关重要。间隙过大或过小,均会影响冲裁件断面质量,甚至损坏冲模,如图10-45所示。当对冲裁件的断面质量要求较高时,应选取较小的间隙值。对冲裁件断面质量无严格要求时,应尽可能加大间隙,有利于提高冲模寿命。合理的间隙值可按表10-3中选取。对冲裁件的断面质量要求较高时,可将表中的数据减小1/3。

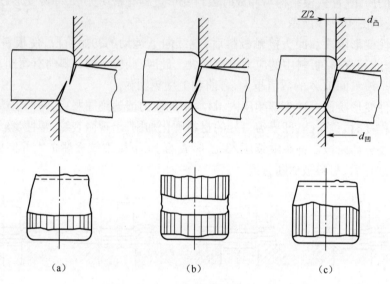

图10-45　模具间隙对冲裁件断面质量的影响

(a)间隙过大;(b)间隙过小;(c)间隙适中。

表 10-3　冲裁模合理间隙值

材料种类	材料厚度 t/mm				
	0.1~0.4	0.4~1.2	1.2~2.5	2.5~4	4~6
软钢、黄铜	0.01~0.02	(7%~10%)t	(9%~12%)t	(12%~14%)t	(15%~18%)t
硬钢	0.01~0.05	(10%~17%)t	(18%~25%)t	(25%~27%)t	(27%~29%)t
磷青铜	0.01~0.04	(8%~12%)t	(11%~14%)t	(14%~17%)t	(18%~20%)t
铝及铝合金(软)	0.01~0.03	(8%~12%)t	(11%~12%)t	(11%~12%)t	(11%~12%)t
铝及铝合金(硬)	0.01~0.03	(10%~14%)t	(13%~14%)t	(13%~14%)t	(13%~14%)t

3. 凸凹模刃口尺寸的确定

冲裁件尺寸和冲模间隙取决于凸模和凹模刃口的尺寸。设计落料模时,凹模刃口尺寸应等于工件的外形尺寸,凸模刃口尺寸为凹模尺寸减去模具间隙值 Z;而冲孔时,凸模刃口尺寸应等于孔的尺寸,凹模刃口尺寸为凸模尺寸加上模具间隙值。

冲模在工作过程中必然有磨损,落料件尺寸会随凹模刃口的磨损而增大。而冲孔件尺寸则随凸模的磨损而减小。为了保证零件的尺寸要求,并提高模具的使用寿命,落料时取凹模的刃口尺寸应靠近落料件公差范围内的最小尺寸。而冲孔时,选取凸模的刃口尺寸应靠近孔公差范围内的最大尺寸。

4. 冲裁件的排样

冲裁件在板料或条料上的布置方法(即排样方式)对材料的利用率、生产成本和产品质量均有较大影响。冲裁件的排样有两种类型,即无搭边排样和有搭边排样,如图 10-46 所示。无搭边排样,材料的利用率高,但冲裁件的尺寸精度不高,只有在对冲裁件质量要求不高时才采用;有搭边排样,冲裁件的尺寸准确,质量较高,并可提高模具的使用寿命,但材料消耗多。一般在生产中应根据实际情况合理选取。

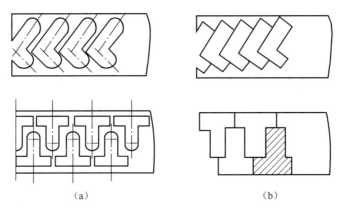

（a）　　　　　　　　　　（b）

图 10-46　冲裁件的排样方式

（a）有搭边排样;（b）无搭边排样。

5. 修整

利用修整模沿冲裁件外缘或内孔刮削一薄层金属,以切掉普通冲裁时在冲裁件断面上存留的剪裂带和毛刺,从而提高冲裁件的尺寸精度和降低表面粗糙度。修整冲裁件的外形称为外缘修整。修整冲裁件的内孔称为内缘修整,如图 10-47 所示。

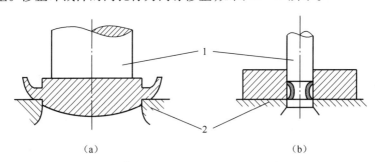

（a）　　　　　　　　　　（b）

图 10-47　修整工序简图

（a）外缘修整;（b）内孔修整。

1—凸模;2—凹模。

修整的机理与冲裁完全不同,与切削加工相似。修整时应合理确定修整余量及修整次数。对于小间隙落料件,单边修整量在材料厚度的 8% 以下。当冲裁件的修整总量大于一次修整量或材料厚度大于 3mm 时,均需进行多次修整。但修整的次数应越少越好。外缘修整模的凸凹模间隙,单边取 0.001~0.01mm,也可以采用负间隙修整,即凸模大于凹模的修整工艺。修整后冲裁件公差等级达 IT6~IT7,表面粗糙度值为 $Ra0.8~1.6\mu m$。

10.4.2　变形工序

变形工序是使坯料的一部分相对于另一部分产生位移而不破裂的工序,如拉深、弯曲、翻边和胀形等。

255

1. 拉深

（1）拉深过程。利用模具使落料后得到的平板坯料变形成开口空心零件的成形工序，如图10-48所示。其变形过程为：把直径为 D 的平板坯料放在凹模上，在凸模作用下，板料产生塑性变形，被拉入凸模和凹模的间隙中，形成空心零件。拉深件的底部一般不变形，只起传递拉力的作用，厚度基本上不变。零件直壁由坯料外径 D 减去内径 d 的环形部分所形成，主要受拉力作用，厚度有所减小。而直壁与底部之间的过渡圆角部位变薄最为严重。拉深件的法兰部分，切向受压应力作用，厚度有所增大。

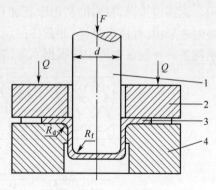

图10-48　拉深过程
1—凸模；2—压边圈；3—坯料；4—凹模。

（2）拉深系数。拉深件直径 d 与坯料直径 D 的比值称为拉深系数，用 m 表示，即 $m = d/D$。它是衡量拉深变形程度的指标。拉深系数越小，表明拉深件直径越小，变形程度越大，坯料被拉入凹模越困难。一般情况下，拉深系数 $m \geq 0.5 \sim 0.8$。如坯料的塑性较差按上限值选取，坯料的塑性好则按下限值选取。当 m 值过小时，往往在底部会产生拉裂现象。

如果拉深系数过小，不能一次拉深成形时，可采用多次拉深工艺，如图10-49、图10-50所示。在多次拉深过程中，会产生加工硬化现象。为保证坯料具有足够的塑性，生产中坯料经过一两次拉深后，应在工序间安排退火处理。此外，在多次拉深过程中，拉深系数应一次比一次略大些，以确保拉深件的质量，使生产顺利进行。总拉深系数等于每次拉深系数的乘积。

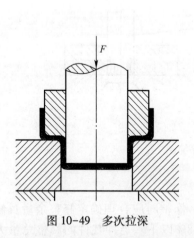

图10-49　多次拉深

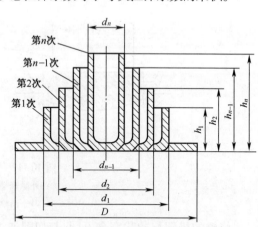

图10-50　多次拉深时圆筒直径的变化

（3）拉深件的成形质量问题。拉深件在成形过程中最常见的质量问题是破裂（图10-51）和起皱（图10-52）。

破裂是拉深件最常见的破坏形式之一，多发生在直壁与底部的过渡圆角处。产生破裂的原因主要有以下几点：

① 模具圆角半径设计不合理。拉深模的工作部分不能设计成锋利的刃口，应做成一定的圆角。对于普通低碳钢板拉深件，凹模圆角半径 $R_d = (6 \sim 8)t$（t 为坯料厚度），凸模圆角半径 $R_p = (0.6 \sim 1)R_d$。当这两个圆角半径（尤其是 R_d）过小时，就容易产生拉裂。

256

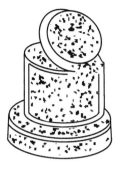

图 10-51　破裂拉深件

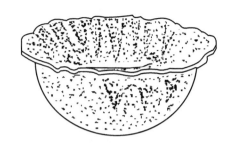

图 10-52　起皱拉深件

②凸凹模间隙不合理。拉深模的凸凹模间隙一般取 $Z=(1.1\sim1.2)t$(t 为坯料厚度)。间隙过小,模具与拉深件之间的摩擦力增大,易拉裂工件,擦伤工件表面,降低模具寿命。

③拉深系数过小。m 值过小时,板料的变形程度加大,拉深件直壁部分承受的拉力也加大,当超出其承载能力时,即会被拉断。

④模具表面精度和润滑条件差。当模具压料面粗糙和润滑条件不好时,会增大板料进入凹模的阻力,从而加大拉深件直壁部分的载荷,严重时会导致底角部位破裂。为了减少摩擦力,同时减少模具的磨损,拉深模的压料面要有较高的精度,并保持良好的润滑状态。

起皱多发生在拉深件的法兰部分。当无压边圈或压边力(压边力以 Q 表示)值较小时,法兰部分在切向压应力的作用下失稳,易产生起皱现象。起皱不仅影响拉深件的质量,严重时,法兰部分板料不能通过凸凹模间隙,最终导致拉裂。起皱主要与板料的相对厚度(t/D)、拉深系数 m 及压边力 Q 等有关,t/D、m、Q 值越小,越容易起皱。

2. 弯曲

弯曲是使坯料的一部分相对于另一部分弯曲成一定角度的工序,如图 10-53 所示。弯曲时材料内侧受压,而外侧受拉。当外侧拉应力超过坯料的抗拉强度极限时,会造成金属破裂。坯料越厚,内弯曲半径 r 越小,则压缩和拉伸应力越大,越容易弯裂。为防止破裂,弯曲的最小半径应为 $r_{min}=(0.25\sim1)t$(t 为板料厚度)。材料的塑性好,则弯曲半径可小些。

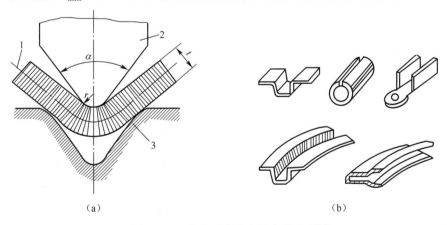

（a）　　　　　　　　　　　　　　　　　（b）

图 10-53　弯曲过程中金属变形示意图

(a)弯曲变形过程;(b)弯曲成形零件。

1—板料中心线;2—弯曲凸模;3—弯曲凹模。

弯曲时还应尽可能使弯曲线与坯料纤维方向垂直,如图 10-54 所示。若弯曲线与纤维方向一致,则容易产生破裂。此时可采用增大最小弯曲半径来避免。在弯曲结束后,由于弹性变形的恢复,坯料略微回弹一些,使被弯曲的角度增大,此现象称为回弹现象。一般回弹角为 $0° \sim 10°$。因此,在设计弯曲模时应使模具的角度比成品件的角度小一个回弹角,以便在弯曲后得到准确的弯曲角度。

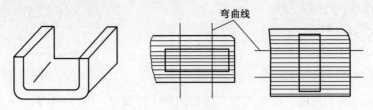

图 10-54　弯曲时的纤维方向

3. 胀形

胀形是利用坯料局部厚度变薄形成零件的成形工序。胀形是冲压成形的一种基本形式,也常与其他成形方式结合出现在复杂形状零件的冲压过程中。胀形主要有平板坯料胀形、管坯胀形等几种方式。

(1) 平板坯料胀形。平板坯料胀形过程如图 10-55 所示,将直径为 D_0 的平板坯料放在凹模上,加压边圈并在压边圈上施加足够大的压边力 Q,当凸模向凹模内压入时,坯料被压边圈压住不能向凹模内收缩,只能靠凸模底部坯料的不断变薄来实现成形过程。

平板坯料胀形常用于在平板冲压件上压制突起、凹坑、加强筋、花纹图及印记等,有时也和拉深成形结合,用于汽车覆盖件的成形,以增大其刚度。

(2) 管坯胀形。管坯胀形如图 10-56 示,在凸模压力的作用下,管坯的橡胶变形,直径增大,将管坯直径胀大,靠向凹模。胀形结束后,凸模抽回,橡胶恢复原状,从胀形件中取出。凹模采用分瓣式,从外套中取出后即可分开,将胀形件从中取出。有时也可用液体或气体代替橡胶来加工形状复杂的空心零件,如波纹管、高压瓶等。

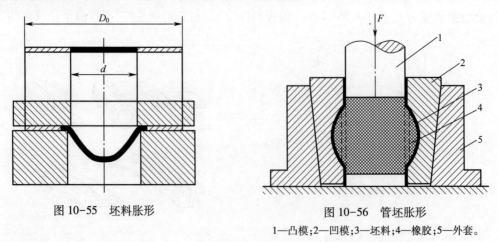

图 10-55　坯料胀形

图 10-56　管坯胀形
1—凸模;2—凹模;3—坯料;4—橡胶;5—外套。

4. 翻边

翻边是在成形坯料的平面或曲面部分上使板料沿一定的曲线翻成竖直边缘的冲压方法。翻边的种类较多,常见的是圆孔翻边。

圆孔翻边如图 10-57 所示,翻边前坯料孔的直径是 d_0,变形区是内径为 d_0、外径为 d_1 的环形部分。翻边过程中变形区在凸模作用下内径不断扩大,翻边结束时达到凸模直径,最终形成竖直的边缘,如图 10-58 所示。进行翻边工序时,如果翻边孔的直径超过允许值,会使孔的边缘造成破裂。其允许值可用翻边系数 K_0 来衡量,即

$$K_0 = d_0/d$$

式中:d_0 为翻边前的孔径尺寸;d 为翻边后的内孔尺寸。

对于镀锡钢薄板 $K_0 \geqslant 0.65 \sim 0.7$;对于酸洗钢 $K_0 \geqslant 0.68 \sim 0.72$。

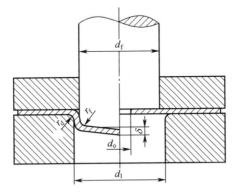

图 10-57　圆孔翻边示意图

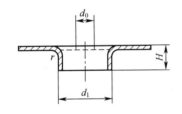 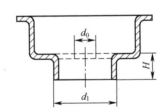 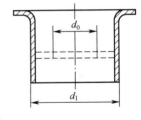

图 10-58　翻边加工举例

当零件所需凸缘的高度较大,用一次翻边成形计算出的翻边系数 K_0 值很小,直接成形无法实现时,则可采用先拉深、后冲孔(按 K_0 计算得到的允许孔径)、再翻边的工艺来实现。翻边成形在冲压生产中应用广泛,尤其在汽车、拖拉机、车辆等工业部门的应用更为普遍。

10.4.3　冲模的分类和构造

冲模是冲压生产中必不可少的模具。冲模结构的合理与否对冲压件质量、冲压生产效率及模具寿命等都具有很大影响。冲模基本上可分为简单模、连续模和复合模 3 种。

1. 简单冲模

简单冲模是在冲床的一次行程中只完成一道工序的冲模。图 10-59 所示为落料用的简单冲模。凹模 2 用压板 7 固定在下模板 4 上,下模板用螺栓固定在冲床的工作台上,凸模 1 用固定板 6 固定在上模板 3 上,上模板则通过模柄 5 与冲床的滑块连接。因此,凸模可随滑块做上下运动。为了使凸模向下运动能对准凹模孔,并在凸凹模之间保持均匀间隙,通常用导柱 12 和套筒 11 的结构。条料在凹模上沿两个导板 9 之间送进,碰到定位销 10 为止。凸模向下冲压时,冲下的零件(或废料)进入凹模孔,而条料则夹住凸模并随凸模一起回程向上运动。条料碰到卸料板 8 时(固定在凹模上)被推下,这样,条料继续在导板间送进。

重复上述动作,冲下第二个零件。

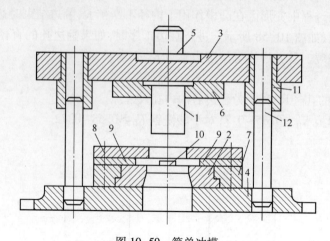

图 10-59   简单冲模
1—凸模;2—凹模;3—上模板;4—下模板;5—模柄;6—凸模固定板;7—压板;
8—卸料板;9—导板;10—定位销;11—套筒;12—导柱。

2. 连续冲模

连续冲模是冲床的一次行程中,在模具不同部位上同时完成数道冲压工序的模具,如图 10-60 所示。工作时定位销 2 对准预先冲出的定位孔,上模向下运动,凸模 1 进行落料,凸模 4 进行冲孔。当上模回程时,卸料板 6 从凸模上推下残料。这时再将坯料 7 向前送进,执行第二次冲裁。如此循环进行,每次送进距离由挡料销控制。

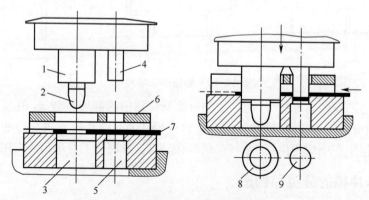

图 10-60   连续冲模
1—落料凸模;2—定位销;3—落料凹模;4—冲孔凸模;
5—冲孔凹模;6—卸料板;7—坯料;8—成品;9—废料。

3. 复合冲模

复合冲模是冲床的一次行程中在模具同一部位上同时完成数道冲压工序的模具,如图 10-61 所示。复合模的最大特点是模具中有一个凸凹模 1。凸凹模的外圆是落料凸模刃口,内孔则成为拉深凹模。当滑块带着凸凹模向下运动时,条料首先在凸凹模 1 和落料凹模 4 中落料。落料件被下模中的拉深凸模 2 顶住,滑块继续向下运动时凹模随之向下运动进行拉深。顶出器 5 和卸料器 3 在滑块的回程中将拉深件 9 推出模具。复合模适用于产量大、精度高的冲压件。

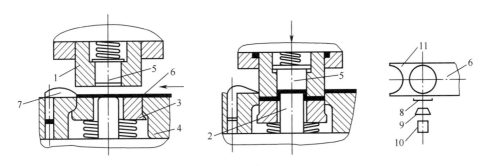

图 10-61　落料及拉深复合模

1—凸凹模；2—拉深凸模；3—压板(卸料器)；4—落料凹模；5—顶出器；

6—条料；7—挡料销；8—坯料；9—拉深件；10—零件；11—废料。

10.5　锻件及冲压件的结构工艺性

10.5.1　锻件结构工艺性

1. 自由锻件结构工艺性

设计自由锻件时，除应满足使用性能外，还必须考虑自由锻设备和工具的特点，零件结构要符合自由锻的工艺性要求。锻件结构合理，可达到锻造方便、节约金属、保证锻件质量和提高生产率的目的。

(1) 锻件上具有锥体或斜面的结构，从工艺角度衡量是不合理的，如图 10-62(a)所示。因为锻造这种结构，必须制造专用工具，锻件成形也比较困难，使工艺过程复杂化，操作很不方便，影响设备的使用效率，所以要尽量避免，并改进设计，如图 10-62(b)所示。

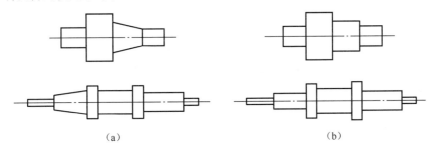

（a）　　　　　　　　　　　　　　（b）

图 10-62　轴类锻件结构

(a)不合理；(b)合理。

(2) 锻件由数个简单几何体构成时，几何体的交接处不应形成空间曲线，如图 10-63(a)所示结构。这种结构锻造成形极为困难，应改成平面与圆柱、平面与平面相接，如图 10-63(b)所示，消除空间曲线结构，使锻造成形容易。

(3) 自由锻锻件上不应设计加强筋、凸台、工字形截面或空间曲线形表面，如图 10-64(a)所示，因为该种结构难以用自由锻方法成形。如果采用特殊工具或特殊工艺措施来生产，会降低生产率，增加产品成本。如将锻件结构改成图 10-64(b)所示，则工艺性好，并可提高经济效益。

(4) 锻件的横截面积有急剧变化或形状较复杂时，如图 10-65(a)所示，应设计成由几

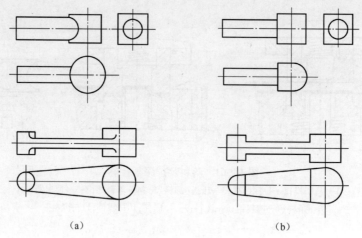

图 10-63　杆类锻件结构

(a)不合理;(b)合理。

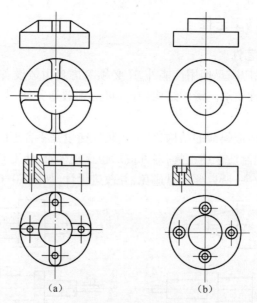

图 10-64　盘类锻件结构

(a)不合理;(b)合理。

个简单件构成的组合体。每个简单件锻制成形后,再用焊接或机械连接方式构成整体零件,如图 10-65(b)所示。

2. 模锻件结构工艺性

设计模锻零件时,应根据模锻的特点和工艺要求,使零件结构符合下列原则,以便于模锻生产和降低成本。

(1)模锻零件必须具有一个合理的分模面,以保证模锻件易于从锻模中取出、敷料最少、锻模容易制造。

(2)由于模锻件尺寸精度高和表面粗糙度低,因此,零件上只有与其他机件配合的表面才需进行机械加工,而其他表面均应设计为非加工表面。零件上与锤击方向平行的非加工

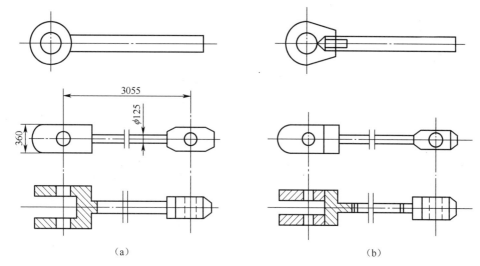

(a)

(b)

图 10-65　复杂件结构

(a)不合理;(b)合理。

表面,应设计出模锻斜度。非加工表面所形成的角度都应按模锻圆角设计。

(3) 为了使金属容易充满模膛和减少工序,零件外形应力求简单、平直和对称。尽量避免零件截面间差别过大或具有薄壁、高筋、凸起等结构。图 10-66(a)所示零件的最小截面与最大截面之比如小于 0.5,就不宜采用模锻方法制造。此外,该零件的凸缘薄而高,中间凹下很深也难以用模锻方法锻制。图 10-66(b)所示零件扁而薄,模锻时薄的部分金属容易冷却,不易充满模膛。图 10-66(c)所示零件有一个高而薄的凸缘,使锻模制造和锻件取出都很困难。假如对零件功能无影响,而改为图 10-66(d)所示的形状,锻制成形就很容易。

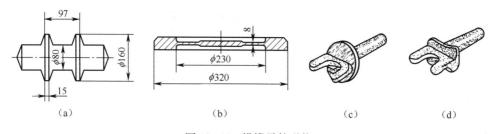

（a）　　　　　　　（b）　　　　　　　（c）　　　　　　　（d）

图 10-66　模锻零件形状

(4) 在零件结构允许的条件下,设计时应尽量避免有深孔或多孔结构。图 10-67 所示零件上有 4 个 ϕ20mm 的孔就不能锻出,只能采用机械加工成形。

(5) 在可能条件下,应采用锻-焊组合工艺,以减少敷料、简化模锻工艺,如图 10-68 所示。

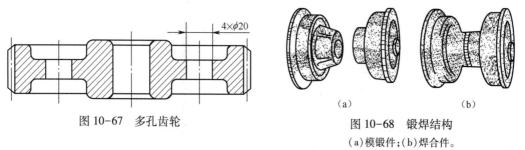

图 10-67　多孔齿轮

(a)　　　　　　　（b）

图 10-68　锻焊结构

(a)模锻件;(b)焊合件。

10.5.2 冲压件结构工艺性

冲压件的设计不仅应保证它具有良好的使用性能,而且也应具有良好的工艺性能,以减少材料的消耗、延长模具寿命、提高生产率、降低成本及保证冲压件质量等。

影响冲压件工艺性的主要因素有冲压件的形状、尺寸、精度及材料等。

1. 冲压件的形状与尺寸

1) 对落料和冲孔件的要求

(1) 落料件的外形和冲孔件的孔形应力求简单、对称,尽可能采用圆形、矩形等规则形状。同时应避免长槽与细长悬臂结构;否则模具制造困难、模具寿命低。图 10-69 所示零件为工艺性很差的落料件。

(2) 孔及其有关尺寸要求如图 10-70 所示。冲圆孔时,孔径不得小于材料厚度 t。方孔的每边长不得小于 $0.9t$,孔与孔之间、孔与工件边缘之间的距离不得小于 t,外缘凸出或凹进的尺寸不得小于 $1.5t$。

(3) 冲孔件或落料件上直线与直线、曲线与直线的交接处,均应用圆弧连接,以避免尖角处因产生应力集中而被冲模冲裂。

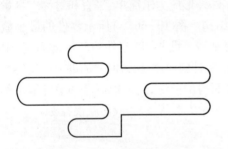

图 10-69 不合理的落料件外形

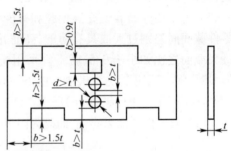

图 10-70 冲孔件尺寸与厚度的关系

2) 对弯曲件的要求

(1) 弯曲件形状应尽量对称,弯曲半径 R 不能小于材料允许的最小弯曲半径,并应考虑材料纤维方向,以免成形过程中弯裂。

(2) 如弯曲边过短,不易弯曲成形,故应使弯曲边的平直部分 $H>2t$,如图 10-71 所示。如果要求 H 很短,则需预先留出适当余量,以增大 H,弯好后再切去多余材料。

(3) 弯曲带孔件时,为避免孔的变形,孔的位置应如图 10-72 所示。图中 $L>(1.5\sim2)t$。

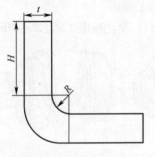

图 10-71 弯曲边高

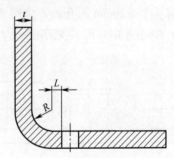

图 10-72 带孔弯曲件

3）对拉深件的要求

（1）拉深件外形应简单、对称，且不宜太高，以使拉深次数尽量少，并容易成形。

（2）拉深件的圆角半径在不增加工艺程序的情况下，最小许可半径 r 如图 10-73 所示；否则将增加拉深次数和整形工序、增多模具数量，且容易产生废品和提高成本。

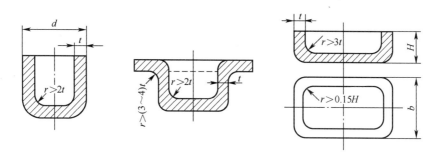

图 10-73　拉深件最小允许半径 r

2. 改进结构可简化工艺、节省材料

（1）采用冲焊结构。对于形状复杂的冲压件，可先分别冲制出若干个简单件，然后焊成整体件，如图 10-74 所示。

（2）采用冲口工艺，以减少组合件数量。如图 10-75 所示，原设计用 3 个零件铆接或焊接组合，现采用冲口工艺（冲口、弯曲）制成整体零件，可以节省材料、简化工艺过程。

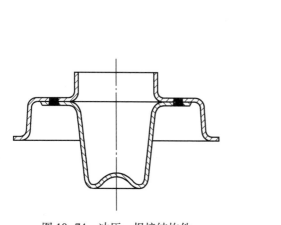

图 10-74　冲压—焊接结构件

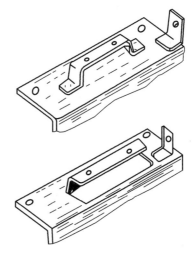

图 10-75　冲口工艺的应用

（3）在保证零件使用性能不变的情况下，应尽量简化拉深件结构，以减少工序、节省材料、降低成本。如消声器后盖零件结构，原设计如图 10-76（a）所示，经过改进后结构如图 10-76（b）所示。使冲压加工由八道工序降为两道工序，材料消耗减少 50%。

3. 冲压件的厚度

在强度、刚度允许的条件下，应尽可能采用较薄的材料来制作零件，以减少金属的消耗。对局部刚度不够的地方，可采用加强筋措施，如图 10-77 所示，以实现薄材料代替厚材料。

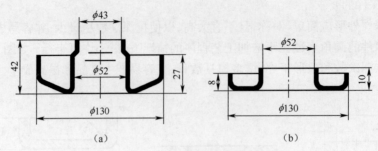

图 10-76　消声器后盖零件结构
(a)改进前;(b)改进后。

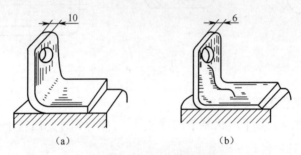

图 10-77　使用加强筋举例
(a)无加强筋;(b)有加强筋。

10.6　塑性成形新技术

10.6.1　超塑性成形

超塑性是指某种金属或合金在特定条件下:低形变速率($\dot{\varepsilon} = 10^{-2} \sim 10^{-4}/\mathrm{s}$)和一定的变形温度(约为熔点的 1/2)以及一定的晶粒度(一般为 $0.2 \sim 5\mu\mathrm{m}$)下,拉伸试验时其延伸率为百分之几百乃至百分之一千以上的特性。据报道,相变过程中的钢的延伸率超过 500%,纯钛超过 300%,锌铝合金超过 1000%。

具有超塑性的金属在变形过程中不产生缩颈,变形应力可降低几倍甚至几十倍,即在很小的应力作用下,产生很大的变形。这种变形的特性近似高温玻璃或高温聚合物。因此,金属超塑性的现象可简要归纳为 4 个方面:大延伸、无缩颈、小应力、易成形。

1. 超塑性的种类

超塑性通常分成两大类。

(1) 动态超塑性(相变超塑性或环境超塑性)。这类超塑性不要求材料具有超细的晶粒度,主要条件是在材料的相变或同素异构转变温度附近经过多次温度循环,则可以获得大延伸率。

(2) 静态超塑性(细晶粒超塑性或恒温超塑性)。实现细晶粒超塑性的条件是:①特定的等温变形,超塑性的变形温度一般在熔点绝对温度的 $(0.5 \sim 0.7) T_{熔}$ 左右;②极低的变形速度,超塑性的应变速率通常在 $10^{-5} \sim 10^{-1}/\mathrm{s}$ 之间;③常采用形变和热处理的方法获得几个微米($< 10\mu\mathrm{m}$)的等轴细晶粒,晶粒大小是影响超塑性延伸率的重要因素。

2. 超塑性成形工艺的应用及特点

工业上常用的超塑性成形的材料主要有锌铝合金、铝基合金、铜合金、钛合金及高温合金等。不同材料具有不同的超塑性成形温度。

1) 超塑性成形工艺的应用

（1）板料冲压。如图 10-78 所示,采用锌铝合金等超塑性板料,在法兰盘部分加热,并在外围施加油压,一次能拉出很深的杯形件。深冲比 $H/d_p = 11$,是一般拉深的 15 倍。当拉深速度在 5000mm/min 时,深冲系数(即深冲比)不变。超塑性成形件的最大性能特点是各向同性,拉深杯形件无制耳现象(即杯口是平齐的)。

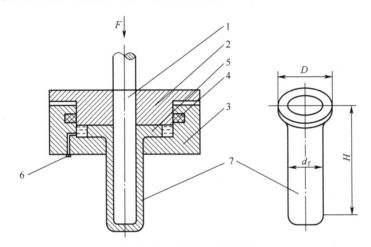

图 10-78　超塑性板料深冲

1—冲头;2—压板;3—凹模;4—电热元件;5—板坯;6—高压油孔;7—工件。

（2）板料气压成形。其成形过程如图 10-79 所示。采用 Zn-22%Al、Al-6%Cu-0.5%Zr 和钛合金超塑性板料,把板料和模具加热到预定的温度,利用凹模或凸模的形状,由压缩空气将板料贴紧在凹模或凸模上,以获得所需外形的薄板工件。可加工的板料厚度范围为 0.4~4mm。

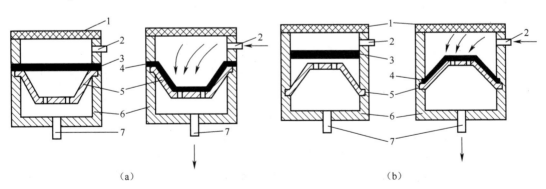

（a）　　　　　　　　　　　　（b）

图 10-79　板料气压成形

(a)凹模内成形;(b)凸模上成形。

1—电热元件;2—压气孔;3—板料;4—工件;5—凹(凸)模;6—模框;7—抽气孔。

（3）挤压和模锻。近年来在航空航天领域中,高温合金及钛合金的应用不断增加。这些合金的性能特点是:变形抗力高,塑性极低,具有不均匀变形所引起各向异性的敏感性,难以机械加工及成本昂贵。采用普通热模锻,机械加工的金属损耗达 80% 左右。但是采用超塑性成形模锻方法,则可改变以往落后的锻造工艺。图 10-80 所示为采用普通模锻和超塑性模锻获得同一钛合金涡轮盘锻件的工艺比较。表 10-4 列出了两种模锻方法的主要工艺参数。

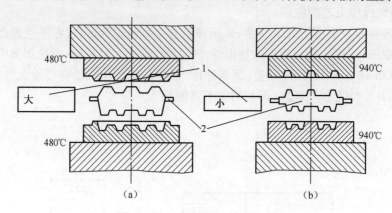

图 10-80 两种模锻工艺的比较

(a)普通模锻,锻件加工余量大;(b)超塑性模锻,锻件加工余量小。

1—毛坯;2—锻件。

表 10-4 两种模锻工艺的比较(钛合金涡轮盘锻件)

模锻工艺参数	普通模锻	超塑性模锻
毛坯加热温度/℃	940	940
模具加热温度/℃	480	940
变形速度/(mm/s)	1.27~42.3	0.02
平均单位压力/(N/mm^2)	50.0~58.3	11.7
模锻工步次数	4	1

2)超塑性模锻工艺的特点

(1)显著提高金属材料的塑性。过去认为不能变形的 IN100、Astroloy 等铸造镍基合金,经超塑处理后,也可以进行超塑性模锻。

(2)极大地降低合金的变形抗力。一般超塑性模锻总压力只相当于普通模锻的几分之一到几十分之一。

(3)金属填充模腔性能良好。锻件尺寸精确、机械加工余量很小,其至可以不再加工。比普通模锻降低金属消耗 1/2 以上,这对很难进行机械加工的钛合金和高温合金件特别有利。

(4)能获得均匀细小的晶粒组织,因此,产品整体上具有均匀的力学性能。

总之,利用金属及合金的超塑性进行模锻,为少切削或无切削和精密成形开辟了一条新途径。我国对金属超塑性研究工作进行了多年,已取得了可喜成果。其中 Zn-22%Al 合金和轴承钢 GCr15 的延伸率分别达到或大于 1080% 和 543%。

此外,随着金属超塑性研究工作的进一步开展,还将对金属学、物理冶金学、金属工艺学等学科产生深远的影响。

10.6.2 精密模锻

精密模锻是在普通模锻设备上锻造出形状复杂、高精度锻件的模锻工艺。例如,精密模锻锥齿轮,其齿形部分直接锻出,而不必再进行切削加工,尺寸精度可达 IT12～IT15,表面粗糙度可达 Ra3.2～1.6μm。图 10-81 所示为 TS12 差速齿轮锻件图。

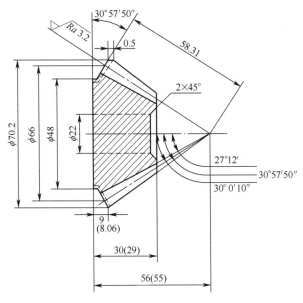

图 10-81　TS12 差速齿轮锻件图

精密模锻的工艺特点如下:①需精确计算原始坯料的尺寸,严格按质量下料,否则会增大锻件的尺寸公差,降低精度;②仔细清理坯料表面,除净氧化皮、脱碳层及其他缺陷等;③应采用无氧化或少氧化加热法,尽量减少坯料表面形成氧化皮;④对精锻模腔的精度要求高,一般要比锻件精度高两级,精锻模一定要有导柱、套筒结构,来保证合模精确,为了排除模腔中的气体,减少金属流动阻力,更好地充满模腔,在凹模上应开有小出气孔;⑤模锻时要很好地润滑和冷却锻模;⑥精密模锻一般要在刚度大、精度高的模锻设备上进行,如曲柄热模锻压力机、摩擦压力机和高速锤等。

10.6.3　粉末热锻

普通粉末冶金制品由于存在着一定数量的孔隙,强度不高,使其应用范围受到限制。实践证明,采用粉末热锻工艺能使粉末冶金材料或制品的密度达到或接近其理论值。图 10-82 所示为粉末热锻工艺的基本流程图。粉末热锻工艺可分为两种类型:一类是粉末预成形坯未经预烧结而进行热锻,叫粉末锻造;另一类是粉末预成形坯经过烧结后进行热锻,叫做粉末烧结锻造。目前多采用后者,其工艺流程是:首先将粉末压制成一预成形坯,并在保护气氛中进行预烧结,使之具有一定的强度,然后将预成形坯加热到锻造温度,保温后迅速地转移到模腔中进行锻打。通常锻打一次即可锻成符合设计规格的锻件。

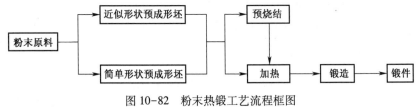

图 10-82　粉末热锻工艺流程框图

粉末热锻与一般锻造相比,一方面它吸收了普通模锻工艺的特点,将粉末预成形坯通过加热锻造途径,可提高粉末冶金制品的密度,从而使制品的性能提高到接近甚至超过同类熔铸制品的水平;另一方面,粉末热锻又保持了粉末冶金工艺的特点,粉末预成形坯由于含有80%左右的孔隙,其锻造流变应力比普通熔铸材料要低得多,因而可在较低的锻造能量下成形;同时通过合理设计预成形坯的形状和尺寸以及准确控制其质量,可实行无飞边或少飞边锻造,提高了材料的利用率。一般而言,粉末热锻材料利用率可达80%以上,而普通锻造常为50%左右。与普通锻造制品相比,粉末锻造制品具有尺寸精度高、组织结构均匀、无成分偏析等特点。粉末热锻除了工艺的经济效果和提高普通粉末冶金制件的质量外,还有一个重要特点,即可以锻造一般认为不可锻造的金属或合金。例如,难变形的高温铸造合金可通过粉末热锻工艺锻制成材或锻造成形状复杂的制品。

粉末热锻技术是在普通粉末冶金和精密锻造工艺上发展起来的。粉末锻造工艺不仅大大改善了金属制品的质量,同时又能实现少、无切削加工、简化机加工工序,节省贵重的原材料。不过该工艺仍处于研究开发阶段,还需在科研、生产实践中逐步改进和完善。

10.6.4 板料激光成形技术

激光成形技术是一种新型的柔性成形方法,它是利用高能激光束扫描金属板时,在热作用区内产生强烈的温度梯度而产生热应力,当变形区内的热应力超过材料的屈服强度时,使金属产生塑性变形。它是一种无模具、无外力的非接触式热应力成形技术,具有生产周期短、柔性大、精度高、洁净无污染等特性,并能成形常温下难以变形的材料,也可实现与切割、焊接、刻蚀等激光加工工序的复合化。因此特别适合于大型工件、小批量或单件产品的制造。已广泛应用于航空航天、微电子、船舶制造和汽车工业等多个领域。

1. 激光弯曲成形原理

金属板料的激光弯曲成形是通过激光束加热金属板料产生的热应力梯度来弯曲变形的,如图 10-83 所示。在激光照射的区域与未照射到的区域形成了极不均匀的温度场,这样,产生的热应力就会强迫金属材料发生不均匀变形。当金属内部的热应力超过材料的屈

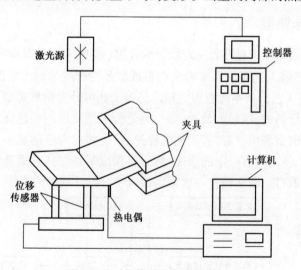

图 10-83 板材激光弯曲示意图

服极限时,材料就会发生塑性变形。整个变形过程可以分为加热和冷却两个阶段,激光照射到的区域经历从固态到液态再从液态到固态的过程,加热区的冷却可以采用空冷,也可采用液体或气体冷却,冷却的目的是为了控制金属的变形。

根据激光成形过程中的工艺条件和所成形的温度场分布不同,其成形机理可分为温度梯度、屈曲、增厚和弹性膨胀机理,分别如图 10-84(a)、(b)、(c)、(d)所示。

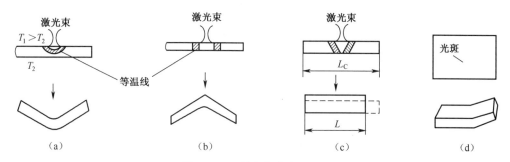

图 10-84　激光弯曲成形机理
(a)温度梯度机理;(b)屈曲机理;(c)增厚机理;(d)弹性膨胀机理。

(1)温度梯度机理。当金属板料的一侧受到激光照射时,在照射区域的厚度方向会产生很大的温度梯度。由于温度不同,在靠近光源的区域金属材料容易受热产生膨胀变形,使板料弯向反向区域,但弯曲量很小,在背向光源的区域由于没有受到激光照射其温度变化不大,而且受热膨胀区域会受到周围区域的约束而产生压应变。在冷却时,热量流向周围的材料,变形区的材料收缩,它们会对压缩区的材料产生拉应力,但是变形区的材料难以恢复到原来的形状,从而使板料弯向靠近光源的方向。

(2)屈曲机理。如果加热区过大,材料的热传导率高且厚度过小时,在板料厚度方向上的温度梯度很小,由于周围材料的约束会使加热区板料产生压应力,当压应力超过材料的屈服应力时,加热区的材料产生局部失稳,发生弯曲,这样在冷却时周围材料对变形区的约束减小,从而使板料产生更大的弯曲变形。

(3)增厚机理。加热区的材料受热膨胀后,由于受到周围材料的约束,所以在厚度方向上材料就会产生较高的内部压应力使材料堆积,从而使材料在厚度方向增加而长度或宽度减少,在冷却过程中,加热区的材料不能恢复从而产生增厚。通过选择正确的加热路径,可以实现零件的加工。

(4)弹性膨胀机理。当激光仅照射一个局部区域时,在板料加热区导致的热膨胀要比温度梯度机理大,同时热膨胀表现在局部,会使板料产生纯弹性变形使板料产生小的弯曲,但是这种弯曲有限,因此,可以通过对邻近区域进行点或块的照射方式来增大变形。

2. 激光弯曲成形的特点

板料的激光弯曲技术是通过对各项参数的优化来达到精确控制板材的弯曲程度,它具有传统塑性成形方法无可比拟的优点:①可以实现无模具加工,具有生产周期短、柔性大的优点,因此特别适用于大型单件及小批量生产;②加工过程中无外力接触,所以不会出现回弹和由此带来的诸多问题,因而加工精度高,适用于精密零件的制造;③激光弯曲成形属于热态累积成形,总变形量由激光束的多次扫描累积而成,这就使得一些硬而脆的难变形材料的塑性加工易于进行,可用于许多特种合金和铸铁件的弯曲变形;④借助红外测温仪及形状测量仪,可在数控激光加工机上实现全过程闭环控制,从而保证工件质量、改善工作条件;⑤激光束良好的方向性和相干性使得激光弯曲技术能够应用于受结构限制、传统工具无法接触或靠近的工件加工。

3. 激光弯曲成形的影响因素

板料的激光弯曲成形是一个非常复杂的过程,因此影响激光弯曲成形的因素也很复杂,国内外的许多学者通过试验研究得出了许多相似的结论。

(1) 材料性能的影响。主要有热膨胀系数、比热容、热导率、屈服强度、弹性模量等。一般来说,变形量的大小与热膨胀系数成正比,与比热容成反比,而且随其他参数的增加而使变形的难度增加。

(2) 板材几何参数的影响。主要是板厚的影响。激光功率大小一定时,当板比较薄时,激光照射区与板背面的温度梯度比较大,成形较容易,但随着板厚的增加,温度梯度的变化逐渐变小,周围材料的阻力限制了材料的进一步变形,因此弯曲变得越来越困难。

(3) 激光加工工艺参数的影响。主要有激光的输出功率、光斑直径大小和扫描速度等。

10.6.5 金属板料数控渐进成形技术

金属板料数控渐进成形技术,其思路是将复杂的三维形状分解成一系列等高线层,并以工具头沿等高线运动的方式,在二维层面上进行塑性加工,以实现金属板料的数字化制造。这种板料渐进成形技术是一个值得重视的新领域。金属板料数控渐进成形是一项新技术,具有能快速成形复杂形状金属薄板件的优异特性。

1. 金属板料数控渐进成形原理

金属板料渐进成形的特点是引入快速原型制造技术(Rapid Prototyping)"分层制造"(Layered Manufacturing)的思想,将复杂的三维数字模型沿高度方向离散成许多断面层,即分解成一系列等高线层,并生成各等高线层面上的加工轨迹,成形工具在计算机控制下沿该等高线层面上的加工轨迹运动,对板材进行渐进塑性加工。其加工过程原理如图 10-84 所示。首先将被加工板料置于一个顶支撑模型上,如图 10-85(a) 所示,在板料四周用夹板在拖板上夹紧材料,拖板可沿导柱自由上下滑动。然后将该装置固定在三轴联动的数控无模

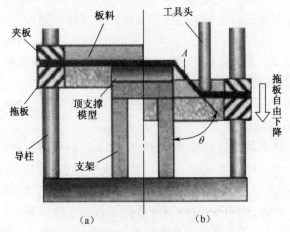

图 10-85　金属板料渐进成形原理
(a)板料成形前;(b)板料成形中。

成形机上,加工时,成形工具先走到指定位置,并对板料压下到设定的压下量,根据控制系统的指令,按照第一层截面轮廓的加工轨迹要求,以走等高线的方式,对板料实施渐进塑性加工,如图 10-85(b)所示,在形成所需第一层截面轮廓后,成形工具头压下到设定高度,再按第二层截面轮廓轨迹要求运动,形成第二层轮廓。如此重复,直到整个工件成形完毕。研究表明,采用这种渐进成形的方法加工金属板料,与一次拉伸成形的传统工艺相比,能加工出曲面更复杂、延伸率更高的成形件,加工精度和表面质量均较好,不仅可加工一般的金属薄板成形件,还可加工采用传统工艺或其他无模成形技术难以加工的具有复杂曲面的工件。

2. 金属板料数控渐进成形工艺

金属薄板件数控渐进成形工艺如图 10-86 所示,以汽车覆盖件车门的成形加工为例,其整个工作过程如下:①首先在计算机上用三维 CAD 软件建立车门工件的三维数字模型;②进行成形工艺分析,制订工艺规划,制备工艺辅助装置;③用专用的切片软件对三维数字模型进行分层(切片)处理,并进行加工路径规划;④生成加工轨迹源文件"CLSF",作出加工速度规划,并对加工轨迹源文件进行处理,产生 NC 代码;⑤将 NC 代码输入控制计算机,控制板料数控成形机,加工出所需工件形状;⑥对成形件进行后续处理,形成最终产品。

在成形具有复杂曲面形状的工件时,需在板料的底部安装"顶支撑模型"。有的采用钢制模型,也有采用纸叠层快速成形技术(LOM),制作纸基"顶支撑模型",这种纸基模型制作快速,修改方便,操作简单,既可缩短工作周期和降低加工成本,又能提高工件的成形质量,获得良好效果。金属板料数控渐进成形技术中要解决的主要问题是成形工艺规划和加工路径规划。由于其成形方法是对材料进行渐进变薄拉延,工件成形区域的材料厚度将会减薄,其减薄后的厚度 t 跟板料成形面与垂直方向的夹角 θ 有关,它们之间符合正弦规律,即

$$t = t_0 \sin\theta$$

式中:t 为板料成形区厚度(mm);t_0 为板料成形前的厚度(mm);θ 为板料成形面与垂直方向的夹角。

当上述成形角 θ 在 0°~15°之间时,材料极易出现失稳而断裂。因此对于那些具有小成形角的工件,需要对成形过程进行规划,采用多次预成形的方法使该部分的形状逐渐逼近至所需要的尺寸;板料壁厚均匀化等问题也需要进一步研究。所以成形工艺规划是金属板料数控渐进成形技术中很重要的环节。金属板料数控渐进成形技术中的另一个重要环节是加工路径规划和加工轨迹的生成。加工路径规划是在工艺规划后进行的,加工轨迹的生成可以用两种方式进行:一种是直接对三维数字模型进行切片并生成加工轨迹,根据工具头的形状对加工轨迹进行三维插补处理;另一种是直接利用 UGII 软件得到加工轨迹。UGII 软件是美国 EDS 公司开发出的 CAD/CAM/CAE 一体化软件,其中的 CAM 模块是一种功能强大的计算机辅助制造模块,它可提供一种通过交互式编程产生精确加工轨迹的方法。通过这个模块可以产生源文件(CLSF)的刀具轨迹文件,允许用户通过图形化编辑,一边观察刀具运动一边进行修改,CLSF 文件也同时相应地发生改变,最终对 CLSF 文件进行后置处理,产生 NC 代码。

金属板料数控渐进成形技术可以在极短时间内得到产品的设计原型,并可进行小批量生产,有利于企业的新产品开发:①极大地缩短产品从设计到定型的时间;②通过小批量试制投放市场观察反应;③节省大量用于制造钢模的资金,降低开发风险。该技术在汽车、车辆、航空、家用电器、厨房用具、洁具和其他轻工行业中具有广阔的应用前景和很大的经济价值。

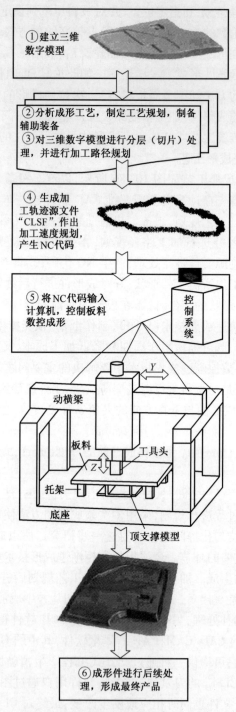

图 10-86　金属板料渐进成形工艺路线

本 章 小 结

　　本章介绍了传统的两大类压力加工工艺，即体积成形与板料成形工艺。体积成形工艺主要有自由锻、模锻、轧制、挤压、拉拔等,其变形特征是三向应力状态。其中的自由锻、模锻工艺是典型的锻压制造工艺,广泛应用于汽车、重型机械的部件加工。自由锻的基本工序有镦粗、拔长(延伸)、冲孔、弯曲、切割、错移、扭转及锻接等 8 种;模锻可分为锤上模锻、胎模锻、压力机上模锻等。自由锻主要应用于单件、小批量生产,修配以及大型锻件的生产和新产品的试制等,模锻适合于小型锻件的大批量生产。板料成形工艺主要有冲裁、弯曲、拉深等,其变形特征总体上是平面应力状态。板料成形工艺广泛应用于汽车覆盖件、飞机蒙皮、家用电器壳体等的制造。压力加工时,金属材料变形都遵循体积不变假设和最小阻力定律等。此外,本章还介绍了超塑性成形、激光弯曲成形技术、精密模锻、粉末热锻及金属板料渐进成形等压力加工新技术。本章内容的重点是掌握金属的可锻性及其影响因素,了解各种常用压力加工方法的特点、工艺方案制定及工艺的应用范围,掌握自由锻件、模锻件和冲压件的结构工艺性。

思考题与习题

1. 名词解释
压力加工,金属可锻性,自由锻,模锻,胎模锻,冲裁,弯曲,拉深,超塑性。

2. 自由锻包括哪些工序? 每道工序的作用是什么?

3. 试比较自由锻、模锻、胎模锻工艺的异同点,说明各自的应用场合。

4. 锤上模锻分模面的选择原则是什么? 为什么不能冲出通孔?

5. 模锻件上为什么要有模锻斜度和圆角?

6. 设计锤上模锻件结构时,应注意哪些工艺性问题?

7. 重要的轴类锻件为什么在锻造过程中需安排镦粗工序?

8. 板料冲压主要包含哪些内容? 分别说明各种冲压工艺的特点及应用范围。

9. 冲压工序分几大类? 每大类的成形特点和应用范围如何?

10. 冲模间隙对冲裁件断面质量有何影响? 应如何考虑?

11. 何谓冲裁? 冲裁变形过程可分为几个阶段?

12. 冲模种类有哪几种? 其特点如何? 怎样选用?

13. 为什么要考虑冲压件的结构工艺性,在冲裁与拉深工序中应注意哪些问题?

14. 用 $\phi250 \times 1.5\text{mm}$ 板料能否一次拉深成直径为 $\phi50\text{mm}$ 的拉深件? 应采取哪些措施才能保证正常生产?

15. 试举出改进结构设计后节省原材料的实例。

16. 何谓超塑性? 超塑性成形有何特点?

17. 超塑性工艺在压力加工中的具体应用如何? 对无切削或少切削加工的作用如何?

18. 何谓精密模锻? 需采取哪些措施才能保证模锻件的精度?

19. 何谓粉末热锻? 与一般的粉末锻造或压制有何不同?

第11章 焊 接

11.1 焊接成形理论基础

11.1.1 焊接的本质及焊接方法分类

焊接是指通过适当的物理、化学过程,使两个分离的固态物体(工件)产生原子或分子之间的结合和扩散而形成永久性连接的工艺过程。焊接与其他的连接方法(如铆接)不同,通过焊接被连接的材料不仅在宏观上建立了永久性联系,而且在微观上也建立了组织之间的内在联系。被连接的两个物体(构件、零件)可以是各种同类或不同类的金属、非金属(石墨、陶瓷、玻璃、塑料等),也可以是一种金属与一种非金属,甚至复合材料等。由于金属连接在现代工业生产中具有非常广泛的应用,人们通常所说的焊接大多指金属材料焊接,因此本章中主要讨论金属的焊接方法与工艺。

要把两个分离的金属构件连接在一起,从物理本质上看,就是要使这两个构件的连接表面上的原子彼此接近到金属晶格距离(0.3~0.5nm)并形成原子(分子)间结合力。但在一般情况下,当把两个金属构件放在一起时,由于材料表面的粗糙度和材料表面存在的氧化膜和其他污染物阻碍着实际金属表面原子之间接近到晶格距离并形成结合力,因此,焊接过程的本质就是通过适当的物理、化学过程克服这些困难,使两个分离表面的金属原子之间接近到晶格距离并形成结合力。依据焊接过程的本质特点,通常可将焊接方法分成以下三大类。

1. 熔化焊接

在不施加压力的情况下,将待焊处的母材加热熔化、冷却结晶后形成焊缝的连接方法称为熔化焊接。熔化焊接的主要特征是焊接时母材熔化而不施加压力(电阻点和缝焊除外)。按照加热热源形式不同,熔化焊接方法可分为气焊、铝热焊、电弧焊、电渣焊、电子束焊、激光焊等若干种。熔化焊接方法中最重要的电弧焊方法可按保护方法不同分为埋弧焊、气体保护焊等很多种,而气体保护焊方法还可按电极特征分为熔化电极(如 CO_2 气体保护焊、熔化极氩弧焊)和非熔化电极(如钨极氩弧焊)两大类。

2. 压力焊接

压力焊接是指将被焊工件在固态下通过加压(加热或不加热)措施,克服其连接表面的不平度和氧化物等杂质的影响,使两个连接表面上的原子(或分子)相互接近到晶格距离,从而实现永久性连接的工艺方法。压力焊接的主要特征是焊接时必须施加压力。按照加热方法不同,压力焊接的基本方法有冷压焊、摩擦焊、超声波焊、爆炸焊、锻焊、扩散焊、电阻对焊、闪光对焊等若干种。应该注意的是,通常所说的电阻焊都称为压力焊(焊接过程中都要加压),而有些电阻焊(点焊、缝焊)接头在形成过程中虽然伴随有熔化结晶过程,但是在加压条件下进行的,仍属于压力焊,因此在分类时应注意从不同角度进行区分。

3. 钎焊

钎焊是采用熔点比母材低的填充材料(钎料),在低于母材熔点、高于钎料熔点的温度下,借助钎料熔化填满母材之间的间隙,并与母材发生相互扩散而实现连接的工艺方法。显然,钎焊包括两个过程:一是钎料填满钎缝的过程;二是钎料同母材相互作用的过程。钎焊方法的主要特征是在钎焊过程中只是钎料熔化,而母材不熔化。按照热源和保护条件不同,钎焊方法可分为火焰钎焊、真空钎焊、感应钎焊、炉中钎焊、盐浴钎焊、烙铁钎焊等若干种。另外,按照所用钎料的熔点高低不同,钎焊可分为硬钎焊和软钎焊。一般将钎焊温度高于450℃的钎焊叫做硬钎焊,而钎焊温度低于450℃的钎焊叫做软钎焊。

图11-1列出了基本焊接方法及其分类。至于金属热切割、表面堆焊、喷镀、镀膜、有机粘接等均是跟焊接方法相近的金属加工方法,通常也属于焊接工程的技术范围。

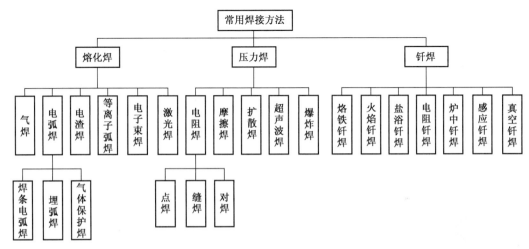

图 11-1　焊接方法分类

焊接结构一般具有以下特点:

(1)焊接结构重量轻,可节约金属。焊接接头比铆接、螺钉连接等结构重量轻,与铆接相比,可节省金属 10% ~ 20%。减轻结构重量对于航空航天工业具有非常重要的意义。图 11-2 所示为焊接结构与铆接结构对比。

(2)可以简化大型或形状复杂结构的制造工艺。焊接方法种类多,各有特色,许多工艺在不同场合应用方便,结合采用铸件、锻件和冲压件-焊接组合结构,使得采用焊接方法能在较短时间内生产出形状复杂的焊接结构,如万吨水压机的横梁和立柱、锅炉汽包、汽车车身的制造等,又如第 10 章中的图 10-74 所示的冲压-焊接结构件。

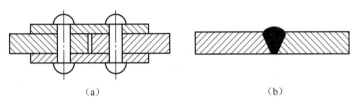

图 11-2　焊接与铆接对比

(a)铆接;(b)焊接。

(3)焊接接头力学性能高,适应性广。针对不同结构的使用性能要求,采用合理的焊接工艺获得的高质量接头,能耐高温、高压,具有良好的密封性、导电性和耐腐蚀性等;采用不同的焊接方法,既能焊接同种金属,还可焊接异种金属甚至非金属;既能焊接大型、复杂的结构部件,又能焊接印制电路板等微电子产品,其适应性非常广泛。

(4)易于实现机械化和自动化。目前随着焊接技术的飞速发展,计算机技术在焊接领域中的应用,一些先进的、自动化程度较高的焊接新技术、新工艺在实际生产中逐步得到推广应用,焊接机器人的开发和使用越来越广泛,使焊接质量不断提高。许多焊接方法如埋弧自动焊、CO_2 气体保护焊以及点焊等的机械化和自动化程度相当高。

由于焊接是一种对接头局部区域进行不均匀加热和冷却的过程,使得焊接技术在某些方面的应用受到一定程度的限制。例如,对某些新材料(特别是对热敏感性大的材料)的焊接有一定困难,焊接工艺不当易在接头中产生气孔、裂纹和夹渣等缺陷;不均匀加热和冷却使获得接头的组织与性能不均匀,接头部位易产生较大的应力和变形等,因此,必须重视焊接工艺开发和新材料的焊接性研究以及焊接质量的检验工作。

11. 1. 2　焊接电弧

电弧不是一般的燃烧现象,它是在一定条件下电荷通过两电极间气体空间的一种导电过程,或者说是一种气体放电现象。电弧中的带电粒子主要依靠气体空间的电离和电极的电子发射两个物理过程所产生的,同时伴随着一些其他过程,如解离、激励、扩散、复合、负离子的产生等。借助这种特殊的气体放电过程,电能转换为热能、机械能和光能。电弧焊接时主要是利用其热能和机械能来达到连接金属的目的。

1. 电弧的引燃

电弧焊时,仅把电源电压加到电极(焊条或焊丝)与工件的两端是不能产生电弧的,首先需要在电极与工件之间提供一个导电的通道,才能使电弧引燃。焊接电弧的引燃(引弧)一般有两种方式,即接触引弧和非接触引弧。接触引弧是指在弧焊电源接通后,电极(焊条或焊丝)与工件直接短路接触,随后拉开,从而把电弧引燃起来,如图 11-3 所示。由于电极和工件表面不可能是绝对平整光洁的,短路接触时,只有少数突出点发生接触,这样通过接触点的短路电流要比正常焊接时的电流大得多,由于接触点的面积很小,因此这些接触点的电流密度极大,导致产生大量的电阻热,使电极金属表面的温度骤然升高,产生熔化、甚至气化现象,引起电极热电子发射和电弧空间热电离。随后在电极被拉开的瞬间,由于电弧间隙极小,电源电压作用在此小间隙上使其电场强度达到很大的数值。这样,即使在室温下也可能产生明显的场致电子发射,同时,在强电场的作用下,又使已产生的带电粒子被加速、互相碰撞,引起电场作用下的电离。随着温度的升高,光电离和热电离进一步加强,使带电粒子的数量大量增加,从而能维持电弧的持续、稳定燃烧。图 11-4 所示为焊接电弧示意图。通常,焊条电弧焊和熔化极气体保护焊都采用这种引弧方式。

非接触引弧指的是在电极与工件之间存在一定间隙,通过施以高电压击穿间隙,从而使电弧引燃。非接触引弧需采用引弧器才能实现,根据工作原理不同可分为高频高压引弧和高压脉冲引弧。高频高压引弧需用高频振荡器,它每秒振荡 100 次,每次振荡频率为 150～260kHz,电压峰值为 2000～3000V。高压脉冲引弧的频率一般为 50 或 100Hz,电压峰值为3000～5000V。可见,非接触引弧是一种依靠高电压使电极表面产生场致电子发射来把电弧引燃的方法。这种引弧方法主要应用于钨极氩弧焊和等离子弧焊。

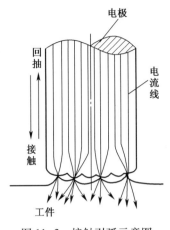

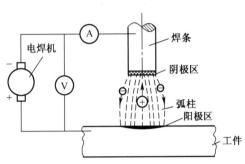

图 11-3　接触引弧示意图　　　　　　　图 11-4　焊接电弧示意图

2. 电弧各区域的组成及其温度分布

当两电极之间产生电弧放电时,在电弧长度方向的电场强度并不是均匀的,实际测量得到沿弧长方向的电压分布如图 11-5 所示。由图可以看到,电弧由 3 个电场强度不同的区域构成,阳极附近的区域为阳极区,其宽度仅 $10^{-3} \sim 10^{-4}$cm,其电压称为阳极电压降;阴极附近的区域为阴极区,其宽度仅 $10^{-5} \sim 10^{-6}$cm,其电压称为阴极电压降;中间部分为弧柱区,其电压称为弧柱电压降。电弧长度可以近似认为等于弧柱长度。在阴极区和阳极区,电压分布曲线的斜率很大,而在弧柱区电压分布曲线则较平缓。电弧这种不均匀的电场强度分布说明电弧各区域的电阻是不相同的。弧柱的电阻较小,电压降较小,而两个电极区的电阻较大,因而电压降较大。

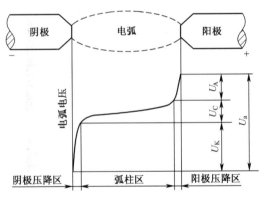

图 11-5　焊接电弧的结构及电压分布

电弧中各部分产生的热量和温度分布各不相同。阴极区释放大量电子消耗一定能量,阳极区受到高速电子撞击而释放能量,阴极区和阳极区所产生的电弧热分别约占电弧热量的 36% 和 43%,因此,阴极区和阳极区所对应的温度约为 2400K 和 2600K。电弧中心即弧柱区的温度最高,可达 6000 ~ 8000K。

11.1.3　焊接冶金

1. 焊接冶金过程

焊接冶金过程是指焊接时焊接区内各种物质——熔化金属、液态熔渣和气体三者之间在电弧高温作用下发生的极其复杂的物理、化学过程,其实质是熔池金属在焊接加热条件下的再熔炼过程。金属熔池可看作是一个微型冶金炉,在其内部发生金属的氧化与还原、气体的析出与溶解、杂质元素的去除等一系列过程。焊接冶金过程对焊缝金属的化学成分、组织与性能,焊接缺陷如气孔、夹渣和裂纹等产生,以及焊接电弧的稳定燃烧等都有很大的影响。它与一般金属冶炼有其相似之处,又具有焊接过程自身的特点和规律。焊条电弧焊冶金过程如图 11-6 所示。

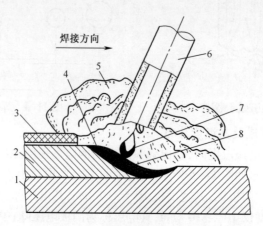

图 11-6　焊条电弧焊冶金过程
1—焊件;2—焊缝;3—渣壳;4—熔渣;5—气体;6—焊条;7—熔滴;8—熔池。

2. 焊接冶金特点

由于电弧焊接时温度高,熔池体积很小(约 $2 \sim 3 cm^3$),焊缝金属的形成依赖于填充材料与母材金属的共同作用,在焊接时从熔化到冷却结晶所经历的时间很短,一般只有 10s 左右,故熔化金属、熔渣和气体三者之间所发生的冶金反应与一般冶炼过程相比要快得多,各种化学反应之间难以达到平衡状态。焊接冶金过程一般具有以下特点:

(1) 冶金反应不充分,易产生焊接缺陷。熔池中的冶金反应不充分,易造成焊缝金属的化学成分不均匀,金属熔滴过渡时,与气体和熔渣的接触面积要比普通炼钢过程中大得多,如保护不好气体很容易侵入液态金属,而且由于熔池存在的时间短,常常使得气体和杂质来不及析出,易在焊缝金属中形成气孔、夹杂和偏析等焊接缺陷。

(2) 合金元素烧损,接头性能降低。由于熔池温度高,高温下除易造成合金元素的蒸发外,冶金反应分解形成的化学性质活泼的原子状态氧、氮、氢,容易使熔池金属中的铁、锰、硅等元素氧化,即发生 Fe+O→FeO、Mn+O→MnO、Si+2O→SiO_2 反应,造成这些合金元素的烧损,使焊缝金属的化学成分不合格及力学性能下降。此外,硫或磷是炼钢时残留在钢中的有害杂质,如果焊缝中硫或磷的质量分数超过 0.04% 时,极易产生裂纹。

为了保证焊缝质量,可从以下两方面采取措施:

(1) 减少有害元素进入熔池。其主要措施是机械保护,如气体保护焊中的保护气体(CO_2 和 Ar)、埋弧焊焊剂所形成的熔渣及焊条药皮产生的气体和熔渣等,使电弧空间的熔滴和熔池与空气隔绝,防止空气进入焊接区。此外,还应严格清理坡口及两侧的锈、水、油污;烘干焊条,去除水分等。

(2) 清除已进入熔池中的有害元素,渗入合金元素。主要通过焊接材料中的合金化元

280

素等,进行脱氧、脱硫、脱磷、去氢和渗入合金,从而保证和调整焊缝金属的化学成分。例如:

$$FeO + Mn \longrightarrow MnO + Fe \qquad 2FeO + Si \longrightarrow SiO_2 + 2Fe$$

$$FeS + MnO \longrightarrow MnS + FeO \qquad FeS + CaO \longrightarrow CaS + FeO$$

11.1.4 焊接接头的组织与性能

焊接接头包括焊缝金属和热影响区。在电弧焊过程中,电弧对被焊工件局部进行加热,工件和填充金属共同熔化形成熔池,随着电弧沿焊接方向的不断前移,熔池金属冷却结晶后形成连续焊缝。显然,焊缝附近的母材金属将发生从常温状态被加热到较高温度,然后再逐渐冷却到常温的过程。在焊接过程中,焊缝金属会经历一次焊接冶金过程,而焊缝附近的母材金属受焊接热循环的作用,则相当于经过一次局部热处理,导致焊缝金属及其附近的母材金属发生相应的组织与性能变化。

1. 焊缝金属

焊缝金属是由焊接熔池冷凝形成的,即焊缝表面和熔合线所包围的区域。焊缝金属的结晶是从熔池底部开始向中心长大,由于结晶时各方向冷却速度各异,因而形成柱状的铸态组织。焊缝金属的化学成分主要取决于填充金属的化学成分,同时也受母材金属化学成分的影响。由于在实际生产中,根据不同焊接结构的特点,采用的焊接方法和焊接材料各不相同,如焊条电弧焊时不同类型的焊条药皮、CO_2 电弧焊时采用合金化的焊丝等,可向焊缝金属中渗入一定量的有益合金元素,有利于改善焊缝金属的化学成分,从而提高焊接接头的性能。因此,只要选择合理的焊接材料和采取正确的规范参数,获得接头焊缝金属的强度一般不会低于母材金属。

2. 热影响区

热影响区是在焊接过程中,母材金属因受热的影响而发生金相组织和力学性能变化的区域。现以低碳钢焊接接头为例,来说明焊缝及其附近母材金属由于受到焊接热作用而发生的金属组织与性能变化,如图 11-7 所示。图 11-7 中的下部为焊接接头横截面示意图,图 11-7 中的上部右侧为局部铁碳合金状态图。低碳钢的焊接热影响区通常由熔合区、过热区、正火区和部分相变区这几部分组成。

(1)熔合区。加热温度介于液、固两相线之间(约为 $1490 \sim 1530 ℃$)。焊接过程中仅有部分金属熔化,因此该区也称为半熔化区。熔化的金属将凝固成铸态组织,而未熔化的金属因加热温度过高而成为过热粗晶组织。该区的成分及组织不均匀,使此区的塑性、韧性极差,强度严重

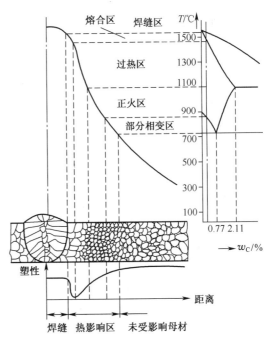

图 11-7 低碳钢焊接接头的组织与性能变化

下降,有可能成为接头裂纹和局部脆性破坏的发源地。在低碳钢接头中,尽管熔合区的宽度

很窄,但仍严重影响整个焊接接头的性能。

(2)过热区。加热温度在1100℃至固相线之间(约为1100~1490℃)。由于金属被加热至高温状态,奥氏体晶粒急剧长大,冷却后组织晶粒粗大,还有可能出现粗大针状铁素体(即魏氏组织),因此,过热区金属的塑性、韧性很低,在焊接刚度大的结构或含碳量较高的易淬火钢时,有可能在此区产生裂纹。

(3)正火区。加热温度在A_{C3}~1100℃之间(A_{C3}约为850℃)。属于正常的正火加热温度范围。在此温度下,母材金属中形成细小的奥氏体组织,冷却后获得均匀细小的铁素体和珠光体组织。因此,正火区的力学性能一般较高。

(4)部分相变区。加热温度在A_{C1}~A_{C3}之间(727~850℃)。此区只有部分组织发生转变,得到细小的铁素体和珠光体;而另一部分组织因温度太低来不及转变,故仍保留原来的组织状态,为粗大的铁素体。由于已发生相变的组织和未相变组织在冷却后晶粒大小不一,故该区的力学性能不均匀。

从上述低碳钢焊接接头的组织、性能变化分析可以看出,焊接热影响区中的熔合区和过热区力学性能很差,易产生裂纹和局部脆性破坏,对整个焊接接头具有不利影响,应采取一定措施使这两区的尺寸尽可能减小。一般来说,接头热影响区的大小及组织性能变化程度,主要决定于焊接方法及焊接规范参数。热源热量集中、焊接速度快时,接头热影响区就小。表11-1是采用不同焊接方法焊接低碳钢时,焊接热影响区的平均尺寸数值。从表中可以看出,电子束焊的热影响区最小。由于采用同一焊接方法在不同焊接参数下施焊时,接头热影响区的大小也不相同,因此,在保证接头质量的前提下,应尽量提高焊接速度、减小焊接电流,使热影响区变小,还有利于减少焊接变形。

表 11-1　焊接热影响区的平均尺寸数值

焊接方法	过热区宽度/mm	热影响区总宽度/mm
焊条电弧焊	2.2~3.5	6.0~8.5
埋弧自动焊	0.8~1.2	2.3~4.0
钨极氩弧焊	2.1~3.2	5.0~6.2
电渣焊	18~20	25~30
等离子弧焊	—	1.4~2.5
电子束焊	—	0.05~0.75

由于焊接接头中的熔合区与过热区通常难以避免,所以,在实际生产中,应通过正确选择焊接方法和焊接工艺来减少接头内不利区域的影响,以提高接头的质量。例如,对于低碳钢以外的碳素钢和低合金钢焊接构件,一般焊后再进行正火处理,使焊接接头各区域组织全部变为细小均匀的组织,从而达到改善接头力学性能的目的。焊接高碳钢和高合金钢时,为避免接头产生裂纹,改善焊接性能,可采取焊前预热、焊后热处理等措施。

11.1.5　焊接应力与焊接变形

金属在焊接过程中,由于焊接热源是对焊件局部进行不均匀加热,必然会伴随应力和变形的产生。焊接应力的存在会影响焊后工件的机械加工精度,降低工件的承载能力,甚至还会引起焊接裂纹、接头产生脆性断裂。焊接变形会使工件的尺寸和形状不符合技术要求,造成后续零部件的装配困难。矫正焊接变形浪费加工工时,变形严重时,焊件有可能无法矫正而直接报废,造成经济损失。因此,有必要分析焊接应力与变形的产生原因,以便在焊接生产中对应力与变形进行预防和控制。

1. 焊接应力和变形产生的原因

　　焊接过程是一个不平衡的热循环过程,焊接时焊缝及热影响区由室温被加热到较高温度(焊缝金属处于液态),之后接头快速冷却。焊件在焊接过程中受到不均匀加热和冷却是产生焊接应力和变形的主要原因。现以平板对接焊时受热膨胀和冷却收缩为例对焊接应力与变形的产生原因进行分析。如图 11-8(a)所示,虚线表示焊接过程中接头横截面的温度分布,同时也表示焊接时金属受热膨胀未受到拘束时的伸长量分布。但实际情况是,焊接接头作为一个整体,焊缝区的膨胀伸长会受到未受热部分金属的约束,不能自由膨胀,相互协调使其伸长量只能达到 ΔL,导致焊缝中心区因膨胀受阻而产生压应力(用"−"表示),在两侧则形成拉应力(用"+"表示)。焊缝中心区的压应力超过材料的屈服强度时,将产生压缩塑性变形,其变形量为图 11-8(a)中被虚线包围的无阴影部分。

　　焊后冷却到室温,如果能自由收缩,焊件中将无残余应力,也不会产生焊接变形,冷却后焊件将自由缩短至图 11-8(b)中的虚线位置,两侧则缩短至焊前的长度 L。但由于收缩过程不能自由进行,焊缝区两侧金属会阻碍焊缝中心的收缩,焊接时焊缝中心区中已产生压缩塑性变形,不能恢复,此时,焊缝中心区将产生拉应力,而两侧形成压应力。当应力达到平衡时,宏观上焊件整体缩短 $\Delta L'$,即产生了焊接变形。

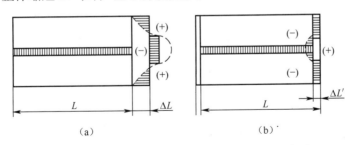

图 11-8　平板对接焊时纵向应力分布与变形示意图
(a)焊接过程中;(b)焊后冷却至室温。

　　从上述可以看出,在焊接过程中,焊件金属在加热和冷却时,自由变形受阻是焊接残余应力和变形产生的根本原因。焊接应力与变形往往同时存在,且相互制约。如果焊件的受拘束程度较大,则焊件变形小而残余应力较大,甚至高达材料的屈服极限;如果焊件的受拘束程度较小,焊件可产生较大的变形,而残余应力较小。在实际生产中,由于焊接工艺、焊接结构特点和焊缝的布置方式不同,焊接变形的方式有很多种,焊接变形的 5 种基本方式如图 11-9 所示。

　　图 11-9 中各种焊接变形产生的基本原因如下:

　　(1)收缩变形——焊接后,焊件沿着纵向(平行于焊缝)和横向(垂直于焊缝)收缩引起的工件整体尺寸减小。

　　(2)角变形——由于焊缝截面形状上下不对称,造成焊缝横向收缩在厚度方向上分布不均匀引起。V 形坡口的对接接头和角接接头易出现角变形。

　　(3)弯曲变形——由于焊缝位置在焊接结构中布置不对称,焊缝的纵向收缩不对称而

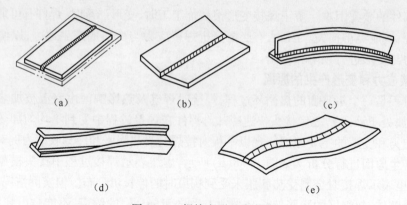

图 11-9　焊接变形基本方式

(a)收缩变形;(b)角变形;(c)弯曲变形;(d)扭曲变形;(e)波浪变形。

引起工件向一侧弯曲,一般在焊接 T 形梁时易出现。

(4)扭曲变形——由于焊接顺序和焊接方向不合理,造成焊接应力在工件上产生较大的扭矩所致。

(5)波浪变形——由于焊缝收缩使薄板局部产生较大的压应力而失去稳定性,引起不规则的变形。

2. 减小和防止焊接应力的措施

(1)焊前预热和焊后热处理。对焊件进行焊前预热及焊后热处理是减小结构焊接应力最有效的措施。焊前将焊件预热到400℃以下的适当温度,然后进行焊接。通过预热可减小焊接区与周围金属的温度差,并降低焊缝区的冷却速度,使焊件各区域的膨胀与收缩量相对较均匀,从而减小焊接应力,同时还能在一定程度上使焊接变形减小。焊后去应力退火是对焊件整体或局部进行加热,对于钢制焊件通常加热到 550~650℃,保温一定时间,然后缓慢冷却。在去应力退火过程中,尽管钢件的组织不发生变化,但金属在高温时强度下降和产生蠕变现象将使焊接应力得到松弛。一般焊件整体去应力退火可消除80%左右的焊接应力。

(2)加热减应区法。"减应区"是指焊接过程中阻碍接头焊缝自由膨胀和收缩变形的区域,加热减应区实际上是对结构进行局部预热,使这些部位受热后伸长,可减少对焊接部位的拘束,待焊缝冷却时,焊接区将与减应区同时自由收缩,可大大减少焊接应力与变形。图 11-10 所示为加热减应区示意图。

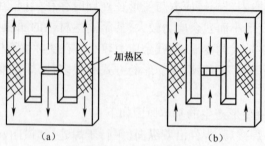

加热区

图 11-10　铸铁框架补焊加热减应区示意图

(a)焊前加热;(b)焊后冷却。

(3)选择合理的焊接顺序及工艺参数。采用合理的焊接顺序和方向,可以使焊缝冷却时收缩比较自由,不受较大的拘束,有利于减少焊接应力。一般是先焊收缩量较大的焊缝,使焊缝一开始就能够比较自由收缩变形,从而使焊接残余应力较小。例如,进行平板拼接时,应先焊错开的短焊缝,然后焊长的直焊缝,如图11-11(a)所示。图11-11(b)中因先焊焊缝1而使焊缝2在焊接时拘束度增加,收缩不能自由进行,导致构件的残余应力较大,甚至会造成在焊缝交叉处产生裂纹。

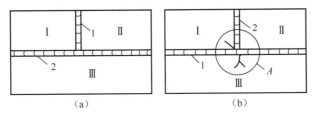

图 11-11　焊接顺序对焊接应力的影响
(a)合理的焊接顺序;(b)不合理的焊接顺序。

　　正确选择焊接规范参数,如在电弧稳定燃烧、保证焊透的情况下,采用小电流、快速焊,能减小焊接时的热输入,有利于减小残余应力与变形。另外,对于厚大焊件采用多层多道焊,也可有效减小焊接应力。

　　(4)焊后锤击或碾压焊缝、拉伸或振动工件。每焊完一道焊缝后,当焊缝仍处于高温时,用小锤对焊缝进行均匀适度的锤击,能使缝焊金属在高温塑性较好时得以延伸,补偿部分收缩,可大大减小焊接应力和变形,以避免裂纹的产生。焊后碾压焊缝的作用效果与锤击类似,同样可达到减小应力和变形的目的。

　　同理,焊后对工件进行拉伸可使焊缝伸长,有利于减少焊缝收缩造成的残余应力,对塑性好的材料效果较好。另外,在一定的频率下振动工件,也可以使其内部应力得到部分释放,一般适合于中、小型焊件。

3. 控制焊接变形的措施

1)预防措施

　　(1)预先反变形。预先反变形是在焊接前,根据经验或结合理论分析,判断结构在焊后可能产生的变形大小和方向,然后在装配时预先使接头产生一个相反方向、数值相等的反变形,以抵消结构的正常焊接变形,如图11-12所示。

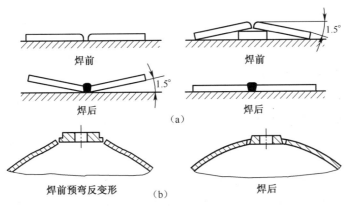

图 11-12　预先反变形示意图
(a)平板对接;(b)壳体焊接。

（2）焊前刚性固定。焊前刚性固定是指采用工装夹具或定位焊固定等方式来控制焊接变形，如图 11-13、图 11-14 所示。该方法能有效防止角变形和波浪变形，但不能完全消除焊后残余变形。焊前刚性固定会导致焊件内应力增大，对于塑性差的焊件应慎用。

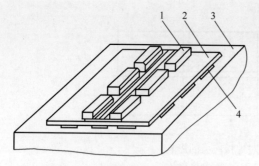 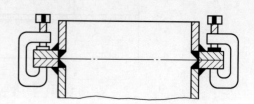

图 11-13　用刚性固定法拼接薄板　　　　　图 11-14　刚性固定防止法兰角变形

1—压铁；2—焊件；3—平台；4—临时定位焊缝。

（3）合理地选择焊缝的尺寸和接头形式。在保证结构承载能力的前提下，应尽量设计较小尺寸的焊缝，在减少焊接工作量的同时，可有效减小焊接变形和应力。如图 11-15 所示，对于受力较大的 T 形接头和十字形接头，为了保证焊透，可采用开坡口的焊缝。

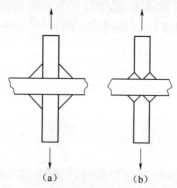

（a）　　　　　　　　（b）

图 11-15　相同承载能力十字形接头的设计

（a）不开坡口；（b）开坡口。

（4）尽可能减少焊缝的数量。结构设计时应尽量采用大尺寸板材、合适的型材或冲压件，以减少焊缝数量，焊接时焊件所受的热量相应减少，有利于减小变形。图 11-16（a）所示结构焊缝的数目多于图 11-16（b）、（c）所示的结构，焊接变形相对较大。

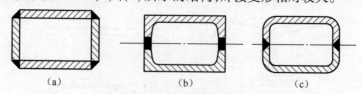

（a）　　　　　　　　　（b）　　　　　　　　　（c）

图 11-16　减少焊缝数量的设计

（a）4 块钢板焊接；（b）两根槽钢焊接；（c）两个冲压件焊接。

（5）合理安排焊缝位置。使焊缝对称分布或接近于构件截面的中性轴，这样焊后构件收缩所引起的变形便大部分可相互抵消，所以焊件整体基本上不会产生弯曲变形，如图 11-17 所示。

286

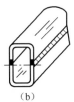

（a）　　　（b）　　　（c）　　　（d）　　　（e）

图 11-17　合理安排焊缝位置的设计

（a）、（d）不合理；（b）、（c）、（e）合理。

（6）采用能量集中的热源、对称焊（图 11-18）、分段焊（图 11-19）和多层多道焊等可有效减小焊接变形。因为焊接时热量集中、线能量输入小，可减少焊接区的受热；对称施焊可使焊接过程中产生的变形相互抵消；分段焊可使焊接区的温度分布较均匀，这些措施可显著减小结构变形。

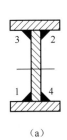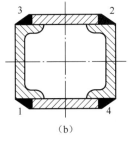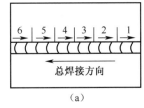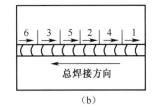

（a）　　　　（b）

图 11-18　对称施焊

（a）工字梁；（b）箱形梁。

（a）　　　　（b）

图 11-19　长焊缝的分段焊法

（a）逐步退焊法；（b）跳焊法。

2）焊接变形矫正方法

构件的焊接变形过大，会使得焊件的尺寸形状不符合要求，因此，在实际生产中，常需对焊接变形进行矫正，其实质是使焊接结构产生新的变形，以抵消在焊接过程中产生的变形。常用的矫正变形方法如下：

（1）机械矫正法。机械矫正法是利用外力作用来强迫焊件的变形区产生方向相反的塑性变形，以抵消原来产生的焊接变形，如图 11-20 所示，此法会使金属产生加工硬化效应，造成接头的塑性、韧性下降。机械矫正法适合于刚性好、塑性较好的焊件。

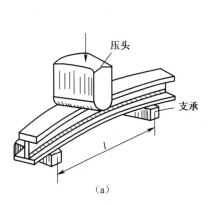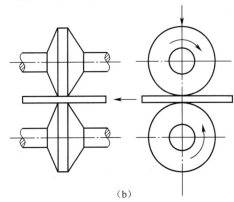

（a）　　　　　　　　　（b）

图 11-20　用机械力矫正变形示意图

（a）用压力机矫正弯曲变形；（b）用辊轮矫正失稳变形。

（2）火焰加热矫正法。火焰加热矫正法如图11-21所示,一般是利用氧-乙炔火焰对焊件上已产生伸长变形的部位进行加热,利用冷却时产生的收缩变形来矫正焊件原有的伸长变形。加热区一般呈点状、三角形或条状,加热时应防止热量过分集中。虽然火焰加热无需专用设备,机动性好,应用广泛,但对焊件加热位置、加热面积和加热温度的选择,需要有一定的实践经验和结构力学知识;否则不仅消除不了变形,还可能增大原有的变形。

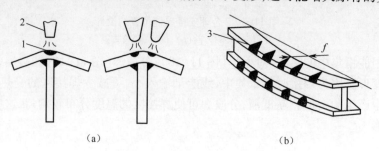

（a）　　　　　　　　　　（b）

图 11-21　梁火焰加热矫正法示意图

（a）矫正角变形;（b）矫正挠曲变形。

1,3—加热区域;2—焰炬;f—挠度。

11.1.6　焊接缺陷及接头质量检验

焊接质量的优劣对焊接构件的安全使用具有重要影响。因此,在焊接生产中,一方面应高度重视结构的焊接质量,通过采取一定的工艺措施,尽量减少焊缝缺陷;另一方面做好焊接质量的检验工作也非常重要。

1. 焊接缺陷及其产生原因

由于各种因素的影响,在焊件的接头部位,经常会发现存在气孔、夹渣、裂纹、未焊透和未熔合以及焊缝外形尺寸不符合要求等各种焊接缺陷。这些缺陷的存在,大大降低接头的力学性能,直接影响构件的安全使用。导致这些缺陷产生的原因可能有:原材料本身不符合要求、结构设计不合理、焊接工艺选择不合适、焊前清理不当或焊接操作技术水平不高等。接头中各种常见的焊接缺陷及其产生原因分析如下:

（1）焊缝外形尺寸不符合要求。可能的表现形式有:焊缝高低不平;焊缝宽度不均匀;波形粗劣;余高过高或过低等。产生的主要原因为:坡口角度不当或装配间隙不均匀;电流过大或过小;焊条施焊角度不合适或运条不均匀。

（2）焊瘤。即焊缝边缘上存在多余的未与焊件熔合的堆积金属。产生的主要原因:焊条熔化太快;电弧过长;运条不正确或焊速太快。

（3）夹渣。焊缝内部存在着熔渣。产生的主要原因:施焊过程中电弧未搅拌熔池;焊件不洁;电流过小或焊缝冷却太快;多层焊时层间熔渣未清除干净。

（4）咬边。在焊件与焊缝边缘的交界处有小的沟槽。产生的主要原因:电流太大;焊条角度不对或运条方法不正确。

（5）裂纹。在焊缝和焊件表面或内部存在裂纹。产生的主要原因:焊件含碳、硫、磷高,焊缝冷速太快;焊接顺序不正确;焊接应力过大;气候寒冷。

（6）气孔。焊缝的表面或内部存在气泡。产生的主要原因:焊件不洁;焊条潮湿;电弧过长;焊速太快或焊件含碳量高。

（7）未焊透。即熔敷金属和焊件之间在局部未熔合。产生的主要原因:装配间隙太小;坡口间隙太小;运条太快;电流太小;焊条未对准焊缝中心或电弧过长。

2. 焊接质量检验

焊接结构(件)中由于缺陷的存在,影响着焊接接头的质量。评定焊接接头质量优劣的依据是缺陷的种类、大小、数量、形态、分布及危害程度。若接头中存在焊接缺陷,一般可以通过补焊来修复,或者采取铲除焊道后重新进行焊接,有时直接作为判废的依据。因此,焊接质量检验是鉴定焊接产品质量优劣的手段,它是焊接结构生产过程中必不可少的组成部分。只有经过焊接质量检验后的焊接产品,其安全使用性能才能得以保证。

焊接质量检验通常包括焊前检验、焊接生产过程中的检验及焊后成品检验。焊前检验是指焊接前对焊接原材料的检验、对设计图纸与技术文件的论证检查以及焊前对焊工的培训考核等,焊前检验是防止焊接缺陷产生的必要条件;生产过程中的检验是在焊接生产各工序间的检验。这种检验通常由每道工序具体进行操作的焊工在焊完此焊缝后自己认真进行检验,主要是外观检验;成品检验是焊接产品制成后的最终质量评定检验。

焊接质量检验的方法可分为破坏性检验和非破坏性检验两大类。非破坏性检验即无损检验,是在不损坏被检查材料或制品的性能及完整性而检测其是否存在缺陷的方法,如外观检验、X 射线检验、超声波检验、磁粉检验、着色检验、气密性检验和水压试验等。而破坏性检验是从焊件或试件上切取试样,或以产品(或模拟件)的整体破坏进行试验,有力学性能试验、化学成分分析、金相组织检验、耐腐蚀试验等。通常根据焊接结构的质量和技术要求,按照相关国家标准及其检验方法的程序和步骤进行。

11.2　常用金属焊接方法

尽管焊接技术发展到今天,已有各种各样的焊接方法在实际生产中应用。但总结起来,目前在工业生产中使用最多、应用最广的仍然是电弧焊接方法。所以本章重点介绍有关电弧焊方法的基本原理及特点,同时简要介绍压力焊、钎焊以及其他特种焊接方法。

11.2.1　熔化焊

1. 焊条电弧焊

焊条电弧焊(Manual Arc Welding)是将焊条和工件分别作为两个电极,由焊工手工操作进行焊接的方法,如前述图 11-6 中所示。焊接时,首先通过短路接触,使焊条和工件之间引燃电弧,在电弧热的作用下,焊条端部和被焊工件局部同时熔化,焊条芯熔化后以熔滴形式向焊缝金属过渡,与熔化的母材金属共同形成熔池,而焊条药皮熔化后形成熔渣覆盖在熔池表面,同时产生大量的气体,熔渣和气体对熔池金属进行联合保护,能有效地隔绝电弧周围的空气,与此同时,在高温下液态熔渣与熔池金属之间发生冶金反应。随着电弧的不断移动,远离电弧的熔池金属温度下降,冷却结晶后,形成致密连续的焊缝,熔渣冷却凝固形成渣壳。

1）焊接电源

弧焊电源是电弧焊机中的核心部分,是用来对焊接电弧提供电能的一种专用设备,必须具有焊条电弧焊工艺所要求的电气性能。一般用电设备要求电源电压不随负载的变化而变化,但是由于焊接电源的负载是电弧,因此要求它的电压应随负载增大而迅速降低,即具有陡降的电源外特性。此外,焊接电源还必须具有合适的空载电压以满足引弧的需要;在焊接过程中,由于受到外界干扰如电网电压波动引起电弧长度发生变化时,电弧应能够保持稳定的燃烧状态;为适应不同材料和板厚的焊接要求,焊接电源还应具有调节特性,即焊接工艺参数应方便可调。对于直流焊接电源还要求其具有良好的动特性,即要求在焊接过程中引弧和重新引弧容易、电弧稳定、飞溅少。

焊条电弧焊设备简称电焊机,实质上是焊接电源,其类型主要有交流弧焊机、直流弧焊机和交、直流两用弧焊机。交流弧焊机实质上是一台降压变压器(通过串联电抗器或利用变压器自身漏抗获得陡降外特性),可将工业用的电压(220V 或 380V)降低到空载电压(50~90V)及工作电压(20~35V),同时能提供很大的焊接电流,并能在一定范围内进行调节。常用的交流弧焊机有动铁心式、动线圈式和抽头式弧焊变压器等,总体上这类焊机的结构较简单、价廉,工作时噪声小,使用和维修方便,应用较广泛。直流弧焊机分为直流弧焊发电机和弧焊整流器两大类,直流弧焊机在焊接时一般电弧燃烧稳定,能适应各种焊条,但其结构相对复杂,价格较高。直流弧焊发电机由于噪声大、耗电多和费材料而基本上被淘汰。采用直流弧焊电源时,由于电流输出端有正、负之分,因此焊接时有两种连接方法。焊接时将焊件接正极,焊条接负极称正接法;而将焊件接负极,焊条接正极称反接法。正接法焊件为阳极,产生热量较多,温度较高,可获得较大的熔深,适于焊接厚板;反接法焊条熔化快,焊件受热小,温度较低,适用于焊接薄板及有色金属等。

使用酸性焊条焊接一般的低碳钢构件时,应优先考虑选用价格低廉、维修方便的交流弧焊机;使用碱性焊条焊接高压容器、高压管道、桥梁、船舶等重要钢结构,或焊接合金钢、有色金属、铸铁件时,则应选用直流弧焊机。对于生产或维修单位购置能力有限而需要进行焊接的材料种类较多时,可考虑选用通用性强的交、直流两用弧焊机。自从 20 世纪 80 年代以来,国内外竞相发展的弧焊逆变器,具有高效节能、重量轻、体积小、良好的动特性和弧焊工艺性能等优点,在许多领域逐渐取代传统的弧焊电源得到了广泛应用。

2) 焊条

焊条电弧焊所用焊条通常由两部分组成,其中焊条内部为金属焊芯,外部涂覆焊条药皮。焊接时,焊芯既作为电极的一极,同时又作为填充金属过渡到焊缝金属中,焊芯的化学成分对焊缝金属的成分和性能具有重要影响,因此,焊接时应根据被焊金属的种类不同选用不同成分焊芯的电焊条。焊条药皮的作用主要有:①产生气体和形成熔渣,对焊接区起保护作用;②改善焊接工艺性,使电弧稳定燃烧、减少金属飞溅,并使焊缝成形美观;③与熔池金属发生冶金反应,起精炼作用,可脱氧、脱硫、去氢等,并向焊缝渗入有益合金元素,提高接头焊缝的性能。药皮中的主要成分有造气剂和造渣剂,还含有稳弧剂、脱氧剂和合金剂等。根据药皮熔化后形成的熔渣化学性质不同,通常可将焊条分为酸性焊条和碱性焊条两大类。

酸性焊条药皮中含有 SiO_2、TiO_2、MnO 等物质,其形成的熔渣以酸性氧化物为主,生成的保护气体主要为 H_2 和 CO,焊缝含氢量高,塑性、韧性较差,抗裂性低。但酸性焊条的工艺性能好,对工件上的铁锈、油污和水分不敏感,电弧燃烧稳定,焊缝成形好,使用方便,常用于一般焊接结构的焊接;碱性焊条药皮中主要含有 $CaCO_3$、CaF_2 等物质,其形成的熔渣以碱性氧化物和萤石为主,生成的保护气体主要为 CO_2 和 CO,合金元素过渡效果好,焊缝含氢量低,塑性、韧性好,抗裂性强。碱性焊条一般用于焊接重要结构,如锅炉、桥梁、船舶等,通常采用直流电源反极性焊接。但碱性焊条价格较高,工艺性能差,且对工件上的铁锈、油污和水分较敏感,焊缝成形较差,在焊前焊条必须严格烘干(350~400℃,保温2h)。

根据《碳钢焊条》(GB/T 5117—1995)标准,碳钢焊条的型号用大写字母"E"和4位数字表示:E××××,如E4303、E5015、E5016等。其中E表示焊条;前两位数字表示熔敷金属的最小抗拉强度,单位为MPa;第三位数字表示适用的焊接位置("0"和"1"表示适用于全位置焊,"2"为平焊和平角焊,"4"为向下立焊);后两位数字组合表示焊接电流种类和药皮类型,如"03"表示药皮是钛钙型,可用交流或直流正、反接,"15"表示药皮是低氢钠型,必须直流反接。焊条牌号是焊条行业统一的代号,由汉字拼音字首加上3位数字组成。例如,结构钢焊条中的结422(J422),"J"表示结构钢焊条;"42"表示焊缝金属的抗拉强度,单位为MPa;最后一位数字"2"表示药皮类型为氧化钛钙型,适用于交流或直流电源焊接。

由于焊条的种类和型号很多,实际使用时焊条的选用应根据被焊工件的化学成分以及焊接结构的形状和受力情况等来进行。焊接低碳钢或低合金钢时,一般应使焊缝金属与母材等强度,即符合等强度原则;焊接耐热钢、不锈钢等特殊性能钢时,应使焊缝金属的成分与母材相同或相近,即符合同成分原则;焊接形状复杂或刚度大的结构及承受冲击载荷或交变载荷的结构时,应选用抗裂性好的碱性焊条,而焊接普通的低碳钢结构可选用成本低廉、工艺性能好的酸性焊条。此外,还应根据被焊工件的厚度、焊接空间位置等选用直径不同的焊条,在保证使用性能的情况下,提高焊接生产率。表11-2所列为部分常用碳钢焊条型号与牌号对应表。

表11-2　部分常用碳钢焊条型号与牌号对应表

焊条型号	焊条牌号	熔敷金属抗拉强度(≥)		药皮种类	焊条类别	电流种类与极性	用途
		kgf/mm²	MPa				
E4301	J423	43	420	钛铁矿型	酸性焊条	交流或直流正、反接	较重要的碳钢结构
E4303	J422	43	420	钛钙型			
E5003	J502	50	490				
E4311	J425	43	420	高纤维素钾型		交流或直流反接	一般碳钢结构
E5011	J505	50	490				
E4315	J427	43	420	低氢钠型	碱性焊条	直流反接	重要碳钢、低合金钢结构
E5015	J507	50	490				
E4316	J426	43	420	低氢钾型		交流或直流反接	
E5016	J506	50	490				
E5018	J506Fe	50	490	铁粉低氢钾型			

3)焊条电弧焊特点及应用

焊条电弧焊设备简单,通用性强,焊接操作灵活方便,可进行全位置焊接,受施工场地条件的限制较小。可根据不同类型的被焊金属选用相应焊条进行焊接。不足之处是,焊条电弧焊的生产率低,劳动条件差,连续作业时工人的劳动强度大。此外,焊条电弧焊接头的热影响区相对较宽,焊接质量易受工人操作技术水平的影响。所以适合于一般钢材的单件、小批量生产,在焊接短焊缝或不规则焊缝时有一定优势,焊件厚度最好在1.5mm以上。

2. 埋弧焊

埋弧焊（Submerged Arc Welding）是电弧在焊剂层下燃烧进行焊接的方法。与其他电弧焊方法相比，该方法的突出特点是电弧光不外露。而且在焊接时，电弧的引燃、焊丝的送进、电弧沿焊接方向的移动等过程全部由设备自动完成，因此，也称为埋弧自动焊。

1）埋弧焊焊接过程

埋弧焊的焊接过程如图 11-22 所示。焊接电源的两端分别接在导电嘴和被焊工件上。焊接时，先在待焊工件表面覆盖一层粒状焊剂（焊接低碳钢时常用高锰高硅低氟焊剂，HJ431），自动焊机头中的送丝机构将焊丝（焊接低碳钢时常用 H08A 或 H08MnA 焊丝）自动送入电弧焊接区并保证一定的弧长。电弧在焊剂层下燃烧，使焊丝、焊剂和局部母材熔化以至部分蒸发，形成金属熔池并发生冶金反应。电弧的热量使周围的焊剂被熔化形成熔渣，部分焊剂分解与金属蒸发一起形成蒸气，气体排开熔渣形成一个封闭的气泡。电弧在这个气泡中燃烧。气泡将熔池金属包围使之与空气隔离，既能防止金属产生飞溅，又能减少电弧热量损失，并使有碍操作的电弧光辐射不能散射出来。随着电弧向前移动（焊接环焊缝时，通常电弧不动，工件匀速转动），电弧前方的金属和焊剂不断被加热熔化，电弧力将液态的熔池金属推向后方并逐渐冷却形成焊缝，熔渣则冷凝成渣壳覆盖在焊缝表面，未熔化的焊剂经回收处理后可重新使用。在焊接过程中，焊剂起到与焊条电弧焊中焊条药皮类似的作用，起保护、脱氧和向焊缝金属渗合金的作用。

2）埋弧焊特点

（1）生产率高。由于埋弧焊时电流可达 1000A 以上，电弧在焊剂层下稳定燃烧，保护效果好，几乎无熔滴飞溅，热量较集中，焊丝熔敷速度快，因而焊件的熔深大。20~25mm 以下的焊件不开坡口也能焊透，可节省焊件坡口加工的工时，并可减少焊丝的填充量，生产率比焊条电弧焊高 5~10 倍。

（2）焊接质量好。埋弧焊时，电弧及熔池金属均处于焊剂与熔渣的保护之中，有害气体侵入大大减少。焊接操作过程自动化，工艺参数保持不变，基本上不受人为操作的不利因素影响，焊缝表面成形美观，接头组织均匀，化学成分稳定，焊缝的力学性能高。

（3）劳动条件好。埋弧焊操作过程属于机械化自动化生产，对焊工的操作技术水平要求低，大大减轻了焊工的劳动强度；由于电弧在焊剂层下燃烧，没有刺眼的弧光散发出来，焊接烟尘少，大幅度改善了工人的劳动条件。

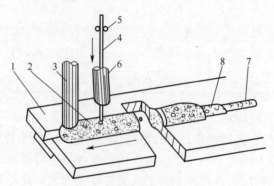

图 11-22　埋弧自动焊的焊接过程

1—焊件；2—焊剂；3—焊剂漏斗；4—焊丝；5—送丝滚轮；6—导电嘴；7—焊缝；8—渣壳。

3）埋弧焊的应用

埋弧焊是目前工业生产中最常用的一种自动电弧焊方法,可焊接的钢种包括碳素结构钢、低合金结构钢、不锈钢、耐热钢及其复合钢材等,广泛应用于造船、锅炉、化工容器、桥梁、起重机械、冶金机械、海洋结构、核电设备和航空工业等制造领域中,如航空工业中某发动机上的压气机机匣圆形外套、火箭壳体都用埋弧自动焊焊接。

埋弧焊的主要发展方向是进一步提高效率和扩大被焊材料的应用范围,如采用多丝(双丝、三丝)埋弧焊、带极和多带极埋弧堆焊以及窄间隙焊接工艺等高效埋弧焊。此外,用埋弧焊堆焊耐磨耐蚀合金、焊接铜合金、镍基合金等材料,也获得较好效果。但是,埋弧焊设备费用高,工艺准备复杂,对接口加工与装配要求较高,只适于批量生产长的直线焊缝与圆筒形工件的纵、环焊缝。对于一些形状不规则的焊缝及薄板(厚度小于1mm)无法焊接;由于焊剂成分为 MnO、SiO_2 等金属氧化物,因此,难以焊接铝、钛等氧化性强的金属和合金。

3. 氩弧焊

氩弧焊是采用氩气作保护气体的电弧焊。依据使用电极的不同,氩弧焊可分为非熔化极氩弧焊(即钨极氩弧焊)和熔化极氩弧焊两种。

1）钨极氩弧焊

钨极氩弧焊通常又叫 TIG 焊(Tungsten Inert Gas Arc Welding),如图 11-23 所示。它是用难熔金属钨或钨的合金棒作电极,采用惰性气体 Ar 作保护气体,利用钨电极与工件之间产生的电弧热作为热源,加热并熔化工件和填充焊丝(填丝焊时)的一种电弧焊方法。在电弧燃烧过程中,电极是不熔化的,故易维持恒定的电弧长度,焊接过程稳定。氩气对焊接区熔池金属的保护效果好,接头焊接质量高。

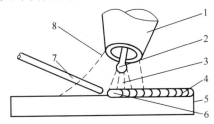

图 11-23　钨极氩弧焊示意图
1—喷嘴;2—钨极;3—电弧;4—焊缝;5—工件;6—熔池;7—填充焊丝;8—氩气。

钨极氩弧焊分手工焊和自动焊。根据被焊工件的厚度和接头形式要求,焊接时可以添加或不添加焊丝。手工 TIG 焊时焊枪运动和焊丝添加都是靠手工操作来完成的;自动 TIG 焊时焊枪运动和焊丝添加都是按系统预先程序设计自动完成的。为了适应新材料和新结构的焊接要求,钨极氩弧焊也出现了一些新的形式,如钨极脉冲氩弧焊、钨极氩弧点焊、热丝钨极氩弧焊等。在钨极氩弧焊时,直流反接及交流焊的反极性半波中,有一种去除氧化膜的作用(一般称"阴极破碎"或"阴极雾化"作用),它是成功焊接铝、镁及其合金的重要因素。铝及其合金的表面存在一层致密难熔的氧化膜(Al_2O_3 ,它的熔点为 2050℃ ,而铝的熔点为 658℃)覆盖在焊接熔池表面,如不及时清除,焊接时会造成未熔合,会使焊缝表面形成皱皮或内部产生气孔、夹渣,直接影响焊缝质量。反极性时,被焊金属表面的氧化膜在电弧的作用下可以被清除掉而获得表面光亮美观、成形良好的焊缝。这是因为金属氧化物逸出功小,容易发射电子,所以,氧化膜上容易形成阴极斑点并产生电弧。而阴极斑点的能量密度很高,同时被质量很大的正离子撞击,致使氧化膜破碎。

2）熔化极氩弧焊

熔化极氩弧焊是以 Ar 作保护气,焊丝作电极及填充金属的气体保护电弧焊方法,其焊接原理如图 11-24 所示。以 Ar 或 Ar-He 作保护气体时,称 MIG 焊(Metal Inert Gas Arc Welding)。当保护气体以 Ar 为主,加入少量活性气体如 O_2 或 CO_2,或者 CO_2+O_2 等作保护气体时,则称为熔化极活性气体保护电弧焊,简称 MAG 焊(Metal Active Gas Arc Welding)。不过,由于上述混合气体通常为富 Ar 气体,所以电弧性质仍呈氩弧特征。与钨极氩弧焊相比,熔化极氩弧焊具有以下特点:

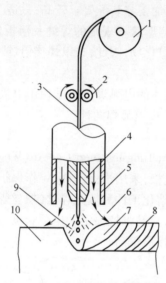

图 11-24　熔化极氩弧焊示意图

1—焊丝盘;2—送丝滚轮;3—焊丝;4—导电嘴;5—保护气体喷嘴;6—保护气体;7—熔池;8—焊缝金属;9—电弧;10—母材。

（1）由于用填充焊丝作电极,焊接时可采用高电流密度,使焊丝熔化速度加快,熔敷效率高,因而母材熔深大,用于焊接厚板铝、铜等金属时生产率比 TIG 焊高,焊件变形小。

（2）铝及铝合金熔化极氩弧焊时,一般采用直流反接,对母材表面的氧化膜具有良好的阴极清理作用。

（3）可焊接材料范围广,与 TIG 焊一样,几乎可焊接所有的金属,尤其适合于铝及铝合金、铜及铜合金以及不锈钢等材料的焊接。

3）氩弧焊的特点及应用

氩弧焊具有以下特点:

（1）氩气是一种惰性气体,焊接过程中对金属熔池的保护作用效果好,焊缝质量高。但是氩气没有冶金作用,所以焊前必须将接头表面清理干净,防止出现夹渣、气孔等。

（2）电弧稳定,特别是小电流时也很稳定。因此,容易控制熔池温度,适合单面焊双面成形。

（3）电弧在氩气流的压缩下燃烧,热量集中,所以焊接速度快,热影响区较小,焊后工件变形也小。

（4）明弧可见,操作性能好,适于各种位置的焊接,焊后表面无熔渣,易于实现机械化和自动化。

294

目前钨极氩弧焊广泛用于飞机制造、原子能、化工、纺织等工业中。可用于焊接易氧化的有色金属及其合金、不锈钢、高温合金、钛及钛合金以及难熔的活性金属(如钼、铌、锆)等。熔化极氩弧焊于 20 世纪 50 年代初开始应用于铝及铝合金焊接,以后扩大到铜和不锈钢。现在也广泛用于低合金钢等黑色金属焊接中。氩弧焊的主要不足之处是,由于氩气价格较贵,焊接设备比较复杂,使焊接成本提高。

4. CO_2 气体保护焊

CO_2 气体保护焊(Carbon-Dioxide Arc Welding)是一种采用 CO_2 作保护气体的电弧焊接方法,其焊接原理示意图如图 11-25 所示。与其他电弧焊方法相比,CO_2 电弧焊具有以下特点:

(1)高效节能。CO_2 电弧的穿透力强、焊丝许用电流密度大(可高达 $250A/m^2$),因而焊丝的熔化率高、焊缝熔深大,焊接生产率可比焊条电弧焊高 1~3 倍。此外,CO_2 电弧焊也是一种节能焊接方法,如水平对接 10mm 厚的低碳钢板时,CO_2 电弧焊的耗电量比焊条电弧焊低 2/3 左右,甚至比埋弧焊还要略低些。

(2)接头质量高、焊接成本低。CO_2 电弧焊是一种低氢型焊接方法,接头抗锈能力较强,焊缝金属含氢量低,抗裂性能好。加之 CO_2 气体价格低廉,CO_2 电弧焊的成本只有埋弧焊和焊条电弧焊的 40%~50%。

(3)适用范围广,易于实现机械化和自动化。各种空间位置都可进行焊接,对铁锈、油污的敏感性低。薄板可焊到 1mm 左右,焊接变形小,最厚几乎不受限制(采用多层多道焊)。焊后焊缝表面没有熔渣,又因是明弧可见,便于监控焊接电弧和熔池,有利于实现焊接过程的机械化和自动化。

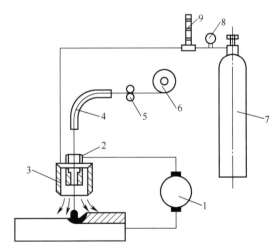

图 11-25　CO_2 气体保护电弧焊示意图

1—直流电源;2—导电嘴;3—喷嘴;4—送丝软管;5—送丝滚轮;

6—焊丝盘;7—CO_2 气瓶;8—减压器;9—流量计。

CO_2 气体保护焊的主要不足之处是:CO_2 有氧化作用,高温下能分解成 CO 和 O_2,使合金元素容易烧损,并且由于生成的 CO 密度小,体积急剧膨胀,导致金属飞溅较为严重,焊缝成形较为粗糙。另外,焊接烟雾较大,弧光强烈,如果控制或操作不当,容易产生 CO 气孔。焊接时一般采用直流反接法。目前 CO_2 电弧焊最常用的焊丝牌号为 H08Mn2SiA,焊丝中的 Si 和 Mn 对焊缝金属进行脱氧和合金化。

CO_2电弧焊已在造船、机车及车辆、汽车、石油化工、集装箱、工程机械、农业机械、起重设备等制造领域中获得了广泛应用。CO_2电弧焊主要用于焊接低碳钢及低合金钢等黑色金属。除了工业生产中应用较多的对接焊接外，CO_2电弧焊还可用于耐磨零件的堆焊、铸钢件的补焊及电铆焊等。随着焊接技术的发展及应用范围的不断扩大，近些年来，CO_2电弧焊在药芯焊丝 CO_2 电弧焊及 CO_2 电弧点焊等特种 CO_2 电弧焊方面得到了较大发展。

5. 等离子弧焊

等离子弧焊接(Plasma Arc Welding)是利用等离子弧作为焊接热源的电弧焊方法。一般的自由电弧，其周围没有约束，当电弧电流增大时，弧柱直径也伴随增大，等离子弧是电弧的一种特殊形式，它是借助水冷喷嘴的外部拘束条件使电弧的弧柱区横截面受到限制，使电弧的温度、能量密度、等离子流速都显著增大。这种利用外部拘束条件使弧柱受到压缩的电弧就是通常所称的等离子弧，又称压缩电弧。

等离子弧的焊接原理如图 11-26 所示。从本质上讲，等离子弧仍然是一种电弧放电的气体导电现象，所用电极主要仍是铈钨或钍钨电极。焊接时，一般均采用直流正极性(钨棒接负极)。钨电极和工件之间的电弧在流经枪体时将发生 3 种压缩效应：①机械压缩效应，枪体内腔呈锥形，通入氩气或氮气，气体流过时断面缩小，弧柱受到机械压缩，尺寸变小，电离程度提高；②热压缩效应，气体流经枪体内孔时，受到水冷内壁及外层离子气流的冷却作用，外层温度下降，电流集中于弧柱中心，通过导电截面缩小、电流密度增大，导致电离过程加剧进行；③电磁压缩效应，把电弧看作是由一束方向相同的电流线组成，磁场力作用迫使电流线互相靠拢，弧柱受到进一步的压缩。经过以上 3 种压缩效应，使得等离子弧的温度和能量密度很高，温度可高达 24000~50000K，能量密度可达 $10^5 \sim 10^6 \mathrm{W/cm^2}$。此外，等离子弧的温度和能量密度显著提高使等离子弧的稳定性和挺直度得以改善，电弧热量更加集中。

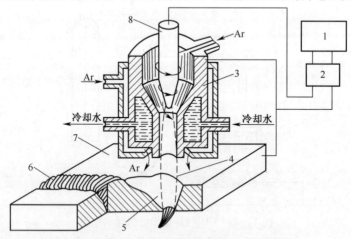

图 11-26　等离子弧焊接原理示意图

1—焊接电源；2—高频振荡器；3—水冷铜喷嘴；4—等离子弧；5—熔池；6—焊缝；7—工件；8—钨极。

与钨极氩弧焊相比，采用等离子弧作焊接热源具有以下特点：

(1) 由于等离子弧的温度和能量密度高，使等离子弧的焊透能力和焊接速度显著提高。焊接时，等离子流在熔池前方穿透被焊工件形成一个小孔，随着热源向前移动时，小孔也随之前移，小孔前端的熔化金属便从小孔旁边流向熔池后方，逐渐填满原先形成的小孔，即通过"小孔效应"实现单面焊双面成形。

（2）由于等离子弧的热量集中，等离子流速快，弧柱细而稳定，电弧机械冲击力大，因此焊缝的深宽比大，热影响区小，适合于焊接某些对热敏感的材料。

（3）微束等离子弧（电流在 15～30A 以下的等离子弧）的电流下限可以很低，电流小到 0.1A 时等离子弧仍很稳定，适合于焊接超薄件，如可焊接厚度为 0.01～1mm 的箔材和薄板。

总之，等离子弧焊具有能量集中、热影响区小、焊接质量好和焊接生产率高等优点。

由于金属热切割是焊接结构生产中一种不可缺少的加工方法，采用等离子弧作为切割热源，不仅利用它的温度高和能量密度大的特点，而且可利用高速等离子流的冲刷作用，把熔化金属从切口排出，因此切割厚度大（可达 150～200mm）、切割速度很高（每小时几十至几百米）、切口宽度较窄（节省材料）、切口质量很高（切口平直、变形小、热影响区小）。现已成为切割不锈钢、耐热钢、铝、铜、钛、铸铁以及钨、钼、钽、锆等难熔金属的主要方法，甚至一些非金属材料如花岗岩、碳化硅、耐火砖、混凝土等也可采用等离子弧进行切割。另外，在实际生产中应用广泛的等离子弧堆焊和喷涂方法，可使材料或零件获得耐磨、耐腐蚀、耐热、抗氧化、导电、绝缘等特殊使用性能。等离子弧堆焊和喷涂的主要优点是：生产效率和质量高，尤其是涂层的结合强度和致密性均高于火焰喷涂和一般电弧喷涂。

6. 电子束焊

电子束焊（Electron Beam Welding）是利用电子枪产生的电子束流，在强电场的作用下以极高的速度撞击待焊工件表面，并将电子束的动能转化为热能而使焊件局部熔化、冷却后形成焊缝的一种工艺方法。通常，电子束轰击工件时 99% 以上的电子动能会转变为热能，因此，工件被电子束轰击的部位可被加热至很高的温度。电子束焊根据焊接时工件所处的真空度不同，可分为高真空、低真空和非真空电子束焊。图 11-27 所示为真空电子束焊示意图。在真空中，电子枪的阳极通电后被加热至高温，随即发射出大量的电子，这些热发射电子在阴极和阳极之间的强电场作用下被加速。高速运动的电子经过聚束装置后形成能量密度很高的电子束流。电子束以极大的速度撞击被焊工件表面，电子的动能大部分转化为热能使焊件被轰击部位的温度迅速升高、产生熔化，随着焊件的不断移动便可形成连续致密的焊缝。为了能对焊件的不同部位进行焊接，可利用焊机中的磁偏转装置调节电子束的方向。

真空电子束焊接具有以下特点：

（1）焊接质量高。真空对焊缝具有良好的保护作用，使焊缝纯洁度高，高真空电子束焊尤其适合于焊接钛及钛合金等活性材料；由于电子束能量高度集中，熔化和凝固过程快，大大提高了焊接速度。例如，焊接厚 125mm 的铝板，焊接速度可达 400mm/min，是氩弧焊的 40 倍，能避免晶粒长大，使接头性能改善，高温作用时间短，合金元素烧损少，焊缝抗蚀性好。

（2）焊件热变形小。电子束斑点尺寸小，功率密度高，输入焊件的热量少，焊件变形小。可实现高深宽比（即焊缝深而窄）的焊接，深宽比可达 60∶1，可一次焊透 0.1～300mm 厚度的不锈钢板。

（3）工艺适应性强，易于实现机械化和自动化。电子束焊接参数易于精确调节，便于偏转，对焊接结构有广泛的适应性。不仅能焊接金属和异种金属材料的接头，也可焊非金属材料，如陶瓷、石英玻璃等。焊接参数易于实现机械化、自动化控制，重复性、再现性好，提高了

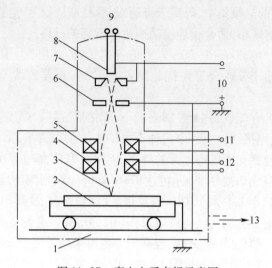

图 11-27　真空电子束焊示意图

1—真空室;2—焊件;3—电子束;4—磁性偏转装置;5—聚焦透镜;6—阳极;7—阴极;
8—灯丝;9—交流电源;10—直流高压电源;11,12—直流电源;13—排气装置。

产品质量的稳定性。

真空电子束焊的主要不足是设备复杂,造价高,焊前对焊件的清理和装配质量要求很高,焊件尺寸受真空室限制,操作人员需要防护 X 射线带来的影响。

真空电子束焊适于焊接各种难熔金属(如钛、铝等)、活性金属(除锡、锌等低沸点元素多的合金外)以及各种合金钢、不锈钢等。既可用于焊接薄壁、微型结构,又可焊接厚板结构,如日本 6000m 级潜水探测器球体观察窗(厚度 80mm)、核反应堆大型线圈隔板(厚度150mm)等大厚件都是采用电子束焊接。在航空工业中,美国空军使用的 C-5 大型运输机中的钛合金机翼大梁和 F-22 战斗机的机身中段以及法国幻影-2000 中的钛合金机翼壁板等都是采用电子束焊接。从 20 世纪 80 年代开始,国内在航空发动机的制造中应用了电子束焊接技术,主要的零部件有高压压气机盘、燃烧室机匣组件、风扇转子、压气机匣、功率轴、传动齿轮、导向叶片组件等,涉及的材料有高温合金、钛合金、不锈钢、高强度钢等。此外,真空电子束焊接工艺在微型电子线路组件、非真空电子束焊接在汽车零部件生产(如汽车扭矩转换器、汽车变速箱齿轮组件和铝合金仪表板的焊接等)中获得应用。

7. 激光焊

激光焊(Laser Beam Welding)是以聚集的激光束作为能源轰击焊件接缝所产生的热量进行焊接的方法。激光是利用原子受激辐射的原理,使物质受激后产生波长均一、方向一致和强度非常高的光束。激光具有单色性好、方向性强、能量密度高(可达 $10^6 \sim 10^{12}$ W/cm²)的特点,在千分之几秒甚至更短时间内,激光能迅速转变成热能,其加热温度可达万度以上,是一种非常理想的焊接与切割热源。激光焊过程如图 11-28 所示,激光器 1 受激产生方向性极强的激光束 3,通过聚焦系统 4 聚焦成十分微小的焦点,使其能量密度进一步提高。当把激光束调焦到焊件 6 的接缝处时,光能被焊件材料吸收后转换成热能,在焦点附近产生高温使被焊金属局部瞬间熔化,随着激光与焊件之间的相对移动,冷凝后形成焊接接头。激光焊的方式有脉冲激光点焊和连续激光焊两种。目前,脉冲激光点焊应用较广泛,它适宜于焊接厚度为 0.5mm 以下金属薄板和直径在 0.6mm 以下的金属线材。

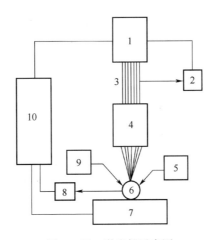

图 11-28 激光焊示意图

1—激光器;2—信号器;3—激光束;4—聚焦系统;5—辅助能源;
6—焊件;7—工作台;8—信号器;9—观测瞄准器;10—程控设备。

激光焊具有以下特点:

(1) 能量密度大。温度高,焊接速度快,热影响区小,焊缝质量好。适合于高速加工,能避免"热损伤"和焊接变形,故可进行精密零件、热敏感材料的焊接,在电子工业和仪表工业中应用广泛。

(2) 灵活性大。激光焊接时,激光焊接装置不需要和被焊工件接触,激光束能用偏转棱镜或通过光导纤维引导到难接近的部位进行焊接。激光还可以穿过透明材料进行焊接,如真空管中电极的焊接。可直接焊接绝缘材料;容易实现异种金属的焊接;甚至能实现金属与非金属的焊接。

(3) 激光辐射能量的释放极其迅速。不仅焊接生产率高,而且被焊材料不易氧化,可在大气中焊接,不需要真空环境和气体保护。

激光焊的主要不足之处是焊接设备复杂,投资较大,材料焊接性受到自身对激光束波长的吸收率及沸点等因素的影响,对激光束波长吸收率低和含有大量低沸点元素的材料一般不宜采用。

目前,激光焊接已广泛应用于电子工业和仪表电器工业中,主要适于焊接微型、精密和对热敏感的焊件,如集成电路内外引线、温度传感器及航空仪表零件等。随着激光器制造技术的发展,激光器功率的进一步提高,激光焊在其他领域中的应用正逐步扩大。例如,激光焊接低合金高强度钢 HY-130 时,焊缝极细、HAZ 窄,焊缝中的有害杂质元素大大减少,产生了净化效应,提高了接头韧性。不锈钢激光焊时,由于焊接速度快,减轻了不锈钢焊接时的过热现象和线胀系数大的不良影响,焊缝外观成形良好,无气孔、夹杂等缺陷,接头强度与母材相当。采用 CO_2 激光焊接热敏感性大的硅钢片也取得了较好效果,焊后不经热处理即可满足生产线对接头韧性的要求。此外,激光焊也是焊接铝合金、钛合金和耐热合金等的理想方法。在一定条件下,Cu-Ni、Ni-Ti、Cu-Ti、Ti-Mo、黄铜-铜、低碳钢-铜、不锈钢-铜及其他一些异种金属材料,都可以进行激光焊。激光不仅可以焊接金属,还可以用于焊接陶瓷、玻璃、复合材料等非金属及金属基复合材料。激光焊在航空航天领域已成功应用,如美国PW 公司用 6 台大功率 CO_2 激光器用于发动机燃烧室的焊接。激光焊还应用于电动机定子铁心的焊接,发动机壳体、机翼隔架等飞机零件的生产,航空涡轮叶片的修复等。激光还可用来切割,切割缝仅 0.1~1mm,即使脆性材料也能加工,目前已成功用于切割钢板、钛板、石英、陶瓷以及布匹、石棉、纸张等。CO_2 激光器几乎可切割任何材料。

8. 电渣焊

电渣焊(Electroslag Welding)是利用电流通过液态熔渣所产生的电阻热熔化母材和填充金属进行焊接的方法。电渣焊的焊接过程如图 11-29 所示。焊前先将工件垂直放置,在两工件间留有一定间隙(一般为 20~40mm),在工件下端装好引弧板,上端装好引出板,并在工件两侧表面安装好强迫成形装置,工件与填充焊丝分别接电源两极。开始焊接时,使焊丝与引弧板短路起弧,然后不断加入适量的焊剂,利用电弧热使焊剂熔化形成液态熔渣(熔渣温度通常在 1600~2000℃范围内),待渣池有一定深度时,增加焊丝送进速度并降低焊接电压,将焊丝插入渣池但不进入熔池,电弧被熄灭,使电弧过程过渡到电渣过程。由于高温熔渣具有一定的导电性,当焊接电流从焊丝端部经过渣池流向工件时,在液态熔渣中产生大量的电阻热使渣池温度升高,将焊丝和渣池边缘的工件母材熔化。随着焊丝的不断送进,熔池液面顶着渣池不断上升(熔渣始终浮于熔池金属的上部),远离渣池的熔池金属在强迫成形装置(水冷铜滑块)冷却下凝固形成焊缝。随着焊接熔池的不断上升,焊丝送进机构和强迫成形装置也不断上移,从而保证了焊接过程的持续进行。根据使用电极的形状不同,有丝极电渣焊、板极电渣焊和熔嘴电渣焊等,图 11-29 所示为丝极电渣焊。

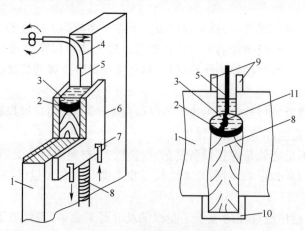

图 11-29　丝极电渣焊示意图

1—工件;2—金属熔池;3—熔渣;4—导丝管;5—焊丝;6—强制成形装置;
7—冷却水管;8—焊缝;9—引出板;10—引弧板;11—金属熔滴。

电渣焊的特点:

(1) 焊接厚件时,生产率高。对于厚大截面的焊件可不开坡口,仅留 25~35mm 的间隙,即可一次焊成,节省焊接材料和焊接工时。

(2) 焊缝金属纯净。由于渣池覆盖在熔池上,保护作用良好,熔滴在渣池中过渡,同时熔池保持液态时间长,冶金反应充分,气泡、杂质上浮彻底,接头质量较好。

(3) 接头组织粗大,焊后需进行热处理。焊缝和热影响区金属在高温停留时间长,热影响区较宽,晶粒粗大,易产生过热组织,因此焊缝力学性能下降。对于较重要的焊件,焊后须进行正火处理,以改善焊件性能。

电渣焊主要用于焊件厚度在 40mm 以上的结构焊接,一般用于立焊直焊缝,也可用于焊接环焊缝。电渣焊主要适合于焊接碳钢和低合金钢,也可焊接不锈钢、铝合金和钛合金等有色金属。目前,电渣焊是制造大型铸-焊、锻-焊复合结构的重要工艺方法,如制造大吨位压力机、重型机床的机座、水轮机转子和轴、高压锅炉等。

11.2.2 压力焊与钎焊

1. 压力焊

1) 电阻焊

电阻焊(Resistance Welding)又称接触焊,是通过两个电极对组合工件施加一定压力,利用电流通过接头的接触面及邻近区域产生的电阻热进行焊接的方法。电阻焊的特点是低电压(几伏至十几伏)、大电流(几千安至几万安),焊接时间极短,一般只有 0.1s 至几十秒。与其他焊接方法相比,电阻焊操作简单,对工人的操作技术水平要求低,生产效率很高,焊件变形小,无需填充金属和焊剂等,劳动条件较好,易于实现机械化和自动化。但电阻焊设备较复杂,一次性投入大,耗电量大,对焊件厚度和截面形状有一定限制,可单件小批量生产,更多用于成批大量生产。依据使用的电极形式不同,电阻焊可分为电阻点焊、缝焊和对焊,图 11-30 所示为电阻焊方法示意图。

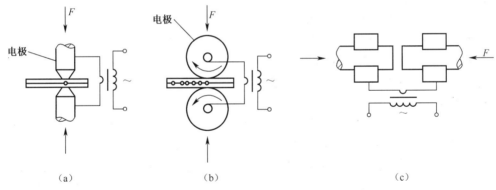

图 11-30　电阻焊方法示意图
(a)点焊;(b)缝焊;(c)对焊。

(1) 点焊。点焊(Spot Welding)是将两被焊工件装配成搭接接头,并压紧在上、下两个电极之间,利用电阻热熔化母材金属,冷却结晶后形成焊点的电阻焊方法,如图 11-30(a)所示。电阻点焊使用的电极通常是具有良好导电和导热性能的铜(或铜合金)电极,焊接时,电极中间通入冷却水,与焊件接触处的电极上的热量及时被冷却水带走,升温有限,因此,电极与工件之间不会焊合在一起。其焊接过程如下:先对焊件施加一定压力,然后在两个电极中通以电流,被压紧的两焊件之间以及焊件与电极的接触处,由于接触电阻热和工件本身电阻热使温度急剧升高,焊件产生局部熔化形成熔核,未熔化的周围金属呈塑性状态。之后断电,继续保持一定的焊接压力,封闭在塑性环中的熔核在电极压力作用下冷却结晶,形成一个组织致密的焊点。待焊第二点时,部分电流会通过已经焊好的焊点,这种现象称为分流现象。分流会使待焊接处的有效电流减小,导致焊点强度降低,故一般要求两个焊点之间应保持一定距离,其数值大小与被焊材料的材质及厚度有关,材料的导电性越强,厚度越大,分流现象越严重,为了保证焊点质量,点距应该越大。一般金属材料点焊时的最小点距见表 11-3。

表 11-3　电阻点焊接头的最小点距　　　　　　　　　（mm）

工件厚度	最　小　点　距		
	碳钢、低合金钢	不锈钢、耐热钢	铝合金、铜合金
0.5	10	7	11
1.0	12	10	15
1.5	14	12	18
2.0	18	14	22
3.0	24	18	30

电阻点焊一般采用搭接接头,影响电阻点焊质量的因素主要有焊接电流、通电时间、电极压力及焊件表面清理质量等。电阻点焊主要适用于厚度为 4mm 以下的各种薄板、板料冲压结构及钢筋构件,可焊接低碳钢、不锈钢、铝合金和钛合金等,广泛应用于飞机、汽车、轻工、电子器件、仪表和日常生活用品的生产中。

(2) 缝焊。将工件装配成搭接或对接接头,并置于两滚轮电极之间,滚轮对工件加压并转动,连续或断续送电,形成一条连续焊缝的电阻焊方法称为缝焊(Seam Welding),如图 11-30(b)所示。缝焊过程与电阻点焊相似,只是用圆盘形电极代替了点焊时用的柱状电极。焊接时,在滚轮电极中通电,依靠滚轮电极压紧焊件并滚动,带动焊件向前移动,在工件上形成一条由许多焊点相互重叠而成的连续焊缝。

缝焊通电时间极短,两邻近焊点的间距很小,焊点相互重叠(一般在 50% 以上),使焊缝具有良好的密封性。由于缝焊分流现象严重,焊接相同厚度的焊件,焊接电流为电阻点焊的 1.5～2.0 倍,所加压力为电阻点焊的 1.2～1.6 倍。缝焊主要用于焊接厚度在 3mm 以下、有密封性要求的薄壁结构和管道,如消声器、自行车钢圈、汽车油箱、小型容器等。

(3) 对焊。对焊(Butt Welding)是将两个被焊工件装配成对接接头,使工件沿整个接触面焊合在一起的电阻焊工艺,如图 11-30(c)所示。按工艺过程的不同,可分为电阻对焊和闪光对焊。

电阻对焊是将工件装配成对接接头,使其端面紧密接触,利用电阻热加热至塑性状态,然后迅速施加顶锻力完成焊接的方法。电阻对焊操作简单,生产效率高,接头外形较圆滑。但焊前对焊件表面清理要求严格;否则易造成加热不均匀,降低接头质量。该工艺主要适用于截面形状简单、直径在 20mm 以下的棒料和管材的焊接。

闪光对焊是将工件装配成对接接头,通电后使工件两端面逐渐靠近达到局部接触,利用电阻热加热这些接触点(发出闪光),使端面金属迅速熔化,直至端部在一定深度范围内达到预定温度时,迅速施加顶锻力而完成焊接的方法,称为闪光对焊。闪光对焊接头质量高,焊接适应性强,焊前对焊件端面的清理要求不严,可焊接截面形状复杂的焊件。闪光对焊广泛应用于建筑、机械制造、电气工程等部门,如焊件可以是细小金属丝,也可以是钢轨、大直径油管等,还可进行不同钢种、铜与铝等异种金属之间的焊接,如经常可见的钢圈、自行车轮圈、电缆接头等都可采用闪光对焊。闪光对焊的主要不足是耗电量大、金属损耗多、接头处焊后有毛刺需要加工清理。

2) 摩擦焊

摩擦焊(Friction Welding)是使两焊件连接表面相互接触并做相对旋转运动,施加一定压力,利用相互摩擦所产生的热量使焊件端面达到塑性状态,然后迅速施加顶锻力,在压力作用下完成焊接的压焊方法。摩擦焊的焊接过程如图 11-31 所示,先将两被焊工件同心地安装在焊机的夹紧装置中,回转夹具 5 做高速旋转,非回转夹具 7 做轴向移动,使两工件端面相互接触,并施加一定轴向压力,依靠接触面强烈摩擦产生的热量把该接触面金属迅速加热到塑性状态。当达到一定的变形量后,利用制动器 3 使焊件立即停止旋转,同时对接头施加较大的轴向顶锻压力,使两焊件产生塑性变形而焊接起来。

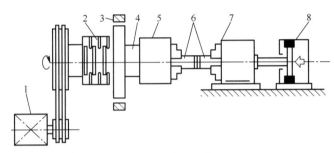

图 11-31　摩擦焊焊接过程

1—电动机;2—离合器;3—制动器;4—主轴;5—回转夹具;6—焊件;7—非回转夹具;8—轴向加压油缸。

摩擦焊的特点是焊接部位在焊前不需要进行特殊清理,不需填充金属,焊接过程中焊件表面不易氧化,不易产生夹渣、气孔等缺陷,接头质量高且稳定,焊件尺寸精度高;焊接操作简单、劳动条件好、生产效率高,易于实现机械化和自动化,同种金属及异种金属、甚至复合材料均可焊接。缺点是摩擦焊主要用于圆形截面的棒材或管材,对于非圆形截面、大截面尺寸或薄壁件以及脆性大的材料难以进行焊接,设备一次性投资大。摩擦焊在金属切削刀具、石油钻探、电站锅炉、汽车、拖拉机、纺织等工业部门得到了广泛应用。

2. 钎焊

钎焊是采用比母材熔点低的金属填料作钎料,将焊件和钎料加热到高于钎料熔点、低于母材熔化的温度,利用毛细作用使液态钎料润湿母材,并填充接头间隙,通过钎料与母材之间的相互扩散从而实现连接的方法。钎焊过程示意图如图 11-32 所示。在钎焊过程中,为了改善钎料对母材的润湿性,除真空钎焊外,一般都需要使用钎剂。钎剂的作用:一是清除钎料和母材表面的氧化膜;二是保护焊件和液态钎料在钎焊过程中免于继续氧化,促进液态钎料在母材表面的润湿与铺展。

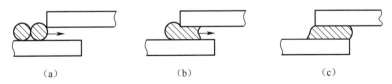

（a）　　　　　　　　（b）　　　　　　　　（c）

图 11-32　钎焊过程示意图

(a)在焊件接头处安置钎料并进行加热;(b)熔化的钎料开始流入焊件接头间隙内;

(c)钎料填满间隙后,与母材相互扩散、凝固形成钎焊接头。

按照加热方法的不同,钎焊可分为火焰钎焊、电阻钎焊、感应钎焊、真空钎焊、盐浴钎焊及烙铁钎焊等。具体的钎焊加热方法应根据工件材质、工件形状与尺寸、接头质量要求与生产批量等因素综合考虑进行选择。钎焊接头的承载能力在很大程度上取决于钎料及钎焊加热方法的选择应用。根据所用钎料的熔点高低不同,钎焊方法可分为硬钎焊和软钎焊两大类。钎焊的接头形式通常采用板料搭接和套件镶接,如图 11-33 所示。

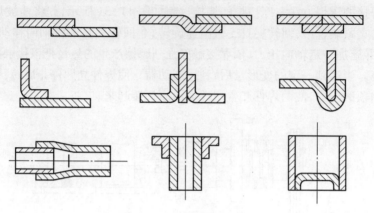

图 11-33　钎焊接头形式

1）硬钎焊

熔点高于 450℃ 的钎料称为硬钎料,相应的钎焊方法称为硬钎焊(Brazing)。常用的硬钎料有铜基、铝基、银基、镍基等合金。硬钎焊钎剂主要有硼砂、硼酸、氟化物、氯化物等。加热方法有火焰加热、电阻加热、盐浴加热、高频感应加热等。

硬钎焊接头的强度较高,工作温度高,主要用于受力较大的钢铁件、铜合金构件以及工具、刀具的焊接。如钎焊自行车车架、切削刀具等。

2）软钎焊

熔点低于 450℃ 的钎料称为软钎料,相应的钎焊方法称为软钎焊(Soldering)。常用的软钎料有锡基、铅基、镉基和锌基合金等。软钎焊钎剂主要有松香、氯化锌溶液等。软钎料多采用烙铁加热。

软钎焊接头强度低,受钎料熔点限制,其工作温度也低。经常使用的 Sn-Pb 钎料焊接电源导线等俗称锡焊,接头具有良好的导电性。软钎焊主要应用于受力不大的电子线路元件、电器仪表等的连接。

总之,钎焊具有加热温度低、生产效率高、焊件变形小、钎缝成形美观、焊件尺寸精确等特点。钎焊既可用于同种金属,也可用于异种金属,甚至非金属和复合材料的连接,大多数钎焊方法使用设备简单,易于实现生产过程自动化。钎焊的应用范围非常广泛,主要用于机械制造、航空航天、电工电子、仪器仪表以及日常生活中的一些受力不大、工作温度不高的薄板结构、蜂窝结构以及异种金属、复合材料的连接中。例如,硬质合金刀具、铝和铜制热交换器、压气机部件、异种不锈钢电磁阀、电机、容器、各种电子元器件及导线的连接等。

11.3　常用金属材料的焊接

11.3.1　金属焊接性

金属焊接性是指在一定的焊接工艺条件下,金属材料获得优质接头的难易程度,即金属材料在一定的焊接工艺条件下表现出"好焊"和"不好焊"的差异。金属焊接性受到焊接方法、焊接材料、焊接工艺参数和结构形式等因素的影响,焊接性通常包括以下两方面的内容:一是结合性能,指某种材料在给定的焊接工艺条件下,在焊接接头中是否易产生焊接缺陷;二是使用性能,指在给定的焊接工艺条件下,焊接接头或整体结构是否满足使用要求。

金属材料的焊接性是一个相对的概念,同一种被焊材料,采用不同的焊接方法、焊接材料及焊接工艺措施等,其焊接性能往往表现出很大差异。另外,随着焊接技术的发展,一些先进的焊接方法出现,使原来认为不好焊,甚至不可焊的材料也可能变得比较容易焊接。例如,铝及铝合金焊接时若采用气焊,由于热源温度低、热量分散及保护不良等原因,很难避免气孔等缺陷,接头力学性能差;如果采用氩弧焊,则接头质量完全可以满足使用要求,焊接性良好。曾被认为焊接性很不好的钛及钛合金,自从成功应用氩弧焊、电子束焊接以后,钛及钛合金的焊接构件在航空航天领域获得了广泛应用。

根据目前的焊接技术发展水平,工业上应用的绝大多数金属材料都具有一定焊接性,只是在一定条件下进行焊接的难易程度有所不同。当采用某种新材料(包括新开发出来的材料或本单位以前未曾焊接过的材料)制造焊接构件时,了解及评定其焊接性是进行结构设计及合理制订焊接工艺的重要依据。金属焊接性的评定一般是通过估算或试验方法确定。影响金属材料焊接性的因素有很多,其中金属材料的化学成分是最主要的影响因素,金属材料中除了含有碳以外,还含有其他合金元素,碳含量对焊接性的影响最大,其他合金元素可按影响程度的大小换算成碳的相对含量,两者加在一起便是材料的碳当量,采用碳当量法来评价金属的焊接性相对较为简便。

国际焊接学会推荐的碳钢和低合金结构钢碳当量计算公式为

$$C_E = C + \frac{Mn}{6} + \frac{Cr + Mo + V}{5} + \frac{Cu + Ni}{15} \quad (\%) \tag{11-1}$$

式中的化学元素符号表示该元素在钢材中含量的百分数。

实践表明,钢材的碳当量 C_E 值越高,其淬硬倾向越大,冷裂敏感性也越大,焊接性就越差。当 $C_E < 0.4\%$ 时,钢材的淬硬倾向和冷裂敏感性都不大,焊接性良好,接头焊接时一般不需进行预热;当 $C_E = 0.4\% \sim 0.6\%$ 时,钢材的淬硬倾向和冷裂敏感性增大,焊接性变差,焊接时需要采取预热、控制焊接线能量、焊后缓冷等工艺措施;当 $C_E > 0.6\%$ 时,钢材的塑性低、淬硬倾向很大,容易产生冷裂纹,焊接性很差,焊接时需要预热到较高温度、焊后进行热处理和采取其他更为严格的工艺措施。

由于碳当量计算公式仅考虑了材料的化学成分对焊接性的影响,没有考虑冷却速度、结构特点等因素对金属焊接性的影响,所以利用碳当量法只能在一定范围内粗略评定焊接性。对于具体应用金属的焊接性,应综合考虑各方面因素,通过焊接性试验进行确定。

11.3.2 碳素钢的焊接

1. 低碳钢的焊接

低碳钢的碳质量分数小于 0.25%,其碳当量 $C_E < 0.4\%$,塑性好,一般没有淬硬倾向,对焊接热过程的敏感性低,焊接性良好,焊接时一般不需要采取特殊的工艺措施即可获得优质接头。但对于结构刚性大、厚度大于 50mm 的构件,一般采用多层多道焊,焊后及时进行去应力退火处理。

低碳钢可以用各种常规方法进行焊接,如焊条电弧焊、埋弧焊、氩弧焊、CO_2气体保护焊、电阻焊、电渣焊等均可。焊条电弧焊时,一般结构常使用工艺性能好、价格低廉的酸性焊条,如E4303、E4320、E4301等;对于承受重载荷或在低温下工作的重要构件,以及厚度大、刚性大的构件可采用抗裂性能好的碱性焊条(低氢型焊条),如E5015、E5016等。

2. 中、高碳钢的焊接

中、高碳钢属于淬火钢,中碳钢的含碳量为0.25%~0.6%,C_E约为0.4%,高碳钢的含碳量大于0.6%,其$C_E>0.4\%$,随着钢中碳含量的增加,钢的淬硬倾向渐趋严重,焊接性明显变差。受焊接热循环作用,易淬火钢在母材热影响区中易形成淬硬组织。

在焊接中碳钢时,应尽可能选用塑性和韧性好、含氢量低的低氢型焊条,以提高焊缝塑性,防止产生裂纹。焊接时将焊件适当预热(150~250℃),选用合理的焊接工艺,焊条使用前烘干,焊后尽可能缓冷,以减少焊接时的内应力,特别是大厚度工件、结构刚性大以及在使用过程中承受冲击载荷和动载荷的工件,焊后应及时进行600~650℃的去应力退火。

高碳钢的含碳量更高,淬硬倾向和裂纹敏感性更大,主要采用焊条电弧焊和气焊方法,焊接时,焊前需预热到更高温度(250~350℃),焊后立即进行600~650℃的去应力退火处理。高碳钢一般不用于制造焊接结构,高碳钢焊接通常只用于工件的缺陷修补。

11.3.3 低合金钢的焊接

焊接生产中大量应用的低合金结构钢主要是低合金高强度结构钢,按其屈服强度不同分成Q345、Q390、Q420和Q460等级别,广泛应用于制造压力容器、桥梁、船舶和其他各种金属焊接构件,通常采用焊条电弧焊和埋弧焊方法进行焊接。虽然低合金结构钢的含碳量都较低(一般控制在0.2%以下),对S、P控制较严,但由于化学成分不同,所以焊接性的差别也比较显著。

一般强度级别较低的低合金结构钢,如Q295、Q345的焊接性能良好,在常温下焊接时,不用复杂的工艺措施,便可获得优质的焊接接头。只有在低温或结构厚度大、刚性大的条件下进行焊接时,才需要在焊前进行100~150℃预热。但强度级别较高的低合金结构钢,由于合金元素含量较多,碳当量较高,淬硬及冷裂倾向大,焊接性差,因此在焊接时应合理选择焊接材料,如选用低氢型焊条并进行焊前预热、采用合理的焊接顺序和焊后去应力热处理等严格的工艺措施,以确保焊接接头的质量。表11-4所列为不同环境温度下焊接Q345(16Mn)钢的预热温度。

表11-4 不同环境温度下焊接Q345(16Mn)钢的预热温度

板厚/mm	不同气温下的预热温度
<16	不低于-10℃不预热,-10℃以下预热至100~150℃
16~24	不低于-5℃不预热,-5℃以下预热至100~150℃
25~40	不低于0℃不预热,0℃以下预热至100~150℃
>40	均预热至100~150℃

11.3.4 不锈钢的焊接

目前工业生产中应用的不锈钢,按其组织形态主要分为奥氏体、马氏体和铁素体不锈钢三大类。应用最广泛的奥氏体型不锈钢,如18-8型铬镍奥氏体不锈钢,其焊接性良好。常采用焊条电弧焊和钨极氩弧焊,也可用埋弧焊。奥氏体不锈钢焊接的主要问题是晶间腐蚀和热裂纹。这是由于不锈钢在500~800℃范围内长时间停留,在晶界处将析出碳化铬,引起晶界贫铬区,使接头丧失耐蚀性能。焊条电弧焊时,应选用与母材化学成分相同的焊条;氩弧焊和埋弧焊时,选用的焊丝应保证焊缝金属化学成分与母材相同。在工艺上采用小电流、快速焊、多层焊、强制冷却等措施,以防止产生晶间腐蚀。

马氏体和铁素体不锈钢一般可采用焊条电弧焊和氩弧焊。由于马氏体型不锈钢具有强烈的淬硬和冷裂倾向,含碳量越高,焊接性越差,如30Cr13(3Cr13)比12Cr13(1Cr13)难焊。因此,焊前应预热到200~400℃,焊后要及时进行热处理,以防止接头中产生冷裂纹;铁素体型不锈钢如10Cr17(1Cr17)等,焊接时热影响区中的铁素体晶粒易过热粗化,使焊接接头的塑性、韧性急剧下降甚至开裂。因此,为了防止过热脆化,焊前预热温度应控制在150℃以下,并采用小电流、快速焊等工艺措施,以减少熔池金属在高温的停留时间,降低晶粒长大倾向。

11.3.5 铸铁的补焊

铸铁的碳质量分数大于2.11%,是碳含量很高的铁碳合金,塑性很低,而且组织不均匀,因此,其焊接性很差,一般都不考虑直接用于制造焊接结构。由于铸铁具有成本低、铸造性能好、切削性能优良以及减摩性和减振性良好等性能特点,因此,在机械制造业中应用广泛。但是,由于受各种因素的影响,铸铁件在生产过程中可能出现铸造缺陷,铸铁零件在使用过程中可能发生局部损坏或断裂,此时,人们常采用焊接的方法进行修复,即铸铁的补焊。由于铸铁的含碳量很高,铸铁在焊补时存在的主要问题有:①焊接接头易形成白口组织和淬硬组织,难以机加工;②铸铁强度低、塑性差,焊接接头易出现裂纹;③铸铁含碳量高,焊接时易生成CO和CO_2气体,由于冷却速度快,熔池中的气体来不及逸出将形成气孔。所以,进行铸铁补焊时,一是应采取一定的工艺措施,尽量减小焊接应力,防止产生裂纹;二是要合理选择焊接材料,一般要求其成分应增大促进石墨化元素的含量,降低阻碍石墨化元素的含量,以防止或降低接头中白口的形成倾向。

根据焊接前是否进行预热,铸铁的补焊工艺可分为热焊法与冷焊法两大类。

1. 热焊法

热焊法是指在焊前对焊件整体或局部加热到600~700℃温度范围,在焊接过程中温度不应低于400℃,补焊后缓慢冷却。热焊法可在很大程度上防止焊件产生白口组织和裂纹,补焊质量较好,焊后可进行机加工。但其工艺复杂,生产率低,成本相对较高,而且高温操作使劳动条件变差。热焊法一般用于焊后要求切削加工、形状相对复杂的重要铸件,如汽车的缸体、缸盖和机床导轨等。焊接方法一般采用气焊或焊条电弧焊,气体火焰可以用于预热工件和焊后缓冷。焊条电弧焊时,通常采用碳、硅含量较低的EZC型灰铸铁焊条和EZCQ型铁基球墨铸铁焊条。

2. 冷焊法

冷焊法是指焊前对焊件不预热或预热温度较低(一般不超过400℃)的补焊方法。冷焊常用的方法是焊条电弧焊,主要依靠焊接材料(铸铁焊条)本身来调整焊缝的化学成分以提高接头塑性,防止或减少白口组织生成及避免产生裂缝。冷焊时常采取一定工艺措施,如小电流、短弧焊、分段焊以及焊后轻锤焊缝以松弛应力等,可在一定程度上防止焊后开裂。与热焊法相比,冷焊法生产率高、成本低、劳动条件好,但焊接部位难以进行切削加工。实际生产中,冷焊法多用于补焊要求不高的铸件,或用于焊后不要求切削加工的铸件。冷焊时,常用的焊接材料有低碳钢焊条 E5016(J506)、高钒铸铁焊条 EZV(Z116)、纯镍铸铁焊条 EZNi (Z308)和镍铜铸铁焊条 EZNiCu(Z508)。

11.3.6 有色金属的焊接

1. 铝及铝合金的焊接

铝及铝合金的焊接特点：

（1）易氧化、形成夹渣和气孔。铝的氧化性强，极易氧化生成 Al_2O_3，且生成的 Al_2O_3 氧化膜熔点高（2050℃）、相对密度大，焊接时不易浮出熔池表面，同时铝及铝合金在液态能吸收大量的氢，而固态时又几乎不溶解氢气，因此在焊接条件下很容易形成夹渣和气孔。

（2）易产生变形、开裂。铝的热导率大，为钢的 4 倍，膨胀系数也大，为钢的 2 倍，比热容大，凝固时收缩率达 6.5%，焊接时易产生焊接应力与变形，并导致裂纹的产生，因而需要强而集中的热源。

（3）焊接时操作困难。铝的熔点低，由固态至液态时无颜色变化，故难以掌握加热温度，易烧穿，且铝在高温下强度和塑性很低，焊接时常由于不能支持熔池金属而引起塌陷，故对焊工的操作技术水平要求较高。铝合金中，防锈铝的焊接性较好，而其他可热处理强化铝合金的焊接性相对较差。

目前铝及铝合金常用的焊接方法有氩弧焊、气焊、点焊、缝焊和钎焊等。氩弧焊是焊接铝及铝合金较为理想的焊接方法。氩气保护效果好，采用反极性对熔池表面的氧化膜产生"阴极破碎"作用，使焊缝成形美观，焊件变形小，接头力学性能提高。一般薄板焊接多用钨极氩弧焊，熔化极氩弧焊主要用于板厚大于 3mm 的构件。气焊适用于一些不重要的薄壁小件。由于其热量分散，焊接质量和生产率较低。铝薄板气焊时，需要用铝熔剂，焊后应及时彻底清除残余溶剂，以免造成对接头的腐蚀。电阻焊适合于焊接厚度在 4mm 以下的焊件，采用大电流、短时间通电的焊接规范。无论采用何种焊接方法焊接铝合金，焊前都必须彻底清除焊接部位和焊丝表面的氧化膜与油污。

2. 铜及铜合金的焊接

铜及铜合金按所加合金元素的不同，可分为纯铜、黄铜、青铜和白铜。铜及铜合金的焊接特点：

（1）难熔合。铜及铜合金的导热性很强，纯铜的热导率约为低碳钢的 8 倍，焊接时热量很快从加热区传导出去，导致焊件温度难以升高，金属难以熔化，填充金属与母材不能良好熔合。因此要求采用功率大、热量集中的热源，对于厚而大的工件焊前需预热；否则容易产生未熔合和未焊透等缺陷。

（2）易变形和开裂。铜及铜合金的线胀系数大，液-固转变时的收缩也大。因此焊接时易产生较大的焊接应力，变形和裂纹倾向大。另外，液态时易氧化生成 Cu_2O，结晶时与 Cu 形成低熔点共晶体，也是产生热裂纹的原因之一。

（3）易产生气孔。铜及铜合金在液态时吸气性强，特别容易吸收氢，由于熔池冷却速度快，凝固时如气体来不及析出，容易在焊缝中形成气孔。

目前铜及铜合金常用的焊接方法有氩弧焊、气焊、焊条电弧焊和钎焊等。焊前应严格清理焊件坡口边缘及焊丝表面的氧化膜。氩弧焊是焊接铜和铜合金应用最广的熔焊方法。氩弧焊时，焊丝可采用特制的含 Si、Mn 等脱氧元素的紫铜焊丝（HS201、HS202），也可用一般的紫铜丝或从焊件上剪料做焊丝,但必须使用溶剂溶解氧化铜和氧化亚铜,以保证焊缝质量。氩弧焊时要合理地选择焊接工艺规范,焊接速度相对要快;焊接电流的选择与板厚、工件结构、预热温度等因素有关;焊后要进行热处理。气焊黄铜采用弱氧化焰,利用含硅的焊丝,使焊接时在熔池表面形成一层致密的氧化硅薄膜,以阻碍锌的蒸发和防止氢的溶入。其他铜合金均采用中性焰,由于温度较低,除薄件外,焊前应将工件预热至400℃以上,焊后应进行退火或锤击处理。青铜的焊接主要用于焊补铸件的缺陷和损坏的机件,多选用气焊方法。焊条电弧焊时,焊条可选用焊芯为纯铜或磷青铜,药皮为低氢钠型,电源用直流反接。此外,铜及铜合金的钎焊性优良,硬钎焊时采用铜基钎料、银基钎料,配合硼砂、硼酸混合物等作为钎剂;软钎焊时可用锡铅钎料,配合松香、焊锡膏等作为钎剂。由于铜的电阻极小,故不适于采用电阻焊。

3. 钛及钛合金的焊接

钛及钛合金密度小,钛的密度为 4.5g/cm³,比强度和比刚度高,热强度高,即使在300～350℃高温下仍具有较高的强度。此外,钛及钛合金还具有良好的低温冲击韧性,良好的抗腐蚀性能,在化工、造船、航空航天等工业部门日益获得广泛的应用,是国防领域中一种重要的结构材料。其焊接特点如下:①氧化及接头脆化。钛及钛合金的化学性质非常活泼,不但极易氧化,并且在250℃开始吸氢,在400℃开始吸氧,在600℃开始吸氮,使接头塑性严重下降。钛及钛合金的导热性差,热输入过大,过热区晶粒粗大,塑性下降;热输入过小,冷却速度快,会出现钛马氏体,也会使塑性下降而脆化。②容易出现裂纹、气孔。焊接接头脆化后,在焊接应力和氢的作用下容易出现冷裂纹。熔池金属中吸附的气体,如果冷却过程中来不及析出,易在接头中形成气孔。氢还会使接头中出现延迟裂纹。因此,钛及钛合金在焊接时,不仅要严格清理焊件表面,保护好电弧区和熔池金属,还要保护好已呈固态但仍处于高温的焊缝金属。一般焊接时焊炬应带有较长的拖罩,以加强保护,如图11-34所示。目前钛及钛合金常用的焊接方法有钨极

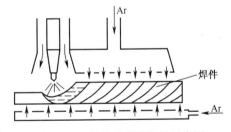

图11-34 钛合金焊接保护示意图

氩弧焊、等离子弧焊和真空电子束焊。在焊接时,应注意焊前对母材及焊丝的严格清理,保证氩气的纯度,焊接工艺参数的选定及焊后热处理工艺措施都应严格控制。

11.4 焊接结构工艺性

焊接结构的合理设计与否,对焊接接头的质量和焊接生产率有较大影响。通常应在保证产品质量的前提下,尽量简化焊接工艺,以降低生产成本,提高经济效益。在设计焊接结构时,除了应根据焊件的使用性能,对焊接结构的材料和焊接方法进行合理选择外,还应重点考虑接头形式和焊缝布置等结构工艺性,使焊接操作方便、可行,确保获得接头的质量。

1. 接头形式和坡口设计

焊接生产中,焊接接头通常有4种基本形式,即对接接头、搭接接头、角接接头和T形接头,如图11-35所示。对接接头的焊缝熔深大,一般具有较高的强度,在承受外加载荷时,应力分布均匀,是焊接结构中应用最多的接头形式,但对接接头在焊前装配要求相对较高。搭接接头主要应用于电阻点焊及钎焊结构中。接头形式一般应根据接头性能要求、工件尺

寸形状、工件厚度、变形大小和施工条件等情况进行合理选择。

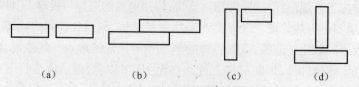

图 11-35　焊接接头基本形式
(a)对接；(b)搭接；(c)角接；(d)T 形接头。

当焊件厚度比较大时,为了保证焊透,应根据所选焊接方法的特点及结构的性能要求,将板材焊接部位加工出各种形式的坡口,坡口尺寸应按国家标准选用。对接接头常采用的坡口形式有 I 形坡口(不开坡口)、V 形坡口、X 形坡口、U 形坡口、双 U 形坡口,如图 11-36 所示。I 形坡口适用于板厚 1~6mm;V 形坡口适用于板厚 3~26mm;X 形坡口适用于板厚 12~60mm;U 形坡口适用于板厚 20~60mm;双 U 形坡口适用于板厚 40~60mm。V 形坡口、U 形坡口可单面焊双面成形,但是,如控制不好易产生较大的角变形。X 形坡口、双 U 形坡口需进行正反双面焊,焊件受热均匀,焊件变形小,但坡口加工费时(特别是双 U 形坡口),成本相对较高,一般只在重要的承受动载荷的厚板结构中采用。

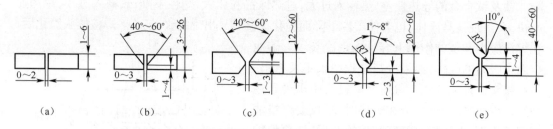

图 11-36　焊接坡口基本形式
(a)I 形坡口；(b)V 形坡口；(c)X 形坡口；(d)U 形坡口；(e)双 U 形坡口。

焊接时应尽量避免厚薄相差很大的金属板焊接,如因结构需要,对于不同厚度的板材对接,两板的厚度差超过表 11-5 所列厚度范围,则应在厚板上加工出单面或双面斜边的过渡形式,如图 11-37(a)所示,厚度不同钢板的角接与 T 形接头受力焊缝可加工出图 11-37(b)、(c)中的过渡形式,以防止出现应力集中和未焊透等缺陷。

表 11-5　不同厚度板材对接时允许的厚度差范围

较薄板厚度 δ/mm	2~5	6~8	9~11	≥12
允许厚度差($\delta_1-\delta$)/mm	1	2	3	4

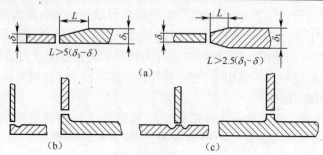

图 11-37　不同厚度板材焊接的过渡形式
(a)对接接头；(b)角接接头；(c)T 形接头。

310

2. 焊缝的布置

在焊接结构设计中,焊缝布置合理与否,将直接影响获得接头的质量和焊接生产率,设计时应考虑以下原则:

(1) 焊缝位置应方便操作。焊接操作时,根据焊缝所在空间位置的不同,可分为平焊、横焊、立焊和仰焊,如图 11-38 所示。平焊时,操作简单、方便,接头质量易于保证;受液态熔池金属重力的影响,立焊和横焊操作较为困难,而仰焊最难操作。因此,进行结构设计时,应尽量使焊件的焊缝分布在平焊的位置上,焊接时尽量减少翻转,使焊缝成形良好,并提高生产率。

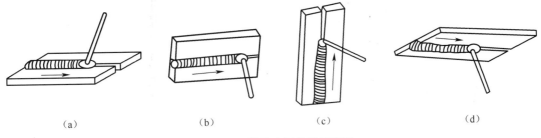

图 11-38　焊接空间位置示意图
(a)平焊;(b)横焊;(c)立焊;(d)仰焊。

焊缝布置还应考虑焊接操作时有足够的空间,以满足焊接时的需要。例如,焊条电弧焊时需考虑留有一定的焊接空间,以保证运条的需要,如图 11-39 所示;埋弧焊时应考虑接头处容易存放颗粒状焊剂,保持熔池金属和熔渣,如图 11-40 所示;点焊与缝焊时应考虑电极能够伸入其中,如图 11-41 所示。

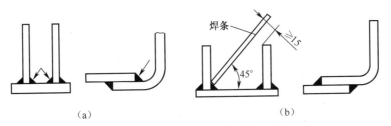

图 11-39　焊条电弧焊的操作空间
(a)不合理;(b)合理。

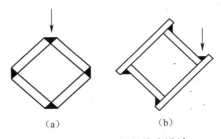

图 11-40　埋弧焊的接头设计
(a)不合理;(b)合理。

(2) 尽量使焊缝分散,避免密集、相互交叉。密集交叉的焊缝会使接头重复受热,而使热影响区增大,组织晶粒粗大,导致力学性能下降,甚至出现裂纹。一般要求焊缝的间距应

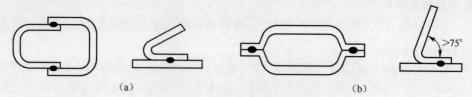

图 11-41　点焊和缝焊电极的伸入

(a)不合理;(b)合理。

大于 3 倍焊件厚度,且不小于 100mm,如图 11-42 所示。处于同一平面内的焊缝转角处相当于焊缝交叉,尖角部位易产生应力集中,应改为平滑过渡连接;即使不在同一平面的焊缝,若密集堆垛或排布在一列都会降低焊缝的力学性能,导致承载能力下降。

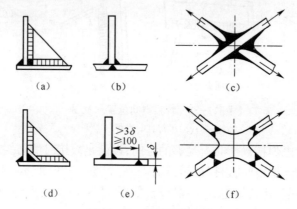

图 11-42　焊缝分散布置

(a)、(b)、(c)不合理;(d)、(e)、(f)合理。

（3）焊缝布置应避开最大应力和应力集中位置。优质焊接接头一般能达到与母材等强度,但焊接时由于操作不当等多种原因,焊缝中难免会出现程度不同的焊接缺陷,使接头性能变差、结构的承载能力下降。由于焊接接头是焊接结构的薄弱环节,结构拐角处等应力集中部位是结构的薄弱部位,因此,对于结构复杂、受力较大的焊接构件,为了确保安全服役,焊缝布置应避开最大应力和应力集中位置,如图 11-43 所示。

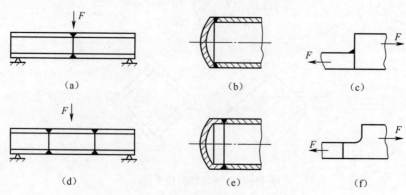

图 11-43　焊缝应避开最大应力和应力集中部位

(a)、(b)、(c)不合理;(d)、(e)、(f)合理。

（4）焊缝应尽量远离机械加工表面。有些焊接件的某些部位需要先机械加工再进行焊接,此时,焊缝位置应尽量远离已加工表面,以防止焊接时加工表面被损坏,避免接头中的残余应力影响机械加工精度;如果焊接结构要求整体焊接后再进行机械加工,由于焊接热作用,使靠近焊缝处往往会产生变形,并且焊缝的硬度一般较高,致使机械加工困难,因此,焊缝应尽量避开待加工的表面,如图 11-44 所示。

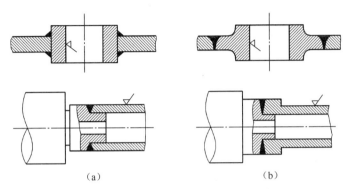

图 11-44　焊缝应远离机械加工表面

(a)不合理;(b)合理。

（5）应有利于减少焊接应力与变形。通过合理选材、减少焊缝数量以及尽量使焊缝对称布置等,将有利于减少焊接结构的应力与变形,相关内容参见本章第 11.1.5 节。

3. 焊接结构工艺举例

储罐外形结构如图 11-45 所示,质量要求较高。板料尺寸为 2000mm×5000mm×16mm,材料为 Q345 钢,人孔管和排污管壁厚分别为 16mm 和 10mm。现拟批量生产,试制定焊接工艺方案。

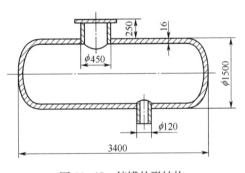

图 11-45　储罐外形结构

（1）结构工艺性分析。根据焊缝的布置原则,焊缝的布置应避免密集交叉,以免焊接时重复加热,尽量避开易产生应力集中的转角部位,因此采用图 11-46(a)中的焊缝布置不合理,而应采用图 11-46(b)所示改进后的焊缝布置。

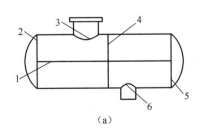
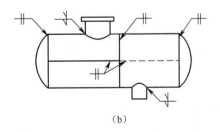

图 11-46　储罐焊缝布置

（a）不合理;（b）合理。

1—筒身纵焊缝;2,4,5—筒身环焊缝;3—人孔管环焊缝;6—排污管环焊缝。

（2）焊接方法及焊接材料选择。由于筒身板厚较大，焊缝长而规则，故储罐的纵向焊缝及环焊缝宜采用埋弧自动焊方法焊接，焊接材料可选用焊丝 H08MnA 配合使用焊剂 HJ431；而两接管与筒身之间的焊缝较短且为不规则的空间曲线，因此宜选用焊条电弧焊，电焊条可选用抗裂性较好的碱性焊条 E5015(J507)进行焊接。

（3）其他工艺措施。根据所选焊接方法及其结构本身的特点，并考虑到使用材料的厚度，针对筒身焊缝质量要求较高，采用埋弧焊，故应选对接接头形式不开坡口(I 形坡口)即可保证焊透。两接管焊缝采用角接接头形式进行插入式装配较为方便，为了保证焊透，应开单边 V 形坡口。虽然该储罐筒身的板厚较大，但因所用材料为强度级别较低的低合金结构钢 Q345，故在室温焊接时无需采取焊前预热和焊后缓冷等工艺措施。储罐的具体焊接工艺方案见表 11-6。

表 11-6　储罐焊接工艺方案

焊接次序	焊缝名称	焊接方法及工艺	接头形式及坡口形式	焊接材料
1	筒身纵缝	在滚轮架上装配定位后焊接。采用埋弧焊双面焊接，先焊内缝，再焊外缝	对接接头，I 形坡口	焊丝：H08MnA(ϕ4mm) 焊剂：HJ431 焊条：E5015(ϕ3.2mm)
2	筒身环缝	在滚轮架上装配定位后焊接。采用埋弧焊先焊内缝，再焊外缝。最后一条环缝用焊条电弧焊焊内缝	对接接头，I 形坡口	焊丝：H08MnA(ϕ4mm) 焊剂：HJ431 焊条：E5015(ϕ3.2mm)
3	排污管环缝	采用焊条电弧焊双面焊接，先焊内缝，再焊外缝(3~4 层)	角接头，单边 V 形坡口	焊条：E5015(ϕ4mm)
4	人孔管环缝			

11.5　焊接成形新技术

焊接技术自发明至今已有百余年的历史，在现代制造业生产中，焊接已成为重要的热加工成形方法之一。几乎工业生产中的一切重要产品，如航空航天、兵器及核工业中等产品的生产制造都离不开焊接技术。有国外专家认为：到 2020 年甚至未来更长一段时间，焊接仍将是制造业的重要加工工艺。它是一种精确、可靠、低成本，并且是采用高科技连接材料的方法。目前还没有其他方法能够比焊接更为广泛地应用于金属的连接，并对所焊的产品增加更大的附加值。随着科学技术的发展，近年来焊接技术也获得了前所未有的快速发展。一方面，由于国防及高新技术领域的需要，有许多新材料和新结构需在实际生产中加以使用，这就迫切需要开发出与之相适应的焊接新方法、新技术；另一方面，为满足对一般材料焊接时提高生产率和进一步提高接头质量的要求,需通过加大技术投入,对传统的焊接方法进行改进和技术升级。伴随着计算机技术的飞速发展及其在实际生产中的应用,今后焊接技术将向智能化、高效化、自动化、数字化以及与环境相协调化的方向发展。本节将对近些年开发出的一些新焊接技术的特点及应用作简要介绍。

11.5.1　计算机辅助焊接技术

1. 数值模拟技术

焊接是一种牵涉电弧物理、传热、冶金和力学的复杂过程。焊接过程中出现的现象有焊接时的传热过程、金属的熔化和凝固、冷却时的相变、焊接应力和变形等。实际焊接时要获得高质量的焊接结构,必须有效控制这些影响接头性能的因素。可以设想,如果各种焊接现象都能够实现计算机模拟,人们就可以通过计算机系统来确定焊接各种结构和材料的最佳设计、最佳工艺方法和焊接参数。基于上述理念,焊接数值模拟技术应运而生,它是利用一系列方程来描述焊接过程中基本参数的变化关系,然后利用数值计算求解,并通过计算机来演示整个过程。

传统的焊接工艺制定主要依赖于试验和经验,利用试验方法确定电弧焊连接普通钢板的最佳焊接条件较为简便,然而从发展看,数值模拟的方法将越来越起到重要作用。例如,用新的高强钢或材料制造新的工程结构,特别是潜艇、反应堆元件等重要结构,没有多少经验可以借鉴。如果只依靠试验方法积累数据要花很长时间和较多经费,而且任何尝试和失败,都将造成重大经济损失。此时数值模拟方法将发挥其独特的优势和特点。只要通过少量验证试验证明数值方法在处理某一问题上的适应性,那么大量的筛选工作便可由计算机完成,而不必在车间或实验室里进行大量的试验工作。可大大节约人力、物力和时间,具有很大的经济效益。通过数值模拟技术,可得到大量完整的数据,并减少试验方法造成的误差,使焊接工艺的制定更加科学、可靠。目前焊接过程中的许多现象如温度场的变化、焊缝凝固过程、焊接应力及变形的产生等都可以通过数值模拟进行直观、定量的描述。

2. 焊接专家系统

焊接专家系统是一种具有相当于焊接专家的知识和经验水平,能解决焊接领域的相关问题的计算机软件系统。它通常包括知识获取模块、知识库、推理机构和人机接口4个组成部分。知识获取模块可以实现专家系统的自学习,将有关焊接领域的专家信息、数据信息转化成计算机能够利用的形式,并在知识库中存储起来,从而提高专家系统的"业务水平"。知识库是专家系统的核心组成部分,一般含有与焊接领域中问题相关的基础理论知识、常识性知识和专家凭实践经验获得的启发性知识,完整、丰富的知识库可使专家系统对遇到的焊接问题能进行全面、综合分析。推理机构则是针对需解决问题的有关信息进行识别、选取,与知识库匹配,最终得到问题的解决方案。图11-47所示为专家系统基本结构示意图。

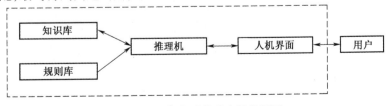

图 11-47　专家系统基本结构框图

专家系统可分为诊断型、规划设计型和实时控制型等类型。利用焊接专家系统可对大量数据进行快速、准确的分析。目前,经过焊接及计算机领域研究人员的不懈努力,专家系统已在焊接结构设计、工艺制定、过程控制、缺陷诊断等许多领域得到了成功应用。据不完全统计,焊接专家系统中有关工艺选择及工艺制定的约占70%。焊接工艺专家系统中涉及母材、焊接材料、接头及坡口形式、焊前预热与焊后热处理、焊接方法选择、焊接规范参数确定等许多因素,如焊接结构断裂安全评定专家系统、焊接材料及焊接工艺专家系统等。通过对专家系统的开发,帮助焊接专家总结并保存其经验及专门知识,可以博采众长,促进焊接技术领域进步。此外,专家系统的应用又可以使这些宝贵的知识得以推广普及,使专家从繁重的重复性、事务性劳动中得到解放,并极大地提高人们的工作效率与质量。

11.5.2　焊接机器人

焊接机器人是焊接自动化的革命性进步,代表了焊接技术发展的最新水平,它是在控制工程、计算机技术、人工智能等多种学科基础发展起来的,突破了焊接刚性自动化的传统方式,开拓了一种柔性自动化新方式。焊接机器人具有记忆功能,能记忆每一步示教过程,自动进行所有焊接动作,并按预定的方案进行焊接。焊接机器人的主要优点是:①稳定和提高焊接质量,保证焊接产品的均一性;提高生产率,一天可以24h连续生产;②可以在危险、恶劣等特殊场合下(如高温、高压、有毒、水下、放射线等)长期工作,极大地改善了工人的劳动条件;③可实现焊接产品的自动化生产;④为焊接柔性生产线提供了技术基础和设备保障。图11-48所示为一台用于自动焊接钢管的弧焊机器人示意图。有多个运动自由度,焊条夹持器(即机器人的手部)除了能保证 X、Y、Z 这 3 个坐标轴移动外,还能完成 SW 轴等的转动,从而保证焊炬沿两根钢管的焊缝运转一周完成焊接工作。目前各发达国家已在大量生产的焊接生产自动线上较多地采用机器人进行焊接,国内大约有 600 台左右的点焊、弧焊机器人用于实际生产,大大提高了焊接质量和生产率。

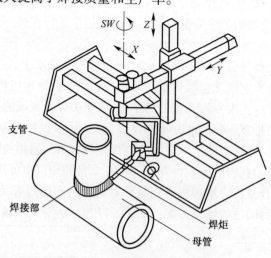

图 11-48　弧焊机器人示意图

11.5.3　搅拌摩擦焊

搅拌摩擦焊(Friction Stir Welding,FSW)技术是 1991 年由英国焊接研究所发明的。作为一种固相连接手段,它克服了熔焊过程中易产生的如气孔、裂纹、变形等缺陷,使以往采用传统熔焊方法无法实现焊接的材料可以采用 FSW 实现焊接,被誉为"继激光焊后又一革命性的焊接技术"。FSW 主要由搅拌头的摩擦热和机械挤压的联合作用下形成接头,其主要原理和特点是:焊接时旋转的搅拌头缓慢插入焊缝,与工件表面接触时通过摩擦生热使周围的一层金属塑性化,同时搅拌头沿焊接方向移动而形成焊缝。图 11-49 所示为搅拌摩擦焊示意图。

FSW 作为一种固相连接手段,除了可以焊接用普通熔焊方法难以焊接的材料外,FSW 还具有焊接温度低、变形小、接头力学性能好(包括疲劳、拉伸、弯曲等),不产生类似熔焊接头的铸造组织缺陷,并且其组织由于塑性流动而细化、焊前及焊后处理简单、能够进行全位置焊接、适应性好,效率高、操作简单、环境保护好等优点。尤其值得指出的是,FSW 具有适合于自动化和机器人操作的优点,焊接时不需要填丝、保护气(对于铝合金)、可以允许母材表面有薄的氧化膜存在等。据波音公司报道,FSW 已成功地应用于在低温下工作的铝合金薄壁压力容器,完成了纵向焊缝的直线对接和环形焊缝沿圆周的对

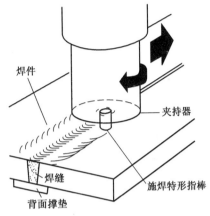

图 11-49　搅拌摩擦焊原理示意图

接。麦道公司已将这种方法用于制造 Delta 运载火箭的推进剂储箱。FSW 目前不仅限于对各类铝合金的焊接,也开发应用于钢和钛合金,单面可焊厚度从 2mm 到 25mm,双面焊的厚度可达 50mm。用常规熔焊方法难以焊接的对裂纹敏感性强的 2000 系列铝合金,采用 FSW 可以使其焊接性大为改善。近年来,FSW 技术开发及其工程应用的进展很快,已在新型运载工具的新结构设计中开始采用,如铝合金高速船体结构、高速列车结构及火箭箭体结构等。

11.5.4　激光-电弧复合热源焊接

激光-电弧复合热源焊接(Laser-Arc Hybrid Welding)是利用电弧对工件进行预热,以增加工件对激光的吸收率,同时电弧被激光吸引。焊接时,调整好焊接规范可以得到稳定的电弧,以最大限度地增加焊接速度与焊接熔深。在激光-电弧复合热源焊接中,电弧与激光相互作用。首先电弧稀释激光束在焊接区产生的高温高密度激光等离子体,降低其对激光能量的吸收、散射与反射,增大了激光的穿透能力;电弧对焊接部位加热可以提高工件表面温度,预热后的工件可以提高对激光的吸收率,从而提高激光的有效利用率。另外,激光对电弧燃烧也有一定的稳定作用。在一般 TIG 焊中,当焊接速度较快时,阳极斑点不稳定,产生电弧漂移现象。若同时采用激光焊,则 TIG 电弧借助激光引起的等离子体而得以稳定,这对复合加热是极其有利的。

事实上,激光-电弧复合热源焊接早在 1970 年就已提出,然而,稳定的加工直至近些年才出现,这主要得益于激光技术以及弧焊设备的发展,尤其是激光功率和电流控制技术的提高。目前,激光-电弧复合主要是激光与 TIG、Plasma 及 MAG 的复合。由于单一焊接方法总是存在一定的局限性,如 MAG 焊成本低,使用填丝,适用性强;缺点是熔深浅、焊速低、工件

承受热载荷大。而激光焊可形成深而窄的焊缝,焊速高、热输入低,但投资高,对工件制备精度要求高,对铝等材料的适应性差。通过激光与电弧的相互影响,可克服每一种方法自身的不足,进而产生良好的复合效应。Laser-MAG 的复合效应主要表现在电弧增加了对间隙的桥接性,其原因有二:一是填充焊丝;二是电弧加热范围较宽。由于电弧功率决定焊缝顶部宽度,激光产生的等离子体减小了电弧引燃和维持的阻力,使电弧更稳定;而激光功率决定了焊缝的深度;因此进一步讲,是复合效应导致了焊接效率的提高以及焊接适应性的增强。基于这两种效应,一是较高的能量密度导致了较高的焊接速度,工件对流损失减小;二是两种热源相互作用的叠加效应。例如,焊接钢时,激光等离子体使电弧更稳定,同时,电弧也进入熔池小孔,减小了能量的损失;而焊接铝时,Laser-TIG 复合焊可显著增加焊速,约为 TIG 焊接时的 2 倍;钨极烧损也大大减小,寿命增加;坡口夹角也减小,焊缝面积与激光焊时相近。激光-电弧复合热源焊接技术目前仍在不断发展之中,亚琛大学夫琅和费激光技术学院研制了一种激光双弧复合焊接(Hybrid Welding with Double Rapid Arc,HyDRA),与激光单弧复合焊相比,焊接速度还可增加约 1/3,焊接线能量减小 25%。

11.5.5　数字化焊接电源

20 世纪 90 年代末,奥地利 Fronius 全数字化焊机进入中国市场,数字化焊机的发展引起了广泛关注。与模拟控制系统相比,数字化弧焊电源具有以下显著特点:

(1)拓宽功能。电源外特性由软件灵活控制,容易实现一机多用,对于自动焊机可以增加焊接参数预置、记忆与再现等功能。利用精确的数字控制,采用电子电抗器和波形控制等技术能实现高效气体保护焊,包括高速焊接和高熔敷率焊接。

(2)适应性强。利用计算机的存储功能和高速、高精度数字信号处理技术,可以使焊机向多功能化和智能化发展,便于在焊机中引入自适应控制、模糊控制、神经网络控制等现代控制方法,进行焊接参数的优化、实现焊接质量的控制等。

(3)操作性好。利用单片机及专用数字信号处理器的高速计算能力和丰富的外部接口与通信能力;在引入模糊控制等智能控制技术的基础上可以实现简单的焊接参数一元化调节,实现逆变焊机的“傻瓜式”操作。

(4)易于开发。许多任务既能通过硬件,也能通过软件完成,可以用一台电源为基础,通过配合不同的控制箱,利用积木方式构成不同类型的焊机。新型焊接电源的开发周期短,成本也低。

(5)便于升级。同一类型的焊机,功能的改进可以只通过软件设计来实现,对当今技术更新特别快的时代,可以大大提高焊机的使用寿命和使用范围。在为焊接专机配套时,可以灵活改变焊机的性能,易于实现专机专配。

数字化焊接电源控制系统由于采用了数字化控制技术,焊接电源已不再是单纯的焊接能量提供源,还应具有数字操作系统平台、多特性适应调整、送丝驱动外设及接口、焊接参数动态自适应调整、过程稳定质量的评定、保护及自诊断提示以及远程网络监控、生产质量管理等功能,焊接电源的概念实际上已拓宽为焊接电源系统。有理由相信,数字化焊机凭借其显著的性能优势,将成为焊接设备的主流,得到快速发展,并在工业生产中大量应用。

本 章 小 结

通过本章学习,应掌握以下重要名词及基本概念:焊接、金属焊接性、热影响区、焊接应力、焊接变形、焊接冶金、熔化焊、压力焊、钎焊、焊接结构工艺性等;在了解焊接过程本质的基础上,掌握焊接方法的分类及其常用的电弧焊接方法;焊接电弧及焊接冶金特点;低碳钢焊接热影响区的组成及其特性;焊接变形的基本方式及其如何预防焊接变形;了解焊接缺陷的种类及其产生原因;熟悉常见的电弧焊接方法如焊条电弧焊、氩弧焊、埋弧焊、CO_2气体保护焊、等离子弧焊等的基本原理、特点及其在实际生产中的应用范围,要求重点掌握焊条电弧焊、氩弧焊、埋弧焊3种焊接方法;了解电阻焊(包括点焊、缝焊和对焊)、钎焊(包括软钎焊和硬钎焊)、电渣焊、激光焊、电子束焊、摩擦焊等的原理、基本特点及其应用;金属焊接性的概念及其影响因素,熟悉碳素钢的焊接性及其焊接工艺;了解低合金钢、不锈钢、铸铁、铝及铝合金、铜及铜合金、钛及钛合金的焊接特点及焊接工艺;焊接的空间位置、焊接接头形式、直流正接与反接;焊接结构工艺性包括接头形式设计及焊缝的合理布置等。

思考题与习题

1. 焊接的本质是什么? 按照焊接的本质特点焊接方法可分为哪几大类?

2. 焊接电弧是怎样一种现象? 焊接电弧由哪些区域组成? 焊接电弧的引燃方式有哪两种?

3. 简述焊接冶金过程的特点。

4. 焊接接头的基本形式有哪几种? 焊接的空间位置有哪几种? 采用直流电源时,直流反接如何接线?

5. 什么叫焊接热影响区? 分析低碳钢焊接热影响区的组织和性能。

6. 焊接变形的基本方式有哪几种? 如何防止与矫正焊接变形?

7. 设计焊接结构时,焊缝的布置应考虑哪些因素?

8. 金属焊接性的概念。影响金属焊接性的因素有哪些?

9. 试比较焊条电弧焊、埋弧焊、CO_2气体保护焊、氩弧焊、电阻焊和钎焊的特点及应用范围。

10. 说明焊条电弧焊、电阻焊、电渣焊和摩擦焊所用热源,并分析它们的加热特点。

11. 按照使用的电极形式不同,电阻焊可分为哪几类? 在点焊过程中,为什么电极与焊件间不会产生熔核? 为什么在点焊机上焊接紫铜板较为困难?

12. 分析图 11-50 所示几种焊接件中焊缝布置的合理性,若不合理应如何改正?

13. 常见的焊接缺陷有哪些? 其产生的原因是什么?

14. 焊条电弧焊焊条有哪几类? 简述焊条药皮在焊接过程中所起的作用。在实际生产中,如何正确选择焊条?

15. 为下列产品选择合理的焊接方法:

(1)壁厚小于 3mm 锅炉筒体,成批生产;(2)汽车油箱(厚 2mm),大量生产;(3)减速器箱体,单件小批生产(低碳钢板材);(4)硬质合金刀片与 45 钢刀杆的焊接;(5)自行车车圈,

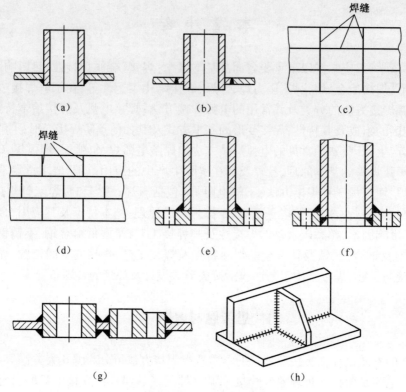

（a） （b） （c）

（d） （e） （f）

（g） （h）

图 11-50　几种焊缝布置

大批量生产；（6）铝合金板焊接容器，成批生产；（7）大型工字梁（钢板、厚 20mm）。

16. 现有直径为 500mm 铸铁齿轮和带轮各一件，分别如图 11-51（a）、（b）所示，铸造后出现断裂现象，先后用 E4303 焊条和钢芯铸铁焊条进行电弧焊补焊，但焊后仍开裂。试分析原因。怎样补焊不开裂，并且焊后能进行机械加工？

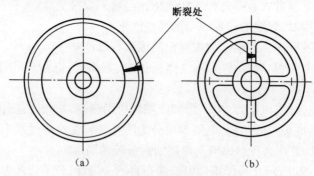

（a） （b）

图 11-51　工件铸造后出现裂缝
（a）齿轮；（b）带轮。

第12章　工程材料及毛坯成形方法选择

12.1　工程材料的选择

12.1.1　机械零件的失效分析

1. 基本概念

任何机械产品均具有一定的设计功能与使用寿命。机械产品在使用过程中由于构成零件的材料的损伤和变质引起性能发生变化,从而丧失其规定功能的现象称为失效。通常失效包括3种情况:①完全丧失原定功能;②仍然可用,但不能够很好地执行其原定功能;③严重损伤,继续使用失去可靠性和安全性。失效往往带来灾难性的破坏,如1986年美国航天飞机"挑战者"号就是因为密封胶圈失效引起燃油泄漏造成了空中爆炸的灾难性事故。失效分析就是对各种形式失效现象的特征及规律进行分析研究,从中找出零件的失效原因并提出相应的预防和改进措施,以防止同类失效事故再次发生。失效分析是提高产品质量和减少损失的重要手段。

2. 失效原因与失效分析方法

1) 失效原因

导致零件失效的主要原因大致有以下几个方面:

(1) 零件设计不合理。零件结构设计不合理会造成应力集中。对工作时的过载估计不足或结构尺寸计算错误,会造成零件不能承受一定的过载;对环境温度、介质状况估计不足,会造成零件承载能力降低。

(2) 选材错误。材料是零件安全工作的基础,因材料而导致失效的原因主要表现在以下两方面:

① 选材不当。由于对材料性能指标的试验条件和应用场合缺乏全面了解,致使所选材料抗力指标与实际失效形式不相符合,从而造成材料的性能指标不能满足服役条件,这是引起零件失效的主要原因。另外,材料的缺口敏感性、脆性转变温度等未考虑,都将导致结构发生早期破坏;

② 材质欠佳。如各种冶金缺陷(气孔、疏松、夹杂物、杂质含量等)的存在且超过规定的标准。

(3) 加工工艺不合理。产品在加工制造过程中,若不注意工艺质量,则会留下各种冷、热加工缺陷而导致零件早期失效。例如,铸造工艺不当,在铸件中会造成缩孔、气孔;锻造工艺不当,造成过热组织,甚至发生过烧;机加工工艺不当,造成深刀痕和磨削裂纹;热处理工艺不当,造成组织不合要求、脱碳、变形和开裂等。这些都是导致零件失效的重要原因。

(4) 安装使用不当。零件安装时对中不好、配合过紧或过松、违反操作规程、维修不及时等都可能导致零件失效。据报道,在260例压力容器失效中,因操作不当而造成失效的高达 75%。

应该说明的是,工件失效的原因可能是单一的,也可能是多种因素共同作用的结果,但每一失效事件均应有一个导致失效的主要原因,据此可提出防止失效的主要措施。

2)失效分析的基本步骤与方法

失效分析工作涉及多门学科知识。其实践性极强,要想获得快速准确的分析结果,就要求采用正确的失效分析方法。一般认为失效分析的基本步骤如下:

(1)调查取证。调查取证是失效分析最关键、最费力、也是必不可少的程序,主要包括两方面内容:其一是调查并记录失效现场的相关信息、收集失效残骸或样品。失效现场的一切证据应保持原状、完整无缺和真实不伪,是正确有效分析的前提;其二是咨询有关背景资料,如设计图样、加工工艺等文件、使用维修情况等。

(2)整理分析。对所收集的资料、证据进行整理分析,为后续试验明确方向。

(3)断口分析。对失效试样进行宏观与微观断口分析以及必要的金相分析,确定失效的发源地与失效形式,初步指出可能的失效原因。

(4)成分、组织性能的分析与测试。包括成分及均匀性分析、组织及均匀性观察、与失效方式有关的各种性能指标的测试等,并与设计要求进行比较,找出其不符合规范之处。

(5)综合分析得出结论。综合各方面的证据资料及分析测试结果,判断并确定失效的具体原因,提出防止与改进措施,写出分析报告。

3. 零件的失效形式

根据机械零件失效过程中材料发生变化的物理、化学的本质不同和过程特征的差异,失效形式可作以下分类:

1)过量变形失效

(1)过量弹性变形失效。零件受外力作用时产生弹性变形,如果弹性变形过量,将使设备不能正常工作。例如,车床主轴在工作中发生过量弹性弯曲变形,不仅产生振动,而且会使零件加工质量下降,还会使轴与轴承之间的配合不良而导致失效。引起弹性变形失效的原因,主要是零部件的刚度不足。因此,要预防弹性变形失效,应选用弹性模量大的材料。

(2)过量塑性变形失效。零件承受大于屈服载荷的外力作用,将产生塑性变形,使其零件间的相对位置发生变化,致使整个机器运转不良,引起失效。例如,变速箱中齿轮的齿形受强载荷作用发生了塑性变形,齿形不正确。轻者造成啮合不良,发生振动的噪声;重者发生卡齿或断齿,引起设备事故。

(3)蠕变变形失效。受长期固定载荷作用的零件,在工作中,特别是在高温下发生蠕变。当其蠕变变形量超过规定范围时,处于不安全状态,严重时可能与其他零件相互碰撞,产生失效。例如,锅炉、汽轮机、燃汽轮机、航空发动机及其他热机的零部件,由于蠕变所致的变形、应力松弛都会使机械零件失效。

2)断裂失效

断裂失效是机械零件失效的主要形式,根据断口形貌和断裂原因,可分为韧性断裂失效和脆性断裂失效两大类。

(1)韧性断裂失效。零件在断裂前产生明显的宏观塑性变形,零件尺寸发生明显的变化。工程上使用的金属材料其韧性断裂的宏观断口一般来说断面减小,且断口呈纤维状特征。微观断口多呈韧窝状,如图 12-1 所示。韧窝是由于显微空洞的形成、长大并连接而导致韧性断裂产生的。韧性断裂往往是在设计的承载能力小于实际工作时所施加的载荷情况下而发生的。

（2）脆性断裂失效。材料在断裂之前没有明显塑性变形或塑性变形量很小（小于2%~5%）的断裂称为脆性断裂。疲劳断裂、应力腐蚀断裂以及腐蚀疲劳断裂等均属于脆性断裂。

① 疲劳断裂失效。零部件承受交变应力,在比屈服应力低很多的应力作用下,由于材料的冲击韧性大大降低而发生的突然脆断,称为疲劳断裂。由于疲劳断裂是在低应力、无先兆情况下发生的,具有很大的危险性和破坏性。据统计,工程构件80%以上的断裂失效都属于疲劳断裂。疲劳断裂宏观断口上一般能观察到3个区域:疲劳裂纹起源区、疲劳裂纹扩展区和最终瞬断区,如图12-2所示。疲劳裂纹扩展区比较平滑,通常存在疲劳休止线或疲劳纹。疲劳断裂微观断口可观察到一系列基本平行的疲劳辉纹,如图12-3所示,有时也可见类似于轮胎压痕的花样,如图12-4所示。疲劳断裂的断裂源多发生在零部件表面的缺陷或应力集中部位。提高零部件表面加工质量、减少应力集中、对材料表面进行强化处理等都可以有效地提高疲劳断裂抗力。

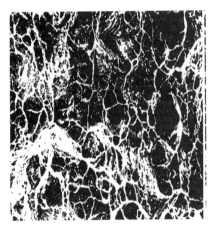

图 12-1　韧窝

图 12-2　疲劳断裂宏观断口

A—疲劳源区;B—扩展区;C—终断区。

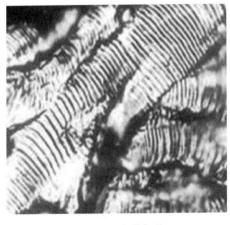

图 12-3　疲劳辉纹

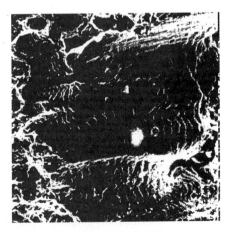

图 12-4　轮胎花样

② 低应力脆性断裂失效。在介质和应力联合作用下,工件在工作应力远远低于材料的

屈服应力作用下,由于材料自身固有的裂纹扩展导致产生无明显塑性变形的突然断裂,称为低应力脆性断裂。应力腐蚀脆断和氢脆都属于低应力延迟性断裂。对于含裂纹的构件,要用抵抗裂纹失稳扩展能力的力学性能指标,即断裂韧性 K_{IC} 来衡量,以确保安全。

低应力脆性断裂按其断口的形貌可分为解理断裂和沿晶断裂。金属在正应力作用下,因原子间的结合键被破坏而造成的穿晶断裂称为解理断裂。解理断裂的主要特征是其宏观断口形貌呈现平滑明亮结晶状,转动可观察到发光小刻面,这些小刻面实际上就是穿晶解理的断裂平面。断口微观形貌为断口上存在河流花样,如图 12-5 所示,它是由于不同高度解理面之间产生的台阶逐渐汇聚而形成的。沿晶断裂的断口呈冰糖状,如图 12-6 所示。

图 12-5　河流花样

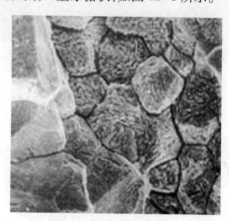

图 12-6　沿晶冰糖断口

3)表面损伤失效

由于磨损、疲劳、腐蚀等原因,使零部件表面失去正常工作所必需的形状、尺寸和表面粗糙度等所造成的失效,称为表面损伤失效。表面损伤失效的种类很多,主要有磨损失效、腐蚀失效和表面疲劳失效等。

(1)磨损失效。相互接触的零件相对运动时表面发生磨损,造成零部件尺寸变化、精度降低不能继续工作而导致失效,如轴与轴承、齿轮与齿轮、活塞环与汽缸套等在服役时表面产生的损伤。工程上主要是通过提高材料的表面硬度来提高零部件的耐磨性。

(2)腐蚀失效。由于化学或电化学腐蚀而造成材料的损耗,引起零件尺寸和性能的变化,导致失效。合理地选用耐腐蚀材料,在材料表面涂敷防护层,采用电化学保护以及采用缓蚀剂等可有效地提高材料的抗腐蚀能力。

(3)表面疲劳失效。相互接触的两个运动表面,在工作过程中承受交变接触应力的作用,使表面层材料发生疲劳而脱落,造成机械零件失效。根据疲劳损伤程度,可分成麻点(浅层剥落)与剥落(深层剥落)两种形式。

实际上,零件的失效形式往往不是单一的。随外界条件的变化,失效形式可从一种形式转变为另一种形式。例如,齿轮的失效,往往先有点蚀、剥落,后出现断齿等其他失效形式。

12.1.2　材料的选择原则及应用实例

机械零件使用的材料种类繁多,如何合理地选择材料就成为一项非常重要的工作。在掌握各种工程材料性能的基础上,正确合理地选择和使用材料是从事工程构件和机械零件设计与制造的工程技术人员的一项重要任务。处理好选材和安排加工工艺这个问题对于保证零件良好的使用性能、提高产品质量、降低生产成本、减少自然资源浪费等各方面都有重要意义。

1. 选材的一般原则

选材的一般原则是要使所选材料的使用性能应能满足零部件的使用要求,经久耐用,易于加工、成本低,主要应从材料的使用性能、工艺性能和经济性 3 个方面进行综合考虑。

1) 使用性能原则

使用性能是保证零部件完成指定功能的必要条件。使用性能是指零部件在工作过程中应具备的力学性能、物理性能和化学性能,它是选材的最主要依据,应当首先考虑。对于机械零件,最重要的使用性能是力学性能,对零部件力学性能的要求,一般是在分析零部件的工作条件(温度、受力状态和环境介质等)和失效形式的基础上提出来的。根据使用性能选材的步骤如下:

(1) 分析零部件的工作条件,确定使用性能。零部件的工作条件是复杂的。工作条件分析包括受力状态(拉、压、弯、剪切)、载荷性质(静载、动载、交变载荷)、载荷大小及分布、工作温度(低温、室温、高温、变温)、环境介质(润滑剂、海水、酸、碱、盐等)、对零部件的特殊性能要求(电、磁、热)等。在对工作条件进行全面分析的基础上确定零部件的使用性能。

(2) 分析零部件的失效原因,确定主要使用性能。对零部件使用性能的要求,往往是多方面的。例如,传动轴,要求其具有高的疲劳强度、韧性和轴颈的耐磨性。因此,需要通过对零部件失效原因进行分析,找出导致失效的主导因素,准确确定出零部件所必需的主要使用性能。实际选材时,有的零件是以综合性能指标来选材,有的零件以疲劳强度为主来进行选材,而有的零件则是以耐磨损为主进行选材。在此基础上,根据力学性能指标查阅相关材料手册,即可确定所选材料。但是,由于零件实际工作情况会经常变化,材料的状况也可能比较复杂,这些都会影响零件的使用性能和寿命。因此,按力学性能选材时还应考虑以下具体因素:

① 选材时,不仅要考虑材料的化学成分,还要考虑材料的生产制造方法和处理工艺。例如,普通碳钢,从生产上来讲可分为沸腾钢和镇静钢,这两种钢中前者杂质含量相对较高,虽对材料的强度影响不大,但会使其塑性降低;另外,从处理工艺上讲,是退火态还是冷轧态其性能大不一样。因此在选材时应进行详细分析、试验。

② 手册或数据库中给出的性能数据是各种标准试件的性能指标。如果实际工件的截面尺寸比试件的截面大,则其性能要比试件的差,这就是尺寸效应,这一点是必须要考虑到的,具体差多少则要具体问题具体分析,进行适当修正。

③ 在实际设计中,一般是以强度、韧性为主要性能指标,若为了安全,选用材料强度过高,则塑性指标下降,易出现脆性断裂。因此选材时要综合考虑强度、塑性和韧性,做到各指标之间的合理配合。

2) 工艺性能原则

材料的工艺性能表示材料加工的难易程度。任何零部件都必须通过一定的加工工艺才能制造出来。因此所选材料在满足使用性能的同时,必须兼顾材料的工艺性能。一般金属材料的工艺性能包括铸造性能、锻造性能、焊接性能、热处理性能和切削加工性能等。

(1) 铸造性能。其包括流动性、收缩性、热裂倾向性、偏析及吸气倾向等。金属材料中,一般接近共晶成分的合金铸造性能较好,即合金的熔点低,流动性较好,易产生集中缩孔,偏析倾向小等。通常,铸造铝合金和铜合金的铸造性能优于铸铁,铸铁又优于铸钢。

(2)锻造性能。它指金属变形时的抗力大小及塑性。金属材料中,锻造性能最好的是低碳钢,中碳钢次之,高碳钢则较差。形变铝合金和铜合金的锻造性能较好,而铸铁、铸造铝合金则不能进行冷热压力加工。

(3)焊接性能。它指金属焊合获得优质焊接接头的能力(可焊性)。若焊接性不好,则接头容易出现裂缝、气孔或其他缺陷等。一般合金钢的焊接性能比铸铁、铜合金、铝合金的好;低碳钢的焊接性较好,钢中碳的质量分数越高,其可焊性越差。

(4)热处理性能。其包括淬透性、变形开裂倾向、过热敏感性、回火脆性倾向、氧化脱碳倾向等。一般只有钢及少数有色金属如部分铝合金、铜合金等可进行热处理强化。在钢中,合金钢的热处理性能比碳钢要好。钢的含碳量越高,其淬火变形和开裂倾向越大。

(5)切削加工性能。其主要指材料被切削的难易程度以及切削后所得表面质量,如粗糙度等。一般太硬或太软的材料其切削加工性能都不好。铸铁的切削加工性比钢好;钢中易切削钢的切削加工性能比其他钢的要好。

3)经济性原则

选材的经济性原则是指在满足使用性能及工艺性能要求的前提下,选材应使总成本,包括材料的价格、加工费、试验研究费、维修管理费等达到最低,以获得最大的经济效益。为此,材料选用应充分利用资源优势,尽可能采用标准化、通用化的材料,以降低原材料成本,减少运输、试验研究费用。在满足使用要求的条件下,可以铁代钢、以铸代锻、以焊代锻,这样,可有效地降低材料成本、简化加工工艺。选材时尽量采用价格低廉、加工性能好的铸铁或碳钢,在必要时选用合金钢。对于一些只要求表面性能高的零件,可选用价廉的钢种,然后进行表面强化处理来满足其性能要求。

另外,在考虑材料的经济性时,切忌单纯以单价比较材料的优劣,而应当以综合效益如材料单价、加工费用、使用寿命、美观程度等来评价材料的经济性高低。

2. 材料选择应用实例

轴是机器的重要零件之一,它的主要作用是支承回转体并传递动力。

1)轴的工作条件、失效形式及性能要求

(1)轴的工作条件。大多数轴类在传递扭矩的同时,还要承受交变弯曲应力的作用,承受一定的过载或冲击载荷,并且轴颈、花键等部位承受较大的摩擦和磨损。

(2)轴的主要失效形式。轴类零件的失效形式主要包括由于扭转疲劳和弯曲疲劳引起的疲劳断裂、冲击过载导致的断裂、过量变形引起的变形失效以及轴颈处的局部过度磨损等。

(3)轴的性能要求。根据轴的工作条件及失效形式,轴的材料应具有以下性能:

① 优良的综合力学性能,即要求有足够的强度、刚度和一定的韧性,以防止由于过载和冲击所引起的变形和断裂。

② 高的疲劳强度,以防疲劳断裂。

③ 良好的耐磨性。

④ 特殊条件下工作的轴所用材料应具有特殊性能,如蠕变抗力、耐蚀性等。

2)轴的选材及工艺分析

(1)机床主轴。主轴是机床中主要零件之一,它的质量好坏直接影响到机床的精度和寿命。主轴在工作中承受中等扭转、弯曲复合载荷,转速中等并承受一定冲击载荷,轴颈和滑动部分表面还要承受摩擦力作用。因此要求主轴要有良好的综合力学性能。常用的机床主轴材料及热处理见表12-1。

表 12-1　常用的机床主轴材料及热处理

序号	工作条件	选用钢号	热处理工艺	硬度要求	应用举例
1	①在滚动轴承中运转 ②轻、中载荷,转速低 ③精度要求不高 ④稍有冲击,疲劳忽略不计	45	调质	220~250HBW	一般机床主轴
2	①在滚动轴承中运转 ②轻、中载荷,转速略高 ③精度要求不太高 ④冲击和疲劳可以忽略不计	45	整体淬火	40~45HRC	龙门铣床、立式铣床、小型立式车床主轴
			正火或调质+局部淬火	≤229HBW(正火) 220~250HBW(调质) 46~51HRC(局部)	
3	①在滚动轴承中运转 ②中等载荷,转速略高 ③精度要求较高 ④交变冲击载荷较小	40Cr 40MnB 40MnVB	整体淬火	40~45HRC	滚齿机、组合机床主轴
			调质后局部淬火	220~250HBW(调质) 46~51HRC(局部)	
4	①在滚动或滑动轴承中运转 ②低速,轻、中载荷	50Mn2	正火	≤241HBW(正火)	重型机床主轴
5	①在滑动轴承中运转 ②中等或重载荷 ③要求轴颈部分有更高耐磨性 ④精度要求很高 ⑤交变载荷较大,冲击载荷较小	65Mn	调质后轴颈和头部局部淬火	250~280HBW(调质) 56~61HRC(轴颈表面) 50~55HRC(头部)	M1450 磨床主轴
6	工作条件同序号5,但表面硬度要求更高	GCr15 9Mn2V	调质后轴颈和头部局部淬火	250~280HBW(调质) ≥59HRC(局部)	MQ1420、MB1432A 磨床砂轮主轴
7	①在滑动轴承中运转 ②中等或重载荷 ③精度要求极高 ④交变载荷较大,冲击载荷高	38CrMoAl	调质后渗氮	≤260HBW(调质) ≥850HV(渗氮表面)	高精度磨床砂轮主轴、T68 镗杆、T4240A 坐标镗床主轴
8	①在滑动轴承中运转 ②重载荷,转速很高 ③高的冲击载荷 ④很高的交变载荷	20CrMnTi	渗碳淬火	≥59HRC(表面)	Y7163 齿轮磨床、CG1107 车床、SG8630 精密车床主轴

图12-7所示为C616车床主轴简图,该主轴承受扭转和弯曲应力,载荷不大,转速中等。主轴大端内锥孔和锥度外圆经常与卡盘、顶尖有相对摩擦;花键部分经常有磕碰或相对滑动。为防止这些部位表面划伤和磨损,要求该部位应有较高的硬度和耐磨性。

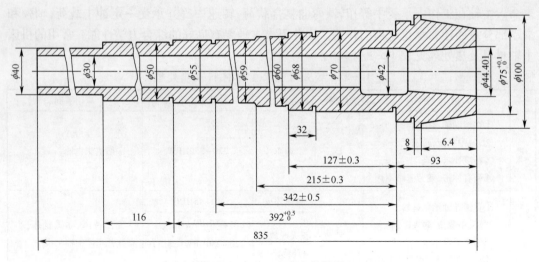

图 12-7 C616 车床主轴简图

轴类零件一般选用中碳钢或中碳合金调质钢制造。根据上述分析,该主轴选用 45 钢即可满足性能要求,热处理工艺为整体调质,硬度为 200~230HBW,金相组织为回火索氏体,内锥孔和外圆锥面处局部淬火、回火硬度为 45~52HRC,表面 3~5mm 内金相组织为回火屈氏体和少量回火马氏体。具体加工工艺路线如下:

下料 → 锻造 → 正火 → 粗加工 → 调质 → 半精车外圆、钻中心孔、精车外圆 → 铣键槽 → 局部淬火(锥孔及外锥体)→ 车各空刀槽、粗磨外圆、滚铣花键 → 花键高频淬火、回火 → 精磨(外圆、外锥体及内锥孔)

正火处理可消除锻造应力,得到合适的硬度(170~230HBW),以利于后续机械加工,同时改善锻造组织、为调质处理做准备;调质处理是为了使主轴获得高的综合力学性能和疲劳强度,为了更好地发挥调质效果,故将其安排在粗加工之后进行;内锥孔和外圆锥面部分经盐浴局部淬火和回火后可达到所要求的硬度和耐磨性。花键部位采用高频感应加热淬火、回火以减小变形和满足硬度要求。

(2)发动机涡轮轴。某发动机涡轮轴工作示意图如图 12-8 所示,图中有两根涡轮轴,外轴即高压涡轮轴与第一级涡轮盘、高压压气机相连接;内轴即低压涡轮轴与第二级涡轮盘、低压压气机相连接。轴与涡轮盘相接的一端,工作温度约为 350℃,其余部位接近室温,两根轴接触的介质为大气,不受燃气腐蚀。

涡轮轴是高速旋转的零件,向压气机传递功率,承受着巨大的扭矩。涡轮轴还承受着转子的重力、转子不平衡的惯性力以及飞机俯冲、爬高时所造成的陀螺力矩。此外两根轴的结构特点是壁薄,细而长,轴间间隙小。旋转时由于承受弯矩和振动,并且还由于发动机每经一次起动和停车,涡轮轴所受的各种力都将经历一次循环(交变)。

因此,根据上述涡轮轴的工作条件,对涡轮轴材料的主要性能要求有:①具有高的综合力学性能,即具有高的抗拉强度、屈服强度、塑性和韧性,同时应具有高的疲劳强度;②在 350℃温度下应具有较高的屈服强度,以防止过载时产生过量的塑性变形;③内、外轴应有足够的刚度,以防止振动时产生过量弹性变形而相互摩擦。

根据涡轮轴工作应力的核算,要求抗拉强度 1100MPa±100MPa。由于该零件是发动机

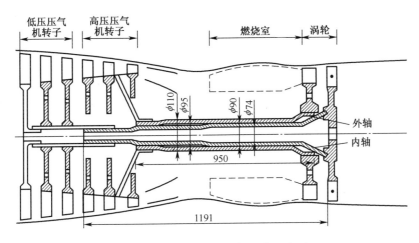

图 12-8 某发动机涡轮轴工作示意图

最重要的零件之一,因此,还必须综合考虑其他性能指标以及有关的加工工艺性。材料的选择只能从优质合金结构钢中考虑,而且主要成形工艺应是锻造和机械加工。表 12-2 是一些预选材料的热处理状态和常规力学性能的比较,由表中可以看出,在抗拉强度(R_m)相近的情况下,38CrA 和 30CrMnSiA 钢的室温屈服强度和 350℃下的瞬时屈服强度以及韧性或塑性不及 40CrNiMoA 和 18Cr2Ni4WA。4 种预选材料的疲劳极限比较见表 12-3。由表 12-3 中可知,不论是光滑试样还是带缺口的试样,均是 40CrNiMoA 和 18Cr2Ni4WA 的疲劳极限高。另外,考虑到备选的涡轮轴材料都是钢,它们之间的刚度差别不十分明显,通常在材料类型相近的情况下,构件的刚度主要取决于几何形状和尺寸,故不再从材料角度进行分析比较。

表 12-2 几种结构钢的性能比较

材料	热处理	试验温度 /℃	R_m /MPa	$R_{p0.2}$ /MPa	A_5 /%	Z /%	α_K /(MJ/m^2)	HBW
38Cr	860℃ 油冷; 570℃ 油冷	20 350	~900 ~890	~800 ~790	12 18	50 68	0.98 0.90	— —
30CrMnSiA	880℃ 油冷; 560℃ 油冷	20 350	~1100 ~1100	~850 ~830	10 16	45 57	0.50 1.20	320 —
40CrNiMoA	850℃ 油冷; 620℃ 油冷	20 350	~1100 ~1030	~950 ~830	12 17	50 53	0.80 0.93	350 —
18Cr2Ni4WA	950℃ 空冷; 865℃ 油冷; 550℃ 油冷	20 350	~1050 ~1160	~800 ~1030	12 15	50 —	1.20 1.20	350

表 12-3 几种预选材料的疲劳极限比较

材料	对称循环弯曲疲劳极限 σ_{-1}/MPa
38Cr	490(光滑试样) 324(缺口试样)

材料	对称循环弯曲疲劳极限 σ_{-1}/MPa
30CrMnSiA	470(光滑试样)
	216(缺口试样)
40CrNiMoA	520(光滑试样)
	382(缺口试样)
18Cr2Ni4WA	510(光滑试样)
	314(缺口试样)

综上所述,可以得出以下结论:

① 40CrNiMoA 钢具有较高的抗疲劳性能,在 350℃ 以下时强度无明显下降,而且淬透性大,可在调质后获得高的综合力学性能,加之在适当热处理后有可行的机械加工性能,因此该钢可选作外轴材料。

② 18Cr2Ni4WA(属于渗碳钢)往往用于调质状态并具有很高的综合力学性能,特别是冲击韧性高、缺口敏感性小。在 350℃ 下强度也无明显下降,而且在振动载荷下表现出很高的强度和抗疲劳性能,因此适合制造细长的内轴。

外轴和内轴的制造工艺流程为:模锻 → 预备热处理 → 粗加工 → 最终热处理 → 精加工 → 磁力探伤 → 尺寸检验 → 发蓝

高压涡轮轴和低压涡轮轴都是发动机中的关键性零件,模锻可在成形的同时使金属组织致密。但因锻造温度高,锻造冷却后的毛坯硬度高,很难进行切削加工。因此需要采用正火加高温回火工艺进行预备热处理。正火是为了改善锻造组织,高温回火是为了使材料降低硬度,便于切削加工。最终热处理(表 12-2)都是采用调质处理,其目的是将涡轮轴调整到所需的强度和硬度,即具有良好的综合力学性能。发蓝是一种表面氧化处理,在零件的表面形成蓝色的 Fe_3O_4 钝化膜,用以抵抗大气的腐蚀。

12.2　毛坯成形方法选择

为节省材料、提高产品生产效率和满足零件使用性能等方面的要求,机械加工对象常常是与零件形状已经比较接近的各种毛坯。机械零件的制造过程包括毛坯成形和切削加工两个阶段,大多数零件都是通过铸造、锻造、焊接或冲压等方法制成毛坯,再经过切削加工制成。因此,正确选择零件毛坯的材料、类型和合理选择毛坯成形工艺方法是机械零件设计和制造中的关键环节之一。因为选择正确与否,不仅影响每个机械零件乃至整个机械制造的质量和使用性能,而且对于生产周期和成本也有很大的影响。

12.2.1　毛坯成形方法选择原则

1. 适应性原则

适应性原则即满足零件的使用要求及质量要求。通常根据零件的结构形状、外形尺寸和工作条件要求,选择适宜的毛坯成形方案。例如,简单的小零件常选用与零件的形状和尺寸相近的型材直接进行切削加工,既节约材料、降低工时,同时轧制型材组织致密、力学性能又好;汽车、轮船、飞机和铁路车辆的主体多采用较薄的钢材经压力加工、铆接或焊接而成,压力加工后零件的尺寸及表面精度较高,可以不再进行机械加工或只进行精加工;机床、泵、内燃机和电机机体一般可采用铸造成形,铸造工艺能满足形状复杂的大中型零件的毛坯成形要求,铸件减振性能、耐磨性好,可用于受力不大或以承受压应力为主的零件;而连杆、主轴和较大的传动轴则应选用锻件,锻造可改变型材的流线组织方向,使零件受力合理,适用于承受各种复杂载荷的重要零件。

零件的工作条件不同,选择的毛坯类型也不同。例如,机床主轴和手柄虽然都是轴类零件,但主轴是机床的关键零件,尺寸形状和加工精度要求很高,受力复杂且在长期使用过程中只允许发生很微小的变形,因此要选用具有良好综合力学性能的 45 钢或 40Cr,经锻造制坯及严格切削加工和热处理制成;而机床手柄则可采用低碳钢圆棒料或普通灰铸铁件为毛坯,经简单的切削加工即可完成,不需要进行热处理。再如,内燃机曲轴在工作过程中承受很大的拉伸、弯曲和扭转应力,应具有良好的综合力学性能,故高速大功率内燃机曲轴一般采用强度和韧性较好的合金结构钢锻造成形,而功率较小时可采用球墨铸铁铸造成形或用中碳钢锻造成形。表 12-4 列出了常用毛坯的种类、特点及应用。

表 12-4 常用毛坯的种类、特点及应用

毛坯种类	成形方法	对原材料工艺性能要求	适用材料	适宜形状	优点	缺点	应用
铸件	液态成形	流动性好,收缩率小	铸铁、铸钢、有色金属	形状不限,可相当复杂	不受金属种类、零件尺寸、形状和质量的限制,适应性广;毛坯与零件形状相近,切削加工量少,材料利用率高,成本低。砂型铸造生产周期短	铸件组织粗大,力学性能差。砂型铸造生产率低、铸件精度低、表面质量差	灰铸铁件用于受力不大,或承压为主的零件,或要求减振、耐磨的零件;球墨铸铁件用于受力较大的零件;铸钢件用于承受重载而形状复杂的大中型零件
锻件	固态塑性变形成形	塑性好,变形抗力小	中碳钢及合金结构钢	自由锻件简单,模锻件可较复杂	锻件组织致密,晶粒细小,力学性能好,使流线沿零件外形轮廓连续分布,可提高锻件使用性能和寿命	材料利用率低,生产成本高,自由锻件精度低,表面较粗糙,模锻件精度中等,表面质量较好,生产周期长	承受重载荷、动载荷及复杂载荷的重要零件,如主轴、传动轴、齿轮、曲轴等
型材	用轧制、拉拔、挤压等方法,使固态金属通过塑性变形成形	—	碳钢、合金钢、有色金属	简单,一般为圆形或平面	根据零件选合适的型材毛坯可减少加工工时,材料利用率高;组织致密,力学性能好	零件的表面质量取决于切削加工方法;对性能要求高的零件,若纤维流线不符合要求时,需改用锻件	中、小型简单零件

毛坯种类	成形方法	对原材料工艺性能要求	适用材料	适宜形状	优点	缺点	应用
冲压件	经冷塑性变形成形	塑性好，变形抗力小	低碳钢和有色金属薄板	可较复杂	组织细密，利用冷变形强化，可提高强度和硬度，结构刚性好；冲压件结构轻巧，精度高、表面质量好，材料利用率较高，成本低	冷冲模的制造成本高，生产周期长；取料时注意流线的合理分布	低碳钢、有色金属薄板成形的零件，适于大批、大量生产
焊接件	利用金属的熔化或原子扩散作用，形成永久性的连接	强度高，塑性好，液态下化学稳定性好	低碳钢和低合金结构钢	形状不受限制	材料利用率高，生产准备周期短；接头力学性能可达到或接近母材	精度较低，接头处表面粗糙；生产率中、低	主要用于低碳钢、低合金高强度结构钢、不锈钢及铝合金的各种金属结构件、或组合件及修补旧零件

2. 工艺性原则

零件的使用要求决定了毛坯的形状特点，各种不同的使用要求和形状特点，形成了相应的毛坯成形工艺性要求。通常，零件的材料一旦确定，其毛坯成形方法也大致确定了。例如，零件采用 ZL202、HT200、QT600-3 等，显然其毛坯应选用铸造成形；齿轮零件采用 45 钢、LD7(2A70) 等常采用锻压成形；零件采用 Q235、08 钢等板、带材，则一般选用切割、冲压或焊接成形；反之，在选择毛坯成形方法时，除了应考虑零件的结构工艺性外，还要考虑材料的工艺性能是否符合要求。例如，不能采用锻压成形的方法和避免采用焊接成形的方法来制造灰铸铁零件；避免采用铸造成形方法制造流动性较差的薄壁毛坯；不能采用普通压力铸造的方法成形致密度要求较高或铸后需热处理的毛坯；不能采用锤上模锻的方法锻造铜合金等再结晶速度较低的材料；不能用埋弧自动焊焊接仰焊位置的焊缝；不能采用电阻焊方法焊接铜合金构件；不能采用电渣焊焊接薄壁构件等。在选择毛坯成形方法的同时，要兼顾后续机械加工的可加工性。例如，对于切削加工余量较大的毛坯就不能采用普通压力铸造成形，否则将暴露出铸件表皮下的孔洞；对于需要切削加工的毛坯尽量避免采用高牌号珠光体球墨铸铁和薄壁灰铸铁，否则难以进行后续的切削加工。一些结构复杂、难以采用单种成形方法成形的毛坯，可考虑各种成形方案结合的可能性，同时也需考虑这些结合是否会影响到机械加工的可加工性。

3. 经济性原则

在满足使用要求的前提下，经济效益也是必须要考虑的。一般首先考虑零件的生产批量。通常是单件小批量生产时，选用通用设备和工具、低精度低生产率的成形方法，这样，毛坯生产周期短，能节省生产准备时间和工艺装备的设计制造费用，虽然单件产品消耗的材料及工时多，但总成本将较低，如铸件选用手工砂型铸造方法，锻件采用自由锻或胎模锻方法，焊接件以手工焊接为主，薄板零件则采用钣金钳工成形方法等；大批量生产时，应选用专用设备和工具,以及高精度、高生产率的成形方法,这样毛坯生产率高、精度高,虽然专用工艺装置增加了费用,但材料的总消耗量和切削加工工时会大幅降低,总的成本也将降低。如相应采用机器造型、模锻、埋弧自动焊或自动、半自动的气体保护焊以及板料冲压等成形方法。特别是大批量生产材料成本所占比例较大的制品时,采用高精度、近净成形新工艺生产的优越性就显得尤为显著。

另外,在选择成形方法时,必须考虑企业的实际生产条件,如设备条件、技术水平、管理水平等。一般情况下,应在满足零件使用要求的前提下,充分利用现有生产条件。如单件生产大、重型零件时,一般工厂往往不具备重型与专用设备,此时可采用板、型材焊接,或将大件分成几小块铸造、锻造或冲压,再采用铸—焊、锻—焊、冲—焊联合成形工艺拼成大件,这样不仅成本较低,而且一般工厂也可以生产。

12.2.2　毛坯的分类

常用机械零件按形状和用途不同,可分为轴杆类、盘套类、机架箱体类等 3 种类型。

1. 轴杆类

在各种机械中,轴杆类零件一般都是重要的受力和传动零件。轴、杆类零件的结构特点是其轴向(纵向)尺寸远大于径向(横向)尺寸,如各种传动轴、机床主轴、丝杠、曲轴、偏心轴、凸轮轴、齿轮轴、连杆以及螺栓、销子等,如图 12-9 所示。轴杆类零件材料大都为钢。其中,除直径变化较小、力学性能要求不高的轴,其毛坯一般采用轧制圆钢制造外,几乎都采用锻钢件为毛坯。阶梯轴的各直径相差越大,采用锻件越有利。对某些具有异形断面或弯曲轴线的轴,如凸轮轴、曲轴等,在满足使用要求的前提下,可采用球墨铸铁的铸造毛坯,以降低制造成本。某些情况下,还可以采用锻-焊或铸-焊相结合的方法来制造轴、杆类零件的毛坯。

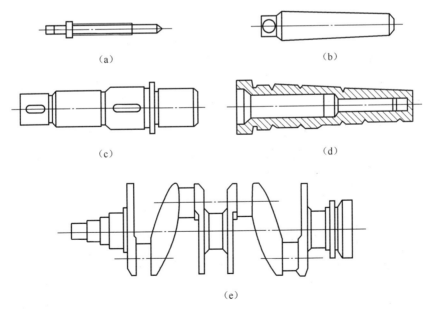

(a)

(b)

(c)

(d)

(e)

图 12-9　轴杆类零件

(a)立铣头拉杆;(b)锥度心轴;(c)传动轴;(d)立铣头轴;(e)曲轴。

2. 盘套类

盘套类零件中,除套类零件的轴向尺寸有部分大于径向尺寸外,其余零件的轴向尺寸一般都小于径向尺寸或两个方向尺寸相差不大。属于这类的零件有齿轮、带轮、飞轮、法兰盘、套环、轴承环以及螺母、垫圈等,如图12-10所示。这类零件在机械中的使用要求和工作条件有很大差异,因此所用材料和毛坯各不相同。齿轮是各类机械中的重要传动零件,运转时齿面承受接触应力和摩擦力,齿根要承受弯曲应力,有时还要承受冲击力。故要求齿轮具有良好的综合力学性能,所以,中小齿轮一般选用锻件以使其流线组织适应受力要求,材料一般为中碳结构钢,重要齿轮应选合金渗碳钢。结构复杂的大型齿轮可用铸钢件或球墨铸铁件为毛坯。单件生产时也可采用焊接方法制造大型齿轮。速度低、受力小的齿轮,也可采用灰铸铁件为毛坯。要求传动精确、结构小巧的仪表齿轮,可用板材冲压成形。带轮、手轮、飞轮、垫块和刀架等受力不大或以承压为主的饼块类零件毛坯一般采用铸铁件,单件生产时,也可采用低碳钢焊接件。总之,盘套类零件毛坯及选材应具体分析,灵活选用。

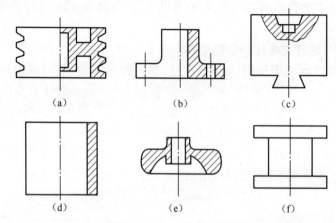

图 12-10 盘套类零件

(a)带轮;(b)法兰盘;(c)下模块;(d)套筒;(e)手轮;(f)绳轮。

3. 机架、箱体类

常见的此类零件包括各种机械的机身、机座、工作台、轴承座以及齿轮箱、阀体、导轨等,如图12-11所示。这类零件结构复杂,具有不规则的外形和内腔。受力条件不太复杂,以

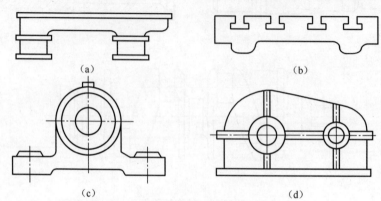

图 12-11 箱座、支架类零件

(a)床身;(b)工作台;(c)轴承座;(d)变速箱体。

承受压力为主,要求有较好的刚度和减振性,有的则要求耐磨性或密封性等。根据这类零件的结构特点和使用要求,常采用铸造成形铸铁件毛坯。对少数受力复杂或受较大冲击载荷的机架类零件,如轧钢机、大型锻压机等重型机械的机架,可选用铸钢件毛坯。不易整体成形的特大型机架可采用连接成形结构;在单件生产或工期要求急迫的情况下,也可采用型钢—焊接结构。航空发动机中的箱体零件,为减轻重量,通常采用铝合金铸件。

12.2.3 毛坯成形选择应用实例

1. 单级齿轮减速器

图 12-12 所示为一单级齿轮减速器,外形尺寸为 430mm×410mm×320mm,传递功率 5kW,传动比为 3.95,对这台齿轮减速器主要零件的毛坯成形方法分析如下:

(1)窥视孔盖(零件 1)。用于观察箱内情况及加油,力学性能要求不高。单件小批量生产时,采用碳素结构钢(Q235A)钢板下料,或手工造型铸铁(HT150)件毛坯。大批量生产时,采用优质碳素结构钢(08 钢)冲压而成,或采用机器造型铸铁件毛坯。

(2)箱盖(零件 2)及箱体(零件 6)。传动零件的支承件和包容件,结构复杂,其中的箱体承受压力,要求有良好的刚度、减振性和密封性。箱盖、箱体在单件小批量生产时,采用手工造型的铸铁(HT150 或 HT200)件毛坯,或采用碳素结构钢(Q235A)焊条电弧焊焊接而成。大批量生产时,采用机器造型铸铁件毛坯。

(3)螺栓(零件 3)及螺母(零件 4)。起固定箱盖和箱体的作用,承受纵向(轴向)拉应力和横向切应力。采用碳素结构钢(Q235A)镦、挤而成,为标准件。

(4)弹簧垫圈(零件 5)。其作用是防止螺栓松动,要求良好的弹性和较高的屈服强度。由碳素弹簧钢(65Mn)冲压而成,为标准件。

(5)调整环(零件 8)。其作用是调整轴和齿轮轴的轴向位置。单件小批量生产采用碳素结构钢(Q235)圆钢下料车削而成。大批量生产采用优质碳素结构钢(08 钢)冲压件。

(6)端盖(零件 7)。用于防止轴承窜动。单件、小批生产时,采用手工造型铸铁(HT150)件或采用碳素结构钢(Q235)圆钢下料车削而成。大批量生产时,采用机器造型铸铁件。

(7)齿轮轴(零件 9)、轴(零件 12)和齿轮(零件 13)。它们均为重要的传动零件,轴和齿轮轴的轴杆部分受弯矩和扭矩的联合作用,要求具有较好的综合力学性能;齿轮轴与齿轮的轮齿部分受较大的接触应力和弯曲应力,应具有良好的耐磨性和较高的强度。单件生产时,采用中碳优质碳素结构钢(45 钢)自由锻件或胎模锻件毛坯,也可采用相应钢的圆钢棒车削而成。大批量生产时,采用相应钢的模锻件毛坯。

(8)挡油盘(零件 10)。其用途是防止箱内机油进入轴承。单件生产时,采用碳素结构钢(Q235)圆钢棒下料切削而成。大批量生产时,采用优质碳素结构钢(08 钢)冲压件。

(9)滚动轴承(零件 11)。承受径向和轴向压应力,要求较高的强度和耐磨性。内外环采用滚动轴承钢(GCr15 钢)扩孔锻造,滚珠采用滚动轴承钢(GCr15 钢)螺旋斜轧,保持架采用优质碳素结构钢(08 钢)冲压件。滚动轴承为标准件。

2. 飞机摇臂

如图 12-13 所示,飞机摇臂是飞机上的中载受力件,该零件一旦损坏,将产生严重后果。综合受力分析及使用条件,可选用材料 LD7(2A70)锻铝合金制造,考虑到零件的形状

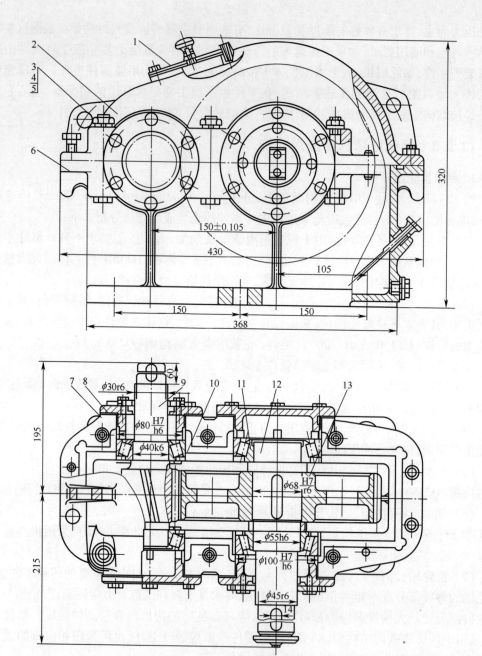

图 12-12 单级齿轮减速器

1—窥视孔盖;2—箱盖;3—螺栓;4—螺母;5—弹簧垫圈;6—箱体;7—端盖;
8—调整环;9—齿轮轴;10—挡油盘;11—滚动轴承;12—轴;13—齿轮。

复杂,具有腹板和深筋结构,采用锻造毛坯较为合适。使用的锻造工艺方法有以下 3 种方案可供选择:

(1)全部采用自由锻毛坯件,自由锻设备的通用性大,加工成本低、经济性好,但受自由锻成形的技术特点限制,该零件中的腹板与深筋结构将无法锻成。

(2)全部采用模锻毛坯件,但必须设计有多型槽的锻模,模具制造成本高,周期长。另

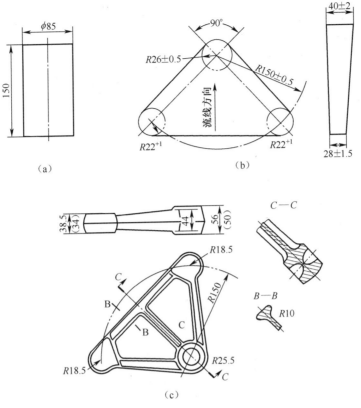

图 12-13　摇臂锻件毛坯加工方案

(a)原毛坯;(b)自由锻坯;(c)模锻件。

外,由铝合金 LD7(2A70)的工艺性能特点决定其压力加工时变形流动性差,不适宜进行拔长、滚挤等成形操作。

(3) 先将棒料进行自由锻制坯,并使其纤维组织流线符合图纸技术要求;然后在摩擦压力机上进行预锻,锻出腹板和深筋结构,使零件的形状、尺寸与终锻件基本相同;最后在摩擦压力机上终锻成形。经过冷切边、热校正、酸洗后,进行淬火和时效处理,随后检查零件的质量是否符合要求。终锻成形后,该锻件多数部位不再进行切削加工。

综上所述,采用方案(3)是较为合理的成形工艺方案。

本 章 小 结

本章从失效的概念(即机械产品丧失其规定功能的现象称为失效)出发,分析导致零件失效的主要原因有以下几方面:①零件设计不合理;②选材错误;③加工工艺不合理;④安装使用不当。在了解失效分析的基本步骤与方法基础上,明确进行失效分析的目的就是对各种形式失效现象的特征及规律进行分析研究,从中找出零件的失效原因并提出相应的预防和改进措施,防止同类失效事故再次发生。失效分析是提高产品质量和减少损失的重要手段。根据机械零件失效过程中材料发生变化的物理、化学的本质不同和过程特征的差异,对失效形式可作以下分类:①过量变形失效(包括过量弹性变形、过量塑性变形、蠕变变形);

②断裂失效,是机械零件失效的主要形式,根据断口形貌和断裂原因,可分为两大类:韧性断裂和脆性断裂(包括疲劳断裂、低应力脆断);③表面损伤失效(包括磨损、腐蚀、表面疲劳)。

由于机械零件中使用的材料种类繁多,因此如何合理地选择材料就成为一项非常重要的工作。处理好选材和安排加工工艺这个问题对于保证零件良好的使用性能、提高产品质量、降低生产成本、减少自然资源浪费等各方面都有重要意义。选材的一般原则是要使所选材料能满足零部件的使用要求,且易于加工、成本低廉,主要应从材料的使用性能(对于机械零件主要是力学性能)、工艺性能(包括铸造、锻造、焊接、热处理和切削加工性能)和经济性3个方面进行综合考虑。

机械零件的制造包括毛坯成形和切削加工两个阶段,大多数零件都是通过铸造、锻造、焊接或冲压等方法制成毛坯,再经过切削加工制成。因此,正确选择零件毛坯的材料、类型和合理选择毛坯成形工艺方法是机械零件设计和制造中的关键环节之一。因为选择正确与否,不仅影响每个机械零件乃至整个机械制造的质量和使用性能,而且对于生产周期和成本也有很大的影响。毛坯成形工艺方法的选择应符合以下3个原则:适应性、工艺性和经济性。

思考题与习题

1. 什么是零件的失效? 常见的失效形式有哪些? 断裂失效包括哪些形式? 各有什么特征?

2. 失效分析的主要目的是什么? 简述零件常见的失效原因,并概括失效分析的基本思路与环节。

3. 合理选择零件材料应遵循什么原则? 其中最主要的原则是什么?

4. 材料的工艺性能主要包括哪些方面? 为什么在选择零件材料和毛坯成形方法时都应考虑材料的工艺性能?

5. 为什么齿轮多用锻件,而带轮和飞轮多采用铸件?

6. 轴杆类零件一般选用何种类型的毛坯? 盘套类零件一般选用何种类型的毛坯? 机架类零件一般选用何种类型的毛坯?

参 考 文 献

[1] 束德林.工程材料力学性能[M].北京:机械工业出版社,2006.

[2] 金属机械性能编写组.金属机械性能(修订本)[M].北京:机械工业出版社,1982.

[3] 齐乐华.工程材料及成形工艺基础[M].西安:西北工业大学出版社,2002.

[4] 石德珂,金志浩.材料力学性能[M].西安:西安交通大学出版社,1998.

[5] 褚武杨.断裂力学基础[M].北京:科学出版社,1979.

[6] 齐宝森,李莉,吕静.机械工程材料[M].哈尔滨:哈尔滨工业大学出版社,2003.

[7] 文九巴.机械工程材料[M].北京:机械工业出版社,2003.

[8] 齐民.机械工程材料[M].大连:大连理工大学出版社,2006.

[9] 丁厚福,王立人.工程材料[M].武汉:武汉理工大学出版社,2001.

[10] 陶杰,姚正军,薛烽,等.材料科学基础[M].北京:化学工业出版社,2006.

[11] 王于林.工程材料学[M].北京:航空工业出版社,1995.

[12] 邓文英.金属工艺学(上册)[M].3 版.北京:高等教育出版社,1991.

[13] 徐祖耀.材料科学导论[M].上海:上海科技大学出版社,1986.

[14] 冯端,师昌绪,刘治国.材料科学导论[M].北京:化学工业出版社,2002.

[15] 顾宜.材料科学与工程基础[M].北京:化学工业出版社,2002.

[16] 赵品,谢辅洲,孙振国.材料科学基础教程[M].哈尔滨:哈尔滨工业大学出版社,2002.

[17] 肖建中.材料科学导论[M].北京:中国电力出版社,2001.

[18] 谢希文,过梅丽.材料科学基础[M].北京:北京航空航天大学出版社,1999.

[19] 吴锵.材料科学基础[M].南京:东南大学出版社,2000.

[20] 石德珂.材料科学基础[M].北京:机械工业出版社,1999.

[21] 余永宁.金属学原理[M].北京:冶金工业出版社,2000.

[22] 刘国勋.金属学原理[M].北京:冶金工业出版社,1980.

[23] 胡庚祥.金属学[M].上海:上海科学技术出版社,1980.

[24] 肖纪美.合金相与相变[M].2 版.北京:冶金工业出版社,2004.

[25] 吴承建,强文江,陈国良,等.金属材料学[M].北京:冶金工业出版社,2000.

[26] 沈莲.机械工程材料[M].北京:机械工业出版社,2003.

[27] 王章忠.机械工程材料[M].北京:机械工业出版社,2001.

[28] 刘永铨.钢的热处理[M].北京:冶金工业出版社,1987.

[29] 胡光立,李崇谟,吴锁春.钢的热处理[M].北京:国防工业出版社,1985.

[30] 樊东黎.热处理技术数据手册[M].北京:机械工业出版社,2001.

[31] 李泉华.热处理实用技术[M].北京:机械工业出版社,2002.

[32] 姜江,彭其凤.表面淬火技术[M].北京:化学工业出版社,2006.

[33] 朱张校.工程材料[M].北京:清华大学出版社,2001.

[34] 王晓敏.工程材料学[M].北京:机械工业出版社,1999.

[35] 杨慧智.工程材料及成形工艺基础[M].北京:机械工业出版社,1999.

[36] 孔鼎伦,陈金明.机械工程材料学[M].上海:同济大学出版社,1992.

[37] 张继世,刘江.金属表面工艺[M].北京:机械工业出版社,1995.

[38] 赵文轸.金属材料表面新技术[M].西安:西安交通大学出版社,1992.

[39] 万嘉里.机电工程金属手册[M].上海:上海科学技术出版社,1990.

［40］张代东.机械工程材料应用基础［M］.北京:机械工业出版社,2004.

［41］王晓敏,董尚利,周玉.工程材料学［M］.哈尔滨:哈尔滨工业大学出版社,1998.

［42］崔占全,邱平善.工程材料［M］.哈尔滨:哈尔滨工程大学出版社,2000.

［43］闫康平.工程材料［M］.北京:化学工业出版社,2001.

［44］陶杰,赵玉涛,潘蕾,等.金属基复合材料制备新技术导论［M］.北京:化学工业出版社,2007.

［45］罗宋靖.复合材料液态挤压［M］.北京:冶金工业出版社,2002.

［46］尹洪峰,任耘,罗发.复合材料及其应用［M］.西安:陕西科学技术出版社,2003.

［47］鲁云,朱世杰,马鸣图,等.先进复合材料［M］.北京:机械工业出版社,2004.

［48］周曦亚.复合材料［M］.北京:化学工业出版社,2004.

［49］张国定,赵昌正.金属基复合材料［M］.上海:上海交通大学出版社,1996.

［50］翟封祥,尹志华,曲宝章,等.材料成形工艺基础［M］.哈尔滨:哈尔滨工业大学出版社,2003.

［51］姜焕中.电弧焊及电渣焊［M］.2 版.北京:机械工业出版社,1988.

［52］陶亦亦,潘玉娴.工程材料与机械制造基础［M］.北京:化学工业出版社,2006.

［53］郑宜庭,黄石生.弧焊电源［M］.2 版.北京:机械工业出版社,1988.

［54］王俊昌,王荣声.工程材料及机械制造基础Ⅱ(热加工工艺基础)［M］.北京:机械工业出版社,1998.

［55］胡亚民,冯小明,申荣华.材料成形技术基础［M］.重庆:重庆大学出版社,2000.

［56］任正义,王冬,常铁军,等.材料成形工艺基础［M］.哈尔滨:哈尔滨工程大学出版社,2004.

［57］何红媛,周一丹.材料成形技术基础［M］.南京:东南大学出版社,2000.

［58］杜丽娟,胡秀丽.工程材料成形技术基础［M］.北京:电子工业出版社,2003.

［59］何少平,许晓嫦.热加工工艺基础［M］.北京:中国铁道出版社,1998.

［60］陶冶,高正一,张光胜,等.材料成形技术基础［M］.北京:机械工业出版社,2002.

［61］鞠鲁粤.工程材料与成形技术基础［M］.北京:高等教育出版社,2004.

［62］严绍华.材料成形工艺基础(金属工艺学热加工部分)［M］.北京:清华大学出版社,2001.

［63］童幸生,陈树海.材料成形技术基础［M］.北京:机械工业出版社,2006.

［64］赵熹华.焊接检验［M］.北京:机械工业出版社,1993.

［65］温建萍,刘子利.工程材料与成形工艺基础学习指导［M］.北京:化学工业出版社,2007.

［66］胡城立,朱敏.材料成型基础［M］.武汉:武汉理工大学出版社,2001.

［67］侯英玮.材料成型工艺［M］.北京:中国铁道出版社,2002.

［68］李志远,钱乙余,张九海.先进连接方法［M］.北京:机械工业出版社,2000.

［69］范悦.工程材料与机械制造基础(上册)［M］.北京:航空工业出版社,1997.

［70］柳秉毅,王占英,杨红玉.材料成形工艺基础［M］.北京:高等教育出版社,2005.

［71］陈丙森.计算机辅助焊接技术［M］.北京:机械工业出版社,1999.

［72］李淑华,王申.焊接工程组织管理与先进材料焊接［M］.北京:国防工业出版社,2006.

［73］沈世瑶.焊接方法及设备·第三分册·电渣焊与特种焊［M］.北京:机械工业出版社,1982.

［74］王允禧.金属工艺学(上册)［M］.北京:高等教育出版社,1985.

［75］邢忠文,张学仁.金属工艺学［M］.哈尔滨:哈尔滨工业大学出版社,1999.

［76］姚泽坤.锻造工艺学［M］.西安:西北工业大学出版社,1998.

［77］吕炎.锻造工艺学［M］.北京:机械工业出版社,1995.

［78］翁其金.冷冲压技术［M］.北京:机械工业出版社,2001.

［79］俞汉清,陈金德.金属塑性成形原理［M］.北京:机械工业出版社,1999.

［80］张学政,李家枢.金属工艺学实习教材［M］.3 版.北京:高等教育出版社,2003.

［81］Rao P N. ManufacturingTechnology - Foundry, Forming and Welding［M］. New York: The McGraw - Hill Companies, Inc.,1998.

［82］Chen M H,Zhang J G,Li J H,et al.Superplasticity and superplastic formability of Al-Mg-Sc alloy［J］.Transactions of Non-ferrous Metals Society of China,2006,36(s3):1411-1414.

［83］张杰刚,陈明和.板料激光成形技术［J］.热加工工艺,2006,35(13):87-89.

[84] 莫健华,叶春生,黄树槐,等.金属板料数控渐进成形技术[J].航空制造技术,2002(12):25-27.

[85] 相瑜才,孙维连.工程材料及机械制造基础I(工程材料)[M].北京:机械工业出版社,1998.

[86] 王纪安.工程材料与材料成形工艺[M].北京:高等教育出版社,2000.

[87] 齐宝森.机械工程材料[M].哈尔滨:哈尔滨工业大学出版社,1999.

[88] 云建军.工程材料及材料成形技术基础[M].北京:电子工业出版社,2003.

[89] 于永泗,刘民.机械工程材料[M].大连:大连理工大学出版社,2003.

[90] 史庆南,林大超.材料加工发展的动向及探讨[J].昆明理工大学学报,1997,22(1):103-107.

[91] 李庆吉,庞国华.新型金属材料的发展[J].山东工业大学学报,1991,21(1):74-80.

[92] 赵祖虎.C/C复合材料的进展[J].航天返回与遥感,1997,18(3):43-49.

[93] 张立波,田世江,葛晨光.中国铸造新技术发展趋势[J].铸造,2005,54(3):207-212.

[94] 于彦奇.3D打印技术的最新发展及在铸造中的应用[J].铸造设备与工艺,2014(2):1-4.

[95] 刘华,闫洁,刘斌.现代塑性加工新技术及发展趋势[J].锻压装备与制造技术,2010,45(4):10-13.

[96] 李德群.塑性加工技术发展状况及趋势[J].航空制造技术,2000(3):27-28,55.

[97] 王仲仁,滕步刚,汤泽军.塑性加工技术新进展[J].中国机械工程,2009,20(1):108-112.

[98] 周贤宾.塑性加工技术的发展——更精、更省,更净[J].中国机械工程,2003,14(1):85-87.

[99] 王玉.塑性加工技术前沿综述[J].塑性工程学报,2003,10(6):1-4.

[100] 曹传民.焊接新技术及发展趋势[J].机械管理开发,2012(4):103-104.

[101] 左敦桂,李芳,华学明,等.铝合金焊接新技术在汽车制造中的应用[J].电焊机,2007,37(7):1-5,40.